# 涡轮发动机
# 飞机结构与系统 （上）（第2版）

## Turbine Aeroplane Structures and Systems

## （AV）

张　鹏　主编

清华大学出版社
北京

## 内 容 简 介

本书是"民用航空器维修基础系列教材"之一,是民用航空器维修人员基础执照考试的主要参考用书。全书分为上、下两册,上册为涡轮发动机飞机电子系统,主要介绍仪表系统、飞机通信系统、飞机导航系统和自动飞行系统;下册为飞机机械和电气系统,主要介绍飞机结构、液压和燃油系统、飞行操纵系统、空调和机舱设备、电源系统、灯光照明系统、防火系统和机载维护系统。

本书内容深入浅出,通俗易懂,注重知识的实用性,贯彻了理论与实际密切结合的思想,基本上不涉及复杂的数学公式和推导,强调定性描述大纲中要求掌握的基本知识。

本书可以作为民航机务维修人员的基础执照考试和 CCAR-147 维修基础培训机构的培训教材,也可作为航空电子类专业本科学生和高职学生的参考用书。

**本书封面贴有清华大学出版社防伪标签,无标签者不得销售。**

版权所有,侵权必究。举报:010-62782989,beiqinquan@tup.tsinghua.edu.cn。

**图书在版编目(CIP)数据**

涡轮发动机飞机结构与系统. AV. 上/张鹏主编. —2 版. —北京:清华大学出版社,2017(2024.8重印)
(民用航空器维修基础系列教材)
ISBN 978-7-302-47482-1

Ⅰ. ①涡… Ⅱ. ①张… Ⅲ. ①涡轮喷气发动机—民用飞机—飞机构件—教材 ②涡轮喷气发动机—民用飞机—飞机系统—教材 Ⅳ. ①V222

中国版本图书馆 CIP 数据核字(2011)第 130136 号

责任编辑:赵 斌 赵从棉
封面设计:李星辰
责任校对:刘玉霞
责任印制:沈 露

出版发行:清华大学出版社
　　　　网　　　址:https://www.tup.com.cn,https://www.wqxuetang.com
　　　　地　　　址:北京清华大学学研大厦 A 座　　　　邮　编:100084
　　　　社 总 机:010-83470000　　　　　　　　　　邮　购:010-62786544
　　　　投稿与读者服务:010-62776969,c-service@tup.tsinghua.edu.cn
　　　　质量反馈:010-62772015,zhiliang@tup.tsinghua.edu.cn
印 装 者:北京嘉实印刷有限公司
经　　销:全国新华书店
开　　本:185mm×260mm　　　印　张:26.5　　　字　数:644 千字
版　　次:2006 年 11 月第 1 版　2017 年 7 月第 2 版　　印　次:2024 年 8 月第11次印刷
定　　价:70.00 元

产品编号:074179-01

# 民用航空器维修基础系列教材
## 编写委员会

**主任委员**：任仁良

**编　　委**：刘　燕　陈　康　付尧明　郝　瑞
　　　　　　蒋陵平　李幼兰　刘　峰　刘建英
　　　　　　刘　珂　吕新明　任仁良　王会来
　　　　　　张　鹏　邹　蓬　张铁纯

# 序 言

## PREFACE

2005 年 8 月，中国民航规章 CCAR-66R1《民用航空器维修人员执照管理规则》考试大纲正式发布执行，该大纲规定了民用航空器维修持照人员必须掌握的基本知识。随着中国民用航空业的飞速发展，业内迫切需要大批高素质的民用航空器维修人员。为适应民航的发展，提高机务维修人员的素质和航空器的维修水平，满足广大机务维修人员学习业务的需求，中国民航总局飞行标准司组织成立了"民用航空器维修基础系列教材"编写委员会，其任务是组织编写一套满足中国民航维修要求、实用性强、高质量的培训和自学教材。

为方便机务维修人员通过培训或自学参加维修执照基础部分考试，本套教材根据民航局颁发的 AC-66R1-02 维修执照基础部分考试大纲编写，同时满足 AC-147-02 维修基础培训大纲。本套教材共 14 本，内容覆盖了大纲的所有模块，具体每一本教材的适用专业和对应的考试大纲模块见本书封底。

本套教材力求通俗易懂，紧密联系民航实际，强调航空器维修的基础理论和维修基本技能的培训，注重教材的实用性。本套教材可作为民航机务维修人员或有志于进入民航维修业的人员的培训或自学用书，也可作为 CCAR-147 维修培训机构的基础培训教材或参考教材。

"民用航空器维修基础系列教材"第 1 版在 CCAR-66 执照基础部分考试和 CCAR-147 维修基础培训中得到了非常广泛的应用。通过 10 多年的使用，在第 1 版教材中发现了不少问题；同时 10 年来，大量高新技术应用到新一代飞机上（如 B787、A380 等），维修理念和技术也有了很大的发展，与之相对应的基础知识必须得到加强和补充。因此，维修基础培训教材急需进行修订。

"民用航空器维修基础系列教材"第 2 版是在民航局飞行标准司的直接领导下进行修订编写的。这套教材的编写得到了民航安全能力基金的资助，同时得到了中国民航总局飞行标准司、中国民航大学、广州民航职业技术学院、中国民用航空飞行学院、民航管理干部学院、上海民航职业技术学院、北京飞机维修工程有限公司（Ameco）、广州飞机维修工程有限公司（Gameco）、中信海洋直升机公司、深圳航空有限责任公司等单位以及航空器维修领域专家的大力支持，在此一并表示感谢！

由于编写时间仓促和我们的水平有限，书中难免存在许多错误和不足，请各位专家和读者及时指出，以便再版时加以纠正。我们相信，经过不断的修订和完善，这套教材一定能成为飞机维修基础培训的经典教材，为提高机务人员的素质和飞机维修质量做出更大的贡献。读者如有任何意见和建议请发至：skyexam2015@163.com。

"民用航空器维修基础系列教材"编委会

2016 年 4 月

# 前　言

## FOREWORD

　　本书分上、下两册，上册为涡轮发动机飞机电子系统，下册为飞机机械和电气系统。本书是按照中国民航规章 CCAR-66R2《民用航空器维修人员执照管理规则》航空电子专业(AV)考试大纲 M11 编写的，其内容是飞机维修人员必须要掌握的基础知识。本书在编写过程中，力求做到通俗易懂，注重知识的实用性，贯彻了理论与实际密切结合的思想，基本上不涉及复杂的数学公式和推导，强调定性描述大纲中要求掌握的基本知识。本书可以作为CCAR-147 维修基础培训机构的培训教材或参考教材，也适用于具有一定基础的航空电子专业人员自学。

　　上册由张鹏教授主编和统稿，内容包括仪表系统、飞机通信系统、飞机导航系统和自动飞行系统。其中 1.1～1.5 节由郝瑞编写，1.6、1.7 节和 3.12 节由栗中华编写，1.8～1.10 节由张迪编写，2.1～2.4 节和 2.7 节由魏国编写，2.5、2.6 节由樊智勇编写，3.1～3.3 节由赵世伟编写，3.4～3.6 节由孙俊卿编写，3.7～3.11 节由官颂编写，3.13 节和 4.3～4.7 节由王娟编写，4.1、4.2 节和 4.8 节由张鹏编写，4.9 节由陈艳编写。

　　下册由任仁良教授主编和统稿，内容包括飞机结构、液压和燃油系统、飞行操纵系统、空调和机舱设备、电源系统、灯光照明系统、防火系统和机载维护系统。

　　第 2 版是在第 1 版的基础上修订而成的，修订的主要依据是 AC-66R1-02《民用航空器维修人员执照基础部分考试大纲》中所规定的考试内容，并结合目前主流机型上航空新技术的使用情况，同时也参考了基础执照培训教师和广大考生对原教材存在问题的修改建议。新版教材在保持原版教材整体框架不变的前提下，主要在以下几个方面作了修改：

　　(1) 对原教材部分章节和内容进行了调整，增强了教材的系统性和逻辑性。将仪表系统由原教材的第 3 章调整到第 1 章，调整后第 1 章为仪表系统，第 2 章为飞机通信系统，第 3章为飞机导航系统，第 4 章为自动飞行系统。

　　(2) 删除了过时的内容、不必要的重复性内容，优化了内容结构。第 2 章删除了磁带式话音记录器分析，第 3 章删除了采用测角器非移相式自动定向，第 4 章删除了微分和积分式自动驾驶仪的原理分析，仅保留了基本概念和作用描述。

　　(3) 增加了反映主流机型航空新技术的内容。教材内容涉及的控制板和显示由原教材大多以 737-300 机型为例更改为以 737NG 和 A320 等主流机型为例，第 1 章增加了微电子机械陀螺和光纤陀螺仪，第 2 章将磁带式话音记录器分析更换为固态存储器的话音记录器分析，第 3 章增加了基于性能的导航(PBN)、所需性能导航(RNP)、DVOR 原理、广播式自动相关监视系统 ADS-B,第 4 章增加了 737NG 和 A320 等主流机型的自动飞行系统分析。

（4）修改简化了数学分析过程,强化了概念和功能原理分析,补充了部分实物图片和维护技术,使教材更加通俗易懂。

万晓云、孙淑光、胡焱、杨国余、杨晓龙、王会来等对教材进行了审校,提出了许多修改意见,在此谨表深深的感谢!

由于时间仓促,加之作者水平所限,书中难免存在许多错误和不足,敬请各位专家和读者批评指正。

编　者

2017 年 2 月

# 目 录

CONTENTS

## 第1章

# 仪表系统

## 1.1 航空仪表概述

### 1.1.1 航空仪表的分类

在大型商业飞机的驾驶舱中可以看到许多仪表,它们用于监视飞机系统的参数,协助飞行员控制飞机的飞行、发动机以及其他飞机系统。按照显示参数的类型划分,航空仪表分为飞行仪表、发动机仪表和其他飞机系统仪表。在早期飞机上,这些参数都是以独立的仪表显示;在现代飞机上,基本没有独立的仪表,都是综合显示。

飞行仪表提供的数据,可以帮助飞行员驾驶飞机完成安全经济的飞行。飞行仪表用于测量飞机的各种运动参数,它们位于正、副驾驶员的仪表板上。飞行仪表包括大气数据仪表、姿态仪表、航向仪表和指引仪表。其中大气数据仪表有高度表、升降速度表、指示空速表、马赫数表(或称 M 数表)、大气静温表和空气总温表等;姿态系统仪表有地平仪、转弯仪和侧滑仪等;航向系统仪表有磁罗盘、陀螺罗盘和陀螺磁罗盘等;指引系统仪表有姿态指引仪、水平指引仪等。

发动机仪表位于中央仪表板上,是指发动机工作系统中的各种参数测量仪表,如转速表(螺旋桨转速表,或低压涡轮和高压涡轮转速表)、进气压力表和汽缸头温度表(两表用于活塞式发动机)、扭矩表和排气温度表(两表用于涡轮螺旋桨发动机)、压力比表(或推力表)和排气温度表(两表用于涡轮喷气或涡轮风扇发动机)、燃油压力表(指汽油压力表或煤油压力表)、滑油压力表、滑油温度表、燃油油量表(指汽油油量表或煤油油量表)、燃油流量表、滑油油量表、发动机振动指示器、油门指位表和散热器风门指位表等。其指示信息的含义将在"发动机指示"中讲解。

在飞机的其他系统或设备中使用的测量仪表统称为其他飞机系统仪表。如飞机的增压系统有座舱高度表、压差表、空气流量表、升降速度表和温度表等;飞机液压系统有各种压力表和液压油油量表等;灭火系统有各种压力表;此外,还有起落架收放位置表、襟翼位置表和飞机电气设备用的电流表、电压表、频率表等。其他飞机系统仪表通常位于驾驶舱的顶板上,对其将在相应的章节中进行描述。

### 1.1.2 航空仪表的发展历程与布局

航空仪表的发展与科学技术和飞机的发展是分不开的,在飞机刚问世时,因其本身结构简单,飞行高度和速度都很低,飞机上没有航空仪表。后来,随着飞行时间和飞行距离的增加,开始安装时钟、航速计和指南针等简陋的仪表设备,飞行员只能在晴朗的白天依靠地图和地标来飞行。第一次世界大战期间,迫于军事上的需要,一些国家大力投资发展航空事业,机上开始安装空速表、高度表、磁罗盘、发动机转速表和滑油压力表等。到了20世纪30年代,为使飞机能在云中或夜间飞行,又增添了升降速度表、转弯侧滑仪、陀螺地平仪和陀螺方向仪等飞行仪表。总之,航空仪表的发展是随飞机性能及需求的发展而发展的。

根据航空仪表的结构与形式的变化,它的发展过程大体分为以下五个阶段。

**1. 机械仪表阶段**

这个阶段是仪表的初创时期,多数仪表为单个整体直读式结构,也称为直读式仪表,即传感器和指示器组装在一起的单一参数测量仪表。表内敏感元件、信号传送和指示部分均为机械结构,例如早期的空速表和高度表。

这种表的最大优点是结构简单、工作可靠、成本低廉。它的缺点是灵敏度较低,指示误差较大。随着飞机性能和要求精度的不断提高,机械式仪表早已不能满足航空发展的需要。

**2. 电气仪表阶段**

20世纪30年代开始,航空仪表由机械化逐步走向电气化,发展成电气仪表,此时的仪表称为远读式仪表。如远读式磁罗盘、远读式地平仪等。所谓"远读"是指仪表的传感器和指示器没有装在同一个表壳内,它们之间的控制关系是通过电信号的传递实现的,因相距较远,故称为远读式仪表。

用电气传输代替机械传动,可以提高仪表的反应速度、准确度和传输距离。将仪表的指示部分与其他部分分开,使仪表板上的仪表体积大为缩小,改变了因仪表数量增多而出现的仪表板拥挤状况。另外,仪表的敏感元件远离驾驶舱,减少了干扰,提高了敏感元件的测量精度。但远读式仪表也存在一些缺点,如整套仪表结构复杂、部件增多、重量增加等。

**3. 机电式伺服仪表阶段**

为了进一步提高仪表的灵敏度和精度,20世纪40年代后出现了能够自动调节的小功率伺服系统仪表,即机电式伺服仪表。伺服系统又称为随动系统,它是一种利用反馈原理来保证输出量与输入量相一致的信号传递装置,对仪表信号采用伺服系统方式来传送,信号能量得到放大,提高了仪表的指示精度和带负载能力,可以实现一个传感器带动几个指示器,有利于仪表的综合化和自动化。

**4. 综合指示仪表阶段**

20世纪40年代后,由于飞机性能迅速提高,各种系统设备日益增多,所需指示和监控仪表大量增加,有的飞机上已多达上百种,仪表板和座舱无法安排,驾驶员也目不暇接。另外,飞机的飞行速度和机动性能的提高,又使驾驶员观察仪表的时间相对缩短,容易出错,因此把功能相同或相关的仪表指示器有机地组合在一起,形成统一指示的综合仪表,就成为航空仪表发展的必然趋势。例如,综合罗盘指示器、组合地平仪和各种发动机仪表的相互组合等都是一表多用的结构形式。

机电式综合仪表一直使用到20世纪60年代末。图1.1-1就是这种仪表的典型代表,其左、右分别为正、副驾驶员的飞行仪表,中间是发动机仪表。

**5. 电子综合显示仪表阶段**

随着电子技术的飞速发展,从20世纪60年代开始出现了电子屏幕显示仪表,逐步取代指针式机电仪表,使仪表结构进入革新的年代;到70年代中期,电子显示仪表又进一步向

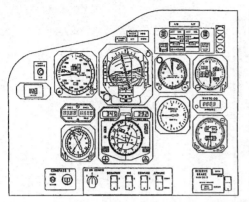
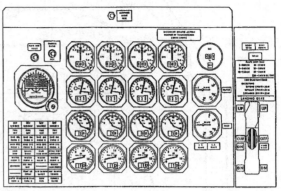
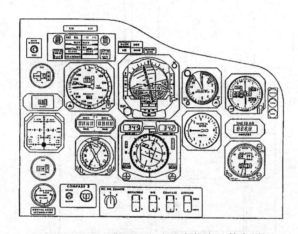

图 1.1-1　典型机电式综合仪表及其布局

综合化、数字化、标准化和多功能方向发展,并出现了高度综合又相互补充、交换显示的综合电子仪表显示系列。驾驶员可以通过控制板对飞机进行控制和安全监督,初步实现了人-机"对话"。驾驶舱仪表、惯性基准系统、大气数据系统、自动飞行控制系统和飞行管理系统等已成为重要的航空电子设备。

20 世纪 80 年代初期,在一些先进机型的驾驶舱中(以 B757/B767、A310 为代表),主要仪表的显示部分已广泛采用衍射平视仪和彩色多功能显示器,出现了 EFIS(电子飞行仪表系统)和 EICAS(发动机指示和机组警告系统),但是综合程度有限,仍配置有较多的机电仪表和备用仪表。这是电子飞行仪表的第一代产品。

20 世纪 80 年代中后期,以 B747-400、A320 为代表的电子飞行仪表为第二代产品。彩色电子显示系统有了进一步的发展,出现了高综合的电子飞行仪表系统,其特点是驾驶舱用大屏幕 CRT 显示器显示数据,仅配置很少的备用仪表。

20 世纪 90 年代的第三代电子飞行仪表为平板显示系统。仪表数据显示用液晶显示器(LCD)取代了彩色阴极射线管(CRT),显示亮度大且分辨率高,具有体积小(无需电子枪法向长度)、重量轻、耗电量小等优点。例如,目前 B777 客机驾驶舱的主要仪表显示采用的就是彩色液晶显示器。

对于现代大型商业飞机的驾驶舱仪表显示来说,无论采用 CRT,还是采用 LCD,其驾驶舱的布局基本相同,如图 1.1-2 所示。

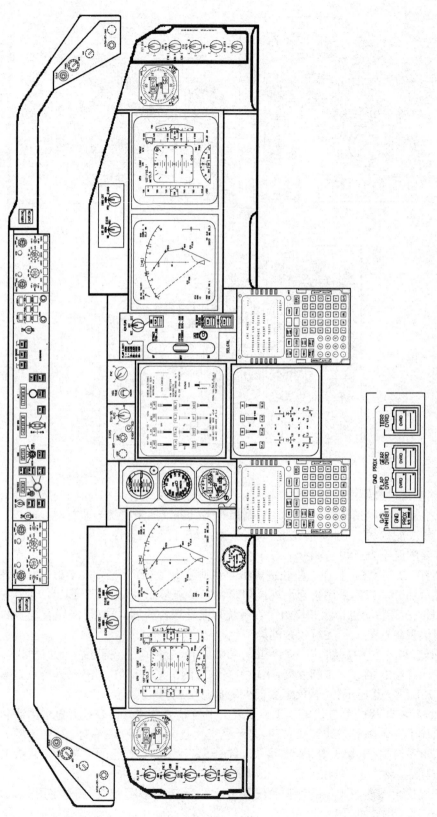

图 1.1-2 典型电子式综合仪表及其布局

与图 1.1-1 的仪表板相对应,正、副驾驶员的飞行仪表板上有主飞行显示器(PFD)和导航显示器(ND),中间的发动机仪表板上有上、下 EICAS 显示器。以 PFD、ND 和发动机及警告为显示数据基本类别的组合方式,沿用至今。在 2000 年以后的新机型上,仪表显示的综合化程度和灵活性进一步提高,越来越多的数据呈现给机组,数据组合方式也更为灵活。

在现代屏幕显示的驾驶舱中,仍然保留了陀螺地平仪、气压式高度表、空速表和备用磁罗盘等备用仪表。备用仪表独立于主测量仪表,采用单独的传感器数据源,同样要求独立于飞机主电网。因备用仪表的工作不会受到主测量仪表、主电网的影响,所以备用仪表可以为飞机在应急状态下提供可靠的飞行参数,如图 1.1-3 所示。

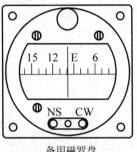

备用磁罗盘

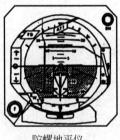

陀螺地平仪

气压式高度表

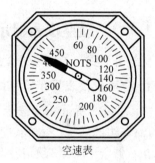

空速表

图 1.1-3　典型的备用仪表

随着电子技术的发展,在现在的飞机上,将备用姿态仪、备用高度表、备用空速表三块仪表集成在一起,并提供航向、仪表着陆偏离的备份指示,称为综合备用飞行显示器(ISFD)。ISFD 用液晶显示器(LCD)作为仪表屏幕,它看上去就像小型的主飞行显示器(PFD),如图 1.1-4 所示。在其前面板上有气压基准选择电门、指示窗、高度带、空速带、姿态盘、航向刻度盘和仪表着陆的偏离指示;在地面测试时,可以提供故障代码、故障等级分类。仪表自带测试功能,自备电瓶和充电器,在紧急情况下可以连续供电 150 min。故障时,相应指示部分的故障旗出现。

电子显示器容易实现综合显示,故又称为电子综合显示仪。它有如下优点:

(1) 显示灵活多样,可以显示字符、图形、表格等,还可以采用不同的颜色显示;

(2) 容易实现信号的综合显示,减少了仪表数量,使仪表板布局简洁,便于观察;

(3) 电子式显示器的显示精度高;

(4) 采用固态器件,寿命长,可靠性高;

(5) 价格不断下降,性价比高;

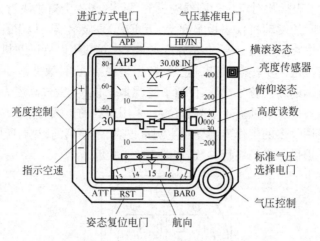

图 1.1-4    综合备用飞行显示器

(6) 符合机载设备数字化的发展方向。

总之,航空仪表的发展过程是从机械指示发展到电子显示,信号处理单元从纯机械到数字、计算机系统,仪表的数量经历了从少到多,又从多到少的发展过程。在某种意义上讲,驾驶舱显示仪表是飞机先进程度的重要标志之一。

### 1.1.3　航空仪表显示数据的基本"T"形格式

无论分离式仪表还是综合仪表,其显示数据的格式都遵循基本"T"形格式。

**1. 分离式仪表显示数据的基本"T"形格式**

如图 1.1-5 所示,该仪表板为正驾驶员的飞行仪表板,从仪表板上粗黑线框出的形状可以看出,左边的马赫-空速表、中间的姿态指引仪(ADI)、右边的气压式高度表和下边的水平状态指示器(HSI)或称航道罗盘构成了"T"形格式。按照这种格式,主要飞行参数的显示布局关系为:

即使小飞机驾驶舱中的飞行参数也以上述格式显示。这种布局格式便于飞行员迅速获取关键飞行数据。

**2. 综合式仪表显示数据的基本"T"形格式**

如图 1.1-6 所示,该显示器称为主飞行显示器(PFD)。从显示器上粗黑线框出的形状同样可以看出,左边的空速带、中间的姿态指示球、右边的气压高度带和下边的航向带也构成"T"形格式。

### 1.1.4　模拟式与数字式电子仪表的特点

早期的飞机上多使用模拟式仪表,如图 1.1-7 中的空速表,用指针在刻度盘上指示出空速值,通常这类仪表经过修正后由传动机构带动指针转动。由于刻度盘有限,数值仅在刻度

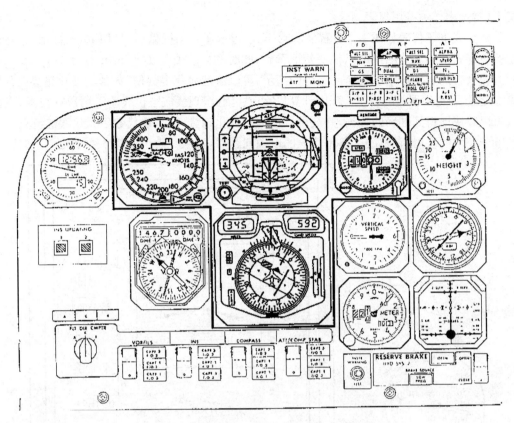

图 1.1-5　分离式仪表显示数据的基本"T"形格式

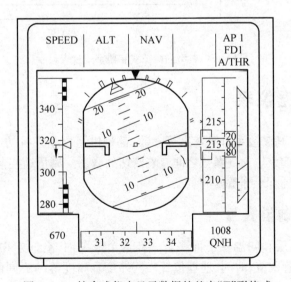

图 1.1-6　综合式仪表显示数据的基本"T"形格式

盘上分段标注,飞行员根据指针所在位置的前后数值和刻度划分计算出空速值,这需要一定的时间。然而,当飞行员关心空速的变化趋势时,则可以通过指针的摆动方向判断出来。模拟式仪表通常存在误差大、修正不精确、摩擦力大、迟滞等缺点,但模拟式测量仪表,如用膜盒作为敏感元件的高度表,经修正机构驱动指针偏转,受飞机电源的影响较小,在现代的飞机上,常选用作为备用仪表。

数字式电子仪表如图1.1-7右侧所示,空速指示在主飞行显示器(PFD)上显示,它是典型的数字式仪表。从图中可以很清楚地看到,此时的空速值是143 kn(1 kn=1 n mile/h),根据速度带的上下移动以及速度趋势的指示,可以清楚地获得数值、数值的变化趋势以及预测变化量,而对于误差的修正全部由计算机完成。因此,现代航空仪表均采用数字技术,飞行员可以较快地得到准确的数据,并获得该数据的变化趋势,这是现代数字式仪表的特点。随着电子技术的发展,在解决了备用仪表的电源问题后,备用仪表也选用了数字式电子仪表。

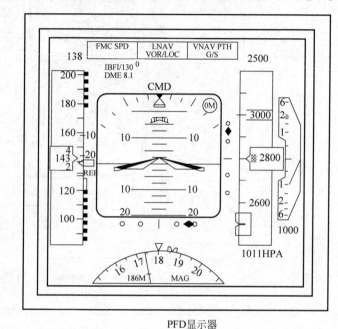

模拟指针表盘　　　　　　　　　　　　PFD显示器

图1.1-7　典型的模拟式和数字式仪表显示

## 1.2　大气数据仪表

飞行高度、速度、马赫数和升降速度等参数,都是机组操纵飞机的主要控制参数。各飞行参数之间、各飞行参数与大气参数之间有着密切的联系。测量这些参数,对于准确判定飞行状态、正确操纵飞机有十分重要的意义。

### 1.2.1　国际标准大气

飞机一般在对流层和同温层下面飞行。在这个范围内,空气的物理参数——温度、压力、密度等都经常随着季节、时间、地理位置(经、纬度)、高度等的不同而变化。为了确定飞机的飞行参数,必须按同一标准的大气物理性质——温度、压力、密度等进行换算,才能对各种飞行参数统一标准,进行比较。标准大气是为了满足飞机仪表标准化的需要,由国际民航组织(ICAO)正式编入国际标准ISO 2533——《标准大气》。它的数据与地球北纬35°~60°地区(主要是欧洲)的平均大气数据相近。实际上,就是把这些平均数值加以修正而拟定出来的。因此,它在使用过程中与实际大气参数之间有一定的差别。

国际标准大气以平均海平面作为零高度。标准海平面大气的参数为：气压 $p_0=$ 1013 hPa(760 mmHg 或 29.921 inHg)；气温 $T_0=15℃$；密度 $\rho_0=0.125$ kg/m³。

大气的温度、密度、压力与高度存在着如下关系。

1) 气温与高度的关系

在靠近地球表面的对流层，温度随高度的升高而降低，到达平流层后，温度基本不变，如图 1.2-1(a)所示。升高单位高度，气温降低的数值叫做气温垂直递减率(简称气温直减率)，用 $\beta$ 表示。不同季节、不同地区、不同高度的气温垂直递减率是不一样的，其平均值约为 $-0.0065℃/m$。

2) 大气密度与高度的关系

大气密度随高度的升高而减小。即高度升高，大气密度减小；高度降低，大气密度增大。大气密度与高度的关系如图 1.2-1(b)所示。

3) 气压与高度的关系

根据标准大气条件可以推导出气压与高度的关系。无论在任何高度上，高度与气压都存在一一对应的关系，如图 1.2-1(c)所示。如果测出某高度处的气压，就可以计算出该处的标准气压高度。

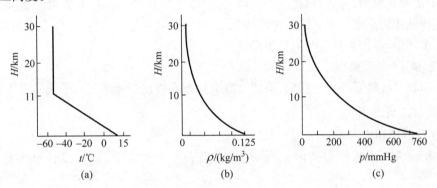

(a)　　　　　　　(b)　　　　　　　(c)

图 1.2-1　大气的温度、密度、压力与高度的关系

## 1.2.2　气压式高度表

### 1. 飞行高度

飞机的飞行高度是指飞机在空中距某一个基准面的垂直距离。测量高度的基准面不同，得出的飞行高度也不同。飞行中使用的飞行高度大致可分为以下五种，如图 1.2-2 所示。

1) 绝对高度

飞机从空中到海平面的垂直距离，称为绝对高度。在气压较低的机场，无法利用气压式高度表测量相对高度进行起飞降落时，可以利用绝对高度。

2) 相对高度

飞机从空中到某一既定机场地面的垂直距离称为"相对高度"。

3) 真实高度

飞机从空中到正下方的地面目标上顶的垂直距离称为真实高度。

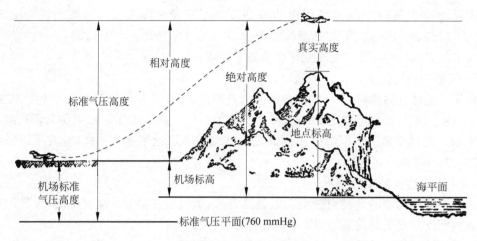

图 1.2-2　五种飞行高度

4）标准气压高度

飞机从空中到标准气压平面(即大气压力等于 760 mmHg 或 1013 hPa 或 29.92 inHg 的气压面)的垂直距离,称为"标准气压高度"。标准气压高度是国际上通用的高度,飞机在加入航线时使用的高度。采用统一的高度标准,可以使同一空域、同一航线上的飞机保持在标准的高度间隔,以避免发生两机相撞的情况。

5）机场标准气压高度

它是指将当地机场场面气压值,按照标准大气条件修正到标准气压平面的气压高度。

**2. 气压式高度表**

1）测量原理和指示

根据标准大气中静压与高度的对应关系,测量气压的大小,就可以计算飞行高度的高低。

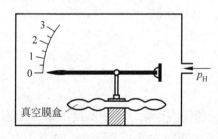

图 1.2-3　气压式高度表的基本原理

气压式高度表利用真空膜盒感受大气压力的变化,表示飞行高度的变化。高度表的基本工作原理如图 1.2-3 所示,敏感元件是一个真空膜盒,装在一个密封的表壳内,表壳背后有一个接头连接在飞机的静压系统上,膜盒内部被抽成真空,压力可以认为等于零,膜盒外部的压力等于飞机周围的大气压力。当作用在真空膜盒上的气压为零时,它处于自然状态。受大气压力作用后,真空膜盒收缩并产生弹性力。当真空膜盒产生的弹性力与大气作用在真空膜盒上的总压力平衡时,真空膜盒变形的程度一定,指针指示出相应的高度。如果高度改变,大气压力也随之改变,作用在真空膜盒的总压力相应改变,其变形程度也相应改变,指针指示出改变后的高度。

通过测量气压来指示高度时,选定的基准面不同,测量出的高度也不同。如以标准气压平面为基准面,则仪表指示标准气压高度;如以某一机场的场面气压平面为基准面,则仪表指示的是对该机场的相对高度(即场面气压高度);如以修正的海平面气压为基准面,则仪表指示绝对高度。气压式高度表实质上是一种特殊的测量大气绝对压力的压力表。

一种典型的气压式高度表如图 1.2-4 所示,其指示刻度盘为均匀刻度,每小格 20 ft,高度表的读数是计数器数字读数和表盘读数的组合。例如:高度表上计数器窗口为 24000 ft,高度指针指示约为 635 ft,所以此时的高度为 24635 ft。

2)气压式高度表的使用

气压式高度表可以测量飞机的相对高度、绝对高度和标准气压高度,其相应的测量方法分别介绍如下。

(1)标准气压高度的测量

利用气压高度表测量标准气压高度时,先转动气压基准设置钮使气压刻度盘上(气压基准)指示为 760 mmHg 或 1013 hPa 或 29.92 inHg,指针指示的数值就是标准气压高度。

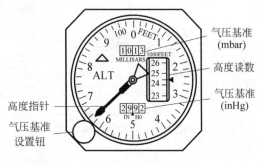

图 1.2-4 气压式高度表

(2)绝对高度的测量

因为绝对高度是以海平面为基准面的高度,所以,用气压高度表测量绝对高度时,转动气压基准设置钮使气压基准指示为修正的海平面气压,其指针指示的即为飞机的绝对高度。

(3)相对高度的测量

因为相对高度是以机场为基准面的高度,所以利用气压基准设置钮拨动高度表的指针和气压刻度盘,使气压基准指示为飞机起飞或降落机场的地面气压,这时高度表的测量起点是飞机起飞或降落机场,高度表指针指示的就是飞机相对于起飞或降落机场的相对高度。

(4)高度表在机场的零位调整

若飞机在飞行中选定某降落机场为基准面,使用高度表测量相对于机场的相对高度时,飞机落地后,高度表指针应指零位。但由于机场地面的气压经常变化,有时飞机在地面,高度表不指示零位,这时就需要调整零位。其方法是:转动气压基准设置钮,使高度指示零位,此时气压基准即为当时该机场的气压。

## 1.2.3 升降速度表

飞机在飞行中爬升或下降,其高度会发生变化。高度的变化率是单位时间内飞机高度的变化量,也可称为升降速度、垂直速度或升降率。测量高度变化率的方法很多,这里只讨论通过测量气压变化来反映高度变化率的升降速度表。

### 1. 基本工作原理

我们知道,飞机高度变化时,气压也随着变化;气压变化的快慢可以表示飞机高度变化的快慢,即升降速度的大小。因此,只要测量出气压变化的快慢,就能表示出飞机的升降速度。升降速度表的基本工作原理如图 1.2-5 所示。在升降速度表中有一个开口膜盒,膜盒内部通过导管和外界大气连通,感受静压。膜盒外部及表壳内部通过内径较细的毛细管和外界大气连通,毛细管阻碍气流流动,延迟膜盒外部压力的变化。当飞机高度变化时,膜盒内静压与外部大气静压几乎同步发生变化,而膜盒外的大气压力由于毛细管的阻滞作用几乎不变,膜盒内外形成压力差,带动指针转动。

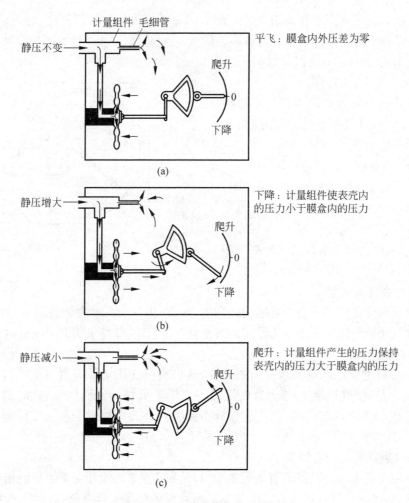

图 1.2-5　升降速度表的基本原理

　　(1) 飞机平飞时,静压稳定,表壳内部气压等于飞机外部气压,膜盒内外所受的压力相等,膜盒不膨胀也不收缩,指针指零(表示平飞)。

　　(2) 飞机由平飞转入下降时,飞机外部静压不断增大,空气同时向膜盒和表壳中流动。由于计量组件的阻流作用,表壳内部气压小于飞机外部气压,膜盒内外形成压力差。在此压力差作用下,膜盒膨胀,通过传送机构,使指针向下指示,表示飞机下降。

　　(3) 飞机由下降转入爬升时,随着飞行高度不断升高,飞机外部静压不断减小,膜盒和表壳中的空气同时向外流动。由于膜盒跟外部有直通的导管连接,对空气流动的阻碍作用很小,而计量组件阻碍向外流动的气流,因此,表壳内部气压要比飞机外部气压减小得慢一些,从而大于飞机外部气压。于是,在膜盒内外形成压力差。在此压力差作用下,膜盒收缩,通过传动机构使指针向上指示,表示飞机上升。

**2. 升降速度表指示器**

　　升降速度表的指针指"0"表示飞机在平飞,表的指针指"0"以上表示爬升,"0"以下表示下降。刻度盘上每小格表示 1000 ft/min,如图 1.2-6 中指示器指示的垂直速度表示飞机以 250 ft/min 的速度爬升。指示出现故障时,故障旗"OFF"出现。

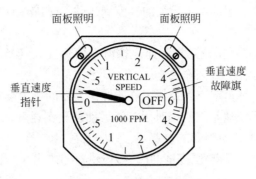

图 1.2-6　升降速度表

## 1.2.4　马赫-空速表

**1. 空速表**

1）概述

飞机相对于空气运动的速度是空速。空速是指飞机在纵轴对称面内相对于气流的运动速度。飞行员根据空速的大小可判断作用在飞机上的空气动力情况，以便正确地操纵飞机。

飞机在空气中飞行时，可以相对地认为，飞机不动，空气流过飞机。空气流过飞机的速度，其大小等于飞机在空气中飞行的速度，即等于空速。因此，测量空速，也就是测量空气流过飞机的速度。

2）空速测量与影响因素

（1）与飞行速度有关的大气数据参数

各种大气数据参数与空速之间的关系如图 1.2-7 所示。

① 全压 $p_t$。全压是空气作用到相对运动的物体表面单位面积的总压力，它是动压与静压之和。

② 静压 $p_s$。静压是飞机周围大气的压力，它是空气作用在相对静止的物体表面上单位面积的力。

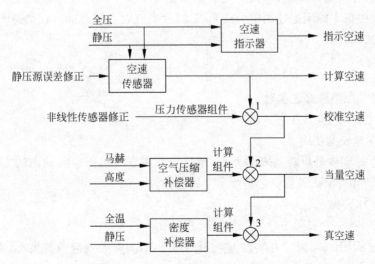

图 1.2-7　大气数据参数与空速的关系

③ 动压 $p_d$。动压指理想的不可压缩的气流到达驻点时,作用在单位面积上的力。全压与静压之差等于动压。

④ 指示空速 IAS。指示空速是指空速表按海平面标准大气条件下动压与空速的关系得到的空速。它未经任何补偿,也称表速。

⑤ 计算空速 CAS。计算空速是补偿了静压源误差后的指示空速。

⑥ 真空速 TAS。真空速是飞机相对于空气运动的真实速度。它补偿了由于不同飞行高度层空气密度和温度变化所引起的误差。

⑦ 当量空速 EAS。由于空速、高度的改变,传感器的非线性,当量空速是修正了空气压缩性影响的计算空速。

⑧ 静压源误差修正 SSEC。全/静压、迎角探头处不可避免地有空气扰动、安装误差,它修正因气流流过飞机引起的静压误差。

⑨ 空气压缩补偿。它修正速度和高度变化引起的皮托管内空气压缩性函数的变化。

⑩ 空气密度补偿。它修正温度和高度变化时引起的空气密度的变化。

(2) 空速与全/静压的关系

当气流相对于飞机运动时,在正对气流运动方向的飞机表面上,气流完全受阻,速度降低到零。在此条件下,气流分子的规律运动全部转化为分子的热运动,与此相应,气流的动能全部转化为压力能和内能,因而空气的温度升高,压力增大。这个压力叫做全受阻压力(用 $p_t$ 表示)。全压与静压之差叫做动压(以 $p_d$ 表示),即

$$p_d = p_t - p_H$$

式中,$p_H$ 为 $H$ 高度上的静压;$p_t$ 为 $H$ 高度上的全压;$p_d$ 为 $H$ 高度上的动压。

动压与空速之间有什么关系呢?如果不考虑空气压缩性,气流流至全压口完全受阻,压力升高。若空气的密度和温度(认为)基本不变,即空气未被压缩,则

$$p_d = \frac{1}{2}\rho v^2$$

事实上,空气是可以压缩的。空气被压缩时,空气的密度和温度都要升高。因此,气流流至全压口时,在压力升高的同时,空气密度和温度都要升高。在考虑到空气的压缩性时,动压与静压的关系不能用上述简单公式来表达,而有它自己的规律。在高速飞行时,考虑空气的压缩性尤为必要。

$$p_d = \frac{1}{2}\rho v^2 (1 + K_p)$$

式中,$K_p$ 为空气压缩性修正系数。

(3) 测量指示空速

① 指示空速表的功用

指示空速 $v_i$ 实质是反映动压的大小,即反映作用在飞机上空气动力的大小,所以指示空速对于操纵飞机、保证飞行安全是很重要的参数。

飞机的升力 $Y$ 为

$$Y = C_Y S p_d$$

式中,$S$ 为翼展面积;$C_Y$ 为升力系数,它取决于飞机结构参数及迎角的大小,在小于临界迎角范围内,迎角越大,升力系数也越大。

当 $S$、$C_Y$ 一定时,无论飞机在什么高度上飞行,驾驶员只要保持一定的动压 $p_d$,所需的指示空速值是不变的,就可以保证飞机的升力大于重力而不致失速。

② 气动式指示空速表的基本工作原理

气动式指示空速表根据空速与动压的关系,利用开口膜盒测量动压,从而得到指示空速。

在飞机上安装一个全/静压管(空速管)来感受飞机在飞行时气流产生的全压和大气的静压,分别用管路与指示空速表上的全、静压接头相连。空速表内有一个开口膜盒,其内部通全压,外部(表壳内)通静压,膜盒内外的压力差就是动压。在动压的作用下膜盒产生位移,经过传送机构带动指针指示,指针角位移即可反映动压的大小。在静压和气温一定的条件下,动压的大小完全取决于空速,因此指针的角位移可以表示空速的大小,如图1.2-8所示。

如果飞机周围的大气参数不符合海平面标准大气条件,虽然空速不变,但因静压、气温改变,动压也要改变。因此,仪表的指示就不等于真实的空速,所以,用真空速和指示空速加以区别。

在海平面标准大气条件下指示空速与真空速相等,而在其他高度上都不相等。

(4) 测量真空速

空气与物体之间相对运动的真实流速,即飞机相对空气的真实运动速度叫真空速。这里介绍通过感受动压、静压来测量真空速的原理。

在标准大气条件下,静压的大小可以反映气温的高低,因此,真空速与气温的关系可以用真空速与静压的关系表示。所以,只要测量动压和静压,就可以达到测量真空速的目的。

表内的两个测量部件为开口膜盒和真空膜盒,如图1.2-9所示。开口膜盒通过测量全/静压的压差获得动压;真空膜盒测量静压,静压随高度变化,同时影响开口膜盒和真空膜盒两个测量组件。真空膜盒的位移不仅反映了静压对真空速的影响,也反映了气温对真空速的影响。

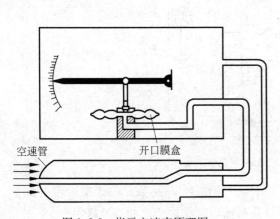

图1.2-8 指示空速表原理图

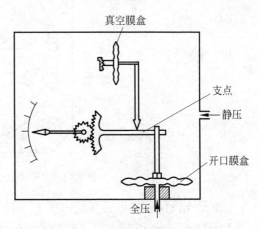

图1.2-9 通过感受动压、静压测量真空速

这种表结构简单,没有感温元件,因此有温度误差。

**2. 马赫数表**

1) 马赫数表的功用

马赫数($Ma$),即飞机所在高度的真空速($v$)和当地音速($a$)之比$\left(Ma = \dfrac{v}{a}\right)$。

当飞机接近音速飞行时,某些部位可能产生局部激波,阻力急剧增加,将会导致飞机的稳定性和操纵性能变坏,甚至产生激波失速。为防止激波失速,必须测量马赫数。

2) 测量马赫数的原理

气动式马赫数表的测量原理和基本结构与真空速表基本相同。

马赫表的两个测量部件为开口膜盒和真空膜盒。开口膜盒通过测量全/静压的压差获得动压,真空膜盒测量静压。马赫数则采用这两套测量部件测量参数的比值得出。

因为 $Ma = \dfrac{v}{a}$,空速可用全/静压差$(p_{t} - p_{H})$表示,用开口膜盒可以测量出压差值。音速是不能直接测量的,根据空气动力学知识,音速在一定的范围内是随高度的增加而线性减少的。因此,可以通过使用真空膜盒测量静压来实现当地音速的测量。由此,马赫数的测量就从飞机所在高度的真空速与当地音速的比值变换为动压与静压之间的关系。

**3. 马赫-空速表**

传统飞机的指示空速和超速指示器是组合式仪表,即马赫-空速表。马赫-空速表上的白色指针代表指示空速(IAS),红、白相间指针指示超速状况最大允许速度、最大允许马赫数(VMO/MMO)。

电动式马赫-空速表如图 1.2-10 所示,马赫-空速警告系统在飞机出现超速状况时可提供视觉和音响警告。白色的指针指示出计算空速(CAS),红/白指针指示由马赫-空速警告计算机计算出的速度极限值。马赫-空速表上的窗口还用数字形式指示出计算空速和马赫数,当马赫/空速警告计算机出现故障时,窗口内显示 VMO 和 MACH 故障旗。

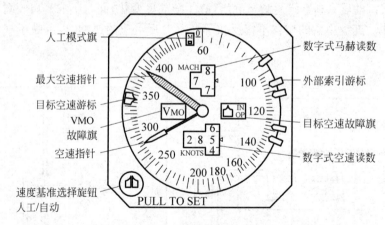

图 1.2-10　电动式马赫-空速表的显示

电子飞行仪表显示的空速位于主飞行显示器空速带上,马赫数则位于空速带的底部。图 1.2-11 所示为 B747-400 飞机的大气数据计算机输出的计算空速和马赫数。

在大型民用飞机上,全压数据和静压数据的获取通常由全/静压系统收集,并通过管路送给相应的设备,如空速表、座舱压差指示器。对于大气数据的测量、计算,老式飞机或备用仪表还保留有气压式仪表。而随着飞机性能的提高、飞行高度和速度的增加,高度和空速的精度要求也增加,大气数据的修正计算变得更为复杂,大气数据的测量和计算逐步由计算机来完成,即大气数据计算机系统。该系统也是电子飞行仪表系统的基础。

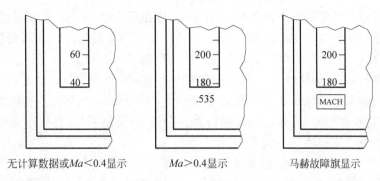

无计算数据或Ma<0.4显示     Ma>0.4显示     马赫故障旗显示

图 1.2-11  电子飞行仪表显示的空速和马赫数

# 1.3  全/静压系统

全/静压系统用来收集气流的全压和静压,并把它们输送给需要全压、静压的仪表及有关设备。全/静压系统能否准确、迅速地收集和输送全压和静压,将直接影响全/静压系统仪表指示的准确性。高度表、升降速度表、空速表和马赫数表等都是基于测量的全压、静压而工作的仪表。

## 1.3.1  静压系统

气压式高度表、空速表和升降速度表都需要静压数据来进行相应参数的计算。这些仪表通过管路连接到静压孔。静压孔穿过机身蒙皮使飞机外部的静压进入到机内静压管路。静压孔位于机身前侧面无气流干扰的平滑处,此处便于测量静压。它安装在机身蒙皮上稍稍向内凹进,因此称为平齐式静压孔,如图 1.3-1 所示。在孔周围喷有一圈红漆,其下面标有注意事项。要求保持圈内的清洁和平滑,并且静压孔上的小孔不能变形或堵塞。

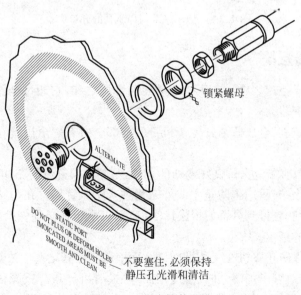

图 1.3-1  平齐式静压孔

静压孔区域必须保持清洁和光滑的目的是防止出现干扰气流,影响正确的指示。

必须注意:在清洗飞机或退漆时,应该用专用盖子堵住静压孔。该堵盖应使用鲜艳的颜色,例如红色。这样容易辨认,便于在下一次飞行前将堵盖取下。

在飞机飞行期间,即使静压孔区域保持清洁、平滑,测量到的静压也不会完全等于飞机外的静压。这种测量静压与真实静压之差被称为静压源误差(SSE)。它取决于机身的外形、飞机的空速和迎角、襟翼和起落架的位置。静压源误差的校正由大气数据计算机来完成。对此将在下一节描述。

另外,飞机的转弯和侧滑也会影响静压的测量。在转弯、侧滑期间,由于冲压气流的影响,机身一侧静压高于正常静压,而另一侧的静压则低于正常静压。为了补偿这一影响,在机身两侧都有一个静压孔,并使它们连通。两端的静压孔通过一个三通连在一起,将静压提供给仪表,如图 1.3-2 所示。

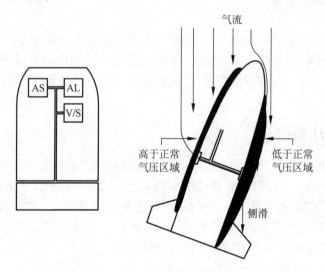

图 1.3-2　静压系统与静压孔的开口位置

## 1.3.2　全压系统

全压系统应用于空速表中。全压等于动压与静压之和,它通过全压管测得。全压管将测得的全压送到空速表。

在大型民用飞机上,全压管通常位于机身的前部。所有的全压管在前端都有一个开孔收集气流的全压。

注意:全压管的前端应保持良好畅通的条件,不能影响气流的流动。

全压管内有一个挡板,用来防止水或外来物进入全压管路。在管路的最低点有一个排泄孔,可将水和灰尘颗粒排到外面,如图 1.3-3 所示。全压孔必须保持畅通,只有这样才能保证仪表给出正确的指示。

电加温探头可以防止飞机在飞行期间结冰而引起全压管堵塞。注意:如果飞机在地面上接通加热开关,会对管子加温,并且温度很高,触摸时可导致严重烫伤。如果飞机长时间停在地面,全压管必须用专用护盖罩上,以防止水和其他外来物进入。护盖上带有明显标志,以此警告机械员或飞行员在下次飞行前必须摘掉护盖。

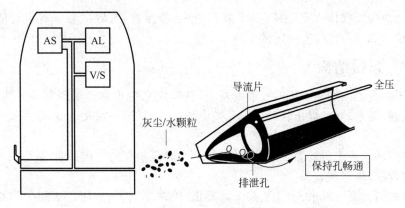

图 1.3-3　全压系统与全压管

在某些类型的飞机上,全压管上也有静压孔。这种类型的管子称为全/静压管,如图 1.3-4 所示。

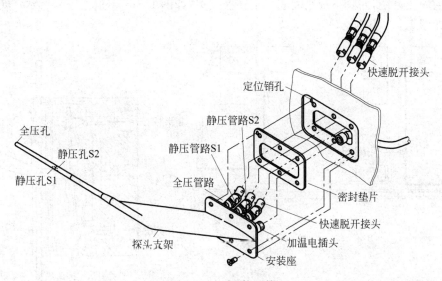

图 1.3-4　全/静压管

全/静压管一般包括全压探头、静压孔和加温等部分。有一支架保持探头离机身蒙皮几英寸,来减小气流的干扰。每个探头上有三类孔:一个孔朝前感受全压,两组孔在侧面感受静压,第三种小孔是排水孔。全压部分用来收集气流的全压。全压孔位于全/静压管的头部正对气流方向。全压经全压室、全压接头和全压导管进入大气数据仪表或系统。全压室下部有排水孔,全压室中凝结的水可由排水孔或排水系统漏掉。

静压孔用来收集气流的静压。静压孔位于全/静压管周围没有紊流的地方。静压经静压室、静压接头和静压导管进入仪表。全/静压管是流线型的管子,表面十分光滑,其目的是减弱它对气流的扰动,以便准确地收集静压。

底座包括电气和气压接头,加温器连接到底座上的两个绝缘的插钉上。在底座上的双定位销帮助探头安装时定位。密封垫用于提供座舱压力密封,它安装在探头安装凸缘与飞机机体之间。

为了准确地收集静压,避免全/静压管前端及后部支架对静压孔处压力的影响,静压孔至全/静压管前端要保持一定距离,对于亚音速全/静压管,大致应等于管直径的 3 倍。此外,静压孔至后部支架也应有一定的距离。

### 1.3.3　系统结构

全/静压系统的结构随飞机的发展而发展,其管路系统也从简单到复杂。然而,随着电子技术的发展,复杂的全/静压管路系统又被电缆取代,从这一意义上说,该系统又从复杂逐渐变为简单。

下面我们从老式飞机的简单系统开始讨论全/静压系统的结构。通常,小飞机只有一套气压式高度表、升降速度表和空速表。

对于老式的大型飞机来说,飞机操纵需要正、副两位驾驶员,因此必须为副驾驶员也提供一套仪表系统。并且,该仪表系统应该由完全独立的全压和静压系统提供,如图 1.3-5(a)的右侧所示。气压式高度表和升降速度表需要静压;空速表既需要静压,也需要全压。

为了遵守仪表飞行规则(IFR),使正驾驶员在其仪表系统出现故障时方便、快捷地使用副驾驶的静压系统,两套系统之间安装了转换开关,如图 1.3-5(a)的左下部所示。转换开关的结构如图 1.3-5(b)所示。

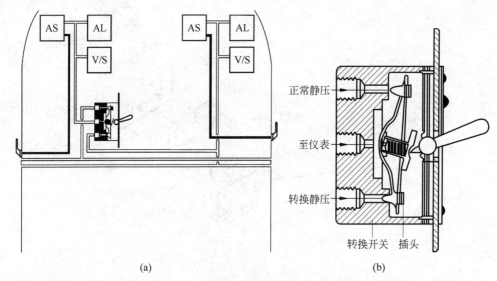

图 1.3-5　老式大型飞机全/静压系统及转换开关结构

随着电子技术的发展,在现代典型的飞机上,利用大气数据计算机(ADC)计算上述数据,并且,现在电子屏幕显示仪表也已经替代了所有模拟式仪表。全/静压信号利用大气数据组件先转化为数字信号,与温度传感器感受的大气全温、迎角探测器探测到的角度都直接输入到 ADC,经过 ADC 的处理和计算,将计算出的数据以电信号的形式经电缆传送给相应的电子显示仪表和系统。

考虑到一旦飞机上的电源失效,电子仪表显示将全部消失,飞机上必须安装具有独立的全/静压孔、独立的全/静压管路的气压式备用仪表,或者是带自备电池或由热电瓶汇流条供电的电子式备用仪表,如图 1.3-6 所示。

现代典型飞机上安装有三套独立的全/静压系统,如图 1.3-7 所示,分别为机长侧、副驾驶侧以及为备用仪表提供全/静压数据的全/静压系统。机长侧和副驾驶侧大气数据仪表采

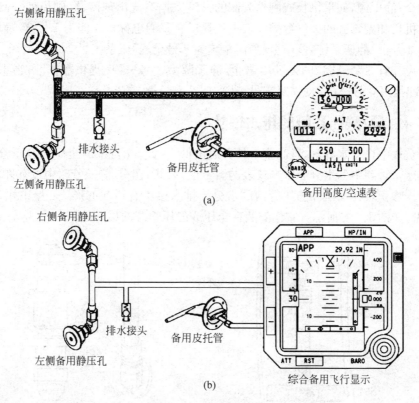

右侧备用静压孔

排水接头

左侧备用静压孔

备用皮托管

备用高度/空速表

(a)

右侧备用静压孔

排水接头

左侧备用静压孔

备用皮托管

综合备用飞行显示

(b)

图 1.3-6 气压式备用仪表和电子式备用仪表

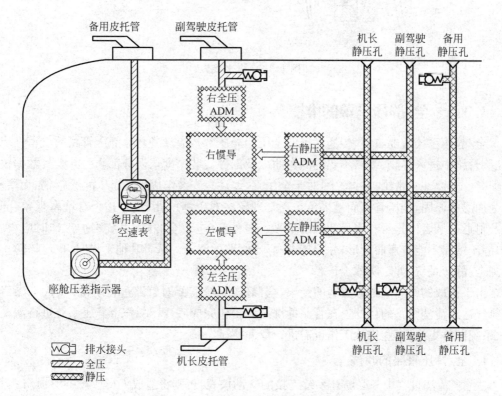

备用皮托管 副驾驶皮托管

机长 副驾驶 备用
静压孔 静压孔 静压孔

右全压
ADM

右惯导

右静压
ADM

备用高度/
空速表

左惯导

左静压
ADM

座舱压差指示器

左全压
ADM

机长 副驾驶 备用
静压孔 静压孔 静压孔

排水接头

全压

静压

机长皮托管

图 1.3-7 现代飞机的全/静压系统结构

用不同的全/静压源,如果机长或副驾驶侧的大气数据系统出现问题,则另外一侧的系统可以同时给机长和副驾驶的大气数据仪表提供显示。我们也称机长侧为1号全/静压系统,副驾驶侧为2号全/静压系统,备用全/静压系统为3号全/静压系统。

对于设计有3套ADC的飞机,3号全/静压源为3号ADC提供数据源,当1号或2号ADC失效时,由3号ADC提供对1号ADC或2号ADC的备份。

### 1.3.4　全/静压系统的排水接头

由于空气中含有水蒸气,且高空中外界温度低,因此,飞行中的全压和静压管内会积聚水分或结冰。管路中的水分会影响仪表的测量值,因此,在全/静压管路中设有许多排水口,它们用于排除积聚在全压和静压管内的水分。排水接头有不同的形式:浮子式、螺纹管接头式、哨型,如图1.3-8所示。它们安装在全压或静压管路的最低处。

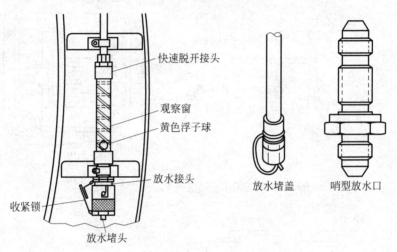

图 1.3-8　排水接头

### 1.3.5　全/静压系统的维护

全/静压系统需要收集、传递大气的全压和静压到相应设备,全/静压管路的气密性出现问题、管路中进入异物、管路不正确的弯曲以及部件安装角度错误等都会引起大气数据仪表的误差。因此在日常维护过程中,对于全压管,要注意安装牢固到位、洁净、无损伤、无堵塞。因为加温的原因,全压管表面呈褐色是正常现象。对于静压孔,检查是否有堵塞现象,静压孔及附近区域表面是否有明显的凹凸不平。另外,在进行全/静压系统维护工作时应小心,全/静压管路不能有弯曲变形,并保持全/静压管路的清洁。从事其他工作时,也应该防止污染到全/静压系统,如除防冰工作。

出于排故的原因或维修方案的要求,全/静压系统需要对管路进行吹洗,吹入干燥清洁的氮气达到清洗管路的目的。在管路冲洗勤务工作完成后,需要对全/静压系统进行渗漏测试、系统部件更换,有些排故工作也需进行渗漏测试。

**1. 全/静压管路的吹洗**

注意:清洗过程中务必断开系统连接的气动仪表,否则将造成人员或设备的损伤。

飞机上的全/静压管路需要分别清洗,堵住相应的接头,从一侧吹入干燥的氮气,从全压孔或静压孔排出氮气,保持一定的时间,完成冲洗工作。吹入氮气的压力、保持的时间,具体操作以机型所对应的维护手册为主。

**2. 全/静压系统的渗漏测试**

全/静压系统为大气数据仪表和大气数据设备提供全压和静压数据,全/静压管路的密封性问题将直接导致大气数据仪表的误差,在部件更换、管路勤务后都需要进行渗漏测试。测试通常用大气数据校验设备,国内航空企业常用的校验设备有手动和电动两种,如ADTS505(电动式)、1811(手动式)和MPS系列。大气数据校验仪内置有真空泵和增压泵,一路用于静压,一路用于全压。可以方便地设置测试所需要的压力、高度、空速、升降速度等参数,通过读取机载仪表参数,与大气数据测试仪所示参数对比,来判断大气数据系统是否正常。大气数据校验设备可用于渗漏检查、精度校验和大气数据仪器、部件和系统的功能检查。

渗漏测试中,在任何情况下,管路的增压和抽真空以及压力释放还原必须缓慢,操作严格参照相应的维护手册,否则会造成仪表的损坏。在测试完成后,必须将飞机恢复到初始状态。在测试中不可避免地需要堵塞一些排气孔,测试完成后,要确认所有的堵盖、适配器、胶带全部从飞机上移除。

# 1.4 大气数据计算机系统

大气数据信息即自由气流的静压、动压、静温、高度、高度偏差、高度变化率、指示空速、真空速、马赫数、马赫数变化率及大气密度等参数,是飞机发动机、自动飞行控制系统、导航系统、空中交通管制系统及飞行驾驶仪表显示、警告系统等不可缺少的信息。大气数据信息的准确性对提高飞行安全和经济性起着重要作用。由于各系统需要的大气数据信息的形式不同(包括各种形式的模拟量及数字量),需要的信息量也各不相同,有的飞机各系统需要上百个大气数据信息。显然,靠数目很多的分立式测量系统提供大气数据信息会造成重量大、成本高、功能少、可靠性差、延迟误差大及维护不便等缺点,而且测量精度也无法提高。

大气数据计算机系统的功用就是测量静压、动压(或全压)、总温及参与修正作用的迎角和气源误差,经过解算装置或计算机的运算,输出大量的大气数据信息。

大气数据计算机系统主要分为三大部分:①各种传感器,包括静压传感器、动压传感器(或全压传感器)、总温传感器、迎角传感器等;②具有可进行误差修正和补偿的解算部分(解算装置或计算机);③座舱指示、显示装置及信号输出装置。它们将传感器感受的全压($p_t$)、静压($p_H$)和大气总温($T_t$)进行相应的计算,输出所需要的大气数据,送给相应的指示仪表和系统。大气数据计算机除对上述数据进行处理和计算外,还要对静压源误差进行校正(SSEC),使计算的大气数据更加精确。

从飞机的发展历程来看,大气数据计算机有三个代表性阶段,早期使用的是模拟式大气数据计算机(ADC),它为机电式伺服仪表提供信号;第二阶段为数字式大气数据计算机(DADC),其输出数据通过数据总线传送给数字仪表;而现代飞机目前最为通用的是大气数据惯性基准组件(ADIRU),将大气数据计算机和惯性基准计算机组合在一个组件里,统称为大气数据惯性基准组件。大气数据参数和惯性基准参数为飞机操纵提供飞行参数,是非常重要的导航传感器。大气数据模块和惯性模块间相互传递数据用于运算,它们测量计算出的数据提供给仪表和其他的系统,也是其他系统正常工作的重要条件,如近地警告系统、偏航阻尼系统、自动驾驶系统等。参数的输出普遍采用数据总线传送,两个组件结合也减少了飞机上数据线的单独铺设。

### 1.4.1　模拟式大气数据计算机系统

模拟式大气数据计算机根据静压、全压、总温三个传感器,利用闭环伺服回路技术,通过高度、空速、马赫数等函数解算(函数凸轮或函数电位计),向所需要大气数据信息的系统传送参数。这种综合设备就是中央大气数据计算机(CADC),其工作原理如图 1.4-1 所示。

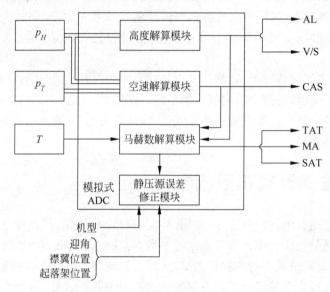

图 1.4-1　模拟式大气数据计算机的工作原理

静压源误差(SSE)修正模块也是一种机电式修正机构。它根据飞机飞行的迎角和马赫数对静压源的影响关系曲线,接收迎角传感器测量的迎角和机内模块计算出的马赫数,来消除静压测量误差。

### 1.4.2　数字式大气数据计算机系统

随着数字技术的发展,出现了模拟技术和数字技术混合使用的大气数据计算机——混合式大气数据计算机,其工作原理如图 1.4-2 所示。

数字式大气数据计算机(DADC)多用于现代飞机。数字式大气数据计算机按照航空运输工业规范 ARINC 标准,应用先进的微处理器和半导体存储器技术,由工作程序直接完成大气数据的计算、输入/输出,计算机有处理模拟量、离散量和数字输入的能力,经计算,提供数字和离散量输出。它们接收全/静压信号和全温信号,但 DADC 中使用的传感器与模拟式的不同。因此,在介绍 DADC 之前,首先对其使用的压力传感器进行简单的描述。

另外,考虑到迎角($\alpha$)和侧滑角($\beta$)是大气数据系统中产生静压源误差的因素之一,所以大气数据计算机还要接收角度传感器的信号。后文将对角度传感器进行介绍。

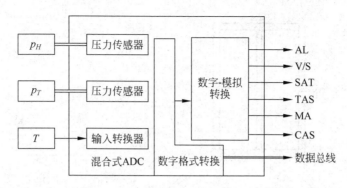

图 1.4-2 混合式大气数据计算机的工作原理

## 1. 传感器元件

1) 压力传感器

(1) 压容式

早期的数字式大气数据计算机采用了固态石英压力传感器。传感器的测量元件是一个石英膜盒,它由两片纯石英膜片熔凝而成,膜片的内表面装有金属电容极片,电容极片的间隙随周围压力的变化而变化。因为电容与两极片之间的距离成反比,在极片工作面积和介电系数都不改变的情况下,电容的大小只取决于压力的变化。若把石英膜盒构成的电容 $C_p$ 接入运算放大器的反馈电路中,输出电压就能反映出压力的变化。如图 1.4-3 所示为测量电路,其中 $U_R$ 为稳定的参考电压,$C_R$ 为固定参考电容,则 $U_{out} = U_R \cdot C_p / C_R$。

石英是一种理想的弹性材料,迟滞误差小,高温性能好。因此,这种压力传感器的精度较高。

(2) 压阻式

某些型号的数字式大气数据计算机采用压阻式压力传感器。它是利用晶体的压阻效应制成整体膜片,再用微电子工艺在平膜片上扩散形成应变电阻条,从而构成硅压阻芯片,然后将此芯片封装在传感器的外壳内,接出电极线而制成,如图 1.4-4 所示。传感器的两端即压力输入和压力基准都能作为进气端口,分别接大气压力和被测输入压力。

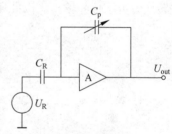

图 1.4-3 石英膜片传感器的工作原理

显然,若将图中压力基准一侧开口,传感器就可测量相对压力,可以测量动压;如将一端密封并抽成真空作为压力基准,可测量静压。

有些压阻式压力传感器在膜片上扩散形成一个电阻条,有些则在膜片上扩散形成两个电阻条。无论形成几个电阻条,压力传感器电路都连接成惠斯登电桥的形式。

图 1.4-4 中,$R_1$、$R_3$ 为接入的常值电阻,与压力的变化无关。$R_4$ 和 $R_2$ 是扩散形成的硅电阻条,其中 $R_2$ 感受膜片切面方向的应力,随压力的增大而增大;而 $R_4$ 感受膜片径向应力,随压力的增大而减小。电桥的输出电压 $U_{out}$ 与被测压力成正比。

石英膜盒和压电晶体固态压力传感器都是以电压输出反映被测压力的。必须经过模拟/数字(A/D)转换才能进行数字运算。

(3) 压频式(振膜式)

现在多数飞机的数字式大气数据计算机采用压频式压力传感器,振膜式就是其中一种。

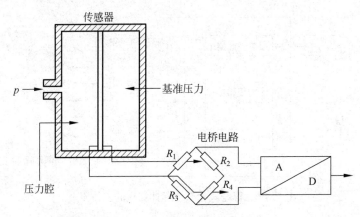

图 1.4-4　压阻式传感器原理图

振膜式压力传感器直接将压力变换成频率输出,而频率很容易变换成数字量。静压和动压采用相同的传感器。

图 1.4-5 所示为振膜式压力传感器。传感器利用一个简单的平膜片——振荡膜片将传感器分成两个气室,一个是标准气室,一个是实际压力气室;该膜片的自然振荡频率是压力负载的函数。激励器安装在中心体上,当它加电后使膜片在两个气室之间产生振荡,当标准气室的压力与实际气室的压力相等时,膜片以其固有频率振荡;当标准气室的压力与实际气室的压力不相等时,膜片的振荡频率将随实际压力的变化而变化。膜片振荡频率拾取器也安装在中心体上,它将感到的实际压力转换为频率的变化输出到转换器,转换器将频率变化转换为数字信号输出。因此压频式传感器又叫频率式传感器。

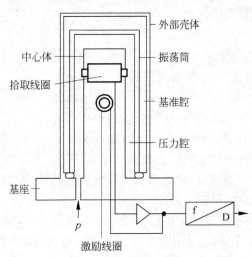

图 1.4-5　振膜式传感器

2) 总温传感器

总温传感器又称总温探头,如图 1.4-6 所示。它是一个金属管腔,装在机身外部没有气流扰动的蒙皮上,其对称轴与飞机纵轴平行(总温探头不属于大气数据计算机的一部分,但它是大气数据计算机重要的信号源)。传感器感受通过其腔内的气流温度。空气从前口进入,从后口及周围几个出口流出,如图中箭头所示。探测元件(感温电阻)被封装在两个同心管内,气流在探测元件附近近于全受阻状态。感温电阻由高纯度的全退火无应力铂丝制成,其电阻值与全受阻温度相对应。该电阻值经电路转换,输出与全受阻温度相对应的电压值。

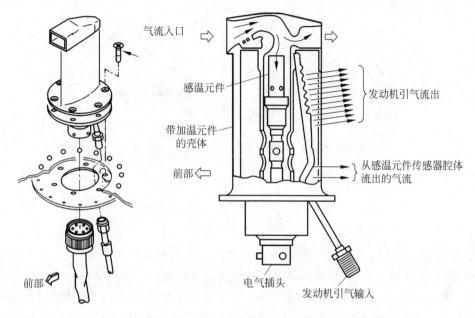

图 1.4-6　总温传感器

总温探头测量的是环境大气温度(静止空气温度,即静温)和运动空气受阻时动能所转化的温度(动温)之和,所以叫总温。在马赫数低于 0.2 时,总温非常接近于静温。随着马赫数的增加,静温与总温的关系为

$$T_t = T_H(1 + 0.2\eta Ma^2)$$

式中,$T_t$ 和 $T_H$ 分别为总温和静温的绝对值;$Ma$ 为马赫数;$\eta$ 为修正系数。温度探头是在绝热条件下设计的。

飞机在高空飞行时,空气中的水分由于低温可能结冰,从而堵塞感温探头的进气孔或排气孔。故温度探测器设置了由加温电阻组成的防冰加温元件。由于气流首先流过感温电阻周围,然后再流过加温电阻元件,将加温元件散发的热量带出,所以加温元件的热量不会影响感温电阻的测量。

在地面或飞行速度较低时,可以利用小流量的发动机引气流动在金属探头腔体内造成负压,使进入腔体的气流顺畅流动,同时还能将传感器加温的热量带出,确保准确测量全温。

全温探头测量到的大气全温(TAT)可以直接用于发动机推力计算。大气静温(SAT)不能直接测量得到,需由大气数据计算机计算出来。简而言之,大气静温等于大气全温减去冲压引起的动温。

无论是在地面对加温电路进行测试还是拆卸时都要注意探头的温度。拆卸时,拔掉探头的电插头,断开发动机引气,维修人员不要触摸热探头,以免烫伤。

3) 气流角度传感器

迎角($\alpha$)和侧滑角($\beta$)是大气数据系统中产生静压源误差的因素之一,在现代高速飞机上,这已越来越受到人们的重视,在 DADC 中对气流角产生的静压源误差必须加以校正。

为测量迎角和侧滑角,通常将传感器设计成能伸出到飞机外的气流中,但安装处应无扰

动气流。常用的传感器形式如图 1.4-7 所示。

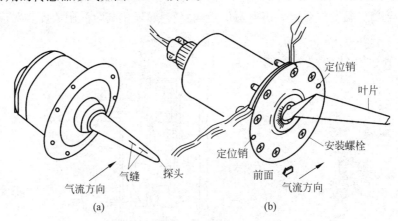

图 1.4-7　锥形和翼形气流角度传感器

(a) 锥形探头；(b) 翼形探头

翼形传感器即旋转风标式传感器，它由一个经过静力平衡的风标(叶片)、传动机构、信号变换器(自整角机或自动同位器)及固定联结部分等组成。叶片固定在转轴上，由于风标预先经过静力平衡，具有对称的剖面形状，且可以绕轴转动，故在飞行中它始终停留在使其本身的对称面与气流速度相平行的方向上。当叶片中心线与气流方向平行时(即无迎角时)，气动力对叶片上下面产生的压力相等，叶片不产生旋转。当飞机以某迎角飞行时，由于作用于叶片上下面的气动力不相等而产生压差，此压差使叶片相对于飞机旋转，直到其中心线与气流方向一致为止，此时，叶片旋转的角度与迎角相等。叶片轴旋转的角度可以用角度变换器变换成电信号。

锥形传感器主要由探头、气室、桨叶和角度变换器等部分组成。锥形传感器是差动式传感器。探头中间有隔板，在中心线两侧对称处开有两排进气槽，圆锥形探头与中间有通气管道与空心轴相固连，在空心轴上固定着桨叶和电位器电刷。飞行中，探头的轴线平行于飞机横轴。当迎角为零时，上、下两排气压槽对称地对着迎面气流，即两排气压槽的对称平面与气流的夹角为零，此时上下压力相等，因而进入气室的两个压力使桨叶所受动力矩相等，桨叶不转动。

当飞机以某迎角飞行时，探头上下两排气压槽的对称平面与迎面气流不在一个平面上，存在一个迎角 $\alpha$。此时上、下两排气压槽的压力 $p_1$ 和 $p_2$ 不再相等，两压力进入气室后，使桨叶带动电刷转动(桨叶转动力矩与两个压力之差成比例)，并带动空心轴。当探头转至上、下两排气压槽位置与气流方向对称时，压差为零，桨叶及整个活动部分都停止转动。可以看出，桨叶和电刷旋转的角度与迎角相等，电位器输出的电信号与迎角成比例。

翼形和锥形传感器都有电气变换器，它们都是按机型的迎角和侧滑角的函数关系把电信号发送给大气数据计算机。侧滑角传感器与迎角传感器结构相同，只是安装角度相差90°。一般情况下，飞机上装有两个迎角或侧滑角传感器，对称地分布于机身两侧。大气数据计算机使用两个传感器信号的平均值，这样可把传感器局部气流扰动的影响减到最小。

**2. 误差校正**

压力传感器的输出或多或少都具有非线性特性，且各个传感器的输出特性有一定的分散性,这将使设计计算复杂化,使传感器之间缺乏互换性,给大气数据计算机的维护造成一定困难。因此,必须对传感器的特性进行校正,使其输出线性化和标准化,即校正后的传感器输出应以规定的比例系数与实际输入压力成正比。数字式大气数据计算机利用软件进行校正,即软件校正法。压力传感器无论是电容式、压阻式还是振膜式都采用软件校正法。

1) 传感器的静特性校正方法

传感器的静特性是指在一定条件下,它的输出和输入之间的关系。同类型的传感器应有相同的静特性,但实际上,不是精确地相等。故每个传感器组件内带有一个存储器,里面存有修正信息,计算机中有对每个传感器都适用的特性校正程序,对该传感器的输出进行修正。这样,对计算机来说,把传感器和该传感器的专用存储器视为一个整体,各传感器组件之间就具有了互换性。

2) 传感器的温度补偿

因为环境温度对传感器的测量值有一定的影响,对于高精度的测量系统来说,传感器的温度误差已成为提高系统精度的严重障碍,依靠传感器本身附加一些简单电路或其他装置进行完善的温度补偿是很困难的。在装有微机的测量系统中,利用微处理机对传感器进行温度补偿是比较方便的,只要求出温度误差与一些变量之间的函数关系,就可以利用软件算出温度误差的补偿量,使误差得到较完善的补偿。

3) 静压源误差校正

由于全压、静压和迎角探头处不可避免地有空气扰动,探头也有安装误差,从而会造成测量参数的误差。静压源误差影响到各飞行参数的计算,故要在系统中加入静压源误差校正(SSEC)。

静压源误差规律为

$$\Delta p_H / p_H = f_1(Ma) + f_2(Ma) f_3(\alpha_L)$$

静压源误差(SSE)主要取决于马赫数、静压孔的位置、机型、迎角、襟翼位置和起落架的位置。静压源误差校正与马赫数和迎角的关系曲线如图 1.4-8 所示。由于各型飞机的函数值不同,静压源误差校正、最大允许速度和最大允许马赫数的规律亦不相同,故当同样的大气数据计算机安装在不同型号的飞机上时,应改变相应表格的数据。所以要用试验测定各

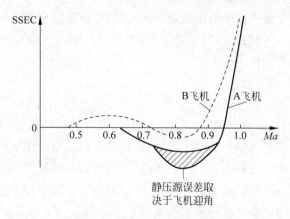

图 1.4-8 静压源误差校正与马赫数和迎角的关系曲线

马赫数和迎角情况下的静压源误差值,并列出一个表格。模拟式大气数据计算机利用机电设备实现误差补偿,而数字式大气数据计算机利用软件的查表方法对静压源误差进行补偿。

为了提高大气数据计算机的适应能力,在它的机壳后装有一个插座,用来连接飞机对应的静压源误差校正、最大操作速度和最大允许马赫数存储矩阵。在不同飞机上,大气数据计算机根据程序插钉确定相应的误差补偿及极限值。

### 3. 数字式大气数据计算机

图 1.4-9 所示为数字式大气数据计算机的典型原理框图,它由静压传感器、全压传感器、总温传感器及迎角传感器提供原始信息。为了计算出不同基准高度,大气数据计算机中引入了气压修正信号。

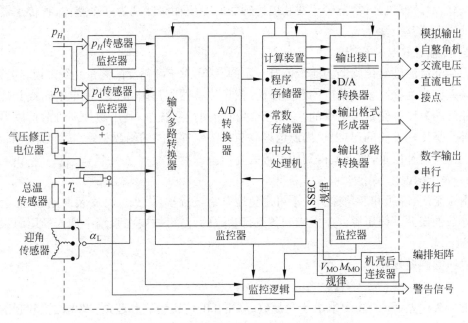

图 1.4-9　数字式大气数据计算机基本原理框图

所有原始信息的模拟量,经输入多路转换器进入采样保持电路,依次在模数(A/D)转换器中变换为适于计算机处理的数字量,随后引入到计算装置中。中央处理机的计算结果经过数模(D/A)转换器变成所要求的模拟量形式,或经过数字输出格式形成器(又叫数字信息变换器)变成所要求的不同格式的数字码形式,然后经过输出多路转换器,把同一总线上的各种信号分别接至相应的输出线上。

1) 输入接口

大气数据计算机接收的全压、静压、总温、迎角等传感器信号和气压校正信号等信号的形式各不相同,包括模拟的直流和交流的电压信号、交流的频率信号、自整角机的三线交流同步信号以及电阻变化量等信号。因此,大气数据计算机必须采用不同的转换电路,将各种模拟输入信号转换成相应的数字量。当有多路信号输入时,需采用多路转换器,各路的信号按照一定的顺序(时序或逻辑)输入至采样保持电路和 A/D 转换器。

多路转换器的作用是在系统的输入端把排列在一起的各个信息按一定顺序分离开来,经系统采样,然后送去调制或数字化处理。应该指出,系统输入端和输出端的多路传输应保持严格的同步。

采样又叫取样,它是把时间上的连续量转换为时间上的不连续量的过程。模拟量在时间上和数值上是连续变化的,所以采样相当于某一时刻读模拟量或测量模拟量。在多路传输系统中,由于采样的时间较短,来不及完成模数转换,从而影响模数转换的精度,因此,需要将采样的模拟量信号保持一段时间,这一过程称做采样与保持(S/H)。

2) 输出接口

中央处理机依照程序依次算出各个大气数据参数,这些数据将分别传送到显示仪表及控制系统等。由于接收这些数据信息的电路不同,需要在输出接口中把 CPU 输出的数字量转换为各种形式的输出量。输出形式一般有:串行数据输出、并行数据输出、交流模拟电压输出、直流模拟电压输出、同步信号输出和离散开关信号输出等。由于输出形式各不相同,所以在大气数据计算机输出端连接各种不同的输出变换电路。

3) 微处理器

微处理器是整个大气数据计算机的核心部分,它起着协调控制各部件及加工处理信息的作用。

大气数据计算机软件通常分为三部分:管理程序;实时大气数据计算(或其他数学任务)程序;非实时的自检和故障监控程序。

管理程序起着管理和调度整机工作的作用,根据计算机的不同状态调用不同功能的子程序,实现控制管理功能。

计算机一旦接通电源,启动 CPU 工作,首先执行初始化程序。初始化的目的是为整机工作设置一定的初始状态,使管理程序按照设置的条件正确地调用相应的子程序。

初始化程序执行完之后,CPU 查询输入口,查看是否有自检要求。自检是指飞机起飞前或着陆后在地面上对大气数据计算机进行功能或简单定量检查。若有自检要求时,进一步判断飞机是在地面上还是在空中。若是在地面,则转入执行自检程序;若在空中,则对自检要求不予理睬,转而执行正常土程序(数据运算和故障监控程序等),这样设计的目的是避免空中执行自检程序而把错误的输出送给用户系统。

非实时的故障监控程序,不论在地面还是在空中,只要大气数据计算机工作,都穿插在计算机的空闲时间内执行。即只要计算机不在执行实时中断服务程序或自检程序,就连续不断地对计算机自身的硬件和软件进行故障监视。

**4. 大气数据惯性基准系统(大气数据模块)**

图 1.4-10 所示为大气数据惯性基准系统示意图,虽然大气数据计算机和惯性基准计算机组合在一个计算机里,但仍然是独立工作的两个模块。另外,由图中也可以看出全压管路和静压管路的压力数据没有直接传送到计算机,而是送到大气数据组件(ADM)。由大气数据组件将来自压力管路的模拟信号转换为数字信号后,由数据总线传送给大气数据计算机用于运算,这将大大减少压力管路在飞机上的布置,也减少了由于压力管路变形、渗漏、杂质进入等造成的精度问题,可提高数据传递的可靠性。

大气数据组件负责将压力信号转换为数字信号输送给相应的计算机,它主要由压力传感器、模数转换器和微处理器组成。所有的大气数据组件都是通用的,当安装到飞机上后,

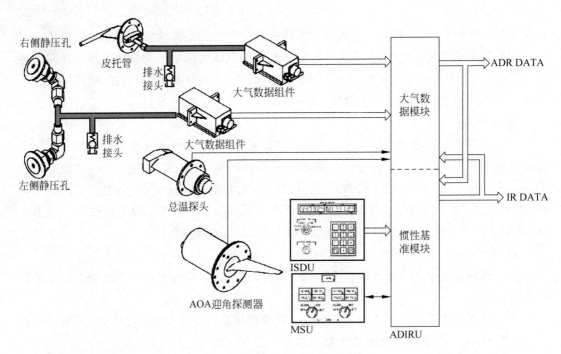

图 1.4-10  大气数据惯性基准系统

由后部的程序销钉来定义大气数据组件的安装位置、压力源以进行相应的修正。图 1.4-11 为大气数据组件示意图。

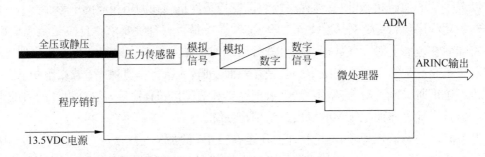

图 1.4-11  大气数据组件

### 5. 显示仪表

大气数据计算机进行运算处理和输出处理后,输出高度、校准空速、马赫数、真空速、静温、总温、迎角、高度变化率、马赫变化率、动压、全压、静压等信息。随大气数据计算机的型式不同及飞机电子设备的数字化程度不同,输出信息的形式也各有差异。例如,某些大气数据计算机经输出处理后可以输出模拟信息,如三相交流同步输出、交流电压、直流电压以及离散开关信号,还可以部分输出数字信息,包括并行输出和串行(ARINC429 格式)输出。数字式大气数据计算机主要以 ARINC429 数据格式向飞机其他电子系统提供所需要的数字信息。

早期飞机上大气数据计算机计算出的参数多以分立式仪表的形式指示出来,指示仪表多为电动仪表。现代飞机以电子飞行仪表系统（EFIS）为平台显示大气数据，多为数字、图形显示。

1）电动大气数据指示仪表

（1）电动高度表

电动高度表用于指示飞机的气压高度，还用于按高度基准的设置进行气压修正。它以数字（显示窗）和模拟（指针）形式来显示气压高度，并显示人工设置的气压基准值。表上还有设置气压基准的调节旋钮，以及高度基准游标和调节旋钮。

高度表的同步信号来自大气数据计算机。高度信号经机械式的气压修正后，通过伺服放大器放大驱动数字高度显示和模拟式高度指针指示。图 1.4-12 所示为电动高度表。

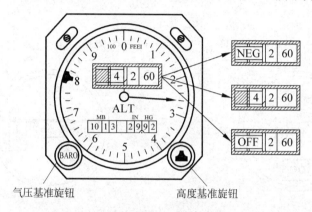

气压基准旋钮　　　　　　　　　高度基准旋钮

图 1.4-12　电动高度表

指针在度盘上以 20 ft（1 小格）和 100 ft（1 个数字）增量指示高度，并多圈指示。数字显示窗也以 20 ft 的增量显示高度数字，在低于设定的基准面时，数字显示器的最左端两位显示"NEG（负）"旗标志，表示为负高度。当伺服信号、高度表故障或大气数据计算机断电时，数字显示器的最左端两位显示"OFF"。

高度表的左下角设有"BARO"气压调节旋钮，人工转动旋钮时，在气压显示窗上可分别以 inHg（英寸汞柱）和 mbar（毫巴）显示测量高度的气压基准，显示范围分别为 22.01～31.00 inHg 和 745.3～1050 mbar。

当气压基准调整到标准海平面气压时，指示高度为标准气压高度；当气压基准调整到当地场面气压时，指示为相对高度。

电动高度表内部还装有一个振动器，用以防止指针卡阻。飞机在地面时振动器不工作。

（2）电动马赫-空速表

马赫-空速表从大气数据计算机接收同步计算空速信号。马赫-空速表指示飞机的计算空速、空速极限、马赫数和目标空速。可以人工选择目标空速，并提供最大马赫-空速的音响警告。马赫-空速表包括数字式计算空速显示窗、模拟式空速指针、红白相间的最大空速指针、目标空速游标和数字式马赫数显示窗，如图 1.2-10 所示。

当计算空速显示、马赫数显示、目标空速游标和最大空速指示失效时，对应窗口的故障旗会出现。沿着空速刻度盘外圈还装有几个可手动的外部索引游标来设置基准空速。

目标空速是表上的目标空速游标指示的空速，可以人工或自动设置。当速度基准旋钮被推进时,从飞行管理计算机 FMC 接收输入信号到空速游标的伺服机构,以驱动目标空速游标指示。当速度基准旋钮被拉出时,人工调节速度基准旋钮来设置目标空速游标。

超速警告电路感受从大气数据计算机传来的空速和高度数据,这些信号通过多路调制器和模数转换器传到中央处理器,它的输出驱动最大空速指针。当空速大于或等于计算的最大空速时,内部的综合计算装置将送出一个警告信号,马赫/空速警告器开始工作。

当最大空速指示失效时,最大空速 VMO 故障警告旗会出现;目标空速游标不工作时 INOP 旗出现。

(3) 温度表

① 全温表

全温表用于显示全温传感器所感受的空气全受阻温度,如图 1.4-13 所示。

图 1.4-13　全温表和静温表

全温表的输入是从全温探头来的电阻值,阻值随全温变化而变化。温度升高电阻值增大,温度降低电阻值减小。仪表将电阻值变化转换为温度变化显示出来。该表的伺服系统驱动计数器随全温探头的输入信号变化,计数器显示连续变化的全受阻温度。全温探头的感温电阻是电桥的一个桥臂,伺服电位计用于电桥平衡。当温度发生变化时,电桥失去平衡,系统输出差值信号,驱动计数器显示读数和反馈回路,该回路的机械运动带动伺服电位计回零,电桥重新平衡。

黄色的"OFF"故障旗在系统故障和仪表断电时出现。

② 静温表

静温表用于显示大气数据计算机传来的空气静温。静温在四位数字鼓轮计数器上读出。计数器左边两个鼓轮显示零上温度,右边两个鼓轮显示零下温度。指示器发生故障时,一个黄色的"OFF"故障旗显示在窗口,如图 1.4-13 所示。

静温表的输入信号是一个来自大气数据计算机的模拟直流电压,经过该表的伺服系统使鼓轮计数器随大气数据计算机传来的直流模拟输入信号变化,这样,静温表便可显示出连续变化的静温。

大气总温、静温与马赫数之间的关系为

$$T_t = T_H(1 + 0.2\eta Ma^2)$$

在飞行过程中很难准确地测出大气静温,故往往根据所得的总温 $T_t$ 和马赫数 $Ma$,间接求解大气静温 $T_H$。式中,$\eta$ 为修正系数。

2) 电子飞行仪表显示的数字大气数据

(1) 空速-马赫数

在电子飞行仪表系统(EFIS)显示中,主飞行显示器(PFD)的左侧是空速带,移动的空速带随速度高低变化显示数值。如起飞时显示决断速度 $V_1$、起飞安全速度 $V_2$ 及参考速度;正常飞行时显示当前飞行速度;进近着陆时显示失速速度缓冲区及失速速度。另外,在速度带的顶部显示目标空速,在速度带的底部还可以显示马赫数。有的飞机速度带上还可以显示速度趋势矢量。在本例中,马赫数 $Ma<0.4$ 不显示(不同机型略有差异),故障时出现马赫旗。如图 1.4-14 所示为正常速度显示、故障显示和飞机进入低速缓冲区速度的显示。

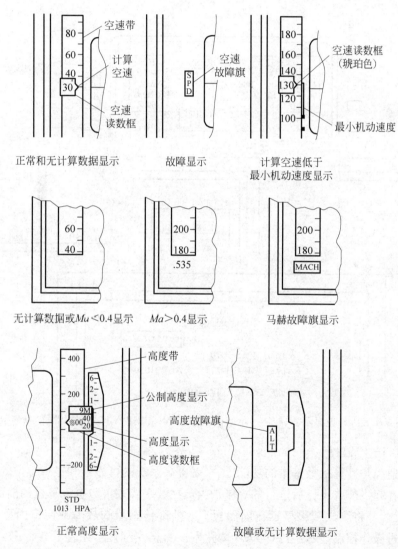

图 1.4-14 主飞行显示器空速、马赫数、高度显示

(2) 高度与气压

高度数据是数字式大气数据计算机输出的主要参数之一,它显示在主飞行显示器的右

侧高度带上。使用 EFIS 控制板可以同时显示英尺和米制高度。高度带的顶部可显示目标高度,底部显示气压基准值。使用 EFIS 控制板可以选择场压值、标准大气压力显示。若高度信号源故障,高度带变为高度故障旗(如图 1.4-14 所示)。

(3) 其他参数

在导航显示器(ND)和控制显示组件(CDU)的进程页面上,可显示大气数据计算机计算出来的真空速(TAS)数据;在主 EICAS 和辅助 EICAS 的发动机性能维护页面及 CDU 的进程页面上,可显示大气数据计算机计算出来的静温(SAT)数据;在主 EICAS 和辅助 EICAS 的发动机性能维护页面上,可显示全温(TAT)的数值;在辅助 EICAS 的发动机性能维护页面可显示气压高度(ALT)值、计算空速(CAS)值和马赫数(MACH)值(如图 1.4-15 所示)。

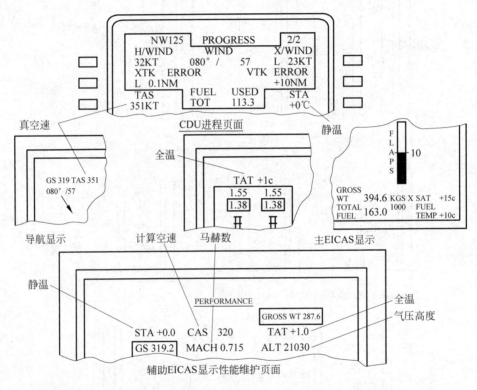

图 1.4-15 导航显示器、控制显示组件、主 EICAS 和辅助 EICAS 的相关信息显示

3) 自检与故障监控

自检与监控是计算机最基本的功能之一,是提高系统的可靠性和进行维护的重要手段。自检通常是在起飞前或飞行后进行的。维护人员在数字式大气数据计算机的前面板上可以进行功能测试,并将测试结果显示在前面板上。外部传感器的故障在窗口内显示故障号。维护人员通过操作控制显示组件(CDU,又称为多功能控制显示组件(MCDU)),进入中央维护计算机系统(CMCS),按章节索引选择大气数据计算机系统,按照屏幕上的提示,进行交互式测试。如图 1.4-16 所示,当系统加入一定的测试信号后,按照测试顺序观察指示器上的读数变化,驾驶舱内会出现一系列的反应,如电子飞行仪表上显示数据、有超速警告声

等。举例如下(具体测试数据参照机型维护手册)：被测数值参见表 1.4-1,表中第一列为被测参数,第二、三和四列表示按时间顺序,系统的响应。例如测量高度,从开始至 2 s,高度带上显示 10000 ft；2~7 s 之间,在主飞行显示器的高度带上出现高度旗；7 s 后到测试结束,高度带上重新显示 10000 ft。其他被测参数的方法与高度相同。

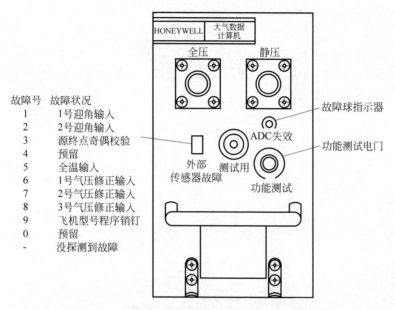

图 1.4-16　数字式大气数据计算机和测试参数表

**表 1.4-1　被测数值**

| 时间/s | 0~2 | 2~7 | 7~结束 |
| --- | --- | --- | --- |
| 高度/ft | 10000 | PFD ALT 高度旗 | 10000 |
| 马赫数 | 0.75 | | 0.25 |
| 全温/℃ | +35 | | +35 |
| 真空速/节 | 486 | | 170 |
| 计算空速/节 | 419.5 | PFD SPD 速度旗 | 137 |
| 静温/℃ | 3.8 | | 31.2 |
| 超速 | ON | OFF | OFF |
| 输出无效 | 功能测试 | 故障警告 | 功能测试 |

注：1"节"即 1 海里/小时。

### 1.4.3　缩小垂直间隔介绍

国际上实施的常规垂直间隔(CVSM),是指在 FL290 以下采用 1000 ft 的垂直间隔,FL290 以上采用 2000 ft 的垂直间隔。我国实施的 CVSM,是指 6000 m(含)以下为 300 m 的垂直间隔,6000 m 以上为 600 m 的垂直间隔。

20 世纪 70 年代国际民航组织开始研究缩小垂直间隔(RVSM)并积极推广。1997 年 3 月,欧美国家在北大西洋空域首次成功实施 RVSM 并安全运行,2002 年太平洋地区实施 RVSM,之后许多国家陆续开始实施 RVSM,即在 FL290 至 FL410 区间将高度垂直间隔由

2000 ft 缩小为 1000 ft。

我国顺应国际形势的发展和国内航空运输事业的迅猛发展,在北京时间 2007 年 11 月 22 日零时起在沈阳、北京、上海、广州、昆明、武汉、兰州、乌鲁木齐情报区和三亚飞行情报区岛内空域(1 号扇区),高度层 8900 m(含)至 12500 m(含)的空域内实施米制的缩小垂直间隔,并将上述飞行情报区内 8900 m 以上至 12500 m 定义为 RVSM 空域。

我国的 RVSM 高度层方案为米制高度层,即 600~8400 m 的垂直间隔为 300 m,8400~ 8900 m 的垂直间隔为 500 m,8900~12500 m 的垂直间隔为 300 m,12500 m 以上的垂直间隔为 600 m,图 1.4-17 所示为飞行高度层配备示意图。实施 RVSM 高度层方案后,原高度区间内的 7 个高度层增加到 13 个。

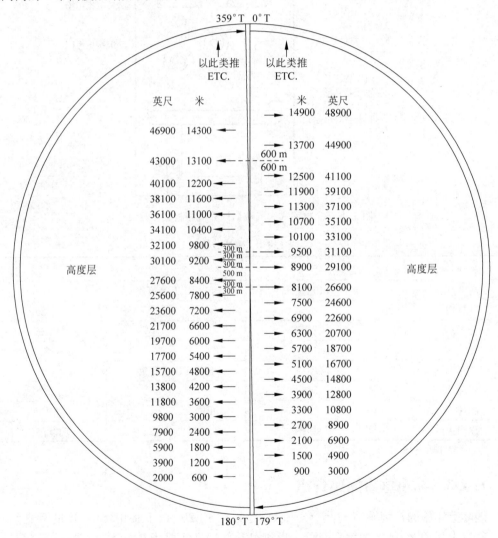

图 1.4-17　飞行高度层配备示意图

我国 RVSM 高度层方案的优点有:继续沿用米制高度层,具有良好的继承性,满足军航国防需要;对应的英制高度层垂直间隔为 1000 ft,符合安全要求;飞机实际飞行的英制高度层规律性强,方向感好,便于记忆操作;比国外飞行高度层统一高 100 ft(30 m),便于国境地带飞行高度层转换；米制高度层满足"东单西双"原则，便于记忆；从 8400～8900 m 存在 500 m 的缓冲空间。

实行 RVSM 的意义在于：可以减小地面延误；对于接近最佳巡航高度的飞行，节省燃油约 1％；增加飞行高度层和空域容量；提高航空公司的运行效益；有利于管制员调配飞行冲突，减轻空中交通管制指挥的工作负荷。

满足 RVSM 运行的飞机必须具备一定的条件，即必须具有 RVSM 关键设备，包括两个独立的高度测量系统、一部具有高度报告能力的二次监视雷达应答机、一个自动高度控制系统和一个高度警告系统。

RVSM 关键区域是指影响飞机气压高度测量的外部蒙皮，包括静压孔、皮托管和迎角传感器在内的附近区域。这些蒙皮区域通常有明显的框线标识，便于维修人员检查。如果维修人员发现关键区域内的蒙皮存在腐蚀或损伤，应参照 AMM、SRM 等相关手册进行进一步检查，如检查结果超出手册允许的范围，必须停止飞机的 RVSM 放行，并报告运行控制部门。

## 1.5　飞行数据记录系统

### 1.5.1　概述

20 世纪 50 年代，随着大型载人运输飞机的出现，飞行事故的后果也越来越严重。对于事故调查，仅凭残骸或少有的目击者很难推断出事故发生的原因和技术上可能存在的缺陷，人们逐渐意识到需要有飞行记录器来保存飞行数据，飞行数据记录器开始正式研发并逐渐装到飞机上。现在，在大型商业飞机上，按照航空法的规定必须安装飞行数据记录器（DFDR）。国际民航组织对于飞行记录器记录的参数有统一的约定，称为指定参数，如时间、高度、空速、垂直加速度、航向、推力、舵面位置等。飞行记录器按一定的格式记录保存这些数据，并在事故发生时，利用外部物理结构保护内部存储数据，具有抗坠毁、耐火烧、耐海水和各种液体浸泡的能力。

现代飞行数据记录器有两种类型，一种是比较老式的磁带式飞行数据记录器，另一种为数字式飞行数据记录器。目前飞机选用的数字式飞行数据记录器多为固态飞行数据记录器（solid state flight data recorder）。数字飞行数据记录器可以记录飞机最近 25 小时的实时飞行状态参数与系统数据，以及飞机系统工作状况和发动机工作参数等。飞行数据记录器从最初仅记录几个参数发展到可记录几十类参数，例如时间、航向、高度、空速、垂直加速度、发射键控信号、发动机参数、襟翼位置、横滚角、俯仰角、纵轴和横轴的加速度、飞行控制舵面的位置、无线电导航信息、自动驾驶仪的工作情况、大气温度、电源系统的参数和驾驶舱警告等。

飞行数据记录器存储和保护飞行数据，飞行数据通常由位于电子舱的飞行数据采集组件（FDAU）向飞机各系统、传感器收集。FDAU 对收集的数据进行编辑存储，将指定参数转换成固定格式后送给 DFDR 存储，并确保 DFDR 正确存储这些参数。图 1.5-1 所示为飞行数据记录系统的基本原理。

随着对指定参数存储的开发和改进,航空公司发现,存储的飞行参数对于飞机的维护、性能监控也能起到很好的作用。除了存储指定参数,航空公司也可设置需要监控的其他参数记录,并将所有这些数据存储在数字飞行数据采集组件中,称之为非指定参数(选择参数)。图 1.5-2 所示为数字飞行数据记录系统的原理。

图 1.5-1  飞行数据记录系统基本原理        图 1.5-2  数字飞行数据记录系统的原理

非指定参数存储在 DFDAU 内部存储器中,由专门的电路板和中央处理器完成收集、编辑、存储,并可通过 DFDAU 自带的 PC 卡槽,将非指定参数存储到 PCMCIA 卡里,通过 PCMCIA 卡在地面分析计算机上读取飞行数据。另外,非指定参数模块的工作并不影响对于指定参数的收集,也就是非指定参数收集模块收集故障数据不会影响到指定参数的收集和飞行记录器的工作。非指定参数的收集,属于飞行数据记录系统的延伸开发,目前得到厂家和航空公司的广泛使用,如飞机状态监控系统(ACMS)、飞机综合数据系统(AIDS)、飞机综合管理系统(AIMS)。

这些飞行状态参数和发动机工作状态参数,可以为分析飞行情况及飞机性能提供必要的数据。飞机制造厂根据试飞数据改进设计方案或制造工艺,消除飞机上的各种隐患,使飞机有更好的安全性能和经济性能;在飞行培训中,可利用记录的数据来评定飞行员的驾驶技术,确保训练质量;航空公司工程部门可根据数据的衰变,快速准确地判明飞机的故障、飞机性能及发动机性能的变化趋势,以便确定维修实施程序进行维修。此外,当飞机出现事故后,可以根据记录数据来分析事故原因等。现以波音 737NG 飞机为例,介绍数字飞行数据记录系统。

## 1.5.2  数字式飞行数据记录系统

### 1. 基本组成

典型的波音飞机数字式飞行数据记录系统主要由以下几部分组成:数字式飞行数据记录器(DFDR),数字式飞行数据采集组件(DFDAU),飞行记录器测试组件,一个程序开关组件,一个三轴加速度计,对话式显示组件(为选装组件,对话功能也可以综合到 MCDU 中),如图 1.5-3 所示。

### 2. 数字式飞行数据采集组件

数字式飞行数据采集组件(DFDAU,参见图 1.5-4)收集飞机多个系统和传感器的输入信号(数字、离散和模拟),经多路调制,转换成标准的数字格式(哈佛双相脉冲格式),然后送到数字式飞行数据记录器。飞行数据记录器存储来自采集组件的信号。采集组件从数字式飞行数据记录器得到返回数据并监控数据,以检测数字式飞行数据记录器是否正确记录。

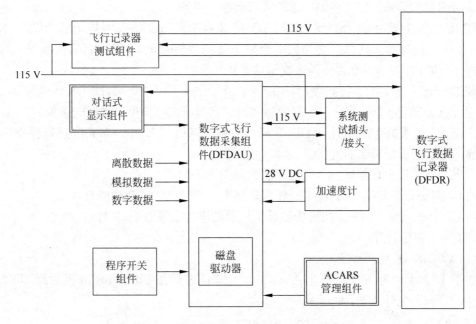

图 1.5-3 数字式飞行数据记录系统框图

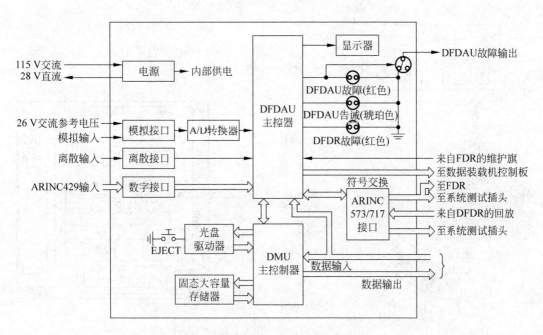

图 1.5-4 数字式飞行数据采集组件

DFDAU 也为飞机状态监控系统(ACMS)收集数据。DFDAU 存储 ACMS 数据,并将这一数据传到数据装载机控制板的软盘里或 DFDAU 前面板的 PCMCIA 卡里。

接口电路接收模拟、离散和数字输入信号,经 A/D 转换器将模拟信号转换成 ARINC429 数字信号。以串行方式将其送往 ARINC 573/717 接口,这一接口将数字数据格式化成哈佛双相编码。接口将编码送往飞行数据记录器。

DMU 主控制器处理 ACMS 数据。DMU 监视 DFDAU 输入中规定的 ACMS 参数。当 DMU 主控制器检测到数据变换成一个要记录的数值时,ACMS 进行有关参数的报告。在不同飞行阶段,ACMS 在存储器中存储这些报告。

DFDR 记录 25 h 的飞行参数,当一台发动机工作或飞机离地后,DFDR 自动开始工作,直到发动机关车后 5 min 停止。由驾驶舱飞机记录器测试组件里的逻辑电路控制 DFDR 的自动工作。工作期间 DFDAU 和 DFDR 机内自检设备(BITE)连续对系统进行检查,BITE 结果显示在前面板的显示器上(显示故障代码)。

如果 DFDAU 出现故障,下列灯点亮(参见图 1.5-5):

(1) DFDAU FAIL: 数字式飞行数据采集组件 DFDAU 红色故障灯;

(2) 飞行记录器/马赫-空速警告测试组件上的飞行记录器 OFF 灯;

(3) 两个主警告灯;

(4) OVERHEAD 警告牌。

如果 DFDAU 为飞机状态监控系统(ACMS)进行数据处理时出现故障,DFDAU CAUTION 琥珀色灯点亮,表示 ACMS 故障。

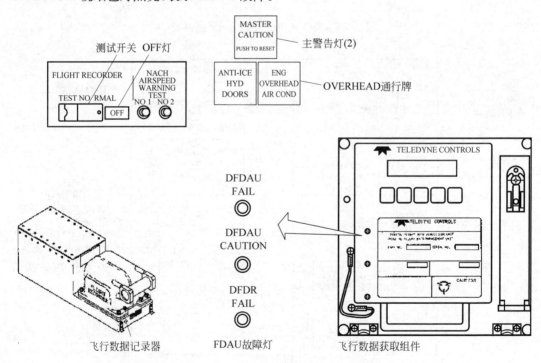

图 1.5-5　飞行数据记录器系统机内测试

### 3. 固态飞行数据记录器

现代飞机多采用数字式飞行数据记录器系统(SSFDR),如图 1.5-6 所示。该部件没有活动部分,用固态存储器作为存储部件,要求最低可存储 25 h 的飞行参数。其外壳由坚硬的合金钢制造,以作保护。内部的存储器组件抗压能力高,抗冲击重载荷,耐高温火烧,耐深海水 20000 ft 压力持续 30 天,耐腐蚀性液体浸泡。

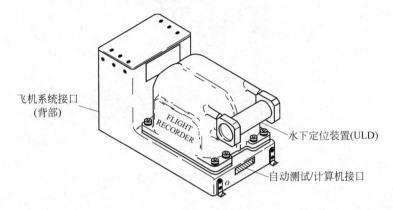

图 1.5-6 固态飞行数据记录器

固态飞行数据记录器包括一些电路卡、控制器、电源调压器、电源滤波器和存储器。控制器主要完成控制功能,利用微控制器控制飞行数据的接收和发送,通过控制电路卡进行数据输入然后转存在存储器组件中。自动测试插头是固态飞行数据记录器的外部插头,安装在固态飞行数据记录器的前面板。可以通过它将固态飞行数据记录器中的数据取出,转到译码设备中去,也可以将数据传送到显示部件以检查飞机上的信号传感器。背部的飞机系统接口是与外部设备的接口,通过该插头进行数据存储和读取。

115V 交流电源从后部插头输入,经过滤波和调压,然后送到固态飞行数据记录器其他电路。FDR 包含监控电路,对输入/输出电源性能进行综合监控。

固态飞行数据记录器的前面板上有水下定位装置(ULD)。

### 4. 水下定位装置

水下定位装置(ULD,又称水下定位信标,如图 1.5-7 所示)不是记录系统的一部分,但两者必须固定在一起。当飞行记录器和水下定位信标机坠入海中时,信标机的电源自动接通,启动晶体振荡电路,产生 37.5 kHz 的声呐信号,经放大驱动扬声器件,发出单音调音频信号,穿过海平面向外辐射。使用声波探测装置可以接收到这一特定频率的信号,从而确定声源的方位和距离,以帮助寻找飞行记录器。水下定位装置在水下的辐射范围是 1.8～3.0 km,最大工作水深可达 20000 ft,声呐信号可连续发射 30 天。

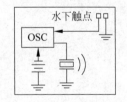

图 1.5-7 水下定位装置的
工作原理

水下定位信标机的电源是干电池,一般选用锂电池,飞机坠入大海后,它能独立工作。水下定位信标系统在维护中应注意以下事项:要按规定时间检查和更换水下定位装置的电池,并应在干净的维修车间内进行更换。每次检查和更换电池时,都应注意 O 形密封圈是否老化、变形,表面是否光洁,以防漏水或电池受潮。除规定的标签外,不允许把任何其他的标签贴在水下定位信标的壳体上。更换电池时,应避免将电池极性装错,否则会损坏水下定位装置。避免油泥、沙子、纤维等进入装配螺纹中,以防影响密封盖压紧 O 形密封垫圈(见图 1.5-8)。

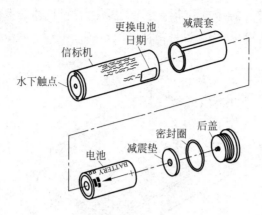

图 1.5-8　水下定位装置

### 5. 飞行记录器测试组件

飞行记录器测试组件(如图 1.5-9(a)所示)向飞行机组提供飞行记录器系统的工作状态,飞行记录器测试组件有"OFF"灯和"TEST/NORMAL"开关。当飞行数据记录器或数字式飞行数据采集组件出现关键性故障时,琥珀色"OFF"灯点亮;当飞机有电但飞行数据记录器没有工作时,"OFF"灯也会亮。

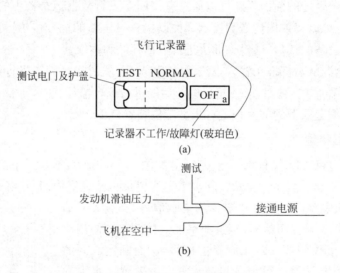

图 1.5-9　飞行记录器测试组件

飞行数据记录器的自动上电工作:

当"TEST/NORMAL"开关置于"NORMAL"位置,只要飞行数据记录器测试组件得到以下任何一种信号(如图 1.5-9(b)所示),FDR 将获得 115 V 交流电,开始工作:

(1) 任何一台发动机运转,当 N2>50％时;

(2) 空地电门处于空中位信号。

将"TEST/NORMAL"开关置于"TEST"位置,飞行数据记录器系统接通 115 V 交流电源,琥珀色"OFF"灯灭,飞行数据记录器上电工作,此时,如果琥珀色"OFF"灯仍然点亮,则说明飞行数据记录器或数字式飞行数据采集组件出现故障。

### 6. 加速度计

三轴加速度计(见图 1.5-10)测量沿垂直轴、横轴和纵轴的加速度,必须严格按照轴向安装在飞机重心处。加速度计将加速度数据送到数字式飞行数据采集组件(DFDAU)。加速度计是判断飞机在三个轴向是否出现载荷超标的重要部件,如重着陆。

加速度计可测量正常工作范围 10 倍的重力加速度值。加速度计密封安装,不需校验或定期维护。加速度计从飞行数据采集组件获得 28 V 直流电源。

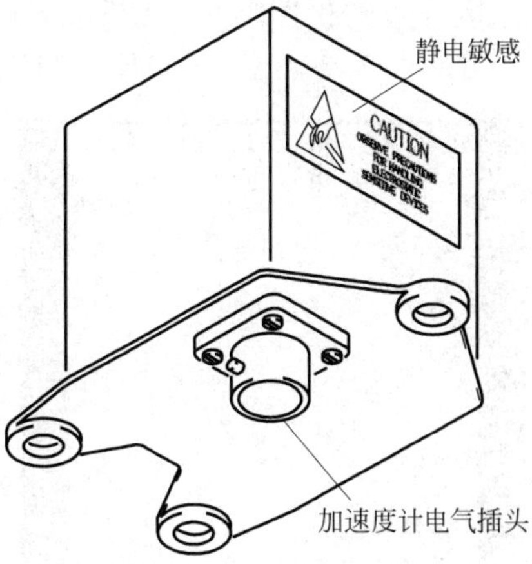

### 7. 程序开关组件

程序开关组件向数字式飞行数据采集组件送出一个编码,利用这一编码来辨别飞机的类型。飞行管理计算机也可以提供这一编码。

图 1.5-10　三轴加速度计

## 1.5.3　飞机状态监控系统

飞机状态监控系统(ACMS)对飞行数据采集组件收集的现有飞行数据以及其他总线数据传送的数据进行编辑,提供飞机系统、APU 以及发动机状态的监控功能。航空公司可以根据需要自定义监控的参数或者事件,如超温、超速等,由厂家修改 ACMS 软件,实现对飞机按需要进行自定义监控。另外,ACMS 本身也有厂家预定义的事件监控,当事件发生逻辑条件满足时,以事件报的格式记录在 NVM(non-volatile memory,非易失性存储器)里。可以通过机载打印机打印报文,也可以通过空地数据链(ACARS)自动传送到航空公司。图 1.5-11 为飞机状态监控系统图。

这些预先定义的标准报文有发动机性能报〈41〉、发动机起动报〈42〉、硬着陆报〈53〉、滑行报〈61〉等(如图 1.5-12 所示)。

Engine Performance Report <41>
Engine Start Report <42>
Engine Takeoff Report <43>
Engine Gas Path Advisory Report <44>
Engine Mechanical Advisory Report <45>
Engine Divergence Report <46>
Abnormal Engine Start Report <47>
Engine Ground Run Up Report <48>
APU Performance Report <49>
Weather Report <50> [Disabled]
Turbulence Report <51>
FOQA Report < 52>
FOQA Statistics Report <52>
Hard Landing Report <53>
Overweight Landing Report <54>
Approach Configuration Report <55>
Flight Summary Report <56>
Engine Real Time 1 Report <57>
Engine Real Time 2 Report <58>
Flight Controls Report <59>
APU Shutdown Report <60>
Taxiing Report <61>
Regulator Detection Report <62>

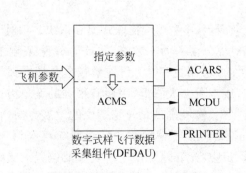

图 1.5-11　飞机状态监控系统　　　　　　图 1.5-12　ACMS 报文

MCDU 提供操作者和飞机状态监控系统的接口,在 ACMS 页面,可以查看系统构型,查看打印报文,人工控制 SAR/DAR(smart ACMS recorder/digital ACMS recorder,灵敏式飞机状态监控系统存储器/数字式飞机状态监控系统存储器)的工作,也可以通过标识字或者规定缩写方便地调取 ACMS 收集的数据,如着陆重量、高度、计算空速、俯仰值、横滚值等,实现参数的实时查看,为维护工作提供了方便。图 1.5-13 所示为进行 ACMS 参数即时调用,从图中可以看出来自 1 号大气数据计算机的计算空速(CAS)为 45 节。

图 1.5-13　ACMS 参数即时调用

飞机状态监控的数据通过 ACARS 可以方便地传递到航空公司,或通过 PCMCIA 卡下载,这部分数据除了可以用于性能监控、重要事件还原外,也是飞机健康管理系统的重要数据支持,如 AIRMAN 系统(空客)和 AHM 系统(波音)。航空公司为提高飞机的运行性能,为机队的飞机建立档案,加入飞机的历史故障数据,显示每架飞机的技术状态和健康状况,通过对监控状态进行汇总和分析,实现飞机故障的预测以及主动的可靠性分析,以制订合理的维修计划等。

# 1.6　陀螺及陀螺原理

## 1.6.1　概述

陀螺仪和加速度计作为惯性测量元件,是惯性导航、惯性制导和惯性测量系统的核心部件,广泛应用于军事和民用领域。掌握陀螺仪基本工作原理,是从事航空惯性基准系统应用相关工作的基础。

"陀螺仪"英文为 gyroscope,它来自希腊文,意为"旋转指示器"。陀螺仪是感测旋转的一种装置,简称陀螺。随着科学技术的发展,人们发现很多种物理现象可以用来感测物体相对于空间的旋转,在此基础上,研制出了许多不同类型的陀螺仪。

从国内外惯性基准系统的发展和应用来看,陀螺仪的发展大致经历了机电陀螺仪、激光陀螺仪、光纤陀螺仪和微机电陀螺 4 个阶段。另外,液浮、气浮、静电和动力调谐陀螺仪技术也非常成熟,应用也非常广泛。

国外的激光陀螺技术较早应用于航空、航天上,多数组成捷联式惯导系统。相对于传统陀螺仪,激光陀螺由于其实现原理的不同,对部分误差项不敏感,并且动态测量范围大,从 $0.01(°)/h$ 至 $1000(°)/s$,因而在捷联惯导系统中应用更多。光纤陀螺仪也是捷联惯导系统的最佳惯性传感器之一,由于其易于集成化,成本可大大降低,因而有很强的竞争力。近年来光纤陀螺仪发展很快,三轴化、集成化、数字化、模块化是光纤陀螺仪的发展方向,它已和激光陀螺仪一样,能批量生产。高精度光纤陀螺仪的零偏稳定性已达到 $0.00038(°)/h$,在中高精度姿态方位基准系统和捷联式惯导系统中,光纤陀螺仪已占有重要位置。随着光纤通信技术和光纤传感技术的发展,许多惯性技术专家预言,传统的机械陀螺仪将被激光陀螺仪取代,光纤陀螺仪又将逐渐取代激光陀螺仪。

微电子机械系统(micro electromechanical system，MEMS)陀螺是 20 世纪 80 年代后期才发展起来的一种新型惯性测量技术。采用 MEMS 技术研制出了微机电陀螺和微硅加速度计。这种新型的惯性传感器由硅片采用光刻和各向异性刻蚀工艺制造而成,具有尺寸小、重量轻、成本低、可靠性高、抗振动冲击能力强,以及易批量生产等优点,可广泛用于战术导弹、炮弹的惯性导航和制导系统。随着世界科学技术的高速发展,MEMS 惯性传感器在航空领域和其他领域将会得到更加广泛的应用。可以预见,未来最有发展前景的将是这种新型的 MEMS 惯性传感器。

本节将介绍在各类飞机上使用较多的几种陀螺。

## 1.6.2　机电陀螺仪

### 1. 概述

航空仪表中普遍使用的框架陀螺一般由转子、框轴组成。转子是一个对称的飞轮,可以高速旋转,其旋转轴称为自转轴,旋转角速度称为自转角速度。

如按结构来分,机电陀螺有三自由度陀螺和二自由度陀螺。能够绕三个轴旋转的陀螺,称为三自由度陀螺,它由陀螺转子、内框和外框组成,如图 1.6-1 所示。陀螺内框可以绕内框轴相对外框转动,外框又可以绕外框轴相对支架转动。这两种转动角速度都称为牵连角速度。自转轴、内框轴和外框轴的轴线相交于一点,叫做陀螺的支点,整个陀螺可以绕支点作任意的转动。在三自由度陀螺中,重心与支点重合、轴承没有摩擦的陀螺称为自由陀螺,它是一种理想的陀螺。将三自由度陀螺加上定位力矩而使陀螺能模拟某一方位的陀螺称为定位陀螺,如垂直陀螺和方位陀螺。

只有转子和内框,且只能绕两个互相垂直的轴旋转的陀螺,称为二自由度陀螺(见图 1.6-2)。在二自由度陀螺中,根据特性不同可分为速度陀螺仪、积分陀螺仪、阻尼陀螺仪等。二自由度陀螺还可以根据支撑形式的不同分为滚珠轴承式、液浮式(或称浮子式)、气体支撑式等。

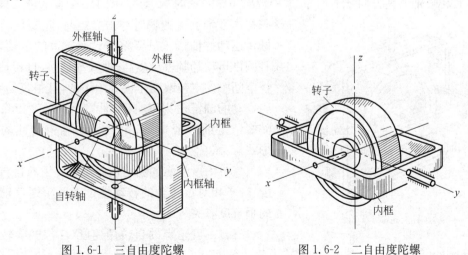

图 1.6-1　三自由度陀螺　　　　　图 1.6-2　二自由度陀螺

### 2. 三自由度陀螺的基本原理

三自由度陀螺有两个基本特性:稳定性和进动性。

1) 稳定性

三自由度陀螺保持其自转轴（或角动量矢量）在惯性空间的方向不发生变化的特性，称为陀螺的稳定性。

三自由度陀螺的稳定性有两种表现形式：定轴性和章动。

（1）定轴性

当三自由度陀螺转子高速旋转后，若不受外力矩的作用，不管基座如何转动，支撑在万向支架上的陀螺仪自转轴指向惯性空间的方位不变，这种特性叫"定轴性"，如图 1.6-3 所示。上述现象，如果我们以地球为基准，则可以认为三自由度陀螺自转轴的指向相对于地球变化，这种现象称为陀螺的假视运动或视在运动。

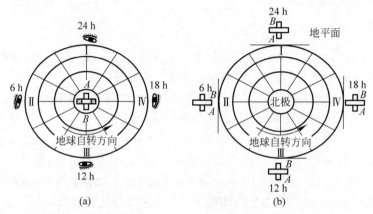

图 1.6-3　三自由度陀螺的定轴性

(a) 在地球北极处陀螺仪的视在运动；(b) 在地球赤道处陀螺仪的视在运动

（2）章动

陀螺的稳定性还表现为当陀螺受到瞬时冲击力矩后，自转轴在原位附近作微小的圆锥运动，其转子轴的大方向基本不变，这种现象叫做陀螺的"章动"。图 1.6-4 表示当三自由度陀螺内环轴上受到瞬时冲击力矩时，陀螺仪转子作圆锥运动的情形。只要陀螺具有较大的角动量，这种圆锥运动的频率比较高，振幅却很小，自转轴在惯性空间中的方位改变是极其微小的，且很容易衰减。当章动的圆锥角为零时，就是"定轴"。所以章动是陀螺稳定的一般形式，定轴是陀螺稳定性的特殊形式。

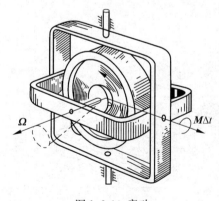

图 1.6-4　章动

三自由度陀螺的稳定性与陀螺转子的自转角速度、转子相对自转轴的转动惯量以及陀螺三轴之间的垂直度有关。

三自由度陀螺的自转角速度（$\Omega$）越高，转子相对自转轴的转动惯量（$J$）越大，说明转子角动量 $H = J \times \Omega$ 越大，也就是说转子的"惯性"越大，要改变它的位置就越困难，稳定性越高。所以要想提高三自由度陀螺的稳定性，就要使其角动量尽量大。

当陀螺的三轴相互不垂直时,其稳定性会降低,这是因为如果在三自由度陀螺的内、外框轴上施加有外力矩,则三自由度陀螺会产生进动(参见图 1.6-5),且当三自由度陀螺的内、外框轴与转子轴不垂直时,其进动角速度会加快,即陀螺自转轴离开原来指向的速度越来越快,也即稳定性变差。当三自由度陀螺的三个轴相互垂直时,其稳定性最高。

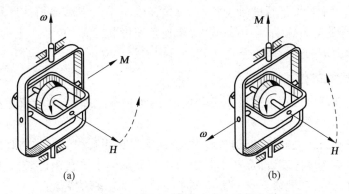

(a)　　　　　　　　(b)

图 1.6-5　外力矩作用下的三自由度陀螺仪的进动

2) 进动性

当三自由度陀螺的转子绕自转轴高速旋转即具有角动量 $H$ 时,若有外力矩 $M$ 长时间沿内框轴作用在陀螺仪上,则陀螺的角动量会绕其外框轴相对惯性空间转动(图 1.6-5(a));若有外力矩 $M$ 沿外框轴作用在陀螺仪上,则陀螺角动量 $H$ 会绕内框轴相对惯性空间转动(图 1.6-5(b))。在三自由度陀螺仪上长时间施加力矩 $M$,会引起陀螺角动量矢量 $H$ 相对惯性空间转动的特性,称为三自由度陀螺仪的进动性。进动性是三自由度陀螺仪的一个基本特性。陀螺仪绕着与外力矩矢量相垂直的方向的转动,叫做进动,其转动角速度叫做进动角速度。

(1) 进动方向和进动角速度大小

进动角速度 ω 的方向取决于角动量 $H$ 和外力矩 $M$ 的方向。外加力矩沿陀螺自转方向转动 90°后的指向即为进动角速度(ω)的矢量方向。其指向符合右手定则：从角动量 $H$ 沿最短路径捏向外力矩 $M$ 的右手旋进方向,即为进动角速度方向。

进动角速度 ω 的大小,取决于角动量 $H$ 和外力矩 $M$ 的大小以及三自由度陀螺仪三轴之间的垂直度。其计算公式为

$$\omega = \frac{M}{J\Omega\cos\alpha}$$

式中,α 为转子轴与外框轴垂直轴向之间向上或向下偏离的角度。可见,当三自由度陀螺的三轴不垂直时,进动加快。当 α=90°时,自转轴与外框架指向一致,此时陀螺失去稳定性,出现整个陀螺绕其外框轴转动的现象,这叫做陀螺的"飞转"。实际应用中,应避免这一情况的发生。

(2) 进动的特点

可以看出,三自由度陀螺的进动具有下列三个特点：

① 运动不是发生在外力矩作用的方向,而是发生在和它相垂直的方向;

② 当三自由度陀螺的三个轴始终保持垂直时,进动角速度 ω=M/H,在角动量一定时,对应一个外力矩只有一个进动角速度;

③ 外力矩停止作用时,进动立即停止。

日常生活中,我们经常见到陀螺进动的现象。例如骑自行车时,将两手撒开,不扶车把,

若身体稍左倾,自行车的前轮就会向左转弯,这种现象利用的就是陀螺的进动特性。自行车轮子可以看成是一个陀螺,车子前进时,轮子向前转,其自转角速度($\Omega$)矢量朝左。人体向左倾斜时,人体的重量便给车轮加一个外力矩($M$),其矢量朝后。根据陀螺的进动规律可知,自行车必然向左进动(转弯)。

物体同时绕两个互不平行的轴旋转(自传角速度不平行于牵连角速度)时,会产生陀螺力矩,它是在陀螺的复合运动(自传角速度、牵连角速度相互作用)下产生的,实质上是一种惯性力矩。陀螺力矩的矢量垂直于两个转轴所构成的平面。

### 3. 二自由度陀螺仪

二自由度陀螺仪可以用来测量飞机的角运动,如速度陀螺仪、转弯仪、陀螺继电器等。

1) 二自由度陀螺的特性

二自由度陀螺的运动规律和三自由度陀螺的运动规律有相似点,例如,只要它们同时存在自转角速度和牵连角速度,都会产生陀螺力矩。但是由于二自由度陀螺比三自由度陀螺少了一个自由度,其运动规律又有许多不同于三自由度陀螺的特点。

二自由度陀螺的进动如图1.6-6所示,当二自由度陀螺以角速度 $\Omega$ 自转,自转角速度的矢量朝左,如果此时有牵连角速度,且矢量方向朝上,则在自转角速度和牵连角速度的共同作用下,二自由度陀螺会产生绕内框轴的陀螺力矩 $L$,其方向朝前。在此力矩的作用下,二自由度陀螺会以角速度 $\omega_{进}$ 绕内框轴转动,这称为二自由度陀螺的进动。

二自由度陀螺的进动与三自由度陀螺的进动有所不同,主要表现如下:

(1) 特定情况下,三自由度陀螺在常值外力矩作用下是等速进动的,而二自由度陀螺在牵连角速度的作用下是加速进动的。

(2) 三自由度陀螺在外力矩消失后立即停止进动,二自由度陀螺在牵连角速度消失后维持等速进动。

当二自由度陀螺受到沿内框轴的外力矩作用时,由于二自由度陀螺缺乏 $z$ 轴方向的转动自由度,因而不能绕 $z$ 轴转动。这种情况下,在外力矩作用下,二自由度陀螺将像普通物体一样,加速转动;外力矩消失后,二自由度陀螺并不停止进动,而是像普通物体一样,维持等速旋转(见图1.6-7)。二自由度陀螺的这种运动称为受迫运动。

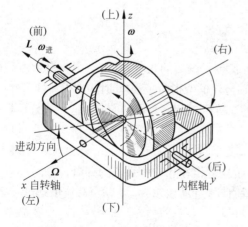

图1.6-6　二自由度陀螺的进动

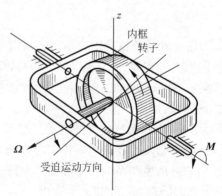

图1.6-7　二自由度陀螺的受迫运动

可以看出,由于二自由度陀螺只有两个自由度,当它受到绕内框轴的冲量矩作用时,不能像三自由度陀螺那样绕外框轴旋转,因而也就不能借助于陀螺力矩,使陀螺绕内、外框轴的转动互相影响而形成保持转子轴大方向的章动。

当基座绕 $z$ 轴转动时,陀螺力矩使陀螺绕内框轴进动,转子轴方位要改变,不能保持原来方位。

2) 速率陀螺仪的组成

速率陀螺仪由二自由度陀螺、平衡弹簧和阻尼器等部分组成,如图 1.6-8 所示。二自由度陀螺的 $z$ 轴与其内框轴和自转轴均垂直,是速率陀螺仪的输入轴,利用二自由度陀螺可以测出绕该轴的角速度。

设二自由度陀螺以角速度 $\Omega$ 自转,当飞机有绕测量轴的角速度 $\omega_i$ 时,沿内框轴方向便会出现陀螺力矩($L$),在陀螺力矩的作用下,陀螺转子及内框将绕内框轴转动,从而使平衡弹簧变形,产生与内框转角成正比的弹性力矩 $M_k$。该弹性力矩的方向与陀螺力矩的方向相反,当弹性力矩与陀螺力矩平衡时,二自由度陀螺内框停止转动。内框相对于初始位置转过的角度与飞机的角速度大小成正向关系。当飞机绕测量轴的角速度增大(或减小)时,陀螺力矩随之增大(或减小),内框转角也随之增大(或减小),直到两力矩重新平衡为止。

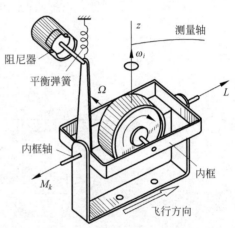

图 1.6-8　速率陀螺仪的组成

由于内框的转动有一定惯性,因此,当陀螺力矩与弹性力矩初次平衡时,内框的转动并不立即停止,而是要超过平衡位置,并在平衡位置左右摆动。为了使内框的摆动迅速衰减,速率陀螺仪中装有阻尼器,用以产生与内框旋转角速度成正比的阻尼力矩。当内框停止转动时,阻尼力矩消失。所以阻尼器只提高了速率陀螺仪的稳定性,而对内框的最终位置并没有影响。

## 1.6.3　激光陀螺仪

激光陀螺仪是一种完全取消了机械转子的新型陀螺仪,它是利用激光原理工作的,能测量旋转角速度,因此,仍属于陀螺类。

### 1. 组成

每个惯导组件里有 3 个激光陀螺,它们的工作原理都一样。目前主要有干涉仪式激光陀螺和谐振腔式激光陀螺(其结构见图 1.6-9)。

所谓谐振腔式激光陀螺,是把光路设计成闭合的谐振腔,使正、反光束在谐振状态下工作,通过测量其频差来得到基座转动角速度。在谐振腔式激光陀螺中,又可分为有源和无源两种。激光源在谐振腔之外的称为无源谐振腔或外腔式激光陀螺,激光源在谐振腔内的则称为有源谐振腔或内腔式激光陀螺。

图 1.6-10 为谐振腔式激光陀螺的工作原理框图,它主要由激光器及其供电电源、两个全反射镜、一个半透半反镜及合光棱镜、光电检测器、频率计、可逆计数器和显示器等组成。

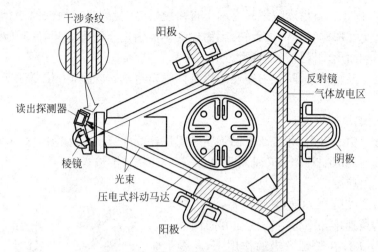

图 1.6-9　谐振腔式激光陀螺结构图

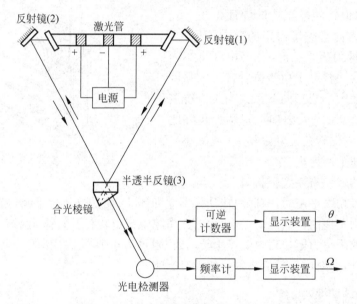

图 1.6-10　激光陀螺的工作原理框图

　　激光器是用来产生激光的器件。激光陀螺中主要用氦-氖气体作为活性物质。当在激光管的阳极和阴极之间加直流高压时,强电场激活管中的气体,从而产生激光。

　　激光陀螺中的全反射镜是一种高反射率的多层介质平面膜片,它是用真空镀膜法在石英晶片上交替镀上几十层金属膜而成。其反射系数很高,即几乎全部反射。

　　半透半反镜允许有少量的光透过,反射系数要求比全反射镜的低一些。合光棱镜是使两束不同方向的光“合”到一起的光学元件。

　　光电检测器采用光电二极管或光电三极管,把光信号变为电信号输出。频率计、计数器、显示器用来记录、处理和显示光电元件输出的信号。

　　将激光器、全反镜、半透半反镜、合光棱镜等同组于一个低膨胀系数材料做成的腔体中,就构成了激光陀螺本体。腔体可做成不同形状,使激光光路为三角形、四方形或 8 字形等。

激光陀螺存在闭锁效应,即当输入角速度小于阈值时,陀螺没有频差输出。产生闭锁现象的原因主要在于环路中的非均匀性,如多层介质膜(全反射镜片、增透片等)上各点的非均匀损耗和散射、放电毛细管的类似效应,工作气体、环路内其他气体中的灰尘及微粒等,所以在整个腔体的中央还装置一个压电晶体抖动马达,通电后马达带动整个晶体作高频正弦抖动,用于克服闭锁效应。

### 2. 工作原理

激光管加上高压电源后,便从两头发射出波长为 0.6328 μm 的激光,向右传播的激光经全反射镜(1)反射后,射到半透半反镜(3),然后又由(3)反射到全反镜(2),从激光管左端回激光管,形成顺时针方向传播的光环路,由激光管左端发出的激光经全反镜(2)、半透半反镜(3)、全反镜(1),回激光管右端,构成逆时针方向的光环路。

这两束顺、逆方向传播的光波称为正、反向行波。当腔体相对惯性空间绕其测量轴方向没有转动时,正、反向行波所走的路径是相等的,两束光由半透半反镜(3)透过少量激光,经合光棱镜后产生明暗相间的干涉条纹,此时的干涉条纹是静止不动的,光电元件不会送出电信号。

如图 1.6-11 所示,当腔体绕其测量轴相对惯性空间转动时,设转动角速度为 ω ,此时,沿腔体转动方向传播的行波转动一圈所经过的路径就大于逆腔体转动方向传播行波转一圈的路径。也就是说,两束光产生了光程差,这时,可观察到合光棱镜合光后形成的干涉条纹是移动的。

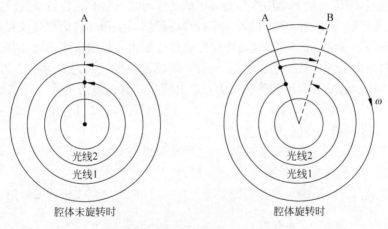

图 1.6-11　腔体内光线模拟传播路径

干涉条纹移动的速度与腔体转动的速度成正比,因此,只要测量干涉条纹移动的速度,就可以确定腔体相对惯性空间转动角速度 ω 的大小。而干涉条纹移动的方向反映了 ω 的方向。光电元件感测干涉条纹的移动速度,并变换成电信号输出。经计数处理,检测出代表 ω 大小的电信号。用两个光电元件输出信号,可以分辨出腔体转动的方向。

## 1.6.4　光纤陀螺仪

光纤陀螺仪是利用萨格纳克(Sagnac)效应制成的陀螺仪。萨格纳克效应是指在一闭合回路中,沿顺时针方向和逆时针方向传播的两束光的光程差与闭合回路的旋转角速度及回路面积成正比,与真空中的光速成反比。

光纤陀螺仪分为多种,采用光纤线圈的干涉效应来测量角运动的称为干涉型光纤陀螺仪,采用光纤作为谐振器来敏感角运动的称为谐振型光纤陀螺仪。

相比机械陀螺仪和激光陀螺仪,光纤陀螺仪有以下优点:

(1) 没有运动部件,牢固稳定,抗冲击和加速运动;

(2) 相干光束的传播时间短,原理上可以瞬间启动;

(3) 光纤的绕制增长了激光束的检测光路,使检测灵敏度和分辨率比激光陀螺仪提高了几个数量级,从而有效克服了激光陀螺仪的闭锁问题;

(4) 动态范围非常宽;

(5) 信号稳定可靠,可直接数字输出,便于与计算机连接;

(6) 结构简单,价格低,体积小,重量轻。

但是,光纤陀螺仪也有一些关键技术需要解决。根据光纤陀螺仪的工作原理及其光纤环的绕制方法和工艺,它的核心部件——光纤对温度极为敏感,加上激光源的光程差、偏振变化、光的后向散射、光纤端面的菲涅尔反射,以及光接收器的散粒噪声等影响,使得检测误差较大。

## 1.7　陀螺仪表

在航空领域,陀螺仪的基本用途是测量飞机的姿态角、航向角、位置、地速和角速度等参数,因此它是飞机航行驾驶的重要设备。飞行自动控制系统例如自动驾驶仪和增稳系统,以及其他机载设备如气象雷达系统,也需要用陀螺仪测量出飞机的这些参数,因此它也是这些系统和设备的重要部件。从使用角度看,航空上使用的陀螺仪表可分为指示式与传感式两类。给出判读指示的属于指示式陀螺仪表;输出信号到其他系统的属于传感式陀螺仪表,即通常所称的陀螺传感器。

指示式陀螺仪表有下列几种:

陀螺地平仪——测量飞机的姿态角,给飞行员提供姿态指示;

陀螺半罗盘——测量飞机的航向角,给飞行员提供航向指示;

陀螺磁罗盘——由陀螺半罗盘与磁罗盘组合而成,用来测量飞机的航向角,给飞行员提供航向指示。

陀螺转弯仪——测量飞机的转弯或盘旋,给飞行员提供转弯或盘旋指示。

传感式陀螺仪表有下列几种:

垂直陀螺仪——测量飞机的姿态角,给自动飞行系统或其他机载设备提供姿态信号;

方位陀螺仪——测量飞机的航向角,给自动飞行系统或其他机载设备提供航向信号;

速度陀螺仪——测量飞机绕其主轴的角速度,给自动飞行系统或其他机载设备提供角速度信号。

本节将介绍采用机械陀螺仪的指示类和传感类仪表,按输出的姿态信息、航向信息两种形式分别介绍陀螺类仪表,其中航向类仪表也包括未使用陀螺的磁罗盘,而以激光陀螺仪为传感器的系统将在其他节中介绍。

### 1.7.1 姿态仪表

飞机的姿态是飞机的轴向相对于地球表面的位置关系,通常用俯仰角和倾斜角来度量。飞机上很早就使用陀螺仪表来测量和显示姿态信息。图 1.7-1 中用陀螺转子平面和飞机轴向之间的夹角关系来描述飞机姿态角。如果使三自由度陀螺的自转轴垂直于地平面,当飞机上仰时,根据三自由度陀螺的稳定性,陀螺自转轴的方向不变,飞机纵轴与转子平面之间的夹角就可以表示飞机纵轴与地平面之间的夹角——飞机的上仰角($\theta$),如图 1.7-1(a)所示。当飞机倾斜时,飞机横轴与转子平面之间的夹角就可以表示飞机横轴与地平面之间的夹角——飞机倾斜的角度($\gamma$),如图 1.7-1(b)所示。

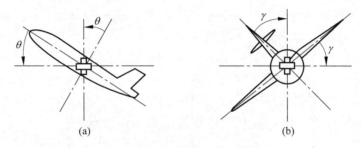

图 1.7-1　地平仪的基本测量原理

飞机上一般采用垂直陀螺和姿态指引仪构成的姿态系统来提供飞机姿态信号,姿态系统以垂直陀螺作为传感器,除了为指示器提供飞机的俯仰和倾斜信号外,还为机上其他设备提供飞机的姿态信号;有些飞机也采用由电瓶汇流条提供 28 V 直流电的地平仪作为备用姿态系统。下面将分别介绍这两种姿态指示系统。

**1. 地平仪**

地平仪的基本组成有 4 个部分,即三自由度陀螺、摆式修正器、指示部分和控制机构,如图 1.7-2 所示。

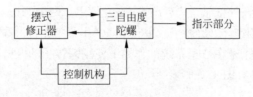

图 1.7-2　地平仪的基本组成

首先利用摆和三自由度陀螺配合来模拟地垂线,这是由地平仪修正器来完成的。修正器元件通常是一个液体摆,装在陀螺房上。液体摆一般都有两个自由度,既可测量前后方向的水平偏离,又可测量左右方向的水平偏离。这样,当三自由度陀螺的自转轴偏离地垂线时,液体摆感受到该偏离信号,并将该信号转换为力矩施加到三自由度陀螺上,使陀螺进动,直至到达地垂线位置。当三自由度陀螺自转轴稳定在地垂线位置时,液体摆没有信号输出,陀螺不受外力矩的作用,自转轴稳定不动。三自由度陀螺与修正器密切配合,保证陀螺转子轴稳定在当地地垂线方位。当飞机有机动飞行时(例如加速或转弯),液体摆不能真实反映地垂线位置,此时切断摆对地垂线的修正作用,陀螺的稳定性使其自转轴保持在机动前的地垂线方向,由于飞机机动飞行时间通常都比较短,因此,三自由度陀螺自转轴不会偏离地垂线太多,这就可以避免由于摆的不稳定性可能带来的姿态角指示错误。摆和陀螺的有效配合,将陀螺转子轴稳定在当地地垂线位置上,其转子平面就是我们要寻找的人工水平面。

在模拟人工水平面或地垂线的基础上,通过仪表指示部分,就可以将飞机的俯仰、倾斜角以目视信号形式反映给飞行员,或输出电信号到自动驾驶仪和其他设备中。指示部分一般由缩影小飞机、俯仰刻度盘、倾斜刻度盘和指示(人工地平线)等组成。

现以液体摆和修正电极组成的修正系统为例来说明系统的基本工作原理。图 1.7-3 所示为某型地平仪修正系统组成线路图。

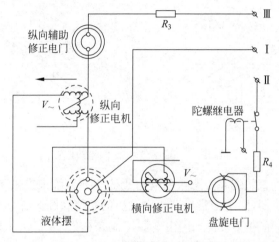

图 1.7-3　地平仪修正系统组成

液体摆电门安装在陀螺内框(陀螺房)下方,其中一对接触点与飞机纵轴平行,另一对接触点与飞机横轴平行。纵向修正电动机产生沿三自由度陀螺内框轴方向的修正力矩,它的静子固定在内框轴上,转子固定在外框上;横向修正电动机产生沿三自由度陀螺外框轴方向的修正力矩,它的静子固定在外框轴上,转子固定在壳体上。两个修正电动机的控制绕组分别与液体电门的两对接触点相连,激磁绕组通以 36 V 400 Hz 交流电。整个仪表通电工作后,陀螺转子高速旋转,三自由度陀螺在修正系统的作用下使陀螺转子轴保持在当地地垂线方向。

其工作过程如下(参看图 1.7-4):

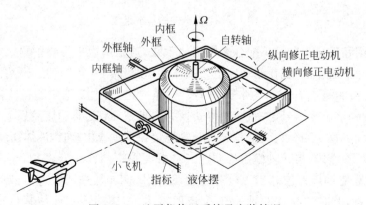

图 1.7-4　地平仪修正系统及安装情况

陀螺未工作时,转子轴可以自由停在任意位置。仪表通电前,一般通过人工或自动的方法将陀螺转子轴大致控制到地垂线附近,这样可以缩短三自由度陀螺自转轴的直立时间。地平仪通电后,若转子轴没有到达地垂线,则陀螺房下边的液体摆不水平,例如陀螺自转轴向左倾斜,则液体摆也向左倾斜,导电液向左,而气泡向右,这样中央接触点和左边一个接触点被导电液覆盖的面积就大,电阻减少,右边接触点和中央接触点间的电阻则增大。此时,横向修正电动机两个控制绕组中的电流不等,修正电动机产生修正力矩加到陀螺外框轴上,方向朝右,陀螺产生进动,转子轴向右转动直至地垂线位置。当陀螺转子轴到达地垂线位置时,液体摆也处于水平位置,导电液与左右两个接触点的覆盖面积相等,中央接触点与左右两个接触点间的电阻相等,横向修正电机两个控制绕组中通过的电流相等,电机不产生力矩,陀螺不受外力矩作用,而停在地垂线上。陀螺转子轴向右偏离地垂线的情况与上述相似。同理也可以分析陀螺转子轴纵向(前后)偏离地垂线时,纵向修正系统的工作情况。

在飞机静止和等速直线飞行时,液体摆都能正确感受当地地垂线,并通过修正系统将陀螺转子轴直立到地垂线上。在飞行过程中,由于下述原因,陀螺自转轴会偏离地垂线位置:①陀螺仪内外轴承上的摩擦力矩及不平衡力矩;②地球自转;③飞机的飞行速度等。但在修正系统的作用下,陀螺转子轴都能回到地垂线附近的位置来。

当飞机作机动飞行时,如增速、减速、转弯或盘旋,液体摆受惯性力的作用而使液体不能敏感真地垂线。因而当陀螺转子轴在地垂线位置而飞机有加速度时,由于导电液受惯性力作用而偏离中心位置,会导致修正电动机产生错误的修正力矩,对陀螺进行错误的修正,从而导致陀螺偏离地垂线,造成仪表的误差。但这种误差由于陀螺的稳定性而大大减小。因为陀螺的进动角速度很慢,并且飞机加减速或转弯盘旋的时间都不长,所以地平仪产生的误差实际上不大。如摆可能产生几十度的误差,即虚假地垂线可能偏离真地垂线几十度,但陀螺自转轴产生的误差通常可能只有几度,即陀螺自转轴偏离真实地垂线的角度只有几度。由此可见,修正速度愈小,由于飞机机动飞行而产生的误差也愈小。但陀螺的修正角速度也不能过小,修正速度过小会影响摆对陀螺的修正效果。

飞机的纵向加速度引起的地平仪误差叫纵向加速度误差,由于飞机转弯或盘旋而使地平仪产生的横向误差叫转弯或盘旋误差。为了减小这些误差,不同的地平仪采取了不同的措施。如在纵向修正电路中接入纵向切断电门,在横向修正电路中接入盘旋切断电门或角速度切断电门,或采取所谓俯仰/倾斜修正法等。

某型飞机的指针式备用地平仪如图 1.7-5 所示。中间为使陀螺保持稳定的姿态球,俯仰刻度在姿态球上,每一格 5°,横滚刻度在仪表的上部。来自电瓶的 28 V 直流电为备用地平仪系统供电。标线分别代表 0°、10°、20°、30°、45°和 60°。备用地平仪还能显示来自仪表着陆系统的下滑道及航向道偏离信息,如果该信息故障或错误,将出现故障旗,当没有仪表着陆系统的计算数据时,偏离指针会移出仪表的可视区域。固定的飞机符号与仪表的壳体固定,不会移动。

备用地平仪通过以下两种方式校准至垂直状态:在自动模式下,为系统供电,陀螺自转轴以 3°/min 的速率校准至当地地垂线位置;在手动模式下,先让陀螺旋转 30 s 以上,然后拉动上锁手柄,手柄校准陀螺自转轴至地垂线位置,使姿态球稳定在俯仰和横滚的零刻度。

注意,拆卸地平仪时,必须确保断电 20 min 以上,因为陀螺停止旋转需要一段时间,否

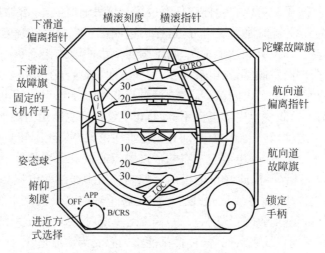

图 1.7-5　备用地平仪

则会导致陀螺部件的损坏。另外,拆下的地平仪需用专用卡子将上锁手柄固定在上锁位,使陀螺三轴相互垂直锁定,防止在运输途中磨损。

大型飞机新型的备用姿态系统称为集成备用飞行显示器(integrated standby flight display,ISFD),如图 1.7-6 所示。它能够显示姿态、航向、空速、高度等信息。姿态信息来自显示器内部的传感器,航向信息来自大气数据惯性基准组件,空速、高度的气压源来自备用全/静压系统,同时还能显示下滑道和航向道的偏离信息。

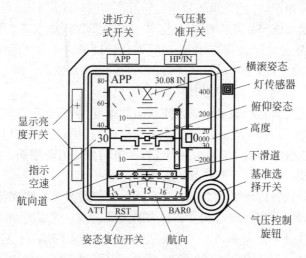

图 1.7-6　集成备用飞行显示器的结构

该系统采用一充放电瓶组件,通过飞机电瓶汇流条为 ISFD 供电,在飞机电源失效时,该组件内部的电池也能为 ISFD 供电。

**2. 垂直陀螺和姿态指引仪**

垂直陀螺仪的结构原理如图 1.7-7 所示。它由一个纵向安装的三自由度陀螺,纵、横向修正力矩马达,纵、横向液体电门,纵、横向修正断开电门,俯仰、倾斜同步传感器,轴端间隙限制器和摆锤等部件组成。

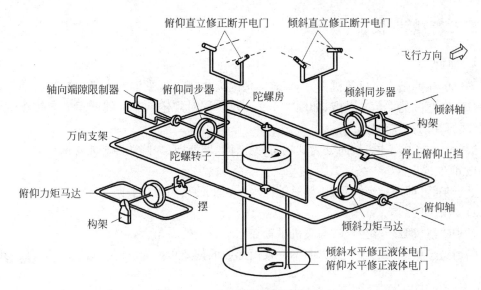

图 1.7-7 垂直陀螺仪的结构原理

垂直陀螺仪有相应的电子监控电路来监控电源的电压、陀螺转子转速、力矩马达的控制和激磁、快慢修正、直立和切断、俯仰与倾斜同步器等的工作情况。在有故障的情况下发出警告信号,使姿态指引仪上出现警告旗,同时切断自动驾驶仪连锁电路。

姿态指引仪是将姿态系统使用的指示器和飞行指引仪系统的指引指示器组装在一起形成的一个综合指示仪表,可为驾驶员提供姿态显示。典型的姿态指引仪(ADI)如图 1.7-8(a)所示。姿态指引仪有俯仰、倾斜刻度,中间是飞机标志和飞行指引指令杆,还有跑道标志和仪表着陆系统的航向道(LOC)、下滑道(G/S)指示。最下面有一个侧滑指示器,左侧是自动油门快、慢(FAST/SLOW)指示,右上角是决断高度(DH)指示灯。

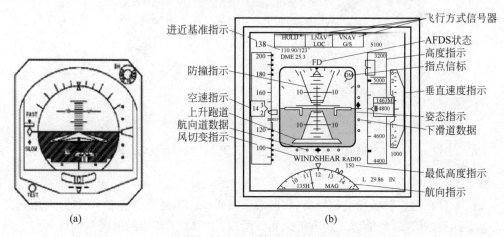

图 1.7-8 两种姿态指引仪
(a) 姿态指引仪(ADI);(b) 电子姿态指引仪(EADI)

现代飞机基本都已采用电子仪表系统,姿态指引仪改为电子姿态指引仪。电子姿态指引仪如图 1.7-8(b)所示,它采用液晶显示器,各种刻度、指针和标志都使用电子符号表示。

### 1.7.2　航向仪表

**1. 航向**

飞机的航向是指飞机的机头方向,航向角的大小用飞机纵轴的水平投影线与地平面上某一基准线之间的夹角来量度,如图 1.7-9 所示。同时规定从基准线的正方向按顺时针至定位线的角度为正航向角。

根据基准线的不同,航向分为真航向、磁航向、罗航向、大圆航向和陀螺航向。

1) 真航向

真子午线(即地理经线)与飞机纵轴在水平面上的夹角为真航向角。

2) 磁航向

磁子午线(即地球磁经线)与飞机纵轴在水平面上的夹角为磁航向角。

因为磁子午线与真子午线方向不一致而形成的偏差角称为磁差。磁航向与真航向的关系为

$$\psi_T = \psi_c + \Delta\psi_c$$

式中,$\psi_T$ 为真航向角;$\psi_c$ 为磁航向角;$\Delta\psi_c$ 为磁差角。

规定磁子午线北端在真子午线北端东侧磁差为正,西侧为负。地球磁差随时间、地点不同而异。通常各地的磁差值在一年之内变化不超过 $10'$(角分)。

当磁差为负值时,磁航向与真航向的关系如图 1.7-10 所示。

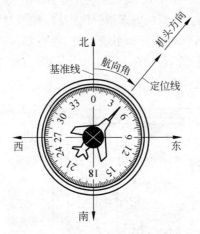

图 1.7-9　飞机航向表示法图

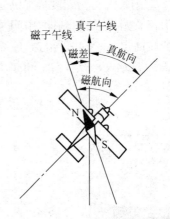

图 1.7-10　真航向与磁航向的关系

3) 罗航向

飞机上存在钢铁磁场和电磁场,它们形成飞机磁场。将磁罗盘装上飞机后,其传感器不仅能感受到地球磁场,也能感受到飞机磁场。所以,用磁罗盘测得的航向基准线实际上是地球磁场与飞机磁场两者形成的合成磁场水平分量方向,如图 1.7-11 所示。磁罗盘测得的这一合成磁场水平分量方向,称为罗子午线,或罗经线。该线与飞机纵轴在水平面上的夹角为罗航向角。

罗子午线与磁子午线之间的夹角称为罗差。规定罗子午线北端在磁子午线北端的东侧时罗差为正,在西侧为负。这样,罗航向与磁航向的换算关系是

$$\psi_c = \psi_L + \Delta\psi_L$$

式中，$\psi_L$ 为罗航向角；$\Delta\psi_L$ 为罗差角。

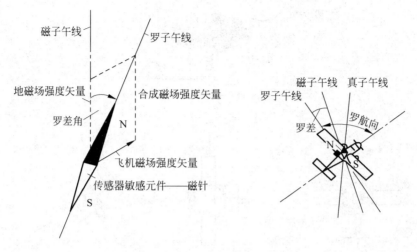

图 1.7-11　飞机磁场对磁航向的影响

4）陀螺航向

利用三自由度陀螺在惯性空间具有的定轴性，可制成陀螺罗盘，将陀螺自转轴置于水平位置，作为航向基准线。利用陀螺自转轴指示的航向称为陀螺航向。如果其刻度盘0°线置于磁子午线，则所指航向为陀螺磁航向；如果将0°线置于真子午线，则指示航向为陀螺真航向。

**2. 磁罗盘**

磁罗盘用来测量飞机的罗航向，飞行员根据罗航向和罗差可以计算出飞机的磁航向。磁罗盘由罗牌、罗盘油、表壳、航向标线、罗差修正器和照明灯等组成。罗牌是磁罗盘的敏感元件。

磁罗盘的内部装有可以自由转动的磁条和固定在磁条上的0°～360°刻度盘，刻度盘的0°(N)～180°(S)线与磁条方向一致，磁条的北极(N极)指向180°方向，南极(S极)指向0°方向，如图1.7-12所示。在磁罗盘的表壳上还固定有航向标线，它代表飞机的纵轴线位置。当飞机航向改变时，磁条和刻度环不动，表壳上的航向标线随飞机一起转动，相对于刻度盘转动一定角度。航向标线在刻度盘上所对应的刻度读数就是罗子午线与飞机纵轴在水平面上的夹角，即飞机的罗航向。

罗子午线与磁子午线之间的夹角称为罗差。飞机上的钢铁物体和工作着的电气设备会形成附加的飞机磁场。由铁磁物质形成的永久磁场称为"硬铁磁场"，其特点是在特定地理位置上为一定值；而有些软磁材料本身并不产生磁场，却因为其磁导率较高而使其所在环境的磁场强度分布发生畸变，称为"软铁磁场"。软铁磁场也会导致磁罗盘的测量出现偏差。飞机磁场包括硬铁磁场和软铁磁场两部分。飞机磁场的存在影响了磁罗盘的测量精度，使之产生误差，即"罗差"。

罗差来源于磁场干扰和仪表误差两个方面。其中磁场干扰属于原理性误差，磁罗盘本身无法校正，因此，罗差校正只能侧重于减小仪表误差。不过，因硬铁磁场对局部地区磁场

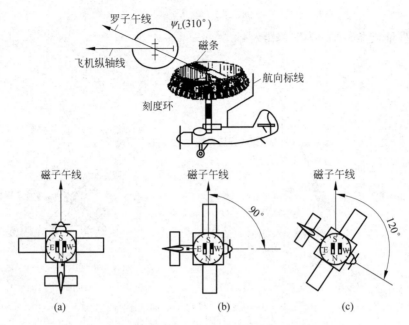

图 1.7-12　磁罗盘的指示原理

的影响恒定,故硬铁磁场引起的磁差也是恒定的,可以通过其他辅助手段检测后,与磁偏角修正一起对磁罗盘的方位测量值进行修正。由于软铁磁场具有时变性和随机性,对其引起的误差进行精确补偿比较困难,故降低软铁磁场的有效手段只能是减少或消除磁罗盘附近的软磁材料。

　　由飞机硬铁磁场引起的罗差称为"半圆罗差",其变化规律为:当飞机航向变化360°的过程中,罗差的大小和正负按近似正弦规律变化,其中出现两次零罗差和两次最大罗差,且罗差的正、负每隔180°改变一次。在磁罗盘的正下方(有的在罗盘正上方)的表壳上安装有罗差修正器(如图 1.7-13 所示),用来产生硬铁磁场去抵消飞机硬铁磁场对罗盘的影响,以消除(或减小)半圆罗差。

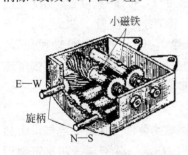

图 1.7-13　罗差修正器的结构

　　由飞机软铁磁场引起的罗差有"圆周罗差"和"象限罗差"。"圆周罗差"的大小和符号不随飞机航向的改变而变化,而象限罗差在飞机航向变化360°的过程中,罗差的大小和正负也按近似正弦规律变化。其中出现四次零罗差和四次最大罗差,且罗差的正、负每隔90°改变一次。减小软铁磁场所引起的"圆周罗差"可以通过调整磁罗盘的安装角度和安装位置来实现。

　　磁罗盘在飞机上的安装位置不同会引起安装罗差,安装罗差是圆周罗差,只要重新调整磁罗盘(或罗盘传感器)的安装位置,使罗盘(或罗盘传感器)上的航向标线与飞机实际的纵轴线位置一致,安装罗差便可消除。

　　现在飞机上的磁罗盘只作为备用航向仪表使用。磁罗盘配有一个罗盘卡,罗盘卡上标注实测的各方向罗差的数值。飞行员通过比对罗盘卡,就能得出磁航向。

飞机俯仰、倾斜、转弯、加速或减速时,垂直磁场以及其他一些因素对磁罗盘的影响往往较大,使磁罗盘产生误差。这些误差统称为飞行误差。

### 3. 陀螺半罗盘

三自由度陀螺仪的自转轴具有定轴性,利用这一特性可以做成测量航向的仪表。将三自由度陀螺仪的自转轴调整到指北方向作为航向测量基准,就可以指示飞机的航向。由于陀螺自转轴不能自动找北,只起半个罗盘的作用,故称之为陀螺半罗盘。

陀螺半罗盘主要由三自由度陀螺、刻度盘、航向指标、水平修正器和方位修正器等部分组成,如图 1.7-14 所示。

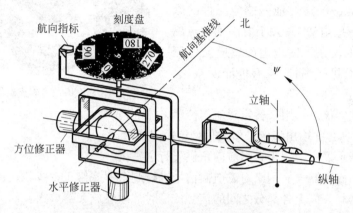

图 1.7-14　陀螺半罗盘结构原理图

三自由度陀螺仪的外框轴与飞机的立轴平行,轴上固定有 0°~360°航向的刻度盘;水平修正器产生的修正力矩作用于外框轴,使自转轴在水平修正器的作用下始终保持在水平状态;方位修正器产生的修正力矩作用于内框轴,使自转轴在方位修正器的作用下,稳定于航向基准线位置(即使自转轴相对于地球的方位不变),同时又能在人工控制下,给陀螺施加控制力矩,使自转轴进动到新的航向基准方位;航向指标代表飞机的纵轴,固定在表壳上,刻度盘上的 0°~180°线代表航向基准线,航向指标所对应的刻度盘读数即为飞机的航向角。

陀螺半罗盘的纬度误差,除了陀螺存在静不平衡力矩与摩擦力矩外,还受到地球自转的影响。其补偿方法有:用调整螺钉在内环轴上加不平衡力矩,或在内环轴上加装方位修正电机,或采用单片机软硬件技术进行数字控制。

由于陀螺半罗盘不具有自动找北的特性,需人工进行航向校正,使用起来不很方便,因此又在此基础上发展出陀螺磁罗盘。

### 4. 陀螺磁罗盘

磁罗盘具有自动定向的特性,但稳定性差;陀螺罗盘有很好的稳定性,但不能自动定向。于是,可以将磁罗盘和陀螺半罗盘结合在一起构成陀螺磁罗盘。

1) 陀螺磁罗盘的组成

陀螺磁罗盘由以下部件组成。

(1) 磁航向传感器——采用感应式磁传感器感测地磁,输出磁航向信号。

陀螺磁罗盘采用感应式磁传感器感测地磁。感应式磁传感器主要包括地磁感应元件、万向支架、浮子和罗差修正器等,如图 1.7-15 所示。

感应式磁传感器用的是三相地磁感应元件,在它的正上方有一个罗差修正器,可以消除小于 10°～30° 的罗差。地磁感应元件固定在万向支架的内环轴上,可保持水平状态。地磁感应元件的顶部固定有一个浮子,通过浮子和罗盘油之间的阻尼作用,可增加地磁感应元件的稳定性。配重可调整地磁感应元件和浮子的平衡。地球磁场通过地磁感应元件的磁化线圈时产生感应电势,其大小取决于地球磁场与磁化线圈的夹角。使用地磁感应元件测量磁子午线没有机械惯性,没有停滞误差,灵敏度较高。

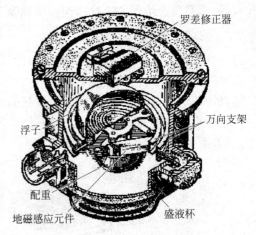

图 1.7-15　感应式磁传感器

（2）航向陀螺仪——用来稳定磁航向传感器所测出的磁航向,并输出稳定的航向信号给航向指示器。

（3）航向指示器——用来显示航向角供飞行员判读。

（4）磁航向修正器——用来对磁航向信号进行剩余罗差修正,并消除系统传递误差。

（5）放大器——以上各部分之间的信号传输时都须经放大器放大。

（6）角速度传感器——在飞机转弯时用来切断磁航向传感器对航向陀螺仪的校正。

2）工作过程

陀螺磁罗盘的简单原理框图如图 1.7-16 所示。磁传感器受地磁场的作用,可以测量飞机的磁航向,并利用磁电位器输出航向信号去控制陀螺机构的航向输出,使指示器指示出飞机的磁航向。陀螺机构既是磁传感器的"指示器",又是指示器的传感器。

图 1.7-16　陀螺磁罗盘的结构原理框图

陀螺磁罗盘工作时信号传输分三步,如图 1.7-17 所示。第一步:陀螺磁罗盘中磁航向传感器的地磁感应元件的三相测量线圈与磁航向修正器中的同步器对应连接,通过磁航向修正器中的伺服电机,使磁航向修正器给出的航向与磁航向传感器所测出的磁航向相协调。第二步:磁航向修正器中的同步器与航向陀螺仪中的同步器对应连接,通过航向陀螺仪中的航向协调电机,使航向陀螺仪稳定的航向与磁航向修正器给出的磁航向相协调。第三步:航向陀螺仪中的同步器与航向指示器中的同步器对应连接,通过航向指示器中的伺服电机,使航向指示器指示的航向与航向陀螺仪稳定的磁航向相协调,并由此提供给飞行员判读的航向指示。

陀螺磁罗盘在飞机平飞且不在强磁地区或高纬度地区时,利用磁航向传感器对航向陀螺仪进行航向校正。在飞机转弯或在强磁地区或高纬度地区飞行时,磁航向传感器不能正常工作,则断开磁航向传感器对航向陀螺仪的航向校正,直接用航向陀螺仪来测量航向,相

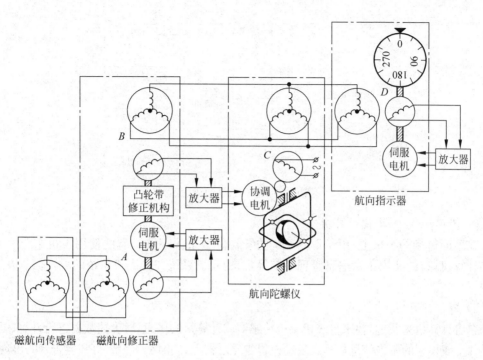

图 1.7-17　感应式陀螺磁罗盘

当于陀螺半罗盘。

# 1.8　警告系统

　　警告系统是在飞机上对多个系统进行监控并在系统非正常状态下提供音响、视觉及触觉警告的系统。根据飞机系统所监控和发生故障的危险程度不同,发出不同级别的音响警告,对飞行安全起着非常重要的作用。

　　随着飞机电子设备不断升级,飞机的警告系统也发生了很大的变化。从早期飞机上的警告灯、警示牌、信号器等警告方式过渡到综合警告系统。这些先进的综合警告系统不仅可以监控飞机系统不正常的工作状况,及时报告故障信息,同时还向飞行员发出更为全面、直观的警告信息。

## 1.8.1　警告系统的基本组成及功能

　　现代飞机使用综合警告系统,不仅对超速状况给出警告,同时还监控其他飞机系统。不同型号的飞机上使用的警告系统部件、输入信号以及所监控的对象有所不同,但总体上警告输出分为警告信息、警告灯、警告音响。警告系统一般由电源组件、飞机系统信号采集组件、警告计算机、警告信息显示器、警告灯和警告音响装置等组成,如图1.8-1所示。

　　1) 电源组件

　　电源组件用于满足警告系统工作多种规格的用电需求。警告系统用的电源多为双套,以确保警告信号的发出。

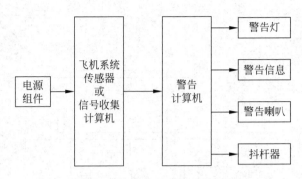

图 1.8-1　警告系统组成框图

2) 传感器(信号采集计算机)

在不同机型的飞机上,用于不同系统的警告信号来源不同。有的使用飞机系统的传感器和计算机,有的使用飞机信息管理系统等,监控飞机系统并将飞机系统的故障信息发送到警告系统。

3) 警告计算机

警告计算机采集、监控来自飞机系统传感器或计算机的信息,对上述数据进行计算、处理、分类并生成相应的警告信息显示在发动机警告显示器上,同时会有警告灯和警告音响出现。

4) 警告装置

警告装置包括警告灯、警告喇叭、谐音钟组件、警告信息显示器、失速抖杆器。

警告灯在出现警告时灯亮,可按压灯罩复位。出现警告信息时显示为红色,出现警戒信息时显示为琥珀色。

警告喇叭是警告系统的发声装置。

警告信息显示器为相应系统的警告信号器,EICAS 或 ECAM 显示器。

失速抖杆器由 28 V 直流马达作动操纵杆抖动。

5) 测试装置

警告系统都有自己的测试装置。在驾驶舱顶板测试面板或控制显示组件(CDU)及音响警告系统的计算机前面板上实施测试,观察测试结果。

## 1.8.2　高度警告系统

### 1. 概述

塔台指挥飞机飞行在不同的高度层,飞机必须在塔台空中管制员指令的高度上飞行,以防碰撞。

机载高度警告系统可以探测到飞机是否偏离了指定的高度。它将来自大气数据计算机的真实高度与飞行员在方式控制板上设定的高度进行比较,一旦比较结果超出规定的范围,将发出视觉和音响信号警告飞行员。飞行员按塔台指挥的要求在方式控制板上设定高度。

高度警告系统有的集成在自动飞行系统中或采用中央警告计算机,还有的是由独立的高度警告计算机组成。

此外,高度警告系统目前已作为缩小高度垂直间隔(RVSM)运行飞机放行的标准之一,我国已于 2007 年 11 月 22 日零时开始实施 RVSM 运行。高度警告系统是在 RVSM 空域飞行的要求条件之一,要确保飞机在垂直方向的高度偏差在一定的范围之内,若达不到要求,必须离开 RVSM 空域,以免影响飞行安全。

### 2. 高度警告系统的组成和原理

如图 1.8-2 所示,大气数据计算机、高度给定装置(自动飞行方式控制板)、襟翼和起落架位置传感器提供警告系统的输入信号。当高度警告触发逻辑满足,计算出飞机实际高度(来自大气数据计算机)正在接近或偏离机组在自动飞行方式控制板上设置的预选高度时,高度警告计算机驱动输出设备,产生相应的音响和指示。

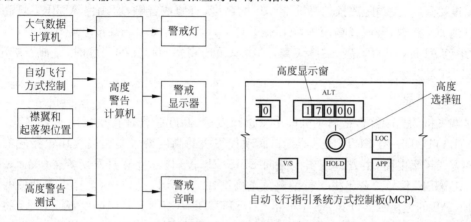

图 1.8-2　高度警告系统框图和高度给定装置

高度警告系统通过驾驶舱警告喇叭发出音频警示音,高度警告信号灯亮。在装备 EICAS 的飞机上还会显示"ALT ALERT"高度警告字样信息。

### 3. 工作过程

来自大气数据计算机(ADC)的气压高度值送入高度比较器,与自动驾驶方式控制板的预选高度信号比较,按方式逻辑判断高度警告系统的工作方式(参见图 1.8-3)。

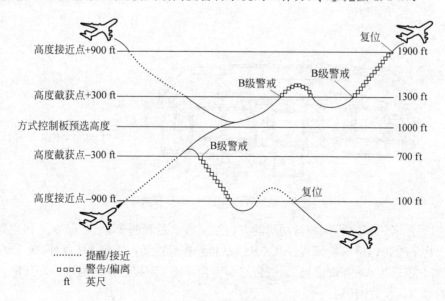

图 1.8-3　高度警告系统操作

（1）若飞机飞行偏离预选高度在 300～900 ft 之间,则发出警戒（ALERT）信号,警示飞行员飞机已偏离当前方式控制板上的预选高度。

（2）若飞机接近预选高度在 900～300 ft 之间,则发出提醒（ADVISE）信号,提醒飞行员已接近当前方式控制板上的预选高度。

（3）若飞机飞行偏离预选高度在 900 ft 以上,系统不发出任何警告,表明飞机已向选定的新的飞行高度飞行。

空客飞机的高度警告系统的方式逻辑略有不同:从高于或低于预选高度 900 ft 以外向预选高度接近时,飞到距离预选高度 900 ft 的高度,有警戒音响,琥珀色 ALERT 灯亮。继续接近到 300 ft 时,警戒音响消失,ALERT 灯灭。如果飞离预选高度 300 ft 时,有警戒音响,琥珀色 ALERT 灯闪亮。继续飞离,到距离预选高度 900 ft 的高度时,警戒音响消失,ALERT 灯灭。

**4. 警告信息**

早期飞机的高度警告是当飞机偏出预选高度后,高度警告计算机发出 C 调音响,琥珀色的"ALTITUDE ALERT"信号器亮。而现代飞机的高度警告是由高度比较器的输出信号进入方式逻辑电路,由方式逻辑电路向 EFIS/EICAS 显示计算机发出警告（ALERT）或提醒（ADVISE）信号。若飞机飞行偏离预选高度在 300 ft 以上,显示计算机将处理的信息送到 EICAS 的上显示器,EICAS 上显示"ALTITUDE ALERT"B 级高度警戒信息;将警告灯的离散信号送到正、副驾驶的主警戒灯,正、副驾驶员前方遮光板上的琥珀色的"CAUTION"灯亮;偏离预选高度在 300 ft 以上到 900 ft 之间时,音频合成器将电子合成出来的猫头鹰叫声通过正、副驾驶的警告喇叭发出,如图 1.8-4 所示。

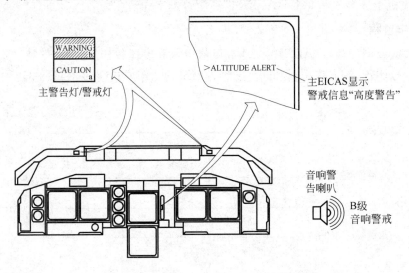

图 1.8-4　高度警告系统——B 级警戒指示

综上所述,若飞机飞行偏离自动驾驶方式控制板上的预选高度 300～900 ft 之间时,驾驶舱内发出的警告包括音响警告、EICAS 信息和警告灯指示;从 900 ft 以外,向 300 ft 接近预选高度时,有 EICAS 咨询信息,无警告灯和警告音响;到接近预选高度 300 ft 时,表示已经截获到预选高度,无任何指示。

注意在进近着陆过程中,当飞机的起落架和襟翼在着陆构型,或仪表着陆系统的下滑道截获后,高度警告系统抑制高度警告信号的发出。此时需要飞行员精神高度集中,避免外部干扰,完成进场着陆的过程。

### 1.8.3　超速警告系统

**1. 概述**

马赫/空速警告系统是警告系统的一个组成部分。由空气动力学可知,飞行速度越大,则空气流过飞机前方的压力也变大,引起空气压缩量越大,会对飞机结构造成损坏。因此超速飞行时,会出现超速警告信息以引起驾驶员的注意。

在分立式仪表上,如前面已经讲到的马赫/空速表,对飞机的超速状况进行监控、警告。

在屏幕显示的飞机上,速度限制在 PFD 的空速带上用红黑相间的区域表示。

**2. 马赫/空速警告系统**

1) 马赫/空速表

马赫/空速表将空速指示器和超速指示器组合在一起,构成一组合式仪表。

马赫/空速表显示出实际空速和速度限制(最大操作速度)。马赫/空速表上的白色指针代表计算空速(CAS),表上的窗口以数字形式指示出计算空速和马赫数。红、白相间指针指示最大操作速度(VMO)。若马赫/空速警告计算机出了故障,窗口内显示 VMO 和 MACH 故障旗,如图 1.2-10 所示。

2) 马赫/空速警告系统组成及原理

大气数据计算机(ADC)根据全/静压系统提供的全压值、静压值,全温探头的温度信号,计算出所需的指示空速(IAS)、计算空速(CAS)、马赫数(MACH)等大气数据参数,发送到马赫/空速警告计算机和指示器。马赫/空速指示器内部设有最大允许马赫数、最大操作速度探测装置,当探测到超速状况时,系统提供目视和音响警告。

除大气数据输入外,还有系统测试、各种条件(如起落架放下)及方式选择的输入,如图 1.8-5 所示。

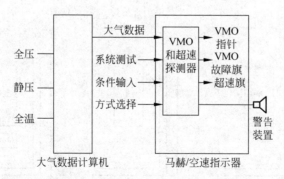

图 1.8-5　马赫/空速警告系统的组成

大气数据计算机输出的大气数据信号和直流电源,发送到马赫/空速表内的超速微处理器。指示器上的白指针指示的是计算空速,红白指针是马赫/空速超速微处理器计算出的空速极限值(VMO)。超速微处理器根据起落架是否放下、襟翼位置等条件,分别计算出不同条件下的超速极限值。

装有两部大气数据计算机的系统,机长和副驾驶的马赫/空速表使用不同的电源,音响警告喇叭也使用独立的电源。

当飞机在不同条件下飞行接近超速时,马赫/空速表内部的超速微处理器的输出信号使指示器上的白色空速指针超过红白指针的限制值,并且使音响警告喇叭发出超速警告声。

所有喷气式飞机都有独立的音响超速警告。因为飞机超速飞行是非常危险的,它会造成飞机结构的损坏。另外,高速飞行时产生的激波也会对飞机造成伤害,并使飞行的安全性下降。超速警告扬声器既可以由主警告系统触发,也可以由分离系统触发。只要空速、马赫数大于VMO或MMO,超速警告都将发生。通过中央维护计算机或测试按钮可以对超速警告进行测试。

3) 电子显示器上的马赫/空速警告

现代飞机上装备的电子飞行仪表在主飞行显示器(PFD)速度带上显示飞行速度、超速和马赫数信息。显示信息来自大气数据计算机。大气数据计算机除计算当前速度外,也可以用于计算飞机在不同构型、不同飞行阶段时的最大操作速度和最大允许马赫数,超速指示在速度带的上部,马赫数的指示则在空速带的底部。

速度带的读数框内白色数字表示当前空速,超速时变红色。它的超速信号来自大气数据计算机,超速信号还送往警告系统的计算机,产生超速警告。在波音EICAS显示器警告区域显示红色超速"OVER SPEED"警告信息,超速时还伴有音响警告和红色的主警告灯亮起。图1.8-6所示为不同飞行阶段波音飞机速度带上的最大操作速度的显示标记。

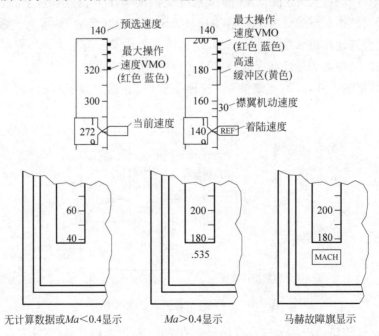

图1.8-6 主飞行显示器速度带上巡航和下降时的马赫数指示

4) 警告曲线

不同型号的飞机有不同的飞行速度限值,如波音 737-300 的正常构型最大允许马赫数为 0.826,A330 飞机的限速值马赫数为 0.86,波音 747-400 飞机的正常构型最大允许马赫数为 0.92。

飞机在不同构型情况下的速度限制是不一样的。图 1.8-7 所示为某型飞机的马赫/空速警告曲线。飞机正常构型时,在海平面时的最大操作速度为 365 节,而在 24477 ft 高度时的最大操作速度为 397 节,最大允许马赫数为 0.92;当起落架放下时,在海平面时的最大操作速度为 270 节,而在 30840 ft 高度时的最大允许马赫数为 0.73;在不同高度,飞机的限速也各有不同。

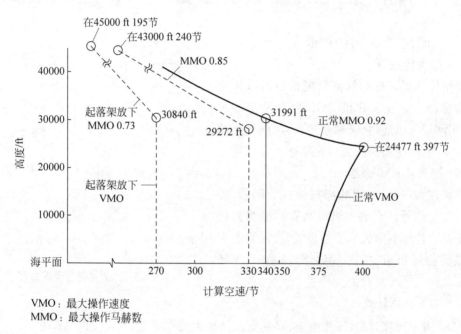

VMO:最大操作速度
MMO:最大操作马赫数

图 1.8-7　某型飞机的马赫/空速警告曲线

## 1.8.4　失速警告系统

### 1. 概述

飞机之所以能够在空中飞行,是因为机翼上产生了足够的升力。而升力的大小取决于机翼的翼剖面、飞行速度和飞机迎角。要想使飞机的速度减小,同时又要保持恒定的升力,就必须增加迎角,或者通过伸出襟翼、缝翼来改变机翼的翼剖面形状。

当飞机达到最大迎角时,气流不可能全部流过飞机机翼的上表面,会产生气流分离。如果迎角再继续增大,则气流分离严重,飞机出现失速现象。失速是非常危险的,因为此时升力急剧地下降。如果飞机不在足够的高度上飞行将难以恢复,从而导致飞机坠毁。因此,在发生失速之前,必须尽可能早地警告驾驶员。这就是失速警告系统的任务。

飞机在高速飞行时,也可能失速。当飞机速度接近音速时,某些部位可能产生局部激波,阻力急剧增加,飞机速度反而下降,将会导致飞机的稳定性和操纵性能变坏,甚至产生激波失速。此时,若飞行员不能有效地控制飞机,就会发生机毁人亡的危险。所以,在飞机进入失速状态之前,飞行员必须及早得到警告。

**2. 失速警告系统的组成和功能**

1) 系统组成框图

典型的失速警告系统由输入部件、两部失速警告计算机、警告显示组件、失速警告的测试组件、警告灯和抖杆马达组成(参见图 1.8-8)。其中输入部件包括迎角传感器、襟翼位置传感器、大气数据计算机、发动机指示系统的高低压轴转速信号、空地信号和失速警告的测试组件。

2) 失速警告系统部件的功能

(1) 迎角传感器

迎角传感器又称为气流角度传感器或失速警告传感器。它安装在机身两侧、驾驶员侧窗下,用于测量飞机迎角(又称迎角)。两侧的传感器可以互换,空中需要加温以免结冰。

(2) 襟翼位置传感器

安装在大翼前、后缘的襟翼位置传感器,传送襟翼位置信号。有的飞机只装有后缘襟翼位置传感器。传感器向失速警告系统、自动驾驶系统和襟翼位置指示器(或 EICAS、ECAM)发送信号。

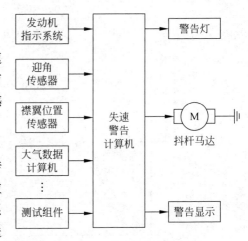

图 1.8-8　失速警告系统框图

(3) 大气数据计算机

ADC 用于计算迎角,计算空速、马赫数以及最大操作速度/最大允许马赫数。

(4) 失速抖杆作动器

由失速警告计算机监控飞机在接近低速或大迎角门限值时,失速抖杆器由 28 V 直流马达作动操纵杆抖动。抖杆器安装在正、副驾驶的驾驶杆上,安装位置有的在驾驶员地板上部的操纵杆上(如图 1.8-9 所示),多数飞机都装在地板下部的操纵杆上。

(5) 失速警告计算机

无论是独立安装的失速警告计算机(SWC,参见图 1.8-9),还是警告电子组件(WEU),它们的功能都相近:在不同的飞行状况下,失速警告计算机作动抖杆器,向飞行员发出警告。

① 正常失速警告

根据襟翼位置的多少确定迎角的门限值。迎角超过门限值(表 1.8-1 中所列门限值为 B747-400 型飞机的)时,失速警告计算机作动抖杆器发出警告。

② 不对称失速警告

若两侧的襟翼位置不匹配,迎角作动抖杆器的门限值将降低。

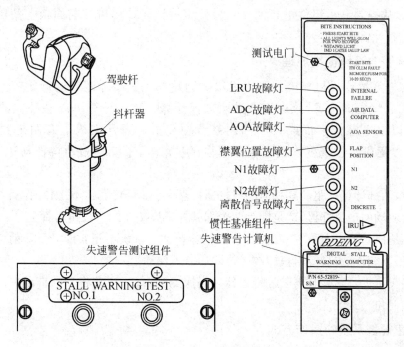

图 1.8-9　某型飞机的失速警告系统的部件

③ 大推力失速警告

对于双发飞机而言,在对边发动机的 N2 转速高于 75% 的情况下,将启动失速警告系统。在这种情况下,迎角作动抖杆器的门限值将降低。迎角值降低的多少取决于襟翼位置和推力斜率的系数(CTG)。失速警告计算机使用空速和同侧的发动机 N1 转速计算推力斜率的系数(CTG)值。

④ 速度门限值失速警告

在不同的襟翼位置,当空速低于速度门限值时,失速警告计算机作动抖杆器发出警告(表 1.8-2 中的速度门限值为 B737-300/400/500 型飞机的)。

表 1.8-1　襟翼位置与迎角

| 襟翼位置设定 | 迎角/(°) |
| --- | --- |
| 1 | 4 |
| 5 | 6 |
| 10 | 7.7 |
| 20 | 6.7 |
| 25 | 6.0 |
| 30 | 5.1 |

表 1.8-2　襟翼位置与速度

| 襟翼位置设定 | 最低速度/节 |
| --- | --- |
| 40 | 90 |
| 30 | 90 |
| 25 | 95 |
| 15 | 100 |
| 10 | 100 |
| 5 | 105 |
| 2 | 105 |
| 1 | 110 |

(6) 失速警告测试组件

失速警告测试组件用于进行失速警告系统的测试。在装有中央维护计算机(CMC)的飞机上,可以从控制显示组件进行测试。另外也可以在计算机的前面板上使用测试电门测试。

### 3. 失速警告系统简要原理

失速警告系统将飞机相应构型下的最大迎角与飞机实际迎角进行比较。最大迎角取决于襟翼和缝翼的位置,该位置也必须进行计算。这一计算可以在独立的计算机内完成,也可以在主警告系统或自动油门系统中完成。通常飞机上有两个独立计算系统,这样可以提供足够余度。当飞机到达临界迎角时,系统将驱动抖杆马达工作,使之产生抖动。

正常时,两部计算机驱动其相应的抖杆器;若其中一部计算机不工作时,另一部计算机也可以同时驱动两个抖杆器,这是因为两个驾驶杆都连接在同一根扭力管上。

飞机在地面时可以对系统实时测试,抖杆器作动。系统不正常时,SWC前面板上的故障指示灯亮,不能作动抖杆器抖动,故障排除后方可作动。

在某些飞机上还安装有驾驶杆推力器。当探测到失速时,它将自动推动控制杆向前以减少飞机的迎角。

### 4. 失速警告系统的操作方式

1) 空中方式

失速警告系统工作在"空中"方式,由失速警告计算机监控:当前起落架和主起落架的空/地电门指示"空中"位;前轮和主轮在"空中"位并且指示空速达到110节;机轮不在"空中"位,但指示空速已达160节(参数适用于B737飞机)。

2) 起飞方式

当起落架减震支柱伸出时,空地继电器衔接启动失速警告系统。失速警告计算机接收迎角和襟翼位置传感器的信号。这些信号用于确定飞机是否接近失速状态。

3) 飞行阶段

当飞行中出现大迎角或以低速飞行时,失速警告计算机的输出继电器作动,向抖杆马达提供28VDC电源,抖杆器抖动。

### 5. 失速警告系统的信号显示

在现代飞机上装备有电子飞行仪表系统,主飞行显示器的左侧是空速带,失速警告计算机的输出信号发送到机载显示管理计算机,信号处理后送往PFD,有的飞机在PFD的姿态指示器上显示俯仰极限、在速度带上显示最大操作速度(VMO)和最小操作速度(或抖杆速度),见图1.8-10。空速带上用醒目的红色表示不同飞行阶段的抖杆速度,用琥珀色表示最小机动速度(或称缓冲速度)。俯仰极限参数可用于限制起飞时机身的仰角。

除了速度带上的显示外,接近失速时,抖杆马达作动抖杆器使驾驶杆抖动。在主EICAS或ECAM上出现红色的失速信息,警告喇叭发出"STALL STALL"的语音警告,红色的主警告灯被点亮。

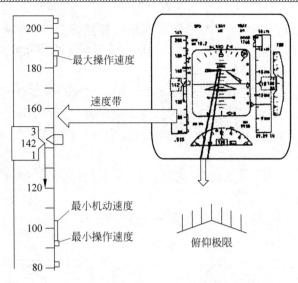

图 1.8-10 失速警告系统在 PFD 速度带上的显示

# 1.9 综合电子仪表系统

  大规模集成电路、微处理机、总线传输接口技术及多路切换技术的高度发展为计算机微型化和控制功能的集成化开辟了道路,使微型计算机控制系统及微处理器应用于机载设备领域成为可能。现代飞机驾驶舱仪表板在设计上采用了数字式电子显示技术,改变了过去机电式仪表显示信息纵向排列、从属各其他系统只充当其显示部件的构成形态,经功能集成化形成了独立的、与其他系统并列的导航参数显示系统,并将飞行、导航等大量信息进行了综合,设计成"综合电子仪表系统"。

  综合电子仪表系统主要由电子飞行仪表系统(EFIS)和电子中央飞机监控系统(ECAM)或发动机指示机组警告系统(EICAS)组成。在驾驶舱仪表板上主要由六个显示组件构成,其中包括两个主飞行显示(PFD)、两个导航显示(ND)和两个 ECAM 或 EICAS 显示,如图 1.9-1 所示。EFIS 有四个相同、可互换的显示器,两个外侧显示器显示主要飞行参

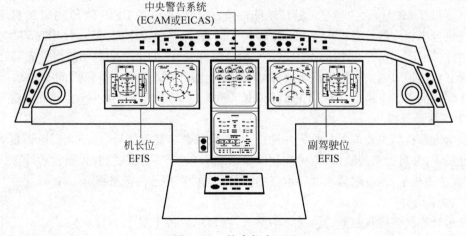

图 1.9-1 综合仪表显示

数,称为主飞行显示(PFD);两个内侧显示器显示航路信息,称为导航显示(ND),可与EICAS或ECAM的两个显示器互换。它们的显示由多余度的计算机来驱动。机组可以通过相应的控制板来控制它们的显示与转换。

电子飞行仪表系统是综合电子仪表系统的子系统,它是一种综合的彩色电子显示系统,完全取代了独立的机电式地平仪、航向罗盘、电动高度表、马赫/空速表和其他机电式仪表等,提供最重要的飞行信息。EFIS所显示的信息十分广泛,其主要显示内容如下(参见图1.9-2):

(1) 主要飞行参数,如飞机的姿态、高度信息、速度信息、A/P和A/T的衔接状态及工作方式,甚至重要的警告信息等;

(2) 主要的导航信息,即各种导航参数和飞行计划等;

(3) 系统的故障信息。

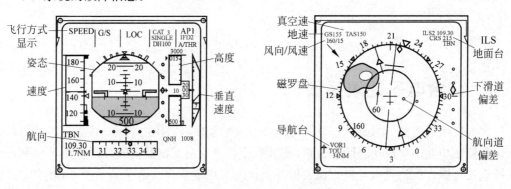

图1.9-2  EFIS显示信息

飞行员通过EFIS的显示信息,能实时地对相应飞机系统的工作状态进行全过程监控。机务人员利用电子飞行仪表系统,可进行故障分析和隔离。从某种意义上讲,可以将EFIS看成是机载航行及飞行制导系统与飞行员和维修人员的人机交互界面。

**1. EFIS的基本组成及其功能**

该系统主要包括显示组件(DU)、显示计算机和相应的控制板。不同型号的飞机,由于所选装电子飞行仪表系统的厂家不同,部件的名称也不尽相同。空中客车飞机的每个显示管理计算机(DMC)包含两种显示处理功能模块,分别负责驱动EFIS和ECAM的显示。而波音飞机也由相应的计算机来完成,如B737/757称为符号发生器,新一代B737称为显示电子组件(DEU),B747称为EFIS/EICAS接口组件(EIU),B777的此功能组件安装在飞机信息管理系统柜里,称为核心处理组件/图像发生器(CPM/GG),但它们的基本功能都相同。在现代的大型飞机上,所有EFIS和EICAS或ECAM功能都由一个计算机来完成。

1) 显示计算机

显示计算机的主要作用是收集各种模拟、离散和数字输入信号,经处理后输到显示器产生符号显示,并进行系统监控、电源控制以及系统所有工作的协调控制。当显示计算机故障时,在波音飞机上,相应的显示器显示空白;空客飞机则显示白色叉线。

2) 显示组件

显示计算机将接收数据转换成显示格式,在显示组件上显示飞行参数。显示组件输出监控信号到显示计算机,实现显示组件的保护。根据每个显示组件在飞机上的位置——外侧(PFD)还是内侧(ND),对应着显示组件背后的程序销钉的"空""地"逻辑关系,决定了显示组件显示的格式。若显示器显示组件改变位置,只要改变其背后的程序销钉即可。每个显示组件的底部边缘都装有一个光传感器,用于亮度控制。显示组件可采用阴极射线管(CRT)或液晶(LCD)显示。

CRT 显示组件内部设有温度监控电路,如果温度超温,显示将被关断;当自动冷却后,显示又恢复正常。同样,LCD 显示组件内部也有电源供应和背景灯的温度探测器,当探测的温度分别达到 95℃和 110℃时,会自动切断光栅信号和整个显示组件的显示。当这种情况出现,需要拆下相应的显示组件,清洁冷却滤网,即可恢复正常工作。

3) EFIS 控制板

机长和副驾驶处分别装有 EFIS 控制板,可以独立操作。它们提供系统工作方式和显示方式的控制以及显示器亮度的调节。机型不同,所安装的 EFIS 控制板型号略有不同,但基本功能是相同的。为了增加控制板的余度,有些飞机在控制显示组件(CDU)上设置了备份 EFIS 控制板功能的菜单,当激活后可控制显示,并超控相应的 EFIS 控制板上的各项功能键。

4) 亮度控制

亮度控制分为人工和自动控制两种方式,每个显示器都有独立的控制方式。

(1) 人工亮度控制

它由面板上的亮度控制旋钮来完成,导航显示的人工控制旋钮与主飞行显示的有所不同,它有内、外两个旋钮,外旋钮控制显示器的亮度,内旋钮单独控制气象或地形图像的亮度。

(2) 自动控制

它主要由显示器上的光传感器(BLS)和装在遮光板上的光遥感器(RLS)组成。每个显示器前面的下底部上有个光传感器,用于探测驾驶舱内的亮度变化以自动调节显示器的显示亮度。

(3) 光遥感器

作为自动亮度控制的一个输入源,在遮光板顶部的两边各装有一个相同的光遥感器,如图 1.9-3 所示。它是一个航线可更换件。左边的负责机长显示器的亮度调节,右边的负责副驾驶的亮度调节。每个光遥感器装有光敏二极管,感受驾驶舱外光线强度的变化,输出与之成比例的模拟信号,并直接送到与之相连接的显示器,光传感器的电源由显示器或 EFIS 控制板提供。

5) 显示格式切换控制板

现代大型飞机的综合电子仪表系统,为了增加显示余度,确保其显示信息的可靠性,设计成人工和自动切换方式,当一个甚至多个计算机故障或显示组件故障时,其显示的信息并不会丢失。维护人员也可利用此功能来隔离系统的故障。

PFD 和 ND 显示格式可互相切换。当正(副)驾驶外侧 PFD 显示组件有故障时,其显示

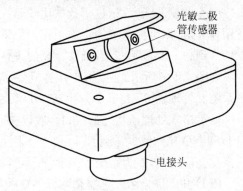

图 1.9-3 光遥感器

会自动地切换到正(副)驾驶内侧 ND 显示器上显示；同样,任何时候都可通过选择相应的电门来使 PFD 信息显示在 ND 显示器上。在空客飞机上,这种人工切换可以是双向的,设有 PFD/ND 切换电门,当第一次按压电门时,PFD 和 ND 显示格式可以互相转换,再按压,显示回复到正常构型,如图 1.9-4 所示。

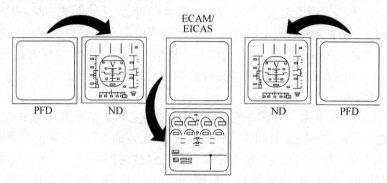

图 1.9-4    显示格式自动转换图

显示格式切换方式有两种：自动方式和人工方式。前者的切换控制信号来自显示计算机,计算机根据显示信息影响飞行安全性的重要程度,设计 PFD 显示的优先权高于 ND 显示。所以,当 PFD 显示器故障时,PFD 显示自动转到本侧 ND 显示器上,取代 ND 显示；同样,设计上 ECAM 显示的优先权比下 ECAM 高,当上 ECAM 显示器故障时,上 ECAM 的显示自动转到下 ECAM 显示器上,取代下 ECAM 的显示。在人工切换方式,飞行员根据需要,转动显示切换面板上的切换旋钮,可人工控制显示器显示格式的切换。

6) 显示计算机切换控制板

为了确保系统工作可靠,增加计算机控制余度,计算机的显示控制功能可通过"源选择面板"或"切换面板"上的相应电门来控制。

**2. EFIS 举例**

图 1.9-5 示出了空客 320 型飞机 EFIS 的基本组成,它由 4 个显示器、3 个显示管理计算机、两个选择控制板和切换控制板及光传感器组成。

三个相同的显示管理计算机为各显示器提供显示。正常时,显示管理计算机 DMC1、DMC2 分别提供正、副驾驶员的 PFD 和 ND 显示信息,DMC3 处于热备份状态。各个计算机之间有数据总线交联,进行数据比较监控,当某一个计算机失效时,通过控制板人工选择备用计算机,以确保系统的正常工作。如果某个显示器出故障时,显示的信息可自动或由人工切换到另一个显示器上,确保重要的飞行数据不会因某一部件出现故障而丢失。

如图 1.9-6 所示,显示管理计算机除了外置接口和电源外,主要由显示格式处理器、显示系统源管理器、PFD 显示发生器、ND 显示发生器和图像发生器等组成。

显示格式处理器从外部接口接收已格式化的显示和转换输入数据后,重新格式化,并将 PFD 和 ND 显示数据送到 PFD 和 ND 发生器。从原管理电路接收状态数据并送到其他的图像发生器(GG)作为系统的余度管理,当需要时可进行 GG 转换或显示格式转换。

PFD 和 ND 显示发生器是两个独立的数据格式处理单元,主要功能是为图像发生器重新格式化需要显示的数据。

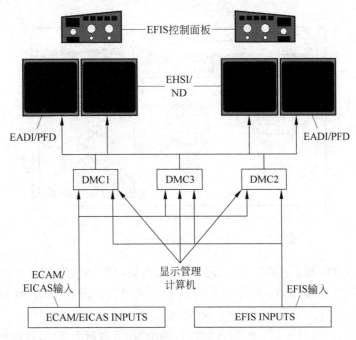

图 1.9-5　EFIS 系统的组成

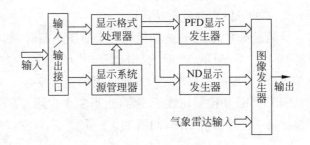

图 1.9-6　显示管理计算机框图

图像发生器接收 PFD 和 ND 重新格式化的数据,然后转换成视频格式,通过接口送到显示器上显示。PFD 只有一个显示格式,而 ND 有多种显示格式。

每个 EFIS 控制板的板面结构可分为主飞行控制和导航控制两个部分,如图 1.9-7所示。

1) 主飞行控制部分

其主要功能是用来改变高度计算的气压基准值。有两种不同气压基准方式选择:英寸汞柱或百帕斯卡。外旋钮可设定英寸汞柱或百帕斯卡,中间旋钮用来调整气压值,内按钮可选择标准大气压。

最小基准选择电门:外圈选择无线电或气压方式,内圈调整无线电/气压决断高度,中间 RST 电门用来复位高度警告。决断高度由飞行员根据要求预先设定。

2) 导航控制部分

在不同的飞行阶段需要显示不同的信息以供飞行需要。面板上设置有各种不同的显示方式和显示格式,可选择各种不同的显示范围,及各种航路数据显示。

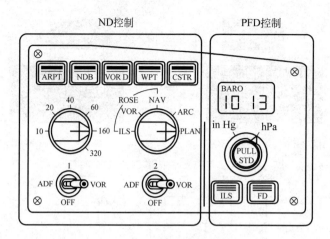

图 1.9-7　EFIS 控制板

如图 1.9-7 示例,有五种不同的工作方式可供选择,它们是全罗盘显示的仪表着陆方式(ILS)、全向信标方式(VOR)、地图(NAV)显示方式以及弧段(ARC)、计划(PLAN)显示方式。

范围选择用于检查气象雷达图像或航路点的距离,以海里为单位,该选择功能只用于扩展显示方式和计划方式,以倍数为增量,可选择 10 n mile、20 n mile、40 n mile、80 n mile、160 n mile 和 320 n mile 等的地图和气象雷达范围。

航图显示功能,在航图显示方式下,当选择任何一个航图电门时,都将在航图显示方式下增加相应背景数据的显示。如 ADF/VOR 台、导航台、机场、航路点数据等。ADF/VOR 控制电门用于 ADF 或 VOR 系统的信息在导航显示器上的显示控制。

系统正常工作时,EIS DMC 切换旋钮放于正常位,当左或右显示管理计算机故障时,通过切换选择,人工切换到第三套计算机工作,如图 1.9-8 所示。

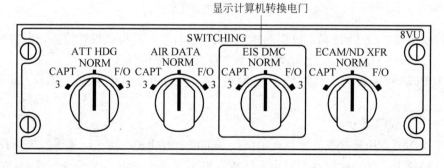

图 1.9-8　显示管理计算机转换面板

### 3. 显示格式说明

在 EFIS 显示器上显示的信息有飞行参数和导航参数,不同的构型,其显示的格式也有差别。PFD 显示只有一种格式,在波音飞机上,ND 的显示有七种方式,而空客飞机上的 ND 显示只有五种方式。但基本显示功能相似。

1) PFD 的正常显示

主飞行显示是指往前看飞机时，飞机所处的状态的信息显示。显示给机组的基本的飞机信息有：飞机的姿态、空速、高度和航向。也显示飞行方式和下滑/航向道偏差等，如图 1.9-9 所示。

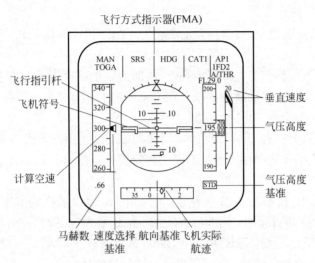

图 1.9-9 PFD 正常显示图

（1）飞机姿态指示

姿态球即空地背景球显示在显示器的中央，飞机处于水平时，地平线在球的中央，飞机符号是由符号发生器产生的固定显示。俯仰和倾斜刻度以度的形式指示，它们表示飞机俯仰或倾斜的状态。飞行指引指令杆给飞行员一个操纵飞机的指令，当指令杆与飞机符号重合时，表明此刻操纵正确。客户可选装"八"字或"十"字指令杆。

（2）速度指示

它显示在姿态球的左边，以数字形式显示计算空速和马赫数，并显示基准速度、最大和最小限制速度。

（3）高度指示

气压高度以数字形式在姿态球的右边显示。它是基于 EFIS 控制板上所设定的基准值来计算的。

（4）航向指示

它在 PFD 的底部，显示一个半罗盘的信息，航向参数有当前航向、预选航向、真航向或磁航向基准，还显示飞机的航迹参数。

（5）升降速度

它显示在高度带的右边，表示高度的变化率，单位为英尺/分钟，由一指针指示并以数字读出。TCAS 的咨询信息也显示在升降速度带上。

（6）飞行方式指示

在姿态球的上部显示自动油门的工作方式、自动驾驶的俯仰和倾斜方式，自动驾驶、飞行指引的衔接状态和自动着陆的能力。在空客飞机上略有区别，上述所有显示都显示在顶部，并且有自动油门的衔接状态。

(7) ILS 数据显示

　　当选一个有效的 ILS 频率时,会显示 LOC 和 G/S 偏差、频率和识别码,以及同台安装的 DME 距离。LOC 偏差显示在姿态球的下面,G/S 偏差显示在姿态球的右边,它们都有刻度和指针。

　　(8) 风切变警告信息

　　当 GPWS 探测到风切变存在时,会发出警告,并显示"WINDSHEAR"信息。

　　(9) 其他信息指示

　　远、中、近台指点信标信息。无线电高度、决断或最小高度指示在姿态球的下面,而空客飞机的决断高度值显示在自动着陆区域。在姿态球的上部有侧滑指示符。

　　2) 导航的正常显示

　　导航显示是指从上面往下看飞机的实时飞行状态。利用 EFIS 控制板的方式选择旋钮,有各种不同的显示方式和格式满足不同飞行阶段的需要,它们显示的所有信息都来自飞机的导航设备。

　　不同类型的 EFIS 控制板上的方式定义略有不同,但显示格式基本相同:ILS 方式与 APP 方式的显示功能是对应的;而 ND 方式与 MAP 方式也是对应的。在波音飞机上,全罗盘方式可通过按压全罗盘(CTR)电门来实现,显示 360°罗盘信息。对于扩展方式,只显示飞机前方 70°弧段的罗盘信息;空客飞机可单独选择方式"ARC",这种显示格式只显示飞机正前方 90°弧段的罗盘信息,显示信息与全罗盘方式基本相同。

　　(1) ILS/APP 方式

　　在进近过程中,需要监控下滑航道偏离情况及地面电台的信息,在面板上设计了 ILS 或 APP 方式,这种方式主要显示基本导航信息、所选 ILS 地面台和飞机相对于跑道位置的信息。

　　基本的导航信息有:飞机符号(全罗盘方式时,固定显示飞机符号在中央;而扩展方式时,飞机符号显示在下部),显示在顶部的飞机实际航向和航向基准,所选航向/航迹指针,风向和风速,地速和真空速,及下一个航路点数据。

　　ILS 台信息有:频率、识别码、所选航道值及指针、同台安装的 DME 距离、LOC 和 G/S 刻度和偏离杆;选择 EFIS 面板上的 ADF/VOR 电门可显示 ADF 或 VOR 指针,地面台的频率、方位、识别码及同台安装的 DME 距离等相关的信息;TCAS 及气象雷达信息等(如图 1.9-10 所示)。

　　(2) VOR 方式

　　此方式主要在航路上使用,显示飞机相对于 VOR 导航台的位置,以便跟踪飞机的飞行状况,同样能显示基本的导航信息和 VOR 台的信息。

　　基本的导航信息有:飞机符号(全罗盘方式时,固定显示飞机符号在中央;而扩展方式时,飞机符号显示在下部),显示在顶部的飞机实际航向和航向基准,所选航向/航迹指针,风向和风速,地速和真空速,及下一个航路点数据。

　　VOR 信息:选择的 VOR 台频率、识别码、航道及 DME 距离,方位信息,VOR 航道指针及航道偏离,向/背台的指示及信息。同样可以显示 ADF、TCAS 及气象雷达信息等,如图 1.9-11 所示。

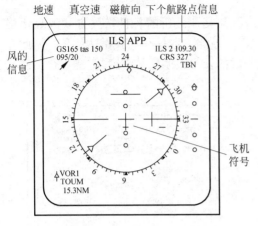

图 1.9-10 ILS/APP 方式

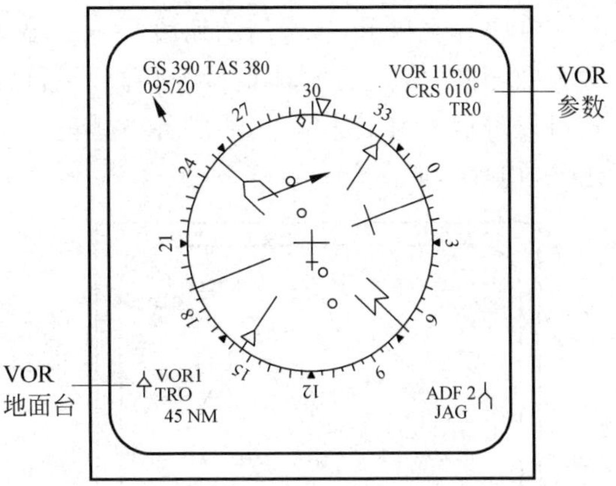

图 1.9-11 VOR 方式

（3）ND/MAP 方式

此方式主要在巡航时使用，比较飞机位置与飞行计划的偏离，对飞机进行监控。可显示基本导航信息和相关的信息。

基本的导航信息有：飞机符号（全罗盘方式时，固定显示飞机符号在中央；而扩展方式时，飞机符号显示在下部），显示在顶部的飞机实际航迹和航向基准，所选航向/航迹指针，风向和风速，地速和真空速，及下一个航路点数据。

其他信息有：飞机的飞行计划信息，下一个待飞航路点位置、识别码及待飞距离，航路点方位指示，预计到达下一个航路点的时间。并显示周围导航台、机场、跑道的位置及导航台的数据。在下降时，有垂直偏离显示。同样可以显示 ADF、TCAS 及气象雷达信息等，如图 1.9-12 所示。

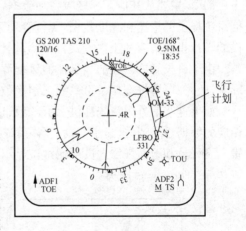

图 1.9-12 ND/MAP 方式

（4）计划显示方式

该方式的主要作用是飞行员可以在航前建立飞行计划并检查飞行计划数据。飞行计划通过飞行管理计算机的控制显示组件（CDU）来完成，飞行计划的中心航路点在 CDU 上选择，选择不同的中心航路点即可控制显示不同航段的飞行计划，逐个航路点选择即可控制显示逐段飞行计划，最终达到显示全部飞行计划的目的。

与其他显示方式不同的是：飞行计划显示中真北向上；显示范围以航路点为中心（这点与其他显示方式不同），飞机符号显示在当前位置，并随着飞行计划移动；无气象雷达信息显示。

显示的数据有：地速、真空速和风的数据，飞行计划上的航路点，目的地机场、跑道及备份机场信息，航路点的位置、标识、到达时间、距离，备份导航源指示，还显示 TCAS 信息等，如图 1.9-13 所示。

（5）弧段显示方式（ARC）

在空客飞机上，有专门的弧段"ARC"显示方式，与其他飞机的各种扩展方式的显示格式大致相同。它显示基本的导航信息、飞行计划信息、航路点数据和气象雷达信息。用此方式可以显示气象雷达信息，通过各种颜色显示出前方的云、雨、冰雹的密度，提醒飞行员避开这些危险区，如图 1.9-14 所示。

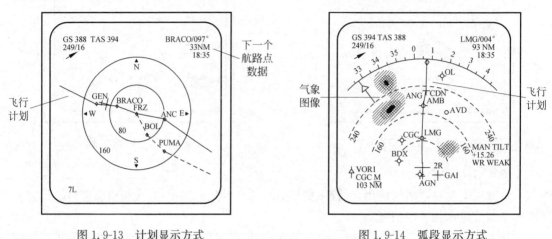

图 1.9-13　计划显示方式　　　　　　图 1.9-14　弧段显示方式

3）PFD/ND 警告显示

EFIS 主要从其他系统接收各种数据，如惯性基准系统提供的姿态和航向数据，大气数据系统提供的空速和高度数据，飞行管理系统提供的飞行计划和导航数据，自动飞行系统提供的飞行指引指令和工作方式，这些数据用于监控各系统的工作。

由于机长和副驾驶的显示器的数据源自不同的系统，当有单个信号源故障时，不会互相影响，此时，可通过选择备份系统来切换数据源，使系统显示正常。

如果这些信号源系统提供"无计算数据"，则用虚线代替原数据显示；当"数据无效"时，相应的数据显示消失，显示空白；当"系统故障"时，则无数据显示并出现琥珀色的系统故障旗。飞行员和地面维修人员可通过该显示判断故障源，如图 1.9-15 所示。

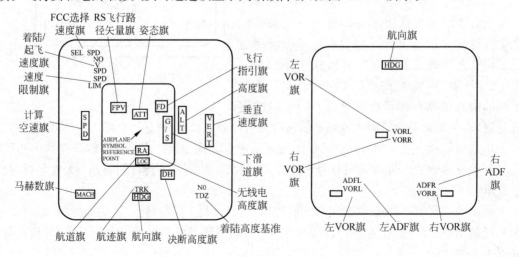

图 1.9-15　PFD 和 ND 警告显示

## 4. EFIS 维护实践

在 EFIS 的整个工作过程中,对其各部件及接口的工作进行监控并记录故障在非易失存储器(NVM)里,可用来帮助维护人员进行故障隔离。

EFIS 测试的条件必须满足:飞机在地面上,且相关的测试按钮被触发。系统测试是通过测试按钮或某菜单的测试功能来启动,对整个系统各主要部件的处理器、功能电路、存储器、输入/输出接口进行完整的检查,以确定系统是否工作正常。

通过测试结果来检查系统的工作情况,测试格式的显示有:程序钉构型、光栅的颜色、各种字母/数字/符号、亮度及系统构型(软、硬件件号)等。这里介绍两种不同的操作方式。

1) 按压计算机前面板或驾驶舱面板上的测试按钮

某些飞机上,在驾驶舱的相应面板上设置了专门的测试按钮,显示计算机前面板上也有一测试按钮。当飞机停在地面上,按下任一测试按钮就可以启动测试,并将测试结果显示在 EADI(电子姿态指引仪)和 EHSI(电子水平状态指示器)上,如图 1.9-16 所示。

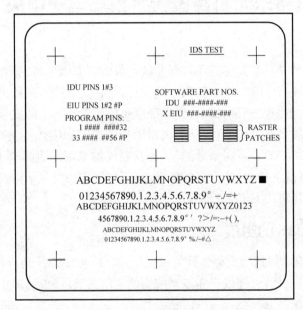

图 1.9-16　测试显示图

测试结果显示为 OK 或 FAIL。如果有故障,会显示控制板(CP)或显示组件(DU)或符号产生器(SG)故障信息。

光栅显示的图标颜色主要为红色、绿色和蓝色。显示内容主要包括参数显示的格式、字符和数字。

在 EHSI 或 ND 上还显示以下内容:

当选择 WXR 测试功能时,显示气象雷达的各种颜色;

当选择 TCAS 测试功能时,显示 TCAS 信息。

2) CDU 菜单测试方式

在地面通过 CDU 或 MCDU 作为接口选择 EFIS 测试功能,不同的构型,其菜单的测试项目稍有不同,但目的都是对系统进行全面检查。

通过 CDU 进入主菜单后,选择维护菜单里的 EFIS 系统测试子菜单,测试项目通常包括:目前状态、飞行中故障、地面测试、件号识别/构型检查、输入监控。

当前状态反映系统目前的工作状态是否正常,可查看显示管理计算机探测到的现在的故障。飞行中故障是指在飞行航段中产生被存储在存储器里的故障信息,用于维护中查找故障原因。件号识别/构型检查是监控系统的构型并显示件号。输入监控是监控离散输入状态。

地面测试:当按压相应的行选键时,起动此测试程序,将对系统进行全方位的检查并显示测试结果及测试格式。如果有故障信息,将会显示与信息有关的内容,即维护代码,使用故障隔离手册(FIM)来查找故障原因;故障描述简单说明可能的故障部件:根据系统的情况推断出最可能有问题的 LRU。如果故障不再存在,将显示此信息无效("NOT ACTIVE")。

## 1.10　发动机指示和机组警告系统与电子中央飞机监控系统

在飞行过程中,驾驶员必须知道飞机各系统的异常状态以了解问题的严重程度,及时采取适当的措施,确保飞行安全。当飞机回到地面后,维护人员能根据机组反映的故障情况及系统的故障现象,进行检查、测试、排故,以保证航班的正常和飞机的安全。

为此,波音飞机装备有"发动机指示和机组警告系统"(EICAS),空客飞机装备"电子中央飞机监控系统"(ECAM)。不同型号的飞机,其系统的基本组成略有不同,但功能是一样的。主要的区别在系统的构型、显示器的种类、显示控制方法及显示格式方面。可采用两套或三套计算机,显示器可用 CRT 或 LCD。

### 1.10.1　EICAS 的组成

EICAS 的基本组成包括中央警告计算机、显示组件、相关的控制板和警告提醒部件(包括警告灯和音响警告部件)。现以双通道系统为例说明其组成(参见图 1.10-1)。

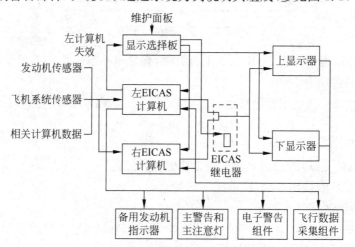

图 1.10-1　EICAS 系统的组成

一个典型的 EICAS 系统主要组成有：两个 EICAS 计算机、两个显示器、两块控制板（显示选择板和维护面板）、EICAS 继电器、取消/复现电门以及正、副驾驶主告诫灯及音响警告部件，它们协同完成 EICAS 的各项功能。系统正常工作时，由左 EICAS 计算机输出信号驱动两个显示器，右 EICAS 计算机为热备份状态，一旦左 EICAS 计算机失效，自动切换为右 EICAS 计算机驱动显示。

### 1. EICAS 计算机

EICAS 计算机控制中央警告系统的所有功能，它们同时采集、处理并格式化发动机和飞机系统数据，然后产生警告信息和系统概况显示，并控制警告灯和音响警告。计算机也存储信息，为维护人员提供维护信息和维护参考数据，并可对系统本身进行自检。

同一飞机上的所有 EICAS 计算机均可互换，如果该系统只有两台计算机，则分别定义为左、右计算机，同一时间仅一台计算机工作。当控制电门放于自动位置时，正常时自动选择左计算机作为主用计算机，右计算机为热备份，如果左计算机有故障，则自动切换为右计算机控制。也可通过显示选择面板人工选择左或右计算机作为主计算机工作。

对于装有 3 套计算机的系统，左计算机负责上 EICAS 显示器及机长 EFIS 的工作，右计算机控制下 EICAS 显示器和副驾驶的 EFIS 显示，中计算机作为热备份。当左或右计算机任一台出现故障时，会自动切换到备份计算机。

### 2. 显示器

显示器是 EICAS 计算机进行图形显示的装置，它将数字视频信息转换成彩色图形和字符显示。显示器包括上、下两个显示器，上显示器显示发动机主要参数和机组警告信息，下显示器显示发动机的次要参数，或显示系统概况、状态信息和维护数据等。

如果上显示器失效，则自动切换到下显示器以紧凑格式显示。由继电器来控制上、下显示格式的转换。如果两个显示器同时失效，则可人工控制通过多功能显示方式显示在任一导航显示器上，还有的飞机可借助备用发动机指示器和电子警告组件显示重要发动机参数和报警信息。

每个显示器的底部边缘都装有一个光传感器，用于亮度自动控制。

每个显示器的内部都有温度监控电路，如果温度超温，将关断显示，自动冷却后，显示又恢复正常；对于 CRT 显示器内部设有电源供应和背景灯的温度探测器，当探测的温度分别达到 95℃和 110℃时，会自动切断光栅信号和整个显示器的显示。这种情况下，需要拆下相应的显示器，清洁冷却滤网，设备即可恢复正常工作。

### 3. 显示选择面板

显示选择面板是 EICAS 系统的主要控制板，在飞行中或地面上都能为计算机提供所有控制功能。图 1.10-2 所示为相应的计算机控制和显示的选择面板，其主要开关/旋钮作用如下。

计算机控制选择电门：可选择自动或人工转换，当置于左或右时，相应的计算机驱动显示；当置于自动位时，正常由左计算机来驱动显示，如果左计算机有故障，系统会自动地转到右计算机。

控制显示的按钮包括以下几种。显示选择（发动机/状态）电门：按压该电门可在下显示器上显示发动机的次要参数或状态页；事件记录电门：人工实时记录各子系统参数，并存储在非易失存储器里；显示亮度控制：内、外旋钮分别控制上、下显示器的亮度；推力基准设置电门：外侧为发动机基准选择旋钮，可选择左、右或两发动机的推力基准指示，内旋钮用来改变基准值，按进位为推力管理计算机自动选择，拔出可人工选择；最大指示复位电门：当超限不再存在时，用以清除显示发动机超限数据控制。

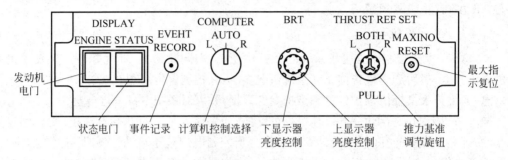

图 1.10-2    显示选择板

不同机型面板功能略有差异，有的还增加取消/复现按钮，为了减少非紧急信息对飞行人员的干扰，可按压"取消"按钮，取消 B 级和 C 级信息；"取消"按钮还具有翻页作用，即在警告信息多于 1 页时，每按压一次"取消"按钮，就显示下页信息，直到 B 级和 C 级信息全部取消为止。按压"复现"按钮，可重新显示那些被取消但故障仍存在的 B 级和 C 级信息。

### 4. 维护面板

维护面板(参见图 1.10-3)主要用于向地面维护人员提供飞行后维护和排除故障所需要的数据及信息。它只能在地面工作，由一个空/地继电器控制。

维护面板上有一个测试电门和 9 个控制电门，可选择 5 种维护页面。这些页面所提供的维护数据和信息可帮助地面维护人员排除故障，检查主要系统的状况。维护面板还可以人工记录数据，阅读已存储的记录，以及抹去在非易失存储器(NVM)中存储的自动或人工事件。下面介绍维护面板上各电门的控制功能。

(1) 系统显示选择电门：环境控制系统/信息、电源/液压、性能/辅助动力装置，按压相应按钮显示相应的维护页面。

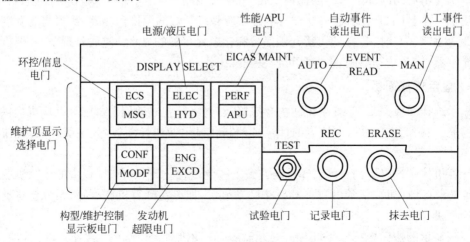

图 1.10-3    维护面板

按压环境控制系统/信息电门可显示维护信息,维护信息也叫 M 级信息,信息区显示实时维护信息和已存储的状态和维护信息。每个页面最多可显示 11 条信息,如果多于 11 条信息,再按压此电门来翻页。

(2) 构型/维护控制显示板显示选择电门:构型/维护控制显示板页面显示发动机构型信息、相关部件的件号和状态以及 MCDP 数据等。

(3) 发动机超限显示选择电门:将存储的发动机超限参数的最大值和累计时间显示出来。

(4) 事件读出电门:分为自动或人工事件读出。首先要选定任一维护页,再按压事件读出电门,即显示为该格式记录的维护数据。按压自动(AUTO)电门则显示 EICAS 自动事件记录的数据;按压人工(MAN)电门则显示原来用事件记录电门(在显示选择板上)或用记录电门(在维护面板上)人工记录的数据。

(5) 记录电门:它用于在 NVM 中记录维护数据。只能在地面上记录,并且当所选定任一维护页实时显示,按压 REC 电门才能实时记录。数据的记录要经过显示板的事件记录电门,它们共享一个存储器。最后的记录将冲掉先前的存储数据,只有最后的数据才可以显示出来。

(6) 抹去电门:用于抹去原来存储在 NVM 中的数据。抹去电门的使用方法是:①按压维护面板上的任一系统显示选择电门;②按压“自动事件读出”或“人工事件读出”电门;③按压抹去电门 3 s 以上,这样信息就可抹去。抹去发动机超限值时,只需按 ENG EXCD 和 ERASE 电门即可,不需要按 AUTO 或 MAN 电门。用同样的方法,也可抹去锁定的 EICAS 状态信息。

(7) 试验电门(TEST):当飞机停留在地面上并踩下停留刹车时,按压试验电门可以启动 BITE 自检程序,在两个显示器上出现自检格式,并显示测试结果。但每次只能测试 EICAS 的一个计算机通道,需要转换计算机控制电门来测试另一台计算机。自检结束后,再次按压测试电门即可回到全格式显示。

### 5. 显示转换面板

显示转换面板用来转换 EICAS 的显示格式,当显示器有故障时,可用备份的显示。有两个相同的机长和副驾驶转换面板,每个面板上的下显示器选择电门有正常、导航和主 EICAS 位,可选择在下显示器上显示主 EICAS 信息或导航信息。当内侧导航显示器选择电门放于 EICAS 位时,也可显示 EICAS 信息,如图 1.10-4 所示。

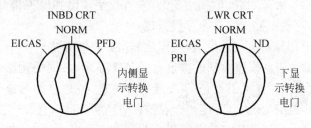

图 1.10-4 显示转换面板

### 6. 提醒注意指示器

提醒注意指示器由主警告灯、主告诫灯和相关的音响警告组成,警告灯为红色灯,告诫灯为琥珀色灯,此两种灯为一组,分别装在遮光板两侧。当有警告产生,主警告灯连续闪亮,并伴有连续的音响警告;当有告诫级别的警告产生,主告诫灯稳亮并产生一声单谐音的音响警告,同时,机组可按压灯来复位相应的警告。

## 1.10.2 EICAS 的显示

根据系统的功能和使用要求,不管飞机是在空中还是在地面,都应该有各种显示方式,以满足机组飞行和维护工作的需要。该系统设计成多种显示方式,主要有工作方式、状态方式、系统概要方式和维护方式。

### 1. 飞行前和飞行中的正常显示

EICAS 设计为飞行前检查、飞行中各飞行阶段及飞行后维护都能自动监控和数据显示。其自动和人工事件记录,减轻了飞行人员的负担,增加了地面维护的方便性。

1) 接通电源时的显示

飞机停留在地面,当接通电源时,全部发动机参数自动出现,上显示器显示主要发动机参数,下显示器显示次要发动机参数。这种显示方式称为全格式显示。

2) 飞机起飞前的显示

飞行前为了检查飞机系统状况,按压显示选择板上的"状态"电门,上显示器仍显示主要发动机参数,下显示器变为状态页,提供状态信息,以确定飞机放飞的准备条件,即显示与最少设备清单相关的内容。

为了监控发动机的启动,按压显示选择板上的"发动机"电门,则返回到上显示器显示主要发动机参数,下显示器显示次要发动机参数,用以监控发动机启动过程。

3) 飞行中的正常显示

在飞行中,EICAS 上显示器显示主要发动机参数和警告信息,以便飞行人员连续监控。为减轻飞行人员的负担,更有效地监控发动机参数,在正常飞行时,下显示器设计为空白。

### 2. 发动机主显示格式

正常时,通电后,主显示格式在上显示器显示,如图 1.10-5 所示。飞行员通过监视显示信息的颜色改变来及时了解系统的降级工作情况。不同机型显示信息的内容略有不同。

主要参数有:发动机压力比(EPR)、低压转子转速(N1)和发动机排气温度(EGT),它们在显示器分别显示实际值、目标值和指令值,并有数字读出和模拟指针指示两种,刻度盘上有最大限制指示,这些主要参数会全程被监控。

在主要参数的上部显示大气总温、假设温度和推力限制方式。

警告信息区:警告信息按照级别的高低自动依次显示,不同的构型系统有不同的信息种类,显示的区域也不同。主要有红色的 A 级警告信息、琥珀色的 B 级警戒信息和琥珀色 C 级咨询信息。有些 EICAS 信息区还包含有备忘信息和其他信息。

状态提示符:当出现新的状态信息而没有显示相应的状态页时,将在上显示器显示状态提示符。可以有不同的方式指示,如七个"V",或"STATUS"。当选择了状态页后,提示符消失。

空中启动包线:显示在警告信息的下面,如果有发动机空中停车后需要重新启动时,给

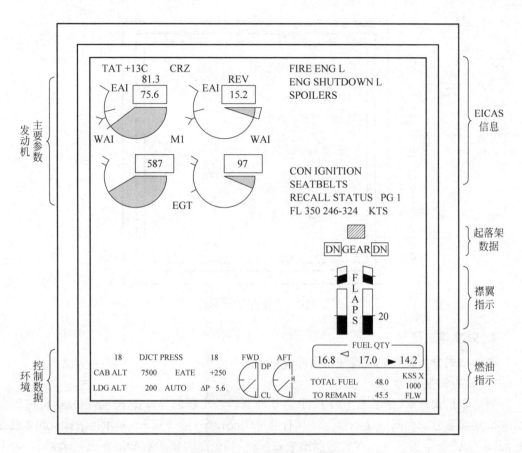

图 1.10-5　EICAS 主显示器

出空速限制范围。

环境控制系统参数：在主要参数的下面，显示管道压力、座舱高度及其变化率、座舱压差、着陆高度等参数。

起落架和襟翼位置指示：在显示器的右下角，分别显示起落架和襟翼位置，以不同颜色表示起落架的放下并上锁、收上并上锁、收/放中和故障情况，襟翼的正常工作位置、移动状态和故障状态。

燃油数据：显示总燃油量、燃油温度和抛油后最大的剩油量。

**3. 发动机次要参数显示**

发动机次要参数通常在下显示器上显示（参见图 1.10-6），通电时自动显示，或按压显示选择面板上的"发动机"电门来显示，如果再次按压，其显示为空白。

显示的参数有：高压转子转速（N2）、燃油流量、滑油压力、滑油温度、滑油量、振动系数等。N2 和 N1 有相同的显示格式，N2 下面显示燃油流量，单位是千克（或磅）/小时，但它没有超差指示。滑油压力和温度有相同的显示格式，以数字读出和垂直刻度模拟指示，在刻度上有限制指示，油温的单位为摄氏度，同样也有超差指示。滑油量只以数字形式读出。发动机振动参数以数字读出和垂直刻度的模拟指示。

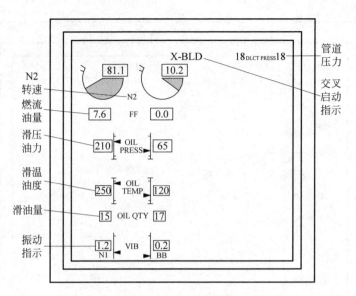

图 1.10-6　发动机次要参数显示

### 4. 紧凑格式显示

紧凑格式分为紧凑全格式和紧凑部分格式。

#### 1) 紧凑全格式

紧凑全格式显示(如图 1.10-7 所示为某种型号显示器的显示格式)是指发动机主要参数和次要参数显示在同一显示器上。其有两种情况：有一个 EICAS 显示器故障；或飞机在地面，EICAS 显示维护页。在显示器出故障前，只要全部次要参数显示在下显示器上，则无论哪个显示器失效，正常的显示器将以紧凑全格式形式显示发动机主要和次要参数。如果在下显示器选择维护格式显示，则上显示器显示全紧凑格式。

#### 2) 紧凑部分格式

出现条件为：当某台显示器失效后，且某一次要发动机参数(N2、滑油参数、振动系数)出现超限，则超限参数以紧凑部分格式自动显示出来，如图 1.10-8 所示。

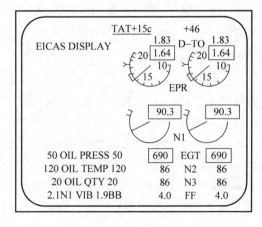

图 1.10-7　紧凑全格式显示

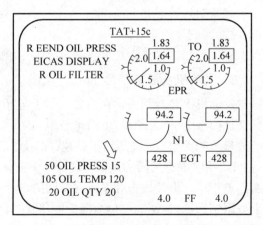

图 1.10-8　紧凑部分格式显示

### 5. 发动机超限显示

#### 1) 黄带抑制

发动机工作正常,但在飞机起飞和复飞时,需要短时大推力才能完成这个飞行阶段,此时的发动机参数 N1、EGT、N2 等都将超过正常值。但按 FAA 条例,起飞限时为 5 min,即参数在此区域 5 min 内,不进行黄、红带监控及超限存储记录;或者选定别的推力方式 20 s 内,黄、红带监控及超限存储记录也被抑制,这两种情况都称为"黄带抑制"。即是说,发动机某些参数的短时超限是允许的,这属于发动机的正常工作。

#### 2) 发动机工作不正常——参数超限

发动机的主要参数 EPR、N1、EGT 是全时显示的,但次要发动机参数正常时不显示。只有当次要发动机参数超限时,才在下显示器上显示相应的超限参数。

当发动机工作不正常时,所有超限参数的模拟指标、模拟刻度盘、数字方框和数字等均变为黄色(或红色);同时在数字方框下出现白色最大超限读数,并进行参数超限累计计时和动态最大超限读数刷新。当采取处理措施使超限参数恢复正常后,参数超限计时停止,但数字方框下的白色最大超限读数仍然保留。只有按压显示选择板上的"取消"电门,或面板上专门设置的"最大指示复位"按钮后,白色最大超限读数才能消除,但不能抹掉非易失性存储器中的存储记录。

### 6. 机组警告信息

机组警告信息主要是为机组人员在飞行过程中设计的,按照其需要采取措施的紧迫程度可分为警告(A 级)、告诫(B 级)和注意(C 级)三个等级,并显示在上显示器上。每页最多可显示 11 条信息,如果多于 11 条,在信息的下面会有页码显示,可用取消/复现电门来翻页。根据功能的不同,有些 EICAS 系统还可显示其他信息,如通信信息和备忘信息等。以白色显示来提醒机组有些系统已在正常工作,没有音响警告和警告灯被点亮。

A 级信息:为红色的警告信息,级别最高,显示在其他信息的前面,当信息出现时会有红色主警告灯亮,并有连续强烈的音响,要求机组人员立即采取措施,如图 1.10-9 所示。最后出现的 A 级信息显示在前面,所有此级别的信息都不能用取消电门来删除。可用主警告灯复位电门来复位音响警告和警告灯,但信息会一直存在直至故障现象消失。

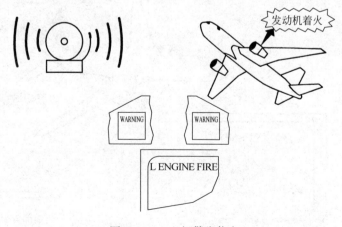

图 1.10-9　A 级警告信息

B级信息：为琥珀色警戒信息，跟在A级警告信息后面，该信息出现时伴有琥珀色主告诫灯亮，并有柔和断续声响，要求机组人员尽快采取措施，如图1.10-10所示。新出现的信息显示在同级别信息的前面，可用取消/复现电门来删除此级别的信息，如果故障仍在，再次按压此电门信息又显示出来。主告诫灯复位电门可复位音响和警戒灯，但不能删除此信息。

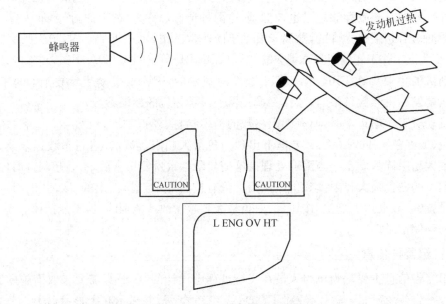

图 1.10-10　B级告诫信息

C级信息：为琥珀色告诫信息，排在B级信息之后，为了和B级信息相区别，向右退一格显示。当此类故障出现时，仅有信息显示，没有灯光和声响警告，机组人员可以在适当的时候采取措施，如图1.10-11所示。新出现的信息显示在同级别信息的前面，可用取消/复现电门来删除此级别的信息，如果故障仍在，再次按压此电门信息又显示出来。

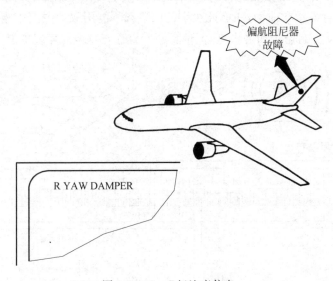

图 1.10-11　C级注意信息

另外,EICAS有抑制信息出现的功能,在发动机起动或关车期间,以及某些重要的飞行阶段,如起飞或着陆,为了不分散驾驶员的注意力,影响飞行安全,对EICAS信息、警告灯和音响警告进行抑制,警告信息不被显示出来。当抑制条件不再存在时,信息会自动显示。

### 7. 状态页显示

状态页主要显示飞机的放行状态和系统数据,需要根据最低设备放行清单(MEL)来确定此状态下的飞机能否放行,显示在下显示器上,如图1.10-12所示。如果两台显示器都处于完好状态,状态方式在地面或空中都可以使用。

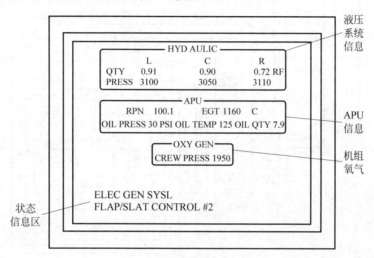

图1.10-12　状态页显示

按压显示选择面板上的"状态"按钮,来显示状态页。主要信息有:液压系统参数、APU参数、氧气、飞行控制舵面状态等以及状态信息。在飞行中通常不需要使用状态方式。如果下显示器不在状态页,当某一系统状态发生变化时,会在上显示器上显示状态提示符,只有飞行人员认为需要查看时,按压"状态"电门才显示状态页。如果这种异常状态过一段时间后不再存在,状态提示符也自动消失。

状态信息也叫S级信息,当有信息出现时,需要按MEL来确定飞机的放行状态。信息显示为白色,最新出现的信息显示在顶部,每页最多可显示11条信息,如果多于11条信息,可再次按压"状态"按钮来翻页。

状态信息对飞机维护很重要,所有的信息被送到CMS处理。状态信息主要分为锁定的和非锁定的两种。锁定的状态信息被存储在EICAS计算机的NVM里,它可以是活跃的或非活跃的,当故障被排除后,该信息仍会显示,需要通过特殊的程序来删除此信息,可通过CDU或面板上的抹除功能来实现。而非锁定的状态信息不会被EICAS计算机存储起来,当故障被排除后,信息会自动消失。

### 8. 概要页显示

概要显示格式是以图示来显示各飞机系统,是一种动态的实时数据显示,并以各种不同颜色来显示系统构型和状态,系统的这些构型和驾驶舱顶板的布局相似,以使机组容易识别系统的异常情况。

系统和系统概要页主要显示在下显示器上,由人工控制。不同的显示选择面板构型,可有不同的系统选择按键,如图 1.10-13 所示中共有 6 个系统按键:电源系统、燃油系统、环境控制系统、液压系统、门和起落架系统,有些面板还有飞行操纵系统选择键。不管是在空中还是在地面上,按压显示选择面板上的系统按键,则可实时显示相应系统数据。如果再次按压该键,则显示消失。

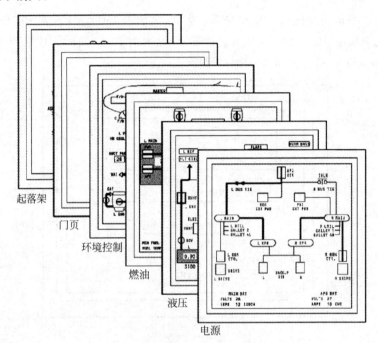

起落架

门页

环境控制

燃油

液压

电源

图 1.10-13　概要页显示格式

不同的显示颜色有不同的含义:红色表示警告级别、限制或超限;琥珀色表示警戒级别、限制、超限或故障;品红色表示指令或目标值;蓝色表示预位状态;绿色表示接通状态或流量;灰色表示实际飞机状态;白色表示断开或无效数据。

### 9. 维护页显示

当飞机回到地面后,维护人员需要查看系统所记录的维护数据和信息,才能及时、有效地排除故障,该系统设置了维护页功能。维护页主要是在下显示器上显示系统的有关数据,这些信息可以打印出来或通过数据链发送到地面站。不同的构型,维护页的格式和数量各有不同,可选择任一种进入维护页的途径:维护面板或 CDU 维护页菜单,它们基本选择功能相同。

每个系统的维护页显示方式最多有三种:实时显示、人工快照和自动快照显示。实时显示方式是指显示系统当时的动态数据;人工快照(人工事件)和自动快照(自动事件)方式则显示各自存储在 NVM 中的数据。当按压显示选择面板上的事件记录按钮或维护面板上的事件按钮或 CDU 菜单相应的功能键(如果选装 CDU 维护菜单功能)时,可记录人工快照在 NVM 里。在每个飞行段,每个系统最多可记录 5 幅人工快照。

自动快照有专用的 NVM,当某些系统的参数出现超限时,会自动地产生快照,并存储在 NVM 里,每个系统最多可以记录 5 幅自动快照。

　　图 1.10-14 为 CDU 的维护页菜单,各系统的维护页清单是按 ATA 章节来排列的。在维护页的主菜单里,按压相应的行选键,可删除或记录所有系统的维护页。而在每个系统的维护页上,可选择系统的实时显示、人工记录、人工快照显示、自动快照显示,也可删除或报告系统维护页。

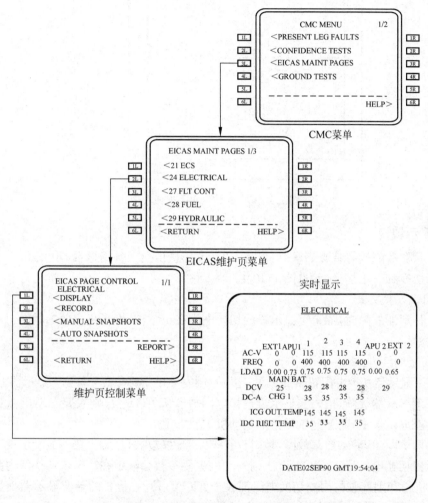

图 1.10-14　维护页菜单

## 1.10.3　系统的异常显示

### 1. 显示选择板故障

　　当显示选择板失效后,上显示器显示主要发动机参数,下显示器由原来空白转为自动显示次要发动机参数,并且维护面板和取消/复现按钮也不起作用。

### 2. 参数数据丢失或无效

　　某参数数据信道不起作用时,模拟指针消失,数字变为空白,如图 1.10-15 所示。图中 EGT 为无效或丢失,可选用另一台 EICAS 计算机驱动显示;如仍然不变,则应检查输入数据通道。

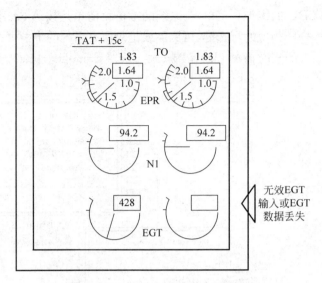

图 1.10-15　参数资料丢失或失效

### 3. 显示转换

当显示器故障或有特殊需求时,可将 EICAS 信息切换到备用显示器上显示。显示切换分为自动切换和人工切换,参见图 1.10-4。

1)自动切换方式

当上显示器故障时,如果下显示器的切换电门在正常位,发动机主要参数会自动转到下显示器上显示。

2)人工切换方式

如果下显示器切换电门置于"EICAS 主"位,则发动机主要参数会移到下显示器上显示。

如果上显示器故障,把内侧显示器选择电门放于 EICAS 位,则次要发动机参数会显示在内侧导航显示器上,而下显示器显示发动机主要参数。

如果两 EICAS 显示器都故障,暂时没有 EICAS 参数被显示,当任一显示切换面板上的内侧显示器切换电门置于 EICAS 位,则发动机主要参数会显示在第一个切换的内侧显示器上;如果机长和副驾驶的内侧切换电门都放于 EICAS 位,在机长的导航显示器上显示发动机主要参数,而在副驾驶的导航显示器上显示发动机次要参数。

## 1.10.4　电子中央飞机监控系统

### 1. 概述

在空客飞机上,都装有 ECAM 系统,称为电子中央飞机监控系统,其基本功能与波音飞机的 EICAS 系统相似,主要是监控发动机参数及飞机系统的警告指示。主要区别是显示能力和显示格式略有不同,显示的信息也分三个级别,使飞行机组容易意识到各种警告的严重程度。图 1.10-16 所示为 ECAM 的显示格式。

ECAM 系统主要由两个显示器(CRT 或 LCD)、三个显示管理计算机(DMC)、两个系统数据集获器(SDAC)、两个飞行警告计算机(FWC)、一个 ECAM 控制板、显示转换面板及目视和音响警告系统组成,如图 1.10-17 所示。

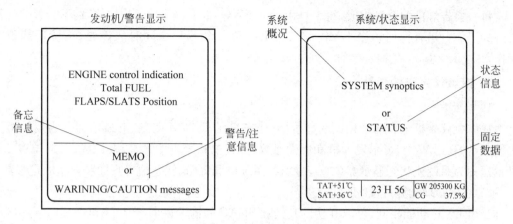

图 1.10-16 ECAM 显示

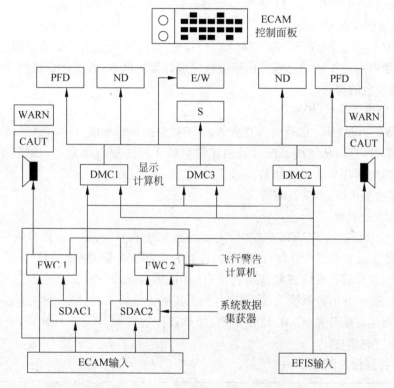

图 1.10-17 ECAM 系统组成原理图

　　每个 DMC 通过其接口从飞机传感器和计算机直接接收需要显示的数据,同时从两个 SDAC 接收飞机系统参数,从 FWC 接收备忘信息,经处理后送到显示器上显示。正常时, DMC1 负责机长的 EFIS 和上 ECAM 显示,DMC2 负责副驾驶的 EFIS 和下 ECAM 显示, DMC3 作为备份。而有些飞机的系统构型被设计成:正常时,DMC1 负责机长的 EFIS 和 上、下 ECAM 显示,DMC2 负责副驾驶的 EFIS 显示,DMC3 作为备份。

　　当系统探测到需要警告的信息时,则通过 DMC 将警告信息在 ECAM 显示器上显示, 并触发相应的警告灯点亮,发出音响警告。

每一警告灯由两个灯组成,每个灯由一个FWC控制,当一个FWC故障,不会影响到警告灯的工作。当有任何一个DMC、一个FWC和一个SDAC同时故障时,系统仍能正常工作。

**2. ECAM系统的部件**

1)显示器

在中央仪表板上有两个相同的显示器,用来显示ECAM信息,上显示器称为发动机及告警显示器(E/WD),显示发动机和燃油参数、检查单和警告信息,以及襟翼/缝翼位置;下显示器称为系统或状态显示器(SD),显示各系统概况页面、状态信息页面和一些固定参数。

2)显示管理计算机(DMC)

三个DMC功能相同,可以互换。其处理SDAC的输入数据,产生飞机系统信息并显示在SD上;采用FWC来的信号,处理后在E/WD的下部显示飞机信息;也直接从飞机系统中采集重要数据(如EPR、N1、EGT等),处理后显示在E/WD的上部。

3)系统数据集获器(SDAC)

两个SDAC功能相同,可以互换。它们接收飞机系统的数据,将其数字化后送给DMC;并将那些对应于琥珀色告诫信号的数据进行集中处理,数字化后送到飞行警告计算机,以产生琥珀色的警告。

4)飞行警告计算机(FWC)

两个FWC功能相同,也是可以互换的。FWC监控飞机系统,计算飞行阶段,是ECAM系统的核心部分,直接从飞机系统计算机采集对应于红色警告的数据,也接收两个SDAC的琥珀色告诫数据,FWC对这些数据进行计算、处理,生成相应的警告信息显示在E/WD上,控制相应的警告灯,产生音响警告。

5)ECAM控制板

ECAM控制板提供ECAM的控制,主要功能按钮有:显示器亮度调节旋钮;起飞构型检查按键;紧急取消按键,可以取消所有的音响警告和警告信息(红色警告信息除外);状态页或系统页选择键;取消或复现警告信息(红色警告除外)电门。"全部"(ALL)按钮以1页/s的速度逐一调出各系统页面,当选择到所需的系统页面时,松开按钮即停留在该显示页。有的面板还有跳开关(C/B)监控功能,如果被监控的跳开关在打开位,当按压此电门时,会显示相应的信息。

ECAM控制板如图1.10-18所示。

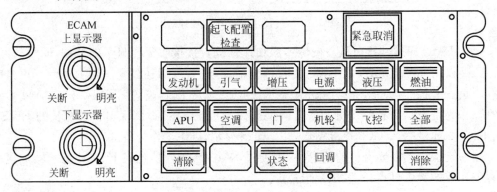

图1.10-18　ECAM控制板

6）目视和音响警告部件

提醒器由主警告灯、主告诫灯和相关的音响警告组成。主警告灯是红色的,当其闪亮时会伴有连续的音响警告;主告诫灯是稳亮的琥珀色灯,当其被点亮时会伴有单谐音的音响警告;这两个警告灯也有按压复位相应警告的功能(参见图 1.10-19)。

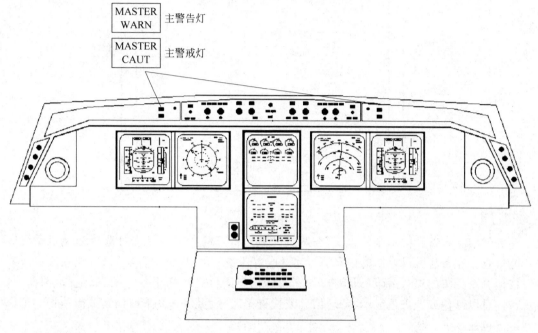

图 1.10-19　主警告灯和主告诫灯

7）ECAM 切换面板

DMC 切换旋钮:设有正常位、机长和副驾驶的备份位。通常放在正常位,此时,DMC1负责机长的 EFIS 显示和上 ECAM 显示,DMC2 负责副驾驶的 EFIS 显示和下 ECAM 显示,DMC3 为热备份;或 DMC1 负责机长的 EFIS 和上、下 ECAM 显示,DMC2 负责副驾驶的 EFIS 显示,DMC3 作为备份。当选择机长或副驾驶备份位时,其由 DMC3 驱动相应的显示。

ECAM 切换旋钮:设有正常位、机长位和副驾驶位。通常放于正常位,当放于机长或副驾驶位时,可将 ECAM 显示切换到机长或副驾驶的导航显示器(ND)上显示,如图 1.10-20所示。

**3. ECAM 显示内容**

1）发动机和告警(E/W)显示

发动机和告警(E/W)显示通常连续显示在上 ECAM 显示器上。E/W 显示分为上、下两个区域:上部区域以模拟和(或)数字的形式显示发动机的主要参数、机载燃油量和襟翼/缝翼位置;下部区域显示警告信息和备忘信息,如图 1.10-21所示。

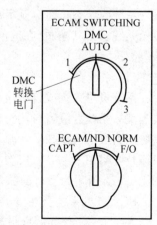

图 1.10-20　ECAM 切换面板

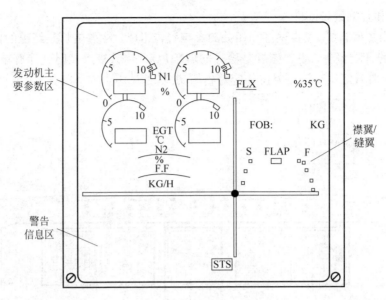

图 1.10-21　E/W 显示格式

　　警告信息和备忘信息区分为左、右两个区域。备忘信息指的是临时选择的飞机系统或功能信息。左备忘区可显示的信息有：起飞或着陆备忘信息、正常备忘信息、独立或主故障警告信息及相关的执行措施(即检查单)。警告信息的优先权高于备忘信息。正常情况下，警告信息以红色或琥珀色显示，备忘信息或检查单以绿色显示，需采取措施或需执行的工作则以蓝色显示。

　　右备忘区可显示正常备忘信息和琥珀色次要故障信息。在起飞和着陆期间，为防止分散机组的注意力，不会马上显示警告信息，只显示起飞或着陆抑制信息。

　　在 E/W 显示器上还会显示状态提示符、咨询提醒信息和信息溢出符号。状态提示符"STS"显示表示有状态信息出现，但系统不在状态页。当系统参数超出正常范围时，相应的参数会闪烁，同时会出现闪烁"ADV"。如果警告信息过多，超过左备忘区显示限制，需要以标题形式显示在右备忘区，会显示一个箭头。

　　2) 系统或状态显示(S 显示)

　　系统或状态页通常显示在下 ECAM 显示器上。显示页分为上、下两个区域，上部区域显示系统页或状态页，在巡航阶段，自动显示巡航页；下部区域固定显示温度、时间和重量等参数。

　　(1) 系统页

　　系统页可人工或自动显示，通过按压 ECAM 控制板上的相应按钮，可以显示系统页；或当某一系统有故障时，会自动地显示。系统页包括：引气页(BLEED)、空调页(COND)、座舱压力页(PRESS)、电源页(ELEC)、飞行控制页(F/CTL)、燃油页(FUEL)、液压页(HYD)、APU 页(APU)、次要发动机参数页(ENG)、门页(DOOR)和轮页(WHEEL)等。图 1.10-22 所示为飞行操纵系统页面。

　　ECAM 的系统页在显示时，显示方式按优先权排列，其优先次序依次为：

　　人工方式：优先等级最高，只要人工选择按压 ECAM 控制板上任一个系统页按钮，则立即显示对应的系统页。

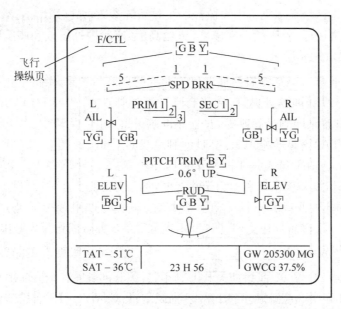

图 1.10-22　飞行操纵系统页面

　　故障方式：仅次于人工方式，不论哪个系统，只要出现警告/告诫信息时，则自动显示该系统页。

　　咨询方式：优先等级低于人工和故障方式，ECAM 监控若干个重要参数，当监控的某个参数超限时，相应的系统页自动显示，发生超限的参数闪亮。

　　飞行阶段方式：优先等级最低，即当各系统正常，又无人工超控时，则系统显示器按计算出的飞行阶段自动显示相应的系统页。

　　飞行阶段由飞行警告计算机(FWC)计算完成，一次完整的飞行包括 10 个飞行阶段，如图 1.10-23 所示。不同的飞行阶段，ECAM 显示相应的系统页。第 1 阶段和第 10 阶段显示舱门/氧气页，第 2、7、8 阶段和第 9 阶段都显示轮子页，第 3、4 阶段和第 5 阶段显示发动机参数页，第 6 阶段显示巡航页。

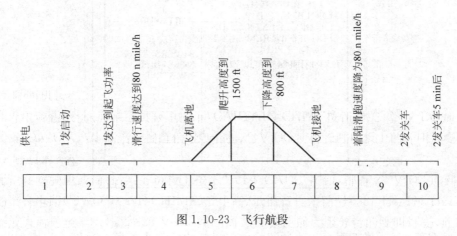

图 1.10-23　飞行航段

（2）巡航页

当飞机在爬升高度 1500 ft 到下降高度 800 ft 之间飞行时，巡航页自动显示在下显示器上。巡航页的上部区域显示飞行中需监控的主要系统参数,如已用燃油、滑油量和振动等发动机参数;着陆机场标高、座舱垂直速度、座舱高度、座舱内外压差和座舱区域温度等座舱压力参数,如图 1.10-24 所示。

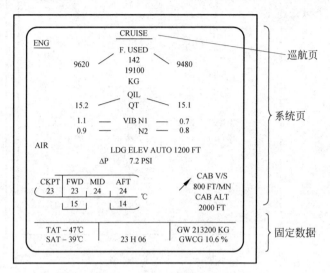

图 1.10-24　巡航页显示

（3）状态页

状态页主要显示飞机系统的工作状态,表明这些系统有缺陷,但没有触发警告,需要采取维护措施。可人工或自动显示。按压 ECAM 控制板上的"状态"按钮即可调出状态页,或当进近时缝翼放出大于两个单位时,状态页自动显示,如图 1.10-25 所示。

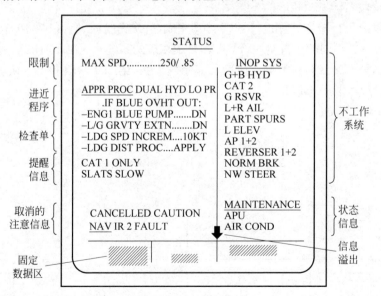

图 1.10-25　状态页显示

上区左部:显示进近程序和通过清除电门已删除的警告信息。在进近程序中,蓝色文字表示限制参数及可推迟程序,绿色文字表示着陆能力和一些提醒信息。

上区右部：不工作系统和维护信息。不工作系统信息表示该系统由于故障或没有接通，所以处于不工作状态。维护信息栏反映出飞机系统故障状态，影响到飞机的放行，需要作维护或根据 MEL 放行。

当 ECAM 未选择状态页，而有新的状态信息出现时，则在上显示器 E/W 页的下端出现白色的"STS"提示信息，表明现在有状态信息出现。

（4）固定数据区显示

在下显示器显示的下部区域，这些数据以一定的格式显示，不随系统页的变化而变化。显示的信息有：大气总温和静温，正常显示为绿色，数据无效时为琥珀色；载荷因子，正常显示空白，如果超过限制值，会以琥珀色显示；国际协调时间，正常显示为绿色，数据无效时为琥珀色；总重和重心参数显示，正常为绿色，数据无效时显示琥珀色，在地面时无计算数据，显示为蓝色。

**4. ECAM 机组警告信息分类**

ECAM 具有显示机组信息的功能。这些警告信息来源于飞行警告计算机（FWC），当 FWC 接收到来自被监控系统的故障信息后，输送信号给 ECAM 系统，用以产生相应的驾驶舱效应，飞行员可以根据这些驾驶舱效应判断飞机系统故障的紧急程度。根据警告信息的重要程度和需要采取措施的紧急程度，ECAM 机组警告分为三个等级：三级警告（最高级别）、二级告诫和一级咨询，如图 1.10-26 所示。

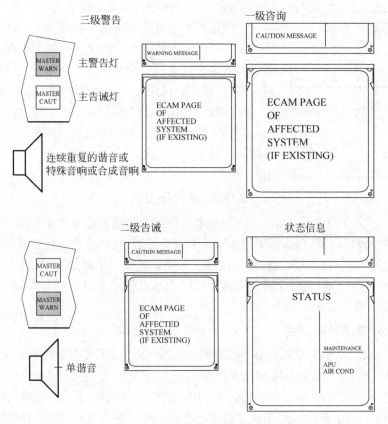

图 1.10-26　ECAM 警告

1) 三级警告

三级警告对应于最紧急情况,需要机组人员立即采取纠正措施。出现三级警告时,在E/W显示红色警告信息,同时,红色主警告灯闪亮并有重复的谐音或特殊音响警告。

2) 二级告诫

二级告诫对应于重要的不正常情况,需要机组人员立即知道,允许尽快采取纠正措施,但对飞行安全没有直接影响。出现二级告诫时,E/W显示琥珀色警告信息,同时,琥珀色主告诫灯亮并伴有单谐音响警告。

3) 一级咨询

一级咨询为需要机组监控的情况,它主要对应可能导致系统功能降级或使余度减少的故障。一级警告没有主警告灯和声响,只有黄色警告信息显示。

此外,还有一些不会触发机组警告但又需在地面采取维护措施的故障,以状态信息的形式告知机组,状态信息只在状态页的维护信息栏内列出。

**5. ECAM 显示的故障信息类型**

ECAM系统显示的故障信息主要用来给机务人员提供排故辅助。这些故障信息可分为三种类型:独立故障、主要故障和次要故障,如图1.10-27所示。

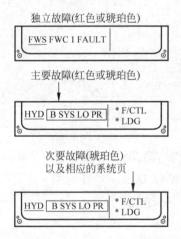

图 1.10-27　ECAM 故障分类

（1）独立故障是指系统或设备的某个部件发生故障时,不会影响到其他系统的正常工作。当出现时,根据等级的不同,通常在左备忘信息区会显示相应的红色或琥珀色警告信息。在该信息的系统名称下加下划线。

（2）主要故障是指系统或设备的某个部件发生故障时,会引起其他系统或设备功能失效。当出现时,根据等级的不同,通常在左备忘信息区会显示相应的红色或琥珀色警告信息。该故障信息加一个方框来表示是主要故障。

（3）次要故障是指由于主要故障而引起该设备或系统的功能失效。通常次要故障显示在右备忘信息区,颜色为琥珀色,并在信息的前面加星号表示。

**6. ECAM 咨询方式**

咨询方式是指当一些受监控重要系统的参数已超出正常值,但仍低于警告门限值时,相应的系统页会自动显示,且对应的参数会闪烁,同时在上显示器出现"ADV"提示符,以引起机组的注意。如果该系统页不能显示,机组可在ECAM控制板上按压相应的按键(此时该键上的指示灯闪亮),以显示该页信息。咨询方式的出现可能导致故障的产生,使警告升级。

**7. ECAM 故障转换功能**

ECAM系统的功能和部件含有备份余度和应急功能,使ECAM功能在部分部件失效时仍能得到执行。这些备份功能包括有以下几个方面,如图1.10-28所示。

显示切换:当所有控制电门放于正常位时,如果上ECAM显示器故障,其显示的信息会自动切换到下显示器上显示,取代系统或状态页。但可按压并保持ECAM控制板上的相应按钮,来显示系统或状态页。此时也可通过ECAM/ND切换电门,将系统或状态页切换

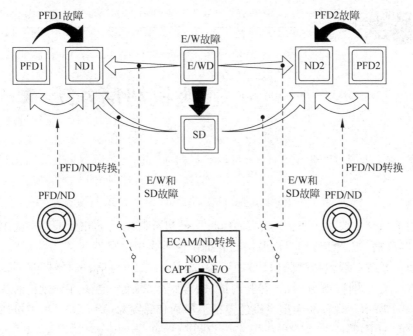

图 1.10-28　故障转换显示

到 ND 上显示。

　　如果两个 ECAM 显示器都故障,所有 ECAM 信息将暂时不显示,但可通过 ECAM/ND 电门将上 ECAM 信息切换到 ND 上显示,同样,可按压并保持 ECAM 控制板上的相应按钮来显示系统或状态页。

　　DMC 切换:如果 DMC1 或 DMC2 故障,相应的显示会暂时失去,可通过 DMC 切换旋钮切换到 DMC3 工作。

　　ECAM 控制板故障:此时,除了紧急取消、清除、所有和状态功能键仍有效外,其余功能键将不起作用。

　　FWC 故障:一个 FWC 故障,警告系统仍能正常工作。如果两个 FWC 同时故障,则失去所有的警告信息,同时也失去所有警告灯和其所产生的音响警告。

　　SDAC 故障:当仅一个 SDAC 故障时,不会影响到系统的工作。如果两个 SDAC 同时故障,则会失去所有的琥珀色告诫。此时仅发动机次要参数页、燃油页和飞行操纵页有效。

## 8. ECAM 系统测试

　　ECAM 系统本身有完整的监控功能,当探测到故障时,会显示相应的警告信息。在地面上,当需要证实故障是否存在或更换部件时,可通过 CMS 系统进行测试。MCDU 有 ECAM 测试菜单。

## 第2章

# 飞机通信系统

　　飞机通信系统主要用于飞机与地面之间、飞机与飞机之间的相互通信；也用于进行机内通话、旅客广播、记录话音信号以及向旅客提供视听娱乐信号。

　　飞机通信系统一般包括高频（HF）通信、甚高频（VHF）通信、选择呼叫（SELCAL）、旅客广播（PA）、飞行内话、服务内话、客舱内话、旅客娱乐（录像、电视、音乐）和话音记录系统等，如图 2.0-1 所示。现在的大型飞机还包括卫星通信系统（SATCOM）和飞机通信寻址与报告系统（ACARS）等。

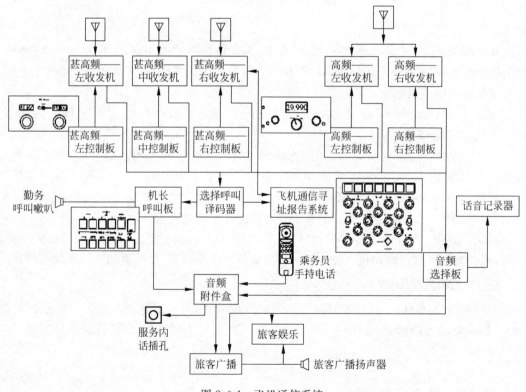

图 2.0-1　飞机通信系统

　　除了一般的优质通信设备的设计要求外，对航空通信设备的特殊要求有：能覆盖较大的频率范围，可由遥控装置控制，必须在−60～70℃的温度变化条件下，在相当于海平面到24000 m（80000 ft）的大气压力、湿度为 100% 的条件下，即在从蒸汽到水冻结的条件下，其性能和可靠性只允许有很少的降低。

高频通信系统是一种机载远程通信系统,通信距离可达数千千米,用于在远程飞行时保持与地面间的通信联络。系统的工作频率范围是 2~30 MHz,波道间隔为 1 kHz。高频通信信号利用天波传播,因此信号可以传播很远的距离。现代机载高频通信系统都是单边带通信系统,可以压缩所占用的频带,节省带宽和发射功率。单边带通信能够和普通调幅通信相兼容。

甚高频通信系统是最重要也是应用最广泛的飞机无线电通信系统。大型飞机通常装备 2 套或者 3 套相同的甚高频通信系统,以保证甚高频通信的高度可靠。甚高频通信系统主要用于飞机在起飞、着陆期间以及飞机通过管制空域时与地面交通管制人员之间的双向语音通信。甚高频通信系统的工作频段通常为 118.00~135.975 MHz,由于甚高频信号只能以直达波的形式在视距内传播,所以甚高频通信的距离较近,并受飞行高度的影响。

选择呼叫系统的功用是当地面呼叫指定飞机时,以灯光和谐音的形式通知机组进行联络,从而免除机组对地面呼叫的长期守候。它不是一种独立的通信系统,通过高频通信系统或甚高频通信系统实现其功能。为了实现选择呼叫,机上高频和甚高频通信系统必须调谐在指定的频率上,并且把机上选择呼叫系统的代码调定为指定的飞机代码。

音频综合系统(AIS)泛指机内的所有通话、广播、录音等音频系统,这些系统的主要作用是实现机内各类人员(包括机组、乘务员、旅客以及飞机停场时的地面维修人员等)之间的语音信息交换以及驾驶舱内话音的记录。旅客广播系统供驾驶员或机上乘务员通过客舱喇叭向旅客进行广播和播放音乐。旅客娱乐系统用于向旅客放映录像、电视以及传送伴音信号。服务内话供机组成员和勤务人员进行联络以及飞机各维护点之间的联络。话音记录器用于记录机组人员与地面的通信和驾驶舱内的话音情况。

卫星通信系统是指利用空间的人造地球卫星作为中继站转发无线电信号,以实现两个或多个地球站之间的通信,地球站包括地面地球站(GES)和机载地球站(AES)。卫星通信系统可以提供全球范围内的,包括双向话音通信、传真和数据通信服务。主要用于向机组人员、旅客提供卫星电话、传真,向航空公司提供用于航空运营管理(AOC)的数据链通信服务。

飞机通信寻址与报告系统是一个可寻址的空/地数据通信网络,通过机上高频通信系统,或甚高频通信系统以及卫星通信系统实现空地之间的数据和信息的自动传输交换,使飞机作为移动终端与航空公司的指挥系统、控制系统和管理系统相连接。

应急定位发射机的作用是在飞机发生事故时,发出呼救信号,以便能够得到救援。应急定位发射机的电源是一个自备的干电池,能供电 48 h。应急电台的工作频率为 121.5 MHz、243 MHz、406 MHz。

## 2.1 高频、甚高频通信

### 2.1.1 高频通信系统

#### 1. 概述

高频通信系统(HF)是一种远距离的飞机与飞机之间、飞机与地面电台之间的通信系统。高频通信系统的工作频率范围是 2~30 MHz,它是利用电离层的反射实现电波的远距离传播。

　　HF 通信由于采用天波传播,易受到电离层扰动、雷电(静电)、电气设备和其他的辐射引起的各种干扰,这样就会产生无线电背景噪声。HF 通信的另一种特性是衰落,即接收信号时强时弱,这是多路径信号接收的超程效应,信号强度变化是由电离层的长期和瞬时变化造成的。HF 通信还存在一个电离层反射垂直入射波的临界频率,高于该临界频率的电波则穿过电离层,不会反射回地面;同样,HF 通信还有个最低的可用频率(LUF),低于 LUF 的频率会有噪声电平被电离层吸收。以上两个限制条件在一天 24 h 内连续变化,因此需要在这两个可用频率之间选择一个尽可能长时间持续工作的工作频率。

　　高频通信系统以普通调幅(AM)或单边带(SSB)方式工作。发射机和接收机二者共用一个频率合成系统,音频输入输出通过遥控电子组件(或音频管理组件)与飞行内话系统相连接。天线调谐耦合器用来在所选择的频率上使天线与馈线阻抗匹配。系统的组成如图 2.1-1 所示。

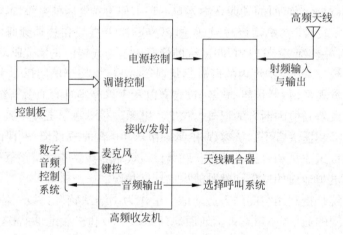

图 2.1-1　高频通信系统

　　飞机上一般装有 1～2 套高频通信系统。两套系统由两部收发机、两个控制板、两个天线调谐耦合器和一部天线组成。多数飞机天线调谐耦合器安装在垂直安定面前缘下部或客舱后部区域。HF 天线、馈线和射频屏蔽罩位于垂直安定面内部,其中天线在垂直安定面的前缘。

　　1) HF 控制板

　　HF 控制板(如图 2.1-2 所示)用来选择工作频率、工作方式及调节接收机灵敏度。

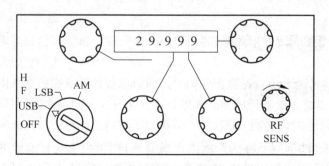

图 2.1-2　HF 控制板

2）高频收发机

高频收发机（如图 2.1-3 所示）用于发射和接收载有音频的射频信号。收发机前面板上有三个故障灯、一个测试电门、一个话筒插孔和一个耳机插孔。当来自控制板的输入信号失效时，"CONTROL INPUT FAIL"灯亮；在收发机内，如果出现＋5 V DC 或＋10 V DC 电源电压消失、发射输出功率低、频率控制板故障或频率合成器失锁和机内微处理器故障等情况之一时，"LRU FAIL"灯亮。

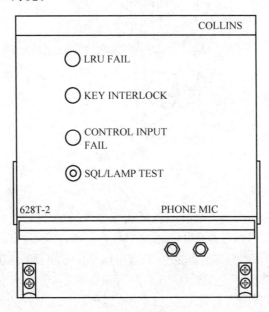

图 2.1-3  高频收发机

当收发机已被键控，如天线调谐耦合器中存在故障，则"KEY INTERLOCK"灯亮，此时发射被抑制。

当按下"静噪/灯试验电门"（SQL/LAMP TEST）时，静噪抑制失效，此时耳机内可听到噪声，同时三个故障灯亮，用以检查静噪抑制电路和故障灯的好坏。发射期间，机内风扇工作，用来对发射机功放进行冷却。

3）高频天线调谐耦合器

天线调谐耦合器（如图 2.1-4 所示）用来在 2～30 MHz 频率范围内调谐，通常它能在 2～15 s 内自动地使天线阻抗与特性阻抗为 50 Ω 的高频电缆相匹配，使电压驻波比（VSWR）不超过 1.3∶1。天线调谐耦合器装在带密封垫圈的可卸增压外壳内，外壳上有三个与外部相连的接头。压力气嘴（PRESSURE NOZZLE）是用来给天线调谐耦合器充压的，通常是充干燥的氮气，压力约为 22 psi（1 psi ＝0.068 atm＝6.86 kPa），比外界气压高半个大气压左右，以防止外面潮湿空气进入或空中低气压，降低耦合器内部抗电强度。当压力低于 15.5 psi 时，就必须充压。耦合器使用 115 V 交流电，没有外部冷却。

4）高频天线

高频天线（如图 2.1-5 所示）是一个"凹"槽天线，它由一段 U 形玻璃钢材构成，绝缘密封在垂直安定面的前缘。来自天线耦合器的馈线连到天线金属部分的一个端头上，它对射频电流呈低阻抗。耦合器能够将天线阻抗与特性阻抗为 50 Ω 的发射机高频电缆相匹配。

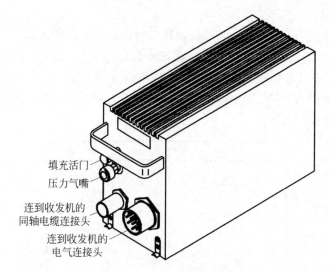

填充活门
压力气嘴
连到收发机的
同轴电缆连接头
连到收发机的
电气连接头

图 2.1-4　天线调谐耦合器

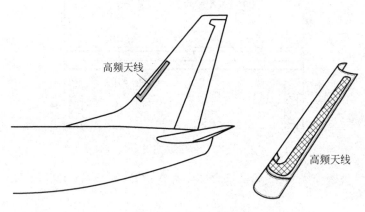

高频天线

高频天线

图 2.1-5　高频天线

　　高频天线在发射时可能会对天线附近的人员造成电击,所以在拆装高频天线耦合器的接近盖板和高频天线时,应确保系统断电;此外,飞机在加油操作时不要操作高频通信系统。

### 2. 系统工作概况

　　HF 通信使用频率选择和控制信号发射和接收音频通信。

　　HF 控制板向收发机发送所选频率的信息和控制信号。控制板可选择 HF 通信的频率,进行调幅(AM)或上边带(USB)操作,通过 RF 灵敏度控制可增强 HF 接收。HF 收发机发射和接收信息。收发机的发射电路用飞行内话音频调制 RF 载波信号,并将调制的 RF 信号经天线调谐耦合器送到天线发射给其他飞机或地面站。接收电路对接收的 RF 载波进行解调并分离出音频,接收的音频被机组或其他飞机系统使用。HF 天线调谐耦合器使天线阻抗与 50 Ω 的高频同轴电缆阻抗相匹配。发射期间,天线调谐耦合器从收发机接收已被调制的 RF 信号并传送给天线。接收期间,天线调谐耦合器从天线接收已被调制的 RF 并送给收发机。HF 天线发射和接收音频调制的 RF 信号。

选择呼叫系统也从 HF 收发机接收音频。

### 3. 接收机的组成及基本工作原理

接收机为二次变频的超外差接收机,具有两种工作方式:一种是兼容调幅工作方式,接收机接收普通调幅信号;另一种是 SSB 工作方式,可以接收 LSB 信号或 USB 信号。这两种工作方式的区别仅为解调电路和 AGC 电路。其简单原理如图 2.1-6 所示。

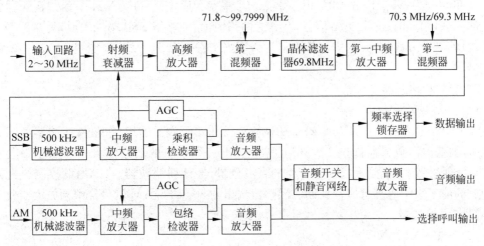

图 2.1-6　高频接收电路原理图

1) 高频电路部分

高频电路部分由输入回路、射频衰减器、高频放大器和混频器等组成。通常要求它的电路线性好,动态范围宽,选择性好,传输系数大,以提高接收机的灵敏度和抗干扰能力。

(1) 输入回路

输入回路用以选择系统所需要频率的有用信号,尽可能滤除其他频率信号和噪声干扰;具有足够的选择性;由天线回路反射电抗所引起的回路失谐程度要小;输入电路的频带宽度为 2~30 MHz,应具有较高的电压传输系数,并应在整个工作波段内保持均匀。

(2) 射频衰减器

射频衰减器由 AGC 电压放大器、差分放大器和恒流源等组成。其作用是使接收机输入电路有一个较宽的动态范围,衰减的大小可由控制板上的射频灵敏度控制旋钮来控制,衰减量为 20 dB。

(3) 高频放大器

超外差接收机的高频放大器工作在甲类工作状态,其主要作用是提高接收机的信噪比,因为第一级所产生的噪声对接收机的信噪比的影响最为严重,而高放级所产生的噪声比变频级的噪声小。此外,高频放大器用来隔离变频级和天线,以避免本地振荡器的能量从天线辐射出去,干扰其他电台。

(4) 混频器

混频器用来降低(或提高)接收信号的载频,实现频率搬移。混频器输出中频的选择应有利于对镜像干扰和邻道干扰的抑制,为此,在短波和超短波接收机中,通常采用二次变频,选择较高的第一中频可保证对镜像干扰的抑制,第二次变频的中频选得较低,可以保证对邻道干扰的抑制,并使中放具有较高的增益,但随变频次数的增加,接收机的噪声也会相应地增大。

在第一混频器中,高频放大器输出的 2~29.999 MHz 信号与由频率合成器来的 71.8~99.7999 MHz 的第一本振信号进行混频,输出固定的 69.8 MHz 第一中频边带信号,再经 69.8 MHz 带宽为 34 kHz 的晶体滤波器滤波后加到第二混频器,并与频率合成器来的第二本振信号进行混频。当系统在 LSB 工作方式时,第二本振信号频率为固定的 70.3 MHz;当系统在 USB/AM 工作方式时,第二本振信号频率为固定的 69.3 MHz。第二混频器输出固定的 500 kHz 第二中频边带信号,并分为两路输出,一路至 SSB 第二中放,另一路至 AM 第二中放。使用两组分开的中频放大器是为了当工作于 SSB 方式时,能接收标准调幅的选呼信号。

2) 中放和检波器

(1) AM 中放和解调电路

AM 中频放大级由一个 500 kHz 机械滤波器和四级放大器组成,机械滤波器可以保证接收机的选择性,放大器提供 100 dB 的增益。前三级中放的增益由自动增益控制电压控制,自动增益控制电压是由检波器产生的直流分量,经低通滤波器、自动增益控制放大器加至中放的前三级中放进行增益控制。混频器输出的 500 kHz AM 信号经中频放大器放大加至 AM 包络检波器。

(2) SSB 中放和解调电路

SSB 中频放大级由一个 500 kHz 机械滤波器和三级中频放大器组成。

在单边带工作方式,第二混频器输出的 500 kHz 下边带信号经机械滤波器滤波、中放加至乘积检波器,与来自频率合成器的 500 kHz 本地载波信号相乘,检出原音频信号,经音频放大器输出约 100 mW 的音频信号。

3) 自动增益控制

在短波通信中,由于发射功率的强弱、通信距离的远近不同以及电波传播的衰落等,使得到达接收机输入端的信号电平变化很大(0.1 微伏 ~几十毫伏)(国际电联规定,当输入信号在灵敏度变化 80 dB 以上时(即 $10^4$ 倍),接收机输出端的信号电平变化应小于 4~6 dB)。

在单边带通信中,自动增益控制电路的设置与普通调幅通信中的 AGC 有所不同。因为单边带通信的载波被抑制,所以,通常利用单边带信号的包络产生控制电压,单边带通信采用的这种自动增益控制系统称为 EAGC 系统。

由于单边带通信在不通话或通话间隙中无载波,而利用边带信号控制增益时,在有信号(通话时)的状态下 AGC 控制电压的建立跟不上信号的突然出现(充电慢),在无信号(通话间隙)时,AGC 控制电压迅速消失(放电快),噪声不能被限制。为此,EAGC 电路选择了较小的充电时间常数,使 AGC 控制电压快速建立,选择较大的放电时间常数,维持一定时间的 AGC 控制电压以保证无信号时对噪声的控制。

但由于 EAGC 放电时间长,对电波传播引起的衰减现象不利;同时,当出现大的脉冲干扰时,使接收机增益下降,而脉冲过后,使接收机增益仍不能很快恢复,对接收微弱信号不利。

4) 音频电路

音频输出电路由静噪电路、音频压缩放大器、有源滤波器和低频功率放大器组成。

末级音频放大器除放大检波音频外,还在天线调谐耦合器调谐时,对来自调谐音调振荡器的 1000 Hz 信号进行放大,如听到该信号表明天线处于调谐状态。此外,对发射方式中产生的"自听"信号进行放大。

(1) 音频压缩放大器

音频压缩放大器的主要作用是保证音频信号输出幅度的变化不超过 3 dB(在 300～1500 Hz 范围内)。

(2) 静噪电路

静噪电路(如图 2.1-7 所示)的主要作用是当没有外来射频信号输入或输入射频信号的信噪比很小时,抑制噪声音频输出,从而减轻驾驶员的听觉疲劳。

① 当没有外来射频信号输入或输入射频信号的信噪比很小时:

AGC 电压小于静噪电路门限值,噪声比较器输出逻辑低电平,与非门输出逻辑高电平,Q30 的 $V_{GS} \approx 0$,这时,Q30 的沟道电阻很小,音频放大器的放大倍数近似为零,接收机没有噪声输出。

② 当接收的射频信号的信噪比较大时:

AGC 电压大于静噪电路门限值,比较器输出逻辑高电平,与非门输出逻辑低电平,Q30 的 $V_{GS}$ 是一个较大的负值,这时,Q30 的沟道电阻很大,音频放大器正常工作,接收机有音频信号输出。

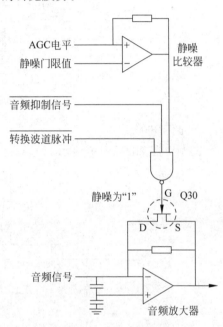

图 2.1-7 静噪电路

③ 当转换波道时:

频率控制电路输出的转换波道脉冲信号为逻辑低电平,与非门输出逻辑高电平,使 Q30 的 $V_{GS} \approx 0$,接收机没有噪声输出。

④ 在发射方式,当输出波段滤波器未选好时:

低通滤波器组件输出将转换波道脉冲变为逻辑低电平,与非门输出逻辑高电平,使 Q30 的 $V_{GS} \approx 0$,接收机没有噪声输出。

⑤ 在报文(CW)方式时:

音频抑制信号有效,为逻辑低电平,与非门输出逻辑高电平,使 Q30 的 $V_{GS} \approx 0$,接收机没有噪声输出。

⑥ 当按下收发机前面板上的静噪按钮时:

静噪电路门限值为零,比较器输出逻辑高电平,与非门输出逻辑低电平,Q30 的 $V_{GS}$ 是一个较大的负值,这时,Q30 的沟道电阻很大,音频放大器正常工作,接收机有噪声输出。

### 4. 发射机的组成及基本工作原理

高频发射机在单边带方式产生 400 W 峰值射频功率,在调幅方式产生 125 W 平均射频输出。

1) 音频输入电路

音频输入电路主要由音频选择器、低通滤波器、音频放大器和音频压缩放大器组成。

音频选择器用来从数据音频、话音音频和等幅报 3 个输入的音频信号中选择其中一个经过低通滤波器加到音频放大器。

话音音频输入信号来自收发机前面板话筒插孔或飞行内话插孔,当按下"PTT"时,接地信号加到反相器 U16D 且输出逻辑"1"高电平,加到与非门 U15C 一端,另一输入端在话音工作方式(VOICE MODE)时,也为逻辑高电平。此时,U15C 输出逻辑低电平,第一路经 U5F 反相后加到音频选择器 U8,这时 U8 的 3 个输入端分别为:A=0,B=1,C=0,选择话音输入信号经音频放大器加到平衡调制器,如图 2.1-8 所示。

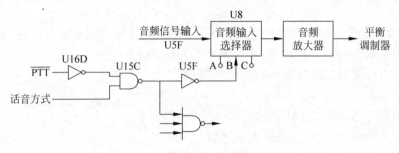

图 2.1-8 音频选择电路

2) 调制电路

调制电路如图 2.1-9 所示。

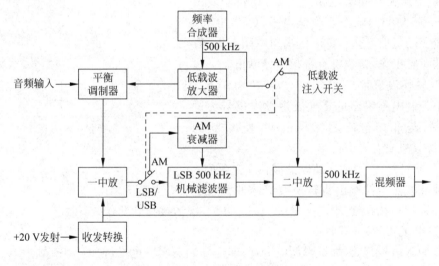

图 2.1-9 调制电路

平衡调制器的主要作用是抑制调幅信号的载波,输出上、下边带信号。

在平衡调制器内,音频信号对 500 kHz 低载波信号进行调制,产生一个抑制载波的 500 kHz 双边带信号。工作在 AM 调幅方式时,输出的 500 kHz 双边带信号经 AM 衰减器适当衰减后加至 500 kHz 下边带机械滤波器。工作在单边带调幅方式时,AM 衰减器不工作,输出的 500 kHz 双边带信号直接加至 500 kHz 下边带机械滤波器。

3) 变频电路

变频电路如图 2.1-10 所示。

当工作在下边带方式时,500 kHz 下边带信号在第一混频器中与来自频率合成器的 70.3 MHz 本振信号混频后输出 69.8 MHz 的下边带信号,经 69.8 MHz 晶体滤波器加至第

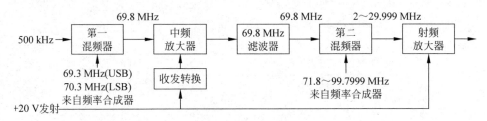

图 2.1-10　变频电路

二混频器,在第二混频器中,69.8 MHz下边带信号与来自频率合成器的 71.8~99.7999 MHz 本振信号进行混频,得到 2~29.999 MHz 的下边带信号。

当工作在上边带方式时,500 kHz下边带信号在第一混频器中与来自频率合成器的 69.3 MHz 本振信号混频后输出 69.8 MHz 的上边带信号,经 69.8 MHz 晶体滤波器加至第二混频器,在第二混频器中,69.8 MHz 上边带信号与来自频率合成器的 71.8~99.7999 MHz 本振信号进行混频,得到 2~29.999 MHz 的上边带信号。

若为调幅方式,除 AM 衰减器工作外,载波注入开关接通,500 kHz 载波信号经注入开关电路也加至 500 kHz 中频放大器,这时,加至第一混频器的是一个含有 500 kHz 载波的 500 kHz 下边带信号,在第一混频器中与来自频率合成器的 69.3 MHz 本振信号混频后输出含有 69.8 MHz 载波的 69.8 MHz 上边带信号,经 69.8 MHz 晶体滤波器加至第二混频器,在第二混频器中,69.8 MHz 上边带信号与来自频率合成器的 71.8~99.7999 MHz 本振信号进行混频,得到含有 2~29.999 MHz 辐射载波的 2~29.999 MHz 的上边带信号。

4) 射频功率放大电路

功率放大器(见图 2.1-11)对 100 mW 的射频信号进行放大,SSB 方式时输出 400 W 峰值包络功率,AM 方式时输出 125 W 平均功率,该输出加至低通滤波器。功率放大器中设有保护电路,当功率放大器内部功耗过大时,该电路可瞬时关断功率放大器。

图 2.1-11　功率放大器

5) 天线调谐耦合器

功率放大器输出的射频信号经定向功率耦合器和收/发继电器加至外部天线调谐耦合器(见图 2.1-12)。天线调谐耦合器的主要目的是使天线与高频电缆阻抗匹配,即天线与末级功放阻抗匹配。

(1) 归零(HOME)

当接通收/发机电源或选择新的频率后,收/发机输出一个"重调脉冲"送到天线调谐耦合器(简称"天调"),或门 U5 输出逻辑"1",加到调谐方式控制单元,天线调谐耦合器开始归零过程,调谐元件被驱动至归零位(此时调谐回路在 2 MHz 位置)。在天调归零过程中,"归零状态"(HOME)信号为逻辑"1",开关 S4 断开键控内锁信号,抑制发射;开关 S7 断开,天调不能调谐。归零过程必须在 15 s 内完成,否则产生一个天调故障信号,使收发机前面板

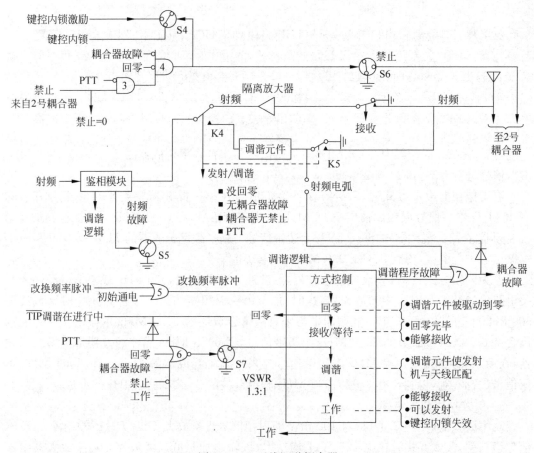

图 2.1-12　天线调谐耦合器

上的"KEY INTERLOCK"灯亮,表明键控内锁故障。

　　归零过程完成后,"归零状态"(HOME)信号变为逻辑"0",系统就自动进入"接收/等待"状态。

　　(2) 接收/等待(RCV/STBY)

　　当调谐元件达到相应的归零位后,系统就自动进入接收/等待状态,在这种状态,系统能按所选择的频率接收信号,而且可以随时键控发射。

　　(3) 调谐过程

　　当键控发射时,按压发话(PTT)逻辑"0"信号送到天线调谐耦合器,或非门 U6 输出逻辑"1",使开关 S7 接通并自锁,"地信号"经过开关 S7 加到调谐控制单元,调谐回路开始调谐。

　　"地信号"作为$\overline{TIP}$(调谐过程中)信号送到收发机。如收发机的工作方式为 SSB 方式,微处理器就将收发机的工作方式转换为 AM 方式,为天调提供一个未调制的载波信号;功放输出电路中的射频衰减器被接入电路,将功放输出的平均功率从 125 W 衰减到 75 W 后加到天调。1 kHz 音频振荡器工作,耳机内可以听到一个 1 kHz 的单音信号,表明调谐正在进行。

　　调谐过程 A:

　　调谐过程中,天线调谐耦合器内的相位鉴别器比较射频电压和电流之间的相位,同相时表明调谐回路谐振,负载呈电阻性。

调谐过程 B：

调整调谐元件使负载阻抗接近 50 Ω 并谐振。

调谐过程 C：

进一步调节调谐元件，使电压驻波比（VSWR）小于 1.3∶1（射频反射功率小于 2 W）。

整个调谐过程（A、B、C）必须在 15 s 内完成，否则产生一个"天调"故障信号，收发机前面板上的"KEY INTERLOCK"灯亮。

调谐完成后，"工作状态"（OPERATE）信号变为逻辑"1"，或非门 U6 输出逻辑"0"，使开关 S7 断开并开锁，$\overline{\text{TIP}}$变为"1"，调谐射频信号消失，音调停止，发射机恢复正常工作。

（4）工作方式

调谐过程完成之后，系统进入工作状态，可以接收或发射（当键控时）。在全功率发射时，电压驻波比不超过 1.3∶1。

**5. 频率合成器**

对单边带发射机和接收机的频率稳定度和准确度的要求远比常规调幅发射机和接收机高，传送语言消息的单边带，为了保证有较高的清晰度，要求整个通信系统的频率误差不能大于±100 Hz，这就要求发射机的频率稳定度在 $10^{-7}$ 以上，因此现代单边带发射机为了在整个短波内获得高稳定的载波频率，频率源都采用了频率合成技术。

1）频率控制电路

工作频率是由控制盒上的一组控制旋钮来选择的，按照 ARINC429 串行字格式以低速送往频率控制单元内 ARINC429 接收电路。包含频率和工作方式信息的串行字是一个 32 位控制字，但如果频率间隔为 100 Hz 或等幅报工作时，串行字是两个 32 位的双字。ARINC429 接收电路将双极归零码的 ARINC429 串行字转换为 TTL 电平的串行字，经串/并转换电路后，以并行方式送到微处理器。同时，ARINC429 接收电路输出的位同步信息也送到微处理器，微处理器每次读取 1 个字节，连续读 4 次为一个 32 位控制字，译码后送出 BCD 频率信息、波段信息和工作方式信息，BCD 频率信息被送到频率合成器。

2）频率合成器电路

频率合成器用于产生 500 kHz、69.3 MHz/70.3 MHz、71.8～99.7999 MHz 和 19.8 kHz 四个工作频率。

## 2.1.2　甚高频通信系统

**1. 概述**

甚高频通信（VHF）系统是一种近距离的飞机与飞机之间、飞机与地面电台之间的通信系统。

甚高频通信系统工作在甚高频（118～135.975 MHz）波段，波道间隔为 25 kHz 或 8.33 kHz。电波以空间波方式传播，有效传播距离一般限于视线范围。但由于对流层对超短波的折射作用，使得实际的传播距离略大于视线距离。

VHF 通信与 HF 通信相比较，VHF 通信反射少（指电离层对信号的反射），传播距离近，抗干扰性能好；天电干扰、宇宙干扰、工业干扰等对 VHF 波段的通信干扰较小。

甚高频通信系统由控制板、收发机、天线等组成，如图 2.1-13 所示。

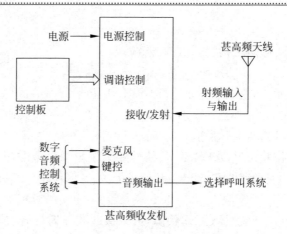

图 2.1-13　甚高频通信系统框图

1）控制板

图 2.1-14(a)所示为 VHF 控制板，可用于进行频率选择和转接，对相应收发机进行测试等。由控制板选择的 VHF 工作频率等输出信息，可通过 ARINC429 数据总线送到收发机。

图 2.1-14(b)所示为无线电通信面板，将 VHF 和 HF 控制板的功能集成在一块面板上。

2）收发机

VHF 收发机(如图 2.1-15 所示)可对射频信号进行调制和发射、接收和解调，从而实现话音和数据通信。

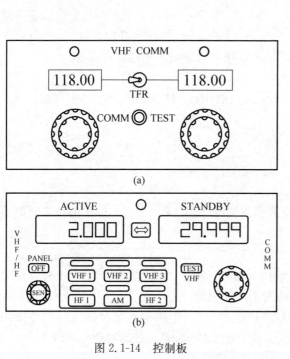

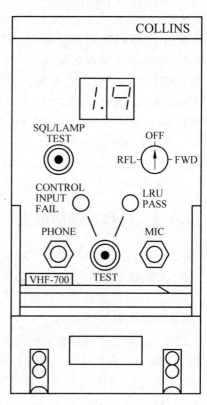

图 2.1-14　控制板

(a) VHF 控制板；(b) 无线电通信面板

图 2.1-15　VHF 收发机

收发机内部由电源电路、频率合成电路、接收机、发射机等部分组成。

发射时,话筒音频和PTT信号经遥控电子组件送到收发机,收发机还将PTT键控信号送到飞行数据记录器,并将音频信号转换成射频信号通过天线进行发射,发射功率为25～30 W。

当PTT信号无效(逻辑"1")时,系统处于接收状态。天线转换电门和频率合成器输出控制开关转换到接收线路。射频信号经天线接收、放大后送到混频器。混频器输出信号经滤波、放大和检波,经静噪电路送到音频输出放大器,再经遥控电子组件送到音频系统。检波输出信号还直接送到选择呼叫系统。

大型飞机安装的VHF3主要用来与ACARS系统进行数据通信。

在收发机前面板按压"SQL/LAMP TEST"(静噪/灯测试)开关,可对面板上的指示灯进行测试,同时也使静噪电路失效,可在耳机内听到噪声以对接收机进行测试;当按压收发机前面板的"TEST"(测试)开关时,可对收发机进行自测试,同时也对串行数据输入和天线电压驻波比进行测试。绿色的"LRU PASS"灯亮表明收发机自测试正常,红色的"CONTROL INPUT FAIL"(控制输入失效)灯亮表明来自控制板的输入无效,"驻波比/功率"窗显示驻波比和功率。

3) VHF天线

VHF天线为"刀"形天线(见图2.1-16),长12 in,底部宽8 in。天线接收/发射垂直极化信号,天线阻抗为50 Ω,可在VHF频段发射和接收射频信号。

**2. 系统工作概况**

甚高频通信系统收发机使用频率合成器提供稳定的基准频率,信号调制到载波后,通过天线发射出去。接收机从天线上收到信号后,经过放大、检波、静噪处理变成音频信号,输入到驾驶舱的扬声器和驾驶员的耳机中。

选择呼叫系统也从VHF收发机接收音频。

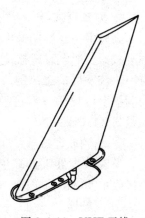

图2.1-16　VHF天线

**3. 工作原理**

1) 接收机

接收机是一个二次变频的超外差接收机,工作方式是标准调幅方式,只能接收调幅信号。

接收机高频和中频电路如图2.1-17所示。

(1) 高频端电路

高频端电路由预选器(输入电路)、射频衰减器、高频放大器和混频器组成。它们决定着接收机的灵敏度及抗干扰能力。一般要求这部分电路线性要好,动态范围要宽。来自天线的射频信号经过收发转换电路加到接收机。

① 预选器

预选器由四个LC带通滤波器组成。在118～135.975 MHz频率范围内形成一个平坦的幅频特性(见图2.1-18)。来自天线的射频信号经过收发转换电路加到LC滤波器。LC滤波器对118～135.975 MHz以外的信号进行有效抑制。

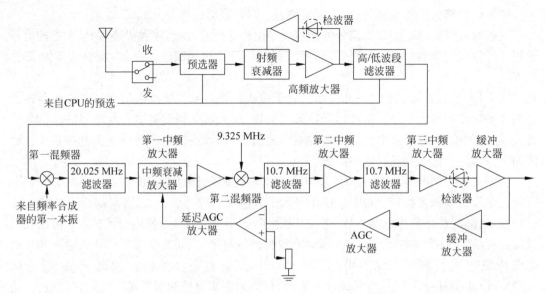

图 2.1-17　接收机高频和中频电路

② 射频衰减器

高频带通滤波器输出的射频信号加至射频衰减器。射频衰减器使接收机的射频电路有一个较宽的动态范围。衰减量的大小可由控制板上的射频灵敏度控制旋钮来控制,衰减量为 20 dB。

③ 高频放大器

高频放大器工作在甲类放大状态,可提高接收机的输出信噪比。

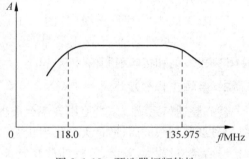

图 2.1-18　预选器幅频特性

④ 混频器

在第一混频器中,高频放大器的输出信号与来自频率合成器的第一本振信号进行混频。混频器输出的 20.025 MHz 第一中频信号,通过晶体滤波器和第一中频放大电路加至第二混频器。在第二混频器内,20.025 MHz 信号与固定的 9.325 MHz 信号进行混频,输出 10.7 MHz 的第二中频信号。

(2) 中放和检波器

中频放大级由两个晶体带通滤波器和五级放大器组成。晶体带通滤波器保证了接收机的选择性。放大器提供 100 dB 的增益。前三级中放的增益由自动增益控制电压控制。由检波器产生的直流分量经低通滤波后作为自动增益控制电压,经自动增益控制放大器加至中放的前三级中放,中频信号经包络检波后获得音频信号,加至音频电路。

(3) 音频电路

音频输出电路由静噪电路、音频压缩放大器、有源滤波器和音频功率放大器组成,如图 2.1-19 所示。

① 音频压缩放大器

音频信号经由缓冲放大器加至音频压缩放大器。音频压缩放大器的作用是扩大输入信

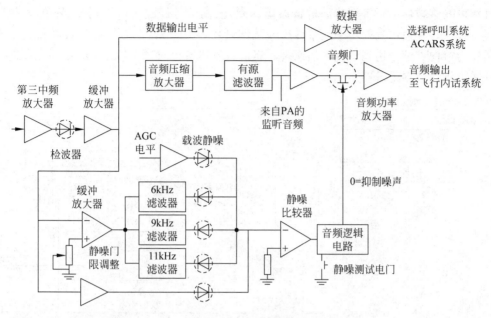

图 2.1-19　音频电路

号的动态范围,对所接收的调制幅度从 40％变化到 90％的信号,保持音频输出电压变化值在 3 dB 之内。

② 有源低通滤波器

有源低通滤波器为三级有源低通谐振滤波器(又称电子滤波器),其作用是在 300～2500 Hz 频率范围内保持理想的平坦响应(±1 dB)。

③ 音频功率放大器

音频功率放大器由两级放大器和一个输出阻抗匹配变压器组成。放大器提供 100 mW 的输出电平。

④ 静噪电路

当没有外来射频信号输入或外来输入信号的信噪比很小时,AGC 电压值较小,控制静噪比较器输出逻辑高电平,使音频逻辑电路输出逻辑低电平,关闭音频门电路,无噪声信号输出。

当按下收发机前面板上的"静噪试验"按钮时,音频逻辑电路输出逻辑高电位,使音频门电路打开,信号可以经过音频门电路加到音频功率放大器,有噪声信号输出,来自检波器的噪声信号经缓冲放大器分别经过 6 kHz、9 kHz 和 11 kHz 带通滤波器后,加至 3 个噪声电平检测器。如果噪声电平较大,静噪比较器输出逻辑高电位加到音频逻辑电路,这时音频逻辑电路输出逻辑低电平,使音频门电路断开,音频信号无法加到音频功率放大器,无信号输出。

2) 发射机

当 PTT 信号有效(逻辑"0")时,系统电路即转换到发射状态(见图 2.1-20)。收/发转换开关将天线连接到发射机。频率合成器中的输出控制开关断开频率合成器输出与接收机第一混频器的连接,同时接通频率合成器输出与发射机的连接。来自遥控电子组件的音频信号在可变衰减器中对等幅载波进行振幅调制,已调信号经放大后得到 30 W 的射频信号送至天线进行发射。发射功率经采样反馈至调制器,用于保持调制特性的线性化。采样信号还作为"自听"信号送到飞行内话系统。当对收发机键控时,PTT 有效信号还经数据采集组件送到飞行数据记录器。

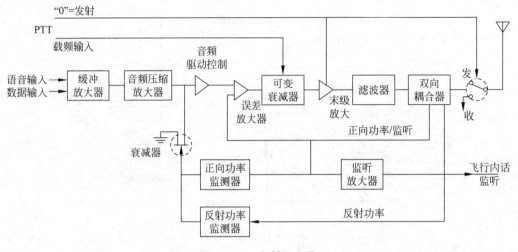

图 2.1-20　发射机电路

（1）音频输入电路

音频输入电路主要由音频缓冲放大器、音频压缩放大器和音频放大器组成。

音频输入电路将输入音频信号放大到调制所需的电平,话筒音频信号输入经变压器耦合再经有源低通滤波器滤波后加至音频压缩电路进行信号放大。

音频压缩电路主要由音频压缩放大器、采样电路和衰减电路组成,主要作用是:当音频输入信号幅度变化时保证调制器输出信号的调幅度变化很小,保持 90％的调幅度,防止音频信号太强时引起过调。采样电路对音频压缩放大器的输出信号进行采样后控制衰减电路的衰减量,保证音频输出信号幅度变化很小(≤3 dB)。

（2）调制与功率放大

音频放大器输出的音频信号对可变衰减器输入的载波(由频率合成器注入)进行幅度调制,可变衰减器是一个非线性电路。可变衰减器输出的调幅信号送至射频驱动电路,射频驱动电路将已调幅的甚高频信号输至功率放大器放大经天线辐射。

由于末级功放采用宽带传输变压器构成的宽频带高频功率放大器,所以,放大器在整个工作波段内改变频率时,不需重新调谐也可实现线性放大,但为了减少谐波分量,功放只能工作在甲类或甲乙类,使效率有所降低。

3）频率合成器

甚高频通信系统使用的是一单锁相环路频率合成器,接收时它产生注入频率加至混频器,作为本机振荡频率使用；发射时它产生发射机激励频率,频道间隔为 25 kHz 或 8.33 kHz。

## 2.2　选择呼叫系统

### 2.2.1　作用与组成

  每架飞机都固定有一个由四个英文字母组成的选择呼叫编码。当地面塔台要与某飞机进行通信联系时,即通过 HF 或 VHF 通信系统发出该飞机的选择呼叫编码。机载选择呼叫译码器通过 HF 或 VHF 接收机接收到本机选择呼叫编码时,机载选择呼叫面板指示灯亮,并伴有相应的谐音,告诉驾驶员地面在呼叫本飞机,驾驶员再按照所指示的通信系统(HF 或 VHF)联络通话。这样,驾驶员平时可不用总戴耳机准备接听,从而免除了机组对地面呼叫的长期守候。

  选择呼叫系统由选择呼叫面板、选择呼叫译码器、选择呼叫编码开关等组成,如图 2.2-1 所示。

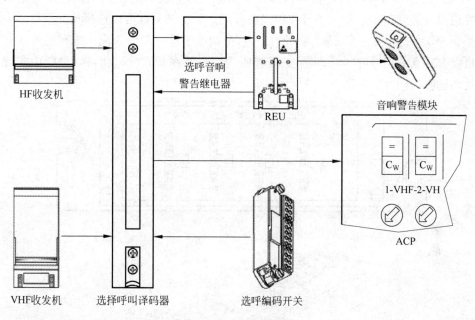

图 2.2-1　选择呼叫系统

  选择呼叫(SELCAL)译码器接收来自 VHF/HF 收发机的选择呼叫音频信号,和来自选呼编码开关的预设编码相比较,如相符则输出音响警告信号到 REU,在音响警告模块中输出提示音频,同时独立的选择呼叫控制板相应通道的绿色指示灯亮,或在音频控制板(ACP)对应通道的发射键上显示闪烁的琥珀色提示灯。

**1. 选择呼叫控制板**

  一种独立的选择呼叫控制板如图 2.2-2 所示,当机载选择呼叫器接收到对本飞机的选择呼叫编码时,相应通道的指示灯亮(绿色)。每个通道的复位键可对译码通道进行复位。

  在部分机型上,没有独立的选择呼叫控制板,选择呼叫指示灯在音频控制板对应通道的发射键上,当接收到对本飞机的选择呼叫编码时,显示闪烁的琥珀色提示灯。对于波音

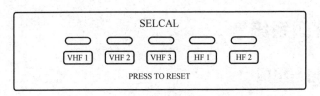

图 2.2-2　选择呼叫控制板

737NG 系列飞机,按压呼叫指示灯下方对应的通信系统按钮可熄灭呼叫灯;而对于空客 A320 系列飞机,按压 ACP 上的复位(RESET)键可熄灭所有呼叫灯。

### 2. 选择呼叫译码器

选择呼叫译码器用于辨认接收的编码是否为本机编码,确认正确后产生提醒信号。不同型号飞机的译码器内部有 2 个或 5 个单独译码通道。每个译码通道由音频压缩放大器、16 个有源滤波器、译码阵列、逻辑电路和开关组成。每架飞机的四位编码可由拇指轮式或拨码式编码开关设定 4 个英文字母作为飞机代码。每个开关都可以选择英文字母 A~S(I、N 和 O 除外)中的任何一个,两个字母为一组,把两组字母分别输入两个编码组件。空客系列飞机没有独立的选择呼叫译码器,选择呼叫功能合并在音频管理组件 AMU 中实现。两种常见的选呼编码开关如图 2.2-3 所示。

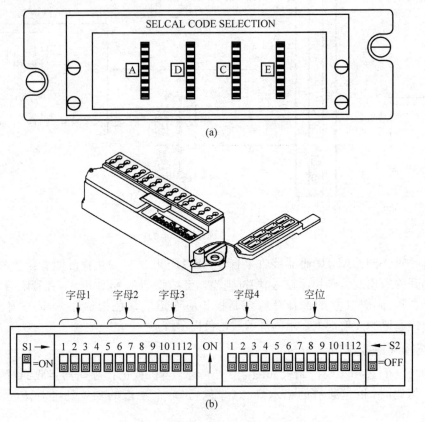

图 2.2-3　选择呼叫译码器编码开关

(a) 拇指轮式选呼编码开关;(b) 拨码式选呼编码开关

### 3. 声响警告模块

声响警告模块可产生多种谐音,提醒机组注意飞机相应状况,驾驶员就可听到选择呼叫提醒声音。

## 2.2.2 工作原理

当选择呼叫译码器上选定飞机呼叫代码后,选择呼叫系统就处于待用工作方式。对要呼叫的飞机,地面电台用音调编码设备把编码后的音频脉冲通过 HF 或 VHF 发射载波调制后发射出去,机载 HF 或 VHF 接收机将接收到的并检波后的脉冲音频送往译码器。

每架飞机的编码都由两个连续的音频音调脉冲组成,而每个脉冲又同时有两个音调,编码的音调由各种音调组合而成,并用四个英文字母定义,例如 AB-CD 为每个编码字母定义一个音频音调和一个 BCD 码(见表 2.2-1)。选择呼叫编码格式如图 2.2-4 所示。

表 2.2-1  音调定义

| 标识符 | 频率/Hz | BCD 编码(8421) |
|---|---|---|
| A | 312.6 | 0001 |
| B | 346.7 | 0010 |
| C | 384.6 | 0011 |
| D | 426.6 | 0100 |
| E | 473.2 | 0101 |
| F | 524.8 | 0110 |
| G | 582.1 | 0111 |
| H | 645.7 | 1000 |
| J | 716.1 | 1001 |
| K | 794.3 | 1010 |
| L | 881.0 | 1011 |
| M | 977.2 | 1100 |
| P | 1083.9 | 1101 |
| Q | 1202.3 | 1110 |
| R | 1330.5 | 1111 |
| S | 1479.1 | 0000 |

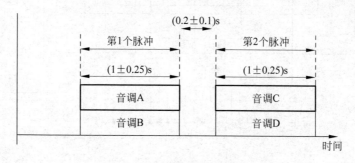

图 2.2-4  选择呼叫编码格式

图 2.2-5 所示为选择呼叫译码器某一通道的功能框图。下面以该通道为例简单说明其译码过程。

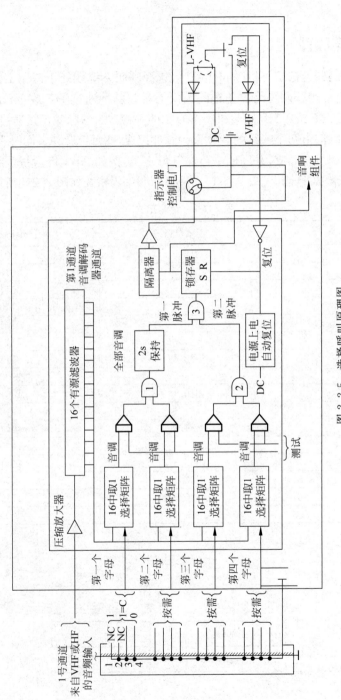

图 2.2-5　选择呼叫原理图

当机载 HF 或 VHF 接收机输出的编码音频信号(通常是来自收发机静噪电路之前的检波器)加到译码器后,首先经音频压缩放大器输出等幅音频信号,然后加到四组有源滤波器(每组有 16 个滤波器),每个滤波器只能通过一个相应的选呼音频频率。

因为选择呼叫编码信号是两个 1 s 的音频脉冲,每个脉冲由两个不同的频率所组成。当收到选呼信号的第一个脉冲时,经滤波器和矩阵进行识别,以确定是否为本飞机所指定的音调,若相符则将两个音调信号送至积分器,积分器把音调转换为逻辑高电平(逻辑 1)加到与门 1,与门 1 输出的高电平加到与门 3 并保持 2 s,在 2 s 内脉冲一直使与门 3 的一个输入端为"1";接收到的第二个脉冲经识别,若相符,则加至积分器,使与门 3 的另一输入端也为高电平,这样与门 3 输出为高电平,使锁存器置位。锁存器输出逻辑 1,使指示灯开关接通,控制板指示灯亮,控制音响组件发出谐音。

可见,当地面呼叫某飞机时,通过 HF 或 VHF 电台发射的两对音调编码经飞机选择呼叫译码器译码,若与本飞机的编码相符,则灯亮,并发出谐音,完成了呼叫该飞机的任务。

当按下"复位"(RESET)键时,接地信号加到锁存器,使其复位,输出逻辑低电平,则灯灭,无谐音。

## 2.3 音频控制与内话系统

### 2.3.1 数字式音频控制系统

#### 1. 功用与组成

数字式音频控制系统通过遥控电子组件(REU)提供驾驶舱、客舱、地勤等人员之间的通信联络,并将这些联络信号送到话音记录器和飞行数据记录器(见图 2.3-1)。

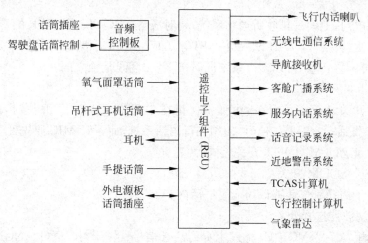

图 2.3-1　音频控制系统

1) 音频控制板

音频控制板(ACP)如图 2.3-2 所示,主要用来对通信、导航等音频系统进行功能选择。选择开关信号被多路调制后获得一数据字传送到遥控电子组件(REU)。REU 利用这些选择信息把驾驶舱来的音频信号及按压发话(PTT)按钮信号连接到所选择的系统,所有音频也被送入话音记录器。

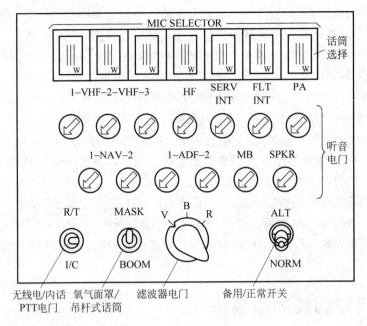

图 2.3-2　音频控制板

（1）话筒选择按钮

话筒选择按钮（MIC SELECTOR）用于选择甚高频（VHF）、高频（HF）、飞行内话（FLT）、服务内话（SVC）以及旅客广播（PA）等系统发话时的话筒输入,这些按钮每次只能按下一个,允许一个系统工作。

（2）听音选择开关

两排听音电门,上面一排收听通信系统,是对应于 MIC SELECTOR 的音量开关;下面一排是导航系统（包括 VOR/ILS、ADF、MB 等）的音频和莫尔斯电码听音开关,这些开关按下时接通,并可调整音量,可以多个系统同时按下,相互间是独立的。

（3）R/T-I/C 开关

R/T-I/C 开关是个三位开关,由弹簧保持在中间位。置于 R/T 位时,由所选的系统（HF 或 VHF）发话;置于 I/C 位时,使用飞行内话系统,而不管 MIC 原先处于何位,此开关的作用与驾驶盘上的 MIC/INT 开关相同（两者并联）。

（4）MASK/BOOM 开关

该开关用于选择氧气面罩话筒或吊杆话筒。

（5）音频滤波器选择开关

该开关置于"V"位（VOICE）时只能听到话音信号;置于"R"位（RANGE）时只能听到莫尔斯识别信号;置于"B"位时既能听到莫尔斯识别信号,也能听到话音信号。

（6）NORM/ALT 开关

此开关平时置于"NORM"位。置于"ALT"位时,机长与观察员的 ACP 上的 MIC 开关和副驾驶 ACP 上的 MIC 开关分别自动接到 VHF1 和 VHF2（不管它原先选择在何位置处）。

ACP 上的上述开关位置信号经多路调制后以数据字的形式送到遥控电子组件(REU)。

2) 音频控制板的数据字

ACP 向 REU 不断输送数据字,每一个数据帧(DATA FRAME)包含 64 位(bit),共 10 ms 时间。前半帧(5 ms)不用,只用后半帧:从 0 ~31 位,其中 0 位作为数据帧的开始,31 位作为结束,如图 2.3-3 所示。无信号(OFF)时为最高电位(+12 V DC),所以前半帧 5 ms 全是高电位;有信号时(ON),该位的电位低于+12 V DC,低多少由音量决定,音量最大时,约为 0 V DC。不用的位为最高电位(+12 V DC),如图中 19~23 位。

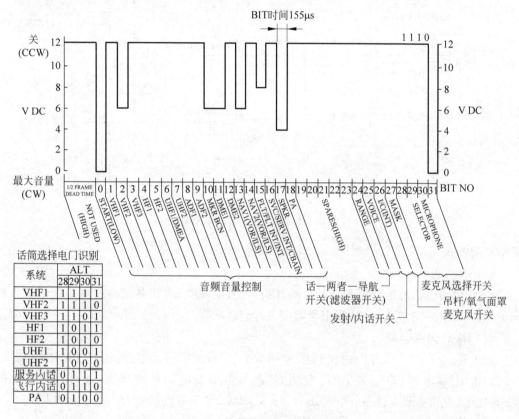

图 2.3-3 数字音频控制板的数据字

## 2. 数字式音频控制系统工作原理

1) 遥控电子组件(REU)

(1) 电源

REU(有些飞机上称为音频管理组件,AMU)使用 28 V DC 电源,由 28 V DC BAT BUS(电瓶汇流条)和 DC ELEC BUS 2(28 V 电气汇流条)两个电源供电。这样即使机上电源全部丢失,也有电瓶电源,保证维持必需的通信联络,音频控制板(ACP)的电源由 REU 间接提供,如图 2.3-4 所示。

(2) 输入信号

包括:ACP 的数据字、PTT 和 ALT 信号;三位机组人员的话筒输入信号;通信接收机音频输出;导航接收机的莫尔斯识别码;近地警告系统的话音警告;DFCS 系统的高度警

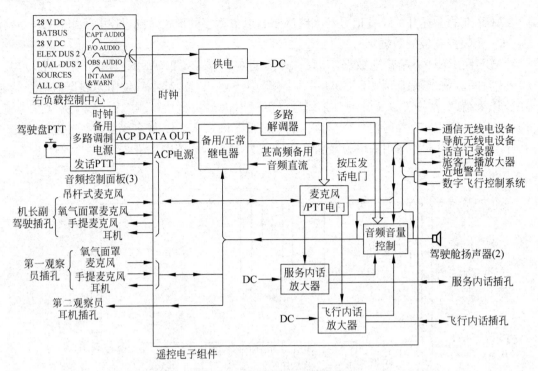

图 2.3-4　遥控电子组件原理图

戒信号的输入。

（3）输出信号

REU 的音频信号输出到各驾驶员的耳机、驾驶舱喇叭、飞机各部位的服务内话和飞行内话插孔、旅客广播放大器、话音记录器和飞行记录器等。

（4）REU 内部电路

该电路除有飞行/服务内话放大器、喇叭放大器、数据字解码器外，还有"NORM/ALT"（正常/备用）继电器，当丢失 REU 电源时，此继电器断电而释放接点，此时仅留唯一的 VHF 通信，自动接到 VHF1（或 VHF2），与 NORM/ALT 开关转到"ALT"位时相同。

2）ACP 的功能

（1）电源

ACP 电源电路由 REU 提供 15 V DC，然后产生 5 V DC 和 12 V DC 两种电源。5 V DC 供话筒选择器，12 V DC 供听音开关及其他电路。话筒选择按钮上的灯由 28 V/16 V DC 主暗电路提供，ACP 板照明用 5 V AC 电源。

（2）信号处理

通电时，话筒选择为飞行内话，当按压"话筒选择"电门时，5 V DC 电压加到 PAL（程序矩阵逻辑）电路，PAL 电路的输出经灯驱动器点亮相应的话筒选择灯，同时通过 4 根线输出四位码到 MUX（U2）；另外输出高电位到 D，使其相应的语音开关通过固体开关而接通，其音量电平由电位器预先设定。

ACP 输出的数据字是由 U1、U2 两个多路调制器来完成的。当选择了 BOOM/MASK、V-B-R 或 R/T-I/C 开关时，给 U2 提供低电位（接地）输入。R/T-I/C 开关与驾驶盘上的

MIC/INT 开关并联,但按压 MIC(XMT PTT)发射按钮时,地逻辑信号不经多路调制 U2 而直接输出。

ALT/NORM 在 ACP 断电(15 V DC)或人工转到"ALT"位置时,继电器释放。话筒 (不管是 BOOM 还是 MASK)直接输出地电位,而主暗(MASTER DIM/TEST)电路经 A-B 连线提供灯驱动电源,使相应的 VHF1(或 VHF2)MIC 灯亮(见图 2.3-5)。

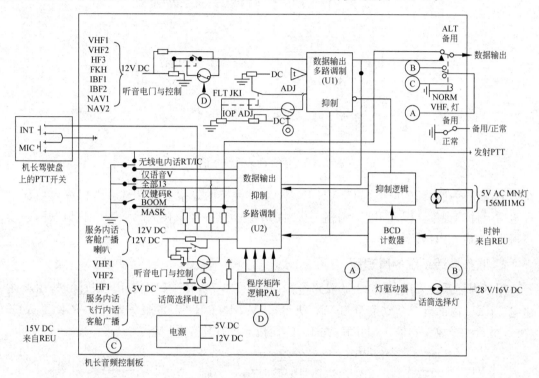

图 2.3-5　音频控制板原理图

## 2.3.2　服务内话

### 1. 功用及组成

服务内话系统是提供乘务员、驾驶舱和飞机各服务内话点之间内部通信的系统(见图 2.3-6)。机组人员只要拿起手提话筒,并在音频控制板上选择"服务内话"(SERVICE INTER),话筒信号就直接输入该系统。如要使信号从飞机上各服务内话站点进入服务内话系统,须接通 P5 板上的服务内话开关(SERVICE INTER PHONE SW)。

服务内话系统内有三个手提话筒:一个装在驾驶舱前操作台下,另外两个装在前、后乘务员控制台上。飞机上有 7~8 个服务内话插孔,服务内话开关置于"OFF"位时,机上各服务内话插孔只可收听到服务内话系统音频。当开关置于"ON"位时,各服务内话插孔的话筒信号才可输入内话系统。此开关的使用方法:在空中置于"断开"(OFF)位,以免飞机外部天线干扰信号输入内话系统;在地面置于"接通"(ON)位,可保证在地面维护工作中与各维修点的联络。

遥控电子组件(REU)内包含许多内话系统的放大器。其面板上有内话系统的增益音量调整点,其中 AAU(AUDIO ACCESSOR UNIT)电路板上"SVR INT EXT"调整的是各

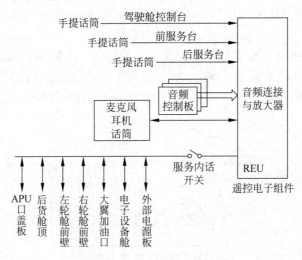

图 2.3-6　服务内话系统框图

个服务站位插孔内话的增益,而"SVR INT ATT"调整的是乘务员和驾驶舱操纵台后部手提电话组件的音量,"FLT INT"调整飞行内话增益。这些调整在 REU 出厂时已调好,一般不得再调(应在内场调整)。

### 2. 服务内话系统的原理图

服务内话系统采用直流 28 V 双路电源(见图 2.3-7),在飞机电源出现故障时,由电瓶供电。REU 内部有三个放大器:SVR(机组)、SVR INT EXT(各服务点)、SVR INT ATT(乘务员),三个放大器输入端并联,在 REU 面板上各有其音量控制。

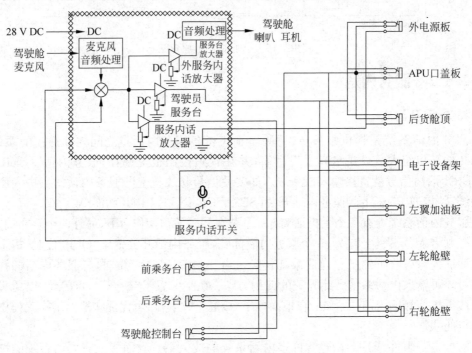

图 2.3-7　服务内话系统的原理图

### 2.3.3 机组呼叫系统

#### 1. 功用

机组呼叫系统是机组、乘务员和地勤人员之间的通话提醒系统。乘务员或地勤人员呼叫机长"CAPTAIN CALL"时,在驾驶舱可听到高谐音,且机长呼叫灯亮,直至呼叫人释放他的"CAPTAIN CALL"开关为止;机长呼叫乘务员,或乘务员呼叫乘务员时,在服务站位处可听到高/低谐音,且客舱天花板上粉红色呼叫灯亮,按压乘务员板(ATT PAL)上的"复位"(RESET)按钮可熄灭呼叫灯;在驾驶舱内按下呼叫地勤人员按钮时,前轮舱的高分贝提醒(地勤呼叫)喇叭响。当飞机在地面时,如果电子设备冷却系统探测到风冷低流量(不管是进气还是排气)或 IRS 使用电瓶电源时,该喇叭也响。对于有些机型飞机,该喇叭还被设计成地面 APU 出现火警或固定式紧急定位发射机(ELT)发射时也响。

#### 2. 呼叫系统的工作原理

28 V DC 电压加到所有的呼叫开关,按下呼叫开关时接通 28 V DC 电源。不管是地勤呼叫喇叭还是音响警告组件(AWU),只要接通 28 V DC 电源就会产生音响,指示灯只要加上 28 V DC 电压就亮(见图 2.3-8)。

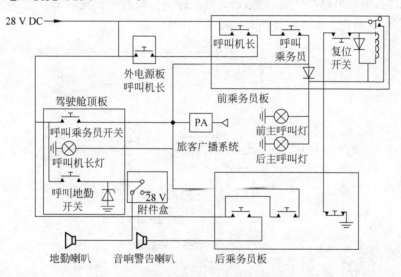

图 2.3-8 机组呼叫系统原理图

1) 呼叫机长

在外电源板或前、后乘务员板上按下"CAPTAIN CALL"按钮开关,28 V DC 加至音响警告装置(AWU),产生高谐音提醒信号,同时,28 V DC 使机长呼叫板上的呼叫灯亮。

2) 呼叫乘务员

无论在驾驶舱或前、后乘务员板上按下"ATT CALL"按钮,都有 28 V DC 加到 PA 放大器的谐音电路(TWO TONE CHIME)产生高/低谐音提醒信号(587 Hz/494 Hz),经 PA 放大器放大后送至喇叭,同时 28 V DC 经隔离二极管使前后服务台的呼叫灯亮,此时在前乘务员板内的呼叫继电器通电而吸合,使呼叫灯持续发亮(粉红色),直至按下前/后乘务员板上的任一"RESET"开关时,呼叫继电器即刻断开,呼叫灯灭。

3）呼叫地勤人员

在驾驶舱内按下"地勤呼叫"开关时,28 V DC 经飞行仪表附件盒内的 IRS 警告继电器加至前轮舱内的地面呼叫喇叭,产生 100 dB 的音调提醒地勤人员。另外,当惯性基准系统使用电瓶电源工作时,或电子设备舱的冷却空调系统有故障时,惯导系统警告继电器(IRS WARNING)动作,也使地勤呼叫喇叭直接加上 28 V DC 电压,在这两种情况下,喇叭都响。

# 2.4 旅客广播系统与话音记录系统

## 2.4.1 旅客广播系统

### 1. 系统功用与组成

利用旅客广播系统(PA),机组、乘务员可对旅客广播、播放预录通告、播放登机音乐和产生高/低谐音。来自机组、乘务员及预录通知和登机音乐播放器的音频信号,经广播放大器进行优先权选择并放大,再送到客舱内的喇叭。谐音信号是叠加在其他信号中传送的,主要用于提醒客舱中的乘务员和旅客。当旅客呼叫乘务员时,谐音电路产生高谐音;当机组呼叫乘务员时,谐音电路产生高/低谐音;当系好安全带告示出现或禁止吸烟告示出现时,谐音电路产生低谐音。旅客广播系统如图 2.4-1 所示。

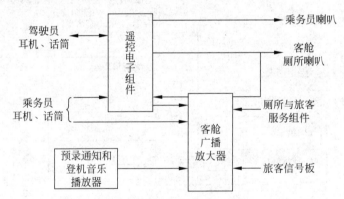

图 2.4-1　旅客广播系统

1）旅客广播放大器

旅客广播放大器(PA)主要放大音频信号、预录通知和登机音乐,放大器输出的平均功率为 30 W、峰值功率 120 W,在放大器前面板上有红色指示灯(发光二极管 LED)和一个3 位旋转测试开关。红灯用来指示相对于满功率时的输出电平(−1 dB,0 dB,+1 dB)。当测试开关处在"TEST"位置时,旅客广播放大器产生一个高谐音信号加到喇叭网络,用于检查喇叭的工作情况;当测试开关处在"CAL"位置时,通过其前面板上的指示灯,检查旅客广播放大器的输出功率。可通过旅客广播放大器前面板上的调节电位器来调节主放大器的增益(见图 2.4-2)。

2）客舱乘务员面板

客舱乘务员面板用于乘务员向旅客进行广播,前、后客舱乘务板上都装有对旅客广播使用的手提话筒。

3）遥控电子组件

在遥控电子组件（REU）面板有三个 PA 系统的调整点："PA SENS"调整话筒的灵敏度，即 MIC 输入信号预放增益调整；"PA GAIN"是 PA 功率放大器（MAIN POWER AMP）增益调整；"PA ST"调整驾驶舱"自听"音量。以上调整在 REU 出厂前已调好，一般不需用户调整（如需调整，只能在内场进行调整）。

4）预录通知和登机音乐播放器

播放器是用来播放登机音乐和预录通知的，同时具有紧急情况自动播放的控制功能。它使用 115 V 400 Hz 电源，所有操作都通过数码键盘进行，其功能都由内部的微处理器控制。

预录通知播放具有优先权，因此播放通知信息

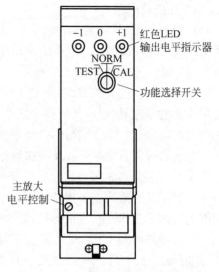

图 2.4-2　PA 放大器

时，音乐播放暂停，等信息播放完毕时从暂停处又开始播放音乐。当客舱泄压时，压力传感器开关向放音机提出紧急信息播放请求，此时，存储在内存储器（EPROM）中的紧急信息就会自动播放，并具有最高优先权。驾驶舱和乘务员手提电话的 PTT 信号可以暂时停止播放器的工作。当 PTT 停止，播放器自动继续播放。

**2. 旅客广播系统的原理**

旅客广播系统的原理如图 2.4-3 所示。

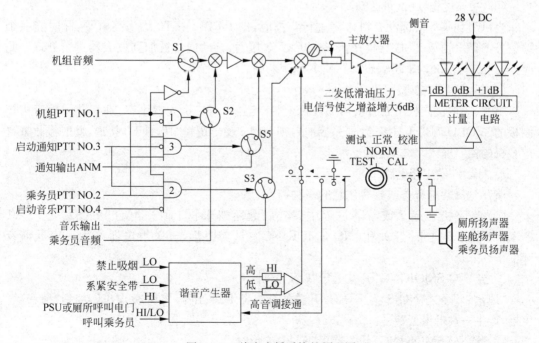

图 2.4-3　旅客广播系统的原理图

1) 优先权电路

PA 要处理的输入信号有话音广播、预录通知、登机音乐等,这些信号的处理优先权是由 PA 放大器内部的优先权逻辑电路来进行控制的。

(1) 第一优先权(驾驶舱广播)

当驾驶舱内的机组 PTT 被按下时,提供一个 PTT1"地信号",第一路"地信号"送到放音机作为暂停信号,使放音机暂停播放预录通知或登机音乐。第二路"地信号"送到 PA 放大器,加到与门 1、与门 2、与门 3 和反相器。与门 1、与门 2、与门 3 均输出逻辑"0",使开关 S2、S3、S5 断开,因此乘务员及登机音乐的输入信号被切断。地信号经反相输出"逻辑 1",使开关 S1 接通,这时来自驾驶舱的音频话音信号通过开关 S1 加到放大器进行放大。第三路"地信号"送到遥控电子组件(REU)内的静音控制(MUTE)电路,使前、后乘务员静音控制继电器均不工作,前、后乘务员站位处的扬声器有输出。

当驾驶舱内的 PTT 没有被按下时,PPT1 为高电位,经反相器输出逻辑"0",将 S1 断开,此时与门 1、与门 2、与门 3 处于开锁状态,控制权交第二、第三、第四优先权电路。

(2) 第二优先权(乘务员广播)

同理,当驾驶舱内的 PTT 没有被按下,S1 保持断开状态,而此时若乘务员对旅客进行广播时,PTT2 为逻辑"0"。此信号加至优先权逻辑电路中的与门 1、与门 2、与门 3。与门 1 输出逻辑"1",使 S2 接通,来自乘务员板的音频话音信号通过开关 S2 加到放大器进行处理;而与门 2、与门 3 均输出逻辑 0,使 S3、S5 断开。

同时,PTT2 逻辑"0"信号送到遥控电子组件(REU)内的静音控制(MUTE)电路,因为在窄小的客舱内乘务员的话筒和扬声器靠得很近,扬声器的音频传出又反馈到话筒中,极易产生音放自激,因此乘务员讲话时,"MUTE"电路控制使乘务员站位处的扬声器被关断。

(3) 第三优先权(预录通知)

当机组和乘务员都没有对旅客进行广播时,即 PTT1、PTT2 均为高电平,此时当一个地信号 PTT3 由放音机送到与门 3 时,开关 S5 接通,自动通告被加到放大器进行处理。此时,与门 1、与门 2 均输出逻辑"0",使 S2、S3 断开。

(4) 第四优先权(登机音乐)

第三、第四优先权由放音机内部自行控制。当第一、二优先权不存在时,如果放音机控制板的"VOLUME"开关接通(开关接地),则与门 2 输出逻辑"1",使 S3 接通,此时接收来自放音机的信号输入。

2) "谐音"发生器电路

谐音是提醒乘务员或旅客注意的一种声音。

(1) 当飞机在起飞或着陆过程中(襟翼、起落架未收上时),配合"FASTEN SEAT BELT"(系好安全带)开关和"NO SMOKING"(请勿吸烟)开关继电器产生一声低谐音"咚"。

① 当"NO SMOKING"开关置于"ON"位时:

"地信号"经过"NO SMOKING"开关使继电器 R25 工作,将 +28 V DC 加到"谐音"发生器,产生一声低谐音"咚"。

② 当"NO SMOKING"开关置于"AUTO"位时:

当飞机的起落架放下时,起落架放下开关接通,"地信号"经过"NO SMOKING"开关使继电器 R25 工作,将+28 V DC 加到"谐音"发生器,产生一声低谐音"咚",同时,"地信号"经过二极管加到"FASTEN SEAT BELT"开关。若"FASTEN SEAT BELT"在"AUTO"位,则继电器 R26 工作,将+28 V DC 加到"谐音"发生器,产生一声低谐音"咚"。

③ 当"FASTEN SEAT BELT"开关置于"ON"位时:

"地信号"经过"FASTEN SEAT BELT"开关使继电器 R26 工作,将+28 V DC 加到"谐音"发生器,产生一声低谐音"咚"。

④ 当"FASTEN SEAT BELT"开关置于"AUTO"位时:

当飞机的襟翼放置着陆位置时,"地信号"经过"FASTEN SEAT BELT"开关使继电器 R26 工作,将+28 V DC 加到"谐音"发生器,产生一声低谐音"咚"。

(2) 机组呼叫乘务员或乘务员呼叫乘务员时,通过呼叫开关提供 28V DC 直流电压加到"谐音"发生器,产生高、低谐音"叮、咚"。

(3) 旅客呼叫乘务员时(在旅客服务板或在厕所按"呼叫"按钮)时,产生一声高谐音"叮"。

3) PA 放大器三位测试(TEST/NORM/CAL)开关

当开关放在"NORM"位时,功率放大器开始正常工作,面板上的 LED 指示随输出电平大小变化。当-1 dB 和 0 dB LED 亮时,指示 41.5 Ω 负载时放大器输出功率为 30 W,或 83 Ω 负载时放大器输出功率为 15 W。

当开关放在"TEST"位时,"地信号"加到"谐音"发生器,产生一个高谐音信号,此高谐音信号加到主放大器放大后送到扬声器网络,此时,所有的扬声器中都应听到这个高谐音信号。

当开关放在"CAL"位时,只有高谐音信号加入放大电路,主放大器输出与扬声器网络断开,而与内部固定假负载相连。此位用来调整放大器输出以获得最大不失真功率输出。LED 是否亮,取决于发光二极管(LED)放大器输入信号的幅度。如-1 dB 和 0 dB 灯亮,表明旅客广播放大器的放大量正常;如指示灯均亮,表明旅客广播放大器的放大量太大;如只有-1 dB 灯亮,则表明旅客广播放大器的放大量太小。为了获得一个最大不失真功率输出,调整主放大器增益,一直到-1 dB 和 0 dB 两个发光二极管都亮。

4) PA 放大器增益控制电路

音频压缩放大器的主要作用是使加到放大器的信号在较宽的范围内变化时保持放大器的输出稳定。音频压缩放大器的灵敏度由遥控电子组件(REU)中的灵敏度控制电位器控制,在内场通过调整灵敏度控制电位器来控制音频压缩放大器的信号门限,以适应各种类型的话筒的需要。

当飞机发动机工作时,低滑油压力开关断开,使放大器增益增大+6 dB,用来抵消此时背景噪声的增大。

## 2.4.2 话音记录系统

### 1. 功用与组成

话音记录器(如图 2.4-4 所示)用于记录飞机最后 120 min 内驾驶舱中的机组通信、对话等所有的声音。当 115 V 交流电源接入后,记录器便开始工作。记录器共有 4 个录音通道,分别记录机长、副驾驶、观察员通过音频选择板的通信和内话的音频以及话音记录器控制板上麦克风输入的驾驶舱内的声音。

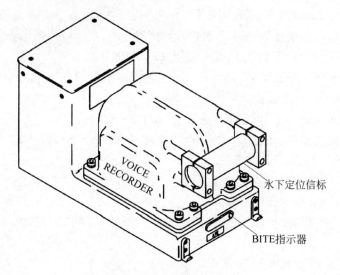

图 2.4-4　话音记录器

话音记录器系统主要由话音记录器和控制板等组成,如图 2.4-5 所示。

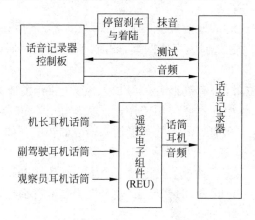

图 2.4-5　话音记录器系统

话音记录器控制板用于监测和遥控话音记录器系统组件(见图 2.4-6)。控制板位于驾驶舱头顶板,区域麦克风用于收集驾驶舱内的声音和话音。抹音按钮可以对话音记录器中保存的所有音频信号进行总抹音。当飞机在地面,并设置好停留刹车,按压"抹音"

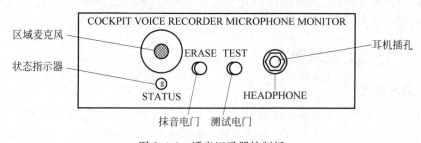

图 2.4-6　话音记录器控制板

（ERASE）电门 0.5 s 后释放，这时可将存储器中的所有音频数据全部抹除。按压"测试"（TEST）电门，则以 800 Hz 测试音频依次对 4 个记录器通道进行测试，如果测试音频能够有效地被记录，在耳机插孔中能听到 800 Hz 单音，同时在状态指示器上显示测试结果。耳机插孔用于监听 4 个记录通道。

话音记录器内的抗撞存储组件密闭在防震、隔热的密封壳里。记录器前面板有一个水下定位信标。当组件浸在水中时，水下定位信标就开始工作，发射 37.5 kHz 的超声波脉冲信号。其电池可持续工作 30 天，电池有效期标注在其表面。

**2. 话音记录器系统的工作原理**

话音记录器系统原理图如图 2.4-7 所示。

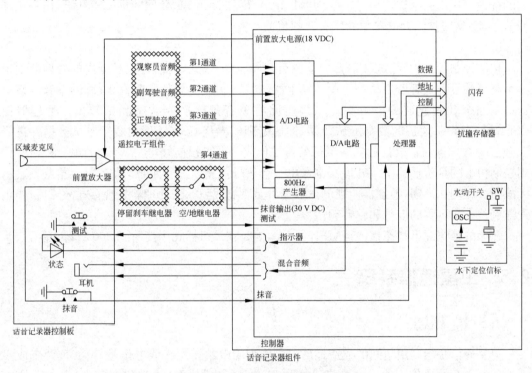

图 2.4-7　话音记录器系统原理图

1）话音记录器系统使用的电源

话音记录器系统利用机上 115 V 400 Hz AC 电源经话音记录器内的电源电路产生 30 V DC、18 V DC 直流电压。30 V DC 分别加至模/数（A/D）电路、数/模（D/A）电路、处理器、抹音输出、监听放大器和测试指示表。18 V DC 送到话音记录器控制板内话筒的前置放大器。

2）录音

只要 115 V 交流电加到主电汇流条上，该系统就开始工作，来自观察员及正、副驾驶音频选择板的内话音频信号通过遥控电子组件（REU）分别加至记录器的 1、2、3 通道，驾驶舱内的声音由控制板上的话筒拾取，经前置放大器进行预放大后送到记录器的第 4 通道。输入的所有音频信号送至话音记录器控制器。控制器可以将音频信号变成数字信号，将数字信号变成音频信号，控制音频记录过程和控制自测试。

A/D电路将四路音频输入信号转换成数字数据。处理器将这些数字信号送往抗撞存储器组件(CSMU)。CSMU记录数字数据。同时,处理器在地址总线上向CSMU送出存储器地址,存储器地址通知CSMU在何处保存数字音频信号。

3) 监听

处理器将来自A/D电路的四路数字数据混合,混合后的信号送到D/A电路,D/A电路将数字数据转换成音频,混合音频送到驾驶舱话音记录器控制板上的耳机插孔。

4) 抹音

当飞机在地面(空/地继电器闭合)且停留刹车已设置好(停留刹车继电器闭合)时,按下控制板上的"抹音"(ERASE)电门0.5 s,30 VDC抹音控制电压经过抹音电门向话音记录器内的处理器送出一个抹音信号。处理器禁止A/D和D/A电路,同时向CSMU送出一个抹音信号,CSMU抹除存储器中的所有音频数据。

5) 测试

按下控制板上的"测试"(TEST)电门后,测试开关接地,向话音记录器内的处理器发出一个测试信号。处理器启动一个单音发生器,向A/D电路发送一个800 Hz的单音。该单音送到四个音频通道的输入端。A/D电路将单音频转换成数字测试数据。处理器使CSMU保存每一通道的数字测试数据,然后处理器再从CSMU读出数字测试数据并进行混合。D/A电路将混合后的数字测试信号转换成一个音频信号,这一混合的单音频信号送到控制板上的耳机插孔中。处理器也送出一个信号点亮状态指示器,状态指示器点亮表示无故障。在测试期间,控制器监视测试数据看是否有故障。当处理器发现存在故障后,停止发送到状态指示器的信号和单音频信号。

在无故障情况下状态指示器短时间点亮,同时在耳机插孔中能听到800 Hz的单音。

# 2.5　卫星通信系统

## 2.5.1　概述

卫星通信是指利用空间的人造地球卫星作为中继站转发无线电信号,以实现两个或多个地球站之间的通信。地球站是指设在地球表面(包括地面、海洋和大气中)上的无线电(收/发)通信站,包括地面地球站(GES)和飞机上的机载地球站(AES)。而用于转发无线电信号来实现通信目的的人造卫星叫做通信卫星,如图2.5-1所示。卫星通信实际上就是利用通信卫星作为中继站的一种特殊的微波中继通信方式。

### 1. 卫星通信工作频段

卫星通信工作频段的选择将影响到系统的传输容量、地球站和转发器的发射功率、天线尺寸及设备的复杂程度等。

卫星通信使用的电波需穿越覆盖地球的大气层和电离层。由于信号频率太低易被电离层吸收或反射,信号频率太高则又会有部分信号被大气层的气体分子吸收,而电磁波在大气中传播时没有衰减或衰减很小的频段是30 MHz～10 GHz(称为大气无线电窗),所以卫星通信工作频段选择在1～10 GHz范围,通常使用4～6 GHz的C波段(由于卫星转发器C波段趋于饱和,又向Ku波段发展),该频段带宽较宽,便于利用成熟的微波中继通信技术,

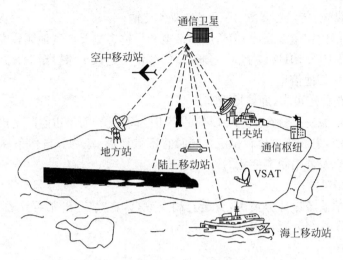

图 2.5-1　卫星通信示意图

且由于工作频率较高,天线尺寸也较小。

**2. 卫星通信系统分类**

卫星通信系统的分类方法很多,如按照卫星的运动状态、卫星的通信范围、卫星的转发能力、基带信号的体制、多址方式、通信业务种类以及卫星通信所用的频段等不同方法分类。

按通信卫星的轨道分为:同步卫星通信系统和运动卫星通信系统。

按卫星通信范围分为:全球卫星通信系统、国内卫星通信系统和区域卫星通信系统。

按卫星转发能力分为:星上处理通信系统和星上能量放大的转发通信系统。

按基带信号体制分为:模拟卫星通信系统和数字卫星通信系统。数字式又分为窄带和宽带卫星通信系统。

按多址方式可分为:频分多址、时分多址、空分多址和码分多址卫星通信系统。

按所用的频率频段可分为:特高频(UHF)卫星通信系统、超高频(SHF)卫星通信系统、极高频(EHF)卫星通信系统,或者分为 C 波段、Ku 波段、Ka 波段卫星通信系统以及激光卫星通信系统。

按通信业务种类和用途还可分为:固定业务卫星通信系统、移动业务卫星通信系统、广播电视卫星通信系统、科学实验卫星通信系统以及军事卫星通信系统等。

**3. 卫星通信的特点**

与其他通信手段相比,卫星通信主要有以下优点。

(1) 通信距离远,且费用与通信距离无关。

利用同步卫星,最大通信距离达 18000 km 左右,且建站和运行费用不因通信站之间的距离及地面上的自然条件恶劣程度而变化。在远距离通信上,比地面微波中继、电缆、光缆、短波通信等有明显的优势。

(2) 覆盖面积大,可进行多址通信。

许多其他类型的通信手段通常只能实现点对点通信。由于卫星覆盖区域很大,而且在这个范围内的地球站基本上不受地理条件或通信对象的限制,有一颗在轨道上的卫星,就相当于在全国铺设了可以通过任何一点的无形的电路,因此使通信线路具有很大的灵活性。

(3) 通信频带宽、传输容量大,适于多种业务传输。

由于卫星通信使用微波频段,信号所用带宽和传输容量要比其他频段大很多。目前,卫星带宽可达 500~1000 MHz 以上。一颗卫星的容量可达数千路以至上万路电话,并可传输高分辨率的照片和其他信息。

(4) 通信线路稳定可靠,通信质量高。

卫星通信的电波主要是在大气层以外的宇宙空间传输,而宇宙空间是接近真空状态的,可看作是均匀介质,电波传播比较稳定。同时它不受地形、地物等自然条件影响,且不易受自然或人为干扰以及通信距离变化的影响。

(5) 通信电路灵活。

地面微波通信要考虑地势情况,要避开高空遮挡,在高空中、海洋上都不能实现通信;而卫星通信解决了这个问题,具有较大的灵活性。

(6) 机动性好。

卫星通信不仅能作为大型地球站之间的远距离通信干线,而且可以为车载、船载、地面小型机动终端以及个人终端提供通信,能够根据需要迅速建立向各个方向的通信联络,能在短时间内将通信网延伸至新的区域,或者使设施遭到破坏的地域迅速恢复通信。

(7) 可以自发自收进行监测。

当收发端地球站处于同一覆盖区域内时,本站同样收到自己发出的信号,从而可以监视本站所发消息是否正确传输以及传输质量的优劣。

由于卫星通信具有上述这些突出的优点,从而使其成为强有力的现代化通信手段之一。

### 2.5.2　同步卫星通信

目前,绝大多数通信卫星是地球同步卫星。这种卫星的运行轨道是赤道平面内的圆形轨道,距地面约 36000 km。它运行的方向与地球自转的方向相同,绕地球旋转一周的时间,即公转周期恰好是 24 h,和地球的自转周期相等,即卫星与地球同步运行,从地球观察犹如静止。由同步卫星作中继站组成的通信系统称为同步卫星通信系统。

图 2.5-2 为同步卫星与地球相对位置的示意图。从卫星向地球引两条切线,切线夹角为 17.34°,两切点间弧线距离为 18101 km。在这个卫星电波波束覆盖区的地球站均可通过该卫星来实现通信。若以 120° 的等间隔在静止轨道上配置三颗卫星,则地球表面除了两极区未被卫星波束覆盖外,其他区域均在覆盖范围之内,而且其中部分区域为两个同步卫星波束的重叠地区,因此借助于在重叠区内地球站的中继(称之为双跳),可以实现在不同卫星覆盖区内地球站之间的通信。由此可见,只要用三颗等间隔配置的同步卫星就可以实现全球通信。目前国际通信卫星组织负责建立的国际卫星通信系统就是利用同步卫星来实现全球通信的。同步卫星所处的位置分别在太平洋、印度洋和大西洋区域赤道位置的上空。

同步卫星通信存在以下不足:

(1) 两极地区为通信盲区,高纬度地区通信效果不好;

(2) 卫星发射和控制技术比较复杂;

(3) 存在星蚀和日凌中断现象。

每年在春分和秋分前后,当同步卫星、地球和太阳共处在一条直线上,地球挡住了阳光,卫星进入地球的阴影区,就造成了卫星的日蚀,称之为星蚀,如图 2.5-3 所示。在此期间每天发生星蚀的持续时间不等。在星蚀期间,卫星靠蓄电池供电,由于卫星重量限制,星载电池除维持星体正常运转需要外,难以为各转发器提供充足的电源。

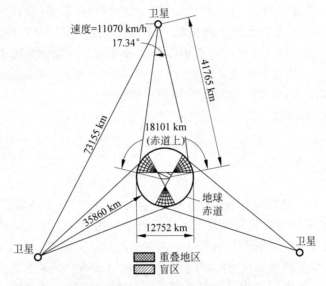

图 2.5-2 同步卫星配置的几何关系

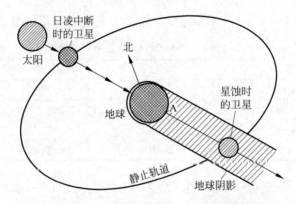

图 2.5-3 同步卫星发生星蚀和日凌中断的示意图

　　每年春分和秋分前后,当同步卫星处于太阳与地球之间,地球站天线在对准卫星的同时可能也会对准太阳,这时强大的太阳噪声使通信无法进行,这种现象通常称为日凌中断。这种中断每年发生两回,每回延续约 6 天,每天出现中断的最长时间与地球站天线口径、工作频率有关。对同步卫星通信系统来说,日凌中断一般是难以避免的,除非用两颗不同时发生日凌中断的卫星,在日凌中断出现前将信道转接到另一颗卫星工作。

　　(4) 有较大的信号传播延迟和回波干扰。在同步卫星通信系统中,从地球站发射的信号经过卫星转发到另一地球站时,单程传播时间约为 0.27 s。进行双向通信时,一问一答往返传播延迟约为 0.54 s,通话时给人一种不自然的感觉。此外,由于混合线圈不平衡等因素还会产生"回波干扰",即发话者 0.54 s 以后会听到反射回来的自己的讲话回声,形成干扰,这是卫星通信的明显缺点。为了消除或抑制回波干扰,地球站要增设回波抵消或抑制设备。

### 2.5.3 航空移动卫星通信

航空移动卫星通信(AMSS)业务提供全球范围内的双向话音通信、传真和数据通信服务。目前,AMSS通信业务主要用于向机组人员、旅客提供卫星电话、传真,向航空公司提供用于航空运营管理(AOC)的数据链通信服务。随着国际民航组织所倡导的新航行系统的逐步实施,AMSS通信业务将主要用于向空中交通管制(ATC)提供数据链通信服务。在AMSS的信息传输过程中是按优先级的高低顺序传播的。

**1. AMSS系统的组成**

AMSS系统的基本组成部分是:空间段(主要是卫星转发器)、机载地球站(AES)、地面地球站(GES)和网络协调站(NCS)。

1) 空间段

在空间段方面,AMSS利用国际移动卫星组织(INMARSAT)的通信卫星。INMARSAT原为"国际海事卫星组织",1985年修改公约后,改为"国际移动卫星组织",可提供航空卫星通信服务。目前INMARSAT的主用卫星是4颗第三代卫星,可实现大西洋西区、大西洋东区、太平洋区和印度洋区的覆盖。INMARSAT全球卫星位置及全球覆盖范围如表2.5-1所示。每颗卫星都运行在赤道平面的静止轨道上(从地面看每颗卫星在天空中的位置是固定的)。INMARSAT卫星网覆盖范围为北纬80°至南纬80°。我国位于北纬3°~56°(共约53°),东经72°~136°(共约64°)范围内,印度洋卫星能覆盖我国大部分领空。

表 2.5-1　INMARSAT 卫星所在洋区

| 卫星 | AOR-W | AOR-E | POR | IOR |
|---|---|---|---|---|
| 卫星洋区 | 大西洋西区 | 大西洋东区 | 太平洋 | 印度洋 |
| 卫星位置(经度)/(°) | 54 W | 15 W | 178 W | 64 W |
| 卫星代码 | 00 | 01 | 02 | 03 |
| 覆盖范围/(°) | 124 W~16 E | 85 W~55 E | 108 E~112 W | 6 W~134 E |

卫星接收射频信号,进行频率变换,然后向目标转发。卫星对AES的收发频率为L波段(1530~1660.5 MHz),卫星对GES的收发频率为C波段(4~6 GHz)。AMSS卫星需要两个独立的转发器:一个正向转发器,接收GES发来的C(或Ku)频段信号,变为L频段信号,转发至AES;另一个是反向转发器,接收AES发来的L频段信号,变为C(或Ku)频段信号,转发至GES。

2) 地面地球站

GES提供空间段与地面固定话音和数据网络之间的接口。每一卫星波束覆盖区内至少有一个GES,也可能有几个。在多个GES中,可能指定一个GES协调全网工作,称为网络协调站。

3) 网络协调站

每一个卫星覆盖区内可以设一个NCS。NCS与各GES接口,目的是管理卫星资源的分配,亦即卫星功率和通信信道在各GES间的分配。

4) 机载航空地球站

AES是装在飞机上的机载航空地球站,即机载卫星通信系统,主要由天线、卫星数据单元、高功率放大器等组成(见图 2.5-4)。

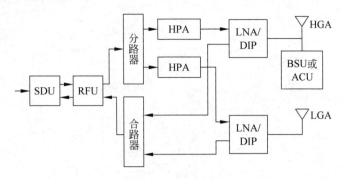

图 2.5-4　AES 功能框图

ACU—天线控制单元；BSU—波束控制单元；LNA/DIP—低噪声放大器/
双工器；HGA—高增益天线；HPA—高功率放大器；LGA—低增益天线；
RFU—射频单元；SDU—卫星数据单元

卫星数据单元(SDU)决定空中信号的参数，包括调制解调器、纠错编译码器、交织/去交织器、扰码/去扰码器、数据速率切换控制器，还有将数字/音频输入信号变为基带或中频信号的电路，甚至可以包括一个声码器。

射频单元(RFU)由低功率放大器、滤波器、变频器等有关部分组成。它可分为发送部分和接收部分，发送部分将 SDU 送来的基带或中频信号变换成 L 频段的射频；接收部分则将天线收到并经过低噪声放大器放大的 L 频段信号变为基带或中频信号送给 SDU处理。

高功率放大器(HPA)将 RFU 输出信号放大到足够电平送至天线，可以用 A 类也可以用 C 类放大。A 类放大器比较大、重，效率低于 C 类放大器，其优点是能同时发送不止一个载波。

AES 的天线类型有几种，有顶装小型可控型，装在天线罩内；有顶装相控阵天线；还有装在两侧与机身共形的相控阵天线等。天线增益有三种：一种是 0 dB，称低增益天线；一种是 6 dB，称中增益天线；另一种是 12 dB，称高增益天线。

**2. 典型机载卫星通信系统(SATCOM)的工作**

这里以安装在波音 747 飞机上的 SATCOM 为例，说明卫星通信在飞机上的工作和使用情况。机载 SATCOM 设备符合 ARINC741 规范，为机组提供语音通信和数据通信，具有全双工电话功能。SATCOM 系统工作在 L 波段，频率为 1530～1660.5 MHz。SATCOM通信网络如图 2.5-5 所示。作为机载空地通信系统，SATCOM 的通信距离比 VHF 通信系统远；在远程通信方面，SATCOM 的通信可靠性比 HF 通信系统高。另外，SATCOM 系统还作为 ACARS(飞机通信寻址报告系统)的中继站，即是备用的 VHF 空/地无线电链路。

1) SATCOM 组成

机载 SATCOM 系统框图如图 2.5-6 所示。

SATCOM 系统由一个卫星数据组件(SDU)和天线子系统组成。天线子系统包括一个高功率放大器(HPA)、一个低噪声放大器/双工器(LNA/DIPLEXER)、一个天线波束操纵器(BSU)和一个高增益天线(HGA)。

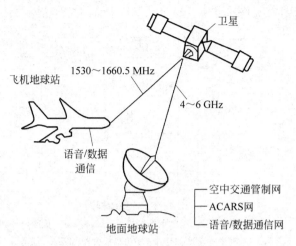

图 2.5-5　SATCOM 系统网络示意图

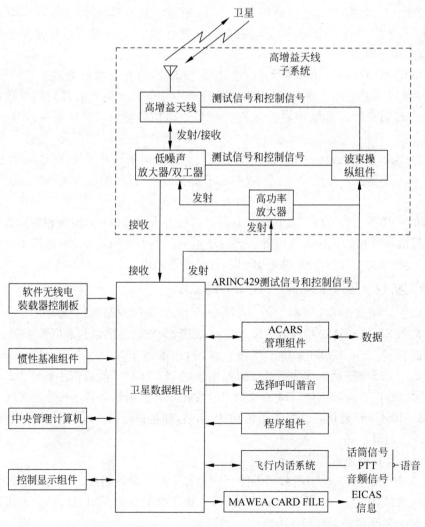

图 2.5-6　SATCOM 系统框图

（1）卫星数据组件

卫星数据组件作为系统核心，控制系统中大多数部件的工作并监视它们的检测信号。卫星数据组件还作为系统接口，与其他飞机系统交联。SDU 中有两个语音通道和 1 个数据通道，3 个通道都有射频功能。SDU 使用 115 V、400 Hz AC 电源。

（2）高功率放大器

HPA 属于高增益天线（HGA）的子系统。HPA 放大发射信号，为天线/卫星链提供足够的功率电平发射。HPA 能向天线提供 40 W 的输出功率，并且支持多通道工作。

（3）低噪声放大器/双工器

低噪声放大器/双工器（见图 2.5-7）属于高增益天线的子系统，安装在高增益天线附近。SATCOM 系统能同时进行发射与接收，由双工器分隔收发信号。双工器把发射信号从 HPA 耦合到天线，同时把天线接收的信号耦合到 LNA。LNA/DIPLEXER 对发射信号进行滤波。对接收信号在放大之前也进行滤波。

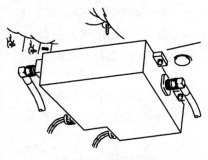

图 2.5-7　低噪声放大器/双工器

（4）波束操纵组件

波束操纵组件（BSU）通过电信号操纵装于其顶部的高增益天线波束。BSU 从卫星数据组件得到航向和俯仰数据，以这些数据来控制高增益天线的最佳波束角，使之对准可用的卫星。BSU 能监控自己的接口信号，还能诊断高增益天线和 LNA 的频率 BITE，定期向 SDU 发送状态报告。

（5）高增益天线

高增益天线（见图 2.5-8）安装在机身顶部，能提供 12 dB 的天线增益，用于发射和接收高、低速数字式数据。HGA 是相控阵天线，由来自波束操纵组件的数据操纵天线波束，使天线波束朝向可用的卫星。

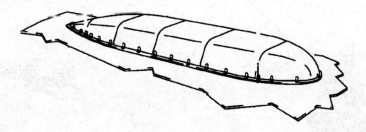

图 2.5-8　高增益天线

（6）程序组件

每个 SATCOM 系统都要使用一个 ICAO 码（飞机地址码）。通过程序组件里的电门短接来设置 ICAO 码和飞机构型。

2）信号接口

SDU 接收来自音频管理组件和 ACARS 管理组件的语音/数据信号，并进行数字编码和调制，其中，模拟语音信号编码为 9600 b/s 数字信号。由于飞机相对于卫星的移动而产生多普勒效应，使发射与接收频率不同，需要通过调制解调器调节收发频率，以补偿多普勒频移。

为了使天线波束对准卫星,SDU 接收来自 IRU 的飞机航向和姿态数据,计算出使高增益天线波束指向卫星所需的仰角和方位角,并将该数据送到波束操纵组件(BSU)。BSU 接收 SDU 的天线波束位置数据和波束变化指令,对数据进行变换后,向高增益天线(HGA)发送操纵指令。HGA 用收到的操纵数据选择天线元件和相位角,然后向卫星发射射频信号。

高功率放大器的作用是增加发射信号的输出功率,以达到卫星系统所需的电平。HPA 的最大功率只需低于最差的地理情况以及天线覆盖情况。通常,保持链路质量所需的功率更少。HPA 将转换信号送到 LNA/DIPLEXER。

LNA/DIPLEXER 为全双工工作,同时发射和接收射频信号。LNA/DIPLEXER 把高功率发射信号频率与低功率接收信号分开。LNA/DIPLEXER 向高增益天线发送转换控制信号。

BSU 控制器监控 HGA 的发射增益,然后把数据送到 SDU。BSU 还监控 BSU、HGA 和 LNA/DIPLEXER 的 BITE 状态,并把这些 BITE 数据送到 SDU。

3) 工作过程

(1) 通电加温

SATCOM 系统通电后,SDU 先进行自测试检查,并加温 8 min。

(2) 联机登录

当 SATCOM 系统准备工作时,SDU 会自动选择一个要联机登录的地面地球站(GES)或卫星,并发送一个登录请求信号。当登录请求被响应时,会收到一个登录确认信号,表示接通了射频链。此外,GES 或卫星还可通过 CDU 上的 SATCOM 页进行人工登录。

SATCOM 系统使用 4 种射频通道(见图 2.5-9)。P 通道和 R 通道用作联机登录程序,另两个是 T 通道和 C 通道。传送速率为 600～21000 b/s。下面简要说明各个通道。

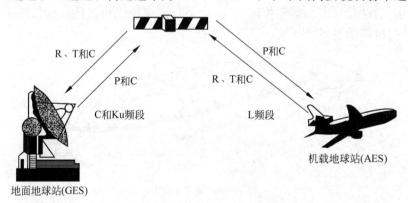

图 2.5-9　SATCOM 的四种射频通道

对于分组方式数据业务,有三种信道,称为 P、R 和 T 信道;话音业务为 C 信道。

P 信道是时分复用(TDM)分组方式数据信道,仅用于正向,即从地面到飞机,可传送信令和用户数据,从 GES 连续不断发往 AES。

R 信道仅用于反向,即从飞机到地面。可传送信令和小量用户数据,以突发方式工作。许多架飞机可以共用一条 R 信道。若不同 AES 的信号发生碰撞,则各自随机延迟后重发。

T 信道仅用于反向,飞机若有较长的报文要发往地面,可用 R 信道为 T 信道申请预约一定数量的时隙,GES 收到此申请后,为该 T 信道预留所需数量的时隙,用 P 信道通知飞机,飞机接到此通知后,在预留的时隙内按优先等级发送报文。每一个 GES 往往有多条 T 信道。

话音业务采用电路方式的 C 信道,要通话时,先通过 P 信道和 R 信道传送信令信息,根据申请由 GES 分配一对 C 信道(正、反向各一条信道)给主、被叫用户使用,通话结束后释放,将 C 信道交还给 GES,下次分配给其他呼叫使用。由于 AMSS 系统完全是数字数据通信系统,所以话音也要数字化。C 信道内通话用的主信道亦可用于电路方式的数据业务。

## 2.6 飞机通信寻址与报告系统

### 2.6.1 概述

飞机通信寻址与报告系统(ACARS)是一个可寻址的空/地数字式数据通信网络,通过机上第三部套甚高频通信系统或高频通信系统以及卫星通信系统实现空地之间的数据和信息的自动传输交换,使飞机作为移动终端与航空公司的指挥系统、控制系统和管理系统相连接,如图 2.6-1 所示。

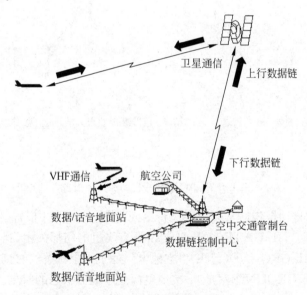

图 2.6-1 空地数据链工作框图

ACARS 用于自动或人工向地面发射或从地面接收所产生的报告或信息,专用于维护、运行和商业等。地面台接收到 ACARS 发出的数据,并通过网络将数据传输到用户。这种数据的传输方向被称为下数据链。相反,数据从地面台传向飞机,则被称为上数据链。

**1. ACARS 系统的组成**

1) 机载 ACARS 设备

它由控制显示组件(CDU)、管理组件(MU)、VHF 收发机和打印机组成,能够收、发各类数据,并通过 CDU 显示阅读或由打印机打印出来。

2) ACARS VHF 无线电网络

它由世界各地区的 ACARS VHF 无线电地面台组成。每个地面台可和周围一定空域范围内的飞机进行 ACARS 数据交换,并通过地面通信网络与 ACARS 控制中心进行数据传输交换。这样,通过 ACARS 地面台网络,ACARS 控制中心就可以和任何位于 ACARS VHF 无线电网络覆盖区内的飞机进行数据交换。

3) ACARS 控制中心

ACARS 控制中心通过地面通信网络与各 ACARS 地面台、各航空公司信息中心联系,它通过代码寻址,把航空公司和它相应的飞机联系起来,进行数据和信息双向交换。

4) 航空公司信息中心

它由公司内的计算机网络组成。它通过地面通信网络接收来自 ACARS 控制中心的飞机数据和信息,并送到公司内相应部门;同时,也收集各部门的询问信息传送到 ACARS 控制中心,转达给相应飞机。

**2. ACARS 报告**

ACARS 的自动和人工报告如图 2.6-2 所示。

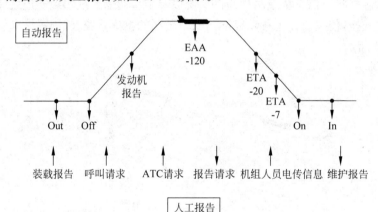

图 2.6-2　ACARS 的自动和人工报告

(1) ACARS 的自动报告通常取决于飞行剖面,首先是 OOOI 报告,包括:

O——OUT OF THE GATE(离开门位):所有飞机的门都关闭,刹车松开的时刻。

O——OFF THE GROUND(起飞):空地电门处于空中状态的时刻。

O——ON THE GROUND(落地):空地电门处于地面状态的时刻。

I——IN THE GATE(进入门位):刹车刹住、飞机上第一个门打开的时刻。

在飞机到达目的地之前的 120 min、20 min 和 7 min,ACARS 自动地向地面台发射预计到达时间。在各个飞行阶段,ACARS 自动地发射发动机报告。并且,只要发动机出现问题,例如 EGT 超限,都将自动发出报告。

(2) 人工报告

人工报告与飞行剖面无关,在起飞准备期间,从地面到飞机的载荷报告属于上数据链信息。人工 ACARS 报告由飞行员、航线人员和 ATC 人员起始。如果地面台想同机组人员进行话音联络,那么,呼叫信息由地面发射到飞机上,它可以取代呼叫系统。当机组人员需要特殊信息时,将发出需求报告信息,它属于下数据链信息。特殊信息为:机场或气象数据,或乘客与机组人员的信息。机组人员或乘客的信息是对需求报告的回应,它属于上数据链信息。例如,它给出乘客通道的登机门和机组人员的下一次航班信息。维护报告可以从中央维护系统起始,它将测试结果或维护报告传送到航线维护中心。

### 3. ACARS 通信系统的优点

1) 快速、实时

能立即自动向地面报告(OOOI 时间)。发动机参数、飞机故障等可立即自动向地面报告,使地面随时了解飞机状态,便于进行生产调度和维修安排。

2) 减轻机组负担

每次飞行通过 ACARS 系统与地面平均交换信息 20～25 次(人工报告很难做到),而且地面的空中交通管制台也无法接收并转发如此庞大的信息量。

3) 通信量大

由于 ACARS 快速、自动,所以它传输的信息量增加很多倍,不仅包括飞机性能数据,而且还包括商用数据,如食品及饮料供应、乘客订票、订旅馆等,可扩大航空公司的服务项目。

但由于 ACARS 是面向字符工作的,它和未来的国际航空电信网(ATN)不兼容。它作为一个过渡系统,将在 ATN 建成后进行升级,以适应未来的体制。

## 2. 6. 2　机载 ACARS 系统的组成

机载 ACARS 的主要组成部件有:管理组件(MU)、控制显示组件(CDU)和 ACARS 程序开关组件等。

管理组件用于接收上行(地—空)数字信息,以及控制下行(空—地)数字信息的发射;控制显示组件用于控制 ACARS 的工作和信息显示;ACARS 程序开关组件包括两个双列直插式(DIP)开关,这些开关用于设置飞机识别码。

与 ACARS 相连接的其他系统部件有:VHF 收发机,用于收发地面信息;打印机,用于打印 ACARS 报文和信息;遥控电子组件,用于发出谐音指示和灯光指示信号;音频控制板,用指示灯提示驾驶员地面呼叫,引起驾驶员的注意;接近电门电子组件,用于发送OOOI 事件离散信号。控制显示组件、音频控制板和打印机装在驾驶舱内。

为了接收航空公司的上载信息或把信息下载给航空公司,ACARS 还需连接飞行管理计算机(FMC)、飞行数据采集组件(FDAU)和数据装载器控制板(DLCP)(见图 2.6-3)。

### 1. 管理组件

管理组件(MU)主要用来接收和监控来自地面 VHF 的上行输入信号;保证信息的正确性并解码;对下行信息格式化;监控和保证下行数据的正确性;控制工作方式;控制数据的转换;给出确认/非确认应答信号;对 VHF 进行调谐和控制;有指令时将数据送到打印机以及监控系统的工作。

MU 只处理带有飞机注册码的上行信息;在所有下行报上都附带上这个飞机注册码,用以识别是这架飞机发送的报文。

MU 前面板上的复位电门(RESET)用于通电测试,当按下这个电门时,所有 LED 都发亮。

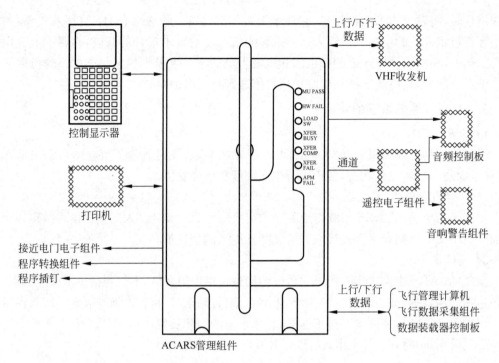

图 2.6-3　ACARS 系统组成

BITE 是连续工作的。前面板上的 LED 有：MU 通过灯(绿)，表示管理组件通过了冷启动测试；硬件故障灯(红)，表示 BITE 检测到 MU 中有故障；装载软件灯(黄)，表示需要给 MU 装载软件；传输忙灯(黄)，表示 MU 正从磁盘上装载数据；传输完成灯(绿)，表示数据装载完成；传输故障灯(红)，表示在数据传送过程中，BITE 检测到故障；"飞机个性模块"故障灯(红)，表示用于保存飞机型号和 MU 工作方式的"飞机个性模块"(APM)有故障。

ACARS 管理组件包括如下部分：电源电路、离散信号输入输出接口、ARINC429 信号输入输出接口、数据信号输入输出接口、微处理器、个人计算机存储卡内部访问(PCMCIA)驱动、个人计算机接口、BITE 逻辑电路以及 BITE 显示电路(见图 2.6-4)。

1) 电源电路

电源电路使用 1 号转换汇流条 115 V 交流和热电瓶汇流条 28 V 直流。电源电路将 115 V 交流变为 MU 使用的各种直流电压。MU 利用 28 V 直流来保持存储器中的数据、保持系统时间、作为指示灯电压和谐音输出电压。

2) 离散信号输入/输出接口

离散信号输入/输出接口接收并发送离散数据到系统部件和其他系统。

该接口将离散输入信号变为微处理器用的数据信息。接收的离散信号有：飞机识别码和注册码、OOOI 状态、程序选项和呼叫复位等信号。同时，它把来自微处理器的数据信号变为离散信号输出，用于选择呼叫、警告和 VHF 通信系统。输出的离散信号有：数据键控、语音/数据监控、频率端口选择、呼叫通信(选项)和谐音信号。

3) ARINC429 信号输入/输出接口

ARINC429 接收器将 ARINC429 输入信号字变为适合微处理器的格式。经 ARINC429 数据总线输入的信息有：ACARS 管理组件软件、飞机状态监控系统数据、飞行

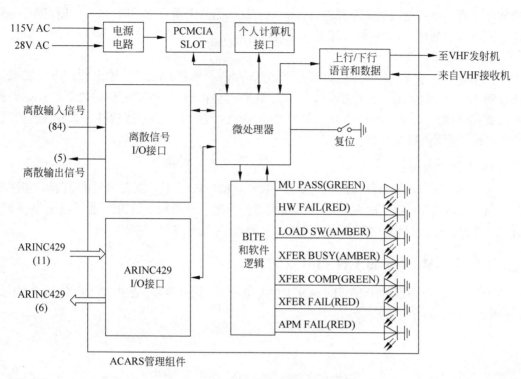

图 2.6-4　ACARS 管理组件(MU)功能图

数据采集组件的数据、CDU 的输入数据和菜单选择、性能数据和导航数据(选项)。

ARINC429 发送器将微处理器输出的数字数据变为 ARINC429 格式。经 ARINC429 数据总线输出的信号有：频率选择信号、ACARS 状态和通信状态、ACARS 数据和菜单、打印数据和控制信号、下行数据。

4) 数据信号的输入/输出接口

数据信号的输入/输出接口连接微处理器和 VHF 收发机。接口部分有 VHF 调制器和解调器。

VHF 调制器将微处理器的数字数据变为 1200 Hz/2400 Hz 音调,用于 VHF 收发机,作为 VHF 收发机的下行音频音调。

数据信号的输入/输出接口接收来自 VHF 收发机的上行音频,VHF 解调器将音调信号变为微处理器的数字式数据。

5) 微处理器

微处理器的任务是：监控并处理所有输入控制信号和离散信号；控制工作方式；对下行信息进行格式化；监控下行音频的正确性；对上行信息进行解码；发送频率调谐信号；保持格林尼治时间(GMT),并把时间加到报文上。

微处理器使用系统软件和应用软件。系统软件不随航线或飞机变化。应用软件有特定的飞机和用户数据库,可用数据装载机改变这个数据库。如果需要升级,也可用数据装载机改变系统软件。

6) BITE 逻辑信号

BITE 逻辑不断监控 ACARS 管理组件的故障。如果 BITE 发现 ACARS 硬件有问题,则故障灯亮。重启电门对微处理器进行通电测试。当按下重启电门时,所有 LED 都亮一会儿。完成通电测试后,绿色的管理组件通过灯亮。

7) 软件逻辑

应用软件和系统软件可用数据装载机或 PCMCIA 卡进行装载。如果软件不正确或没装载到 MU 中,则琥珀色装载灯亮。在 MU 装载软件的时候,传输忙琥珀色灯亮。如果软件装载失败,则传输失败红色灯亮。如果微处理器检测到飞机型号或软件的兼容性有问题,则飞机个性模块(APM)红色灯亮。

### 2. 程序开关组件

ACARS 程序开关组件包含两个 DIP(双列直插)开关,用于设置飞机的识别码和注册码。每个组件有 24 个开关,通常在飞机交付之前设定。开关在上位为接通,在下位为关断。有三个程序开关组件,其中两个组件设置注册码,一个设置飞机识别码。

## 2.6.3　ACARS 的工作方式

ACARS 主要包括 DEMAND(请求)方式和 POLLED(等待)方式和 VOX(话音)方式(见图 2.6-5)。

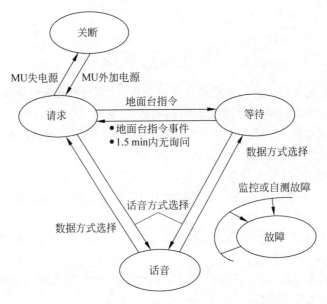

图 2.6-5　ACARS 的工作方式

### 1. DEMAND 方式

当电源接通或 ACARS 的 RF 通道无人使用时,系统就处于"DEMAND"(请求)方式。其信息包括驾驶员的输入(如延误信息、数据链测试等)、地面信息响应(如 GMT 时钟更新)、自动报告事件,如数字式飞行数据采集组件的报告。

### 2. POLLED 方式

等待方式是当 ACARS 接受地面台指令时进入的被动报告方式。当地面台同时收到多架飞机"请求"时,就命令这些飞机处于 POLLED(等待)方式,然后周期地(约 2 s)轮流询问每一架飞机。当飞机接收到地面询问时,如果飞机有信息要发送的话,就自动回答;如无信息,就给一个简单的响应信号。询问、回答结束后,地面台再发一个指令使之回到DEMAND(请求)方式或者 1.5 min 后系统自动回到请求方式。

### 3. VOX 方式

VOX(话音)工作方式时不进行数据传输。

## 2.7　紧急定位发射机

紧急定位发射机(ELT)的作用是在飞机发生意外着陆和落入水中之后,帮助搜寻营救人员查找飞机的下落。

根据 CCAR 91.435R2 的要求,在 2008 年 7 月 1 日以后,任何批准载客 19 人以上的飞机必须至少装备一台自动应急定位发射机或两台任何类型的应急定位发射机。根据 CCAR 121,如果执行跨水航班必须安装救生型 ELT。

飞机上有两种类型的 ELT(见图 2.7-1)。第一种是固定的发射机,它安装于飞机客舱后部的上方;第二种是便携式的发射机,它位于客舱天花板靠近救生艇的部位。

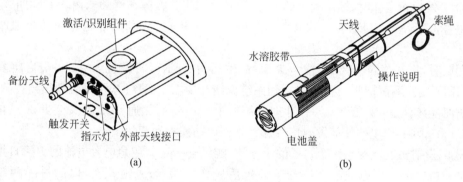

图 2.7-1　紧急定位发射机
(a)固定式紧急定位发射机;(b)便携式紧急定位发射机

便携式 ELT 以两个国际上规定的紧急频率发射无线电信号。一个信号是 VHF 频段的 121.5 MHz,另一个信号是 UHF 频段的 243 MHz。两个无线电信号都用扫频音调信号调制。UHF 和 VHF 频率的接收范围大约为 200 n mile,如果飞机失事在这一范围内,营救人员就可以找到飞机。当便携式 ELT 落入水中时,电池遇水后自动接通,固定天线的水溶胶带在水中自由浸泡后脱开,天线自动直立,便携式 ELT 开始工作。

固定式 ELT 通过靠近垂直安定面的小天线向外发射 121.5 MHz 和 243 MHz 的信号。另外,它还发射一个 406 MHz 的附加信号,这一信号可以被 COSPAS-SARSAT 卫星系统接收,在全球范围内确定飞机的位置。该信号包括飞机的型号、尾翼上的标识信息和失事前的位置。当受到撞击时,ELT 发射机将自动激活。

固定式 ELT 由控制板、发射机和天线组成(见图 2.7-2)。

在控制板上将复位/预位/接通(RESET/ARMED/ON)开关置于"ON"位,可以将 ELT 发射机人工打开;当 ELT 发射机意外发射时,将开关置于"RESET"位,使其关断。正常情

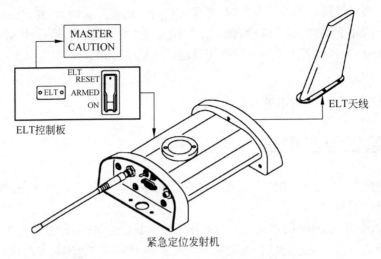

图 2.7-2　紧急定位发射机系统的组成

况下,控制板和 ELT 发射机上的开关均置于"ARMED"位,此时 ELT 发射机没有被激活,当 ELT 发射机内部的 G 开关探测到飞机纵轴的加速度大于 $5g$ 时,发射机将自动激励并工作。ELT 发射机工作时,控制板上的 ELT 灯点亮,ELT 本体和驾驶舱内均有啸叫音,同时触发主警告灯(MASTER CAUTION)点亮,有些飞机在地面时,前轮舱内的电磁喇叭也会响。

测试时,将开关置于"ON"位至少 50 s,然后置于"RESET"位 1～3 s,最后将其放回"ARMED"位。测试期间,当 VHF 通信系统调谐在 121.5 kHz 时,可以听到扫频音调信号。在测试时应该注意:只能在每一个小时的第一个 5 min 内,接通 ELT 开关至少 20 s,但不能超过 50 s;否则,产生的任何发射信号都将立刻启动搜索和营救工作。

ELT 发射机的电源是一个自备的干电池,能供电 48 h。应急电台电池的更换日期必须标在发射机外部。新电池在初次安装 5 年后应作试验台/电池检查,以后每隔两年进行一次。

## 第3章

# 飞机导航系统

## 3.1 飞机导航基础知识

### 3.1.1 概述

飞机导航是基于飞机导航装置,研究飞机导航原理及导航技术的科学。

飞机导航的基本目的是在既定条件下,用最有效的方法(飞机按照预定航线飞行,或按照飞行中实时计算的航线飞行),以规定的准确度,在指定的时间将飞机安全地引导到指定地点。它是通过飞机导航(装置)系统对飞机位置、方向、距离及速度等导航参数进行测量以及飞机监视(装置)系统对飞机航路上气象、周围飞机以及近地面等情况实时监控而实现的。

飞机导航实践中所应用的各种不同导航装置,按实现方法及原理不同,一般可分为目视(观测)导航、仪表导航、天文导航、无线电导航以及组合导航等不同类型。

目视(观测)导航:利用观测仪器(含人的眼睛)对所熟悉的地物等进行经常或连续观测,以确定运动体位置和运动方向。早期飞机通过观察地标(航标),现代飞机通常观察气象雷达系统所探测的地形等实现飞机的导航。这种导航方式简单、可靠,但精度不高,且受气象条件和区域限制比较明显。

仪表导航:根据飞机运动方向和航行距离(或速度、加速度、时间等),依据已知飞机位置推算飞机当前位置,或预期飞机未来位置,从而得到一条运动轨迹,以此来引导飞机航行。该导航法主要借助飞机上各种仪表(如磁罗盘、空速表、气压高度表、时钟等)实现。典型情况如现代飞机上使用的惯性基准系统(IRS),就是根据对飞机的运动方向和航行距离(或速度、时间)的测量,从过去已知位置来推算当前位置,或预期将来的位置,从而可以得到一条运动轨迹,以此来引导航行。这种导航方式不受天气、地理条件限制,保密性好。缺点是随着航行时间延长和航行距离增长,位置误差累积会越来越大,因此航行一定时间以后,需要进行位置校准。

天文导航:通过观测具有运动规律的星体相对地球的位置参数(如仰角)以及观测时间,确定观测点在地球上的位置,如利用机载六分仪等设备观测水平线与星体连线间的夹角(即为星体的高度),做等高线,再求另一星体的等高线,其交点即为飞机位置,从而引导飞机航行。这种导航方式不易受人为或电磁场干扰,具有隐蔽性好、无累积误差及精度较高等优点,但容易受到气象条件影响,而且观测时间较长,计算复杂,目前在飞机上很少使用。

无线电导航:是利用无线电的方法,即通过对无线电信号某一电参量(如振幅、频率、相位或时间等)的测量来测定飞机的距离、距离差、方向和位置等导航几何参量,并引导飞机正确安全地航行。它主要是利用了无线电波传播的基本特性,即无线电波在传播路径中遇到媒质不连续边界面必然反射,在理想均匀媒质中必然是直线以及等速传播等特性。利用反射的性质可以发现目标,利用电波直线传播特性可以测定辐射或散射无线电波目标的方向,利用无线电波等速性可以确定到目标的距离,因此,目标位置即可测定。近年来兴起的卫星导航系统也是无线电导航的一种新应用,它是利用人造地球卫星、机载设备和地面设备相配合采用无线电方法实现的一种新型导航系统,如 GPS 系统。

现代飞机上安装和使用了多种无线电导航设备,典型设备包括自动定向机(ADF)、甚高频全向信标(VOR)、测距机(DME)、仪表着陆系统(ILS)、指点信标(MB)、低高度无线电高度表(LRRA)、全球定位系统(GPS)、气象雷达(WXR)、空中交通管制应答机(ATC)、空中交通咨询与防撞系统(TCAS)和近地警告系统(GPWS)等。

飞机无线电导航系统的优点是:不受时间、天候的限制,定位精度高,时间短,可连续、实时地定位,设备简单、可靠。特别是在复杂气象条件下或夜间飞机着陆中,无线电导航则是唯一导航手段。

无线电导航的缺点是:它必须要辐射和接收无线电波,因而易被发现、易受自然和人为干扰,有些导航系统还需要配备必要的地面设备或空间设备。

组合导航:是利用两种或两种以上的不同导航设备以适当的方式组合在一起,利用其性能上的互补特性,获得比独立使用任何一种系统时更好性能的导航方式。组合导航目前已经取得了显著进步,尤以 INS/GPS 组合导航发展最为迅速,因为两者都是全球、全天候、全天时的导航设备,而且都能提供十分完整的导航数据。INS/GPS 组合导航是将 GPS 的高精度和 INS 的自主隐蔽性能有机地结合起来,两者优势互补并能消除各自的缺点,因此其应用越来越广泛。

### 3.1.2　坐标、坐标系及导航元素

#### 1. 坐标

飞机相对地球表面运动,飞机导航系统通常是利用经度和纬度来表示飞机的位置。

任何平面与地球表面的交线都是圆,而通过地心的平面与地球表面交线形成的圆最大,称为"大圆",其他的称为小圆。通过地心与地轴垂直的平面和地球表面的交线称为赤道,其余与赤道平面平行的平面与地球表面的交线(小圆)叫纬圈,如图 3.1-1(a)所示。通过并包含地轴的平面与地球表面的交线(大圆)叫经圈。

纬圈与地心连线和赤道平面的夹角为该纬圈的纬度,表示地球的南北,赤道纬度为 $0°$,赤道以北($0°\sim90°$)为北纬,$90°$ 为北极(N),赤道以南($0°\sim90°$)为南纬,$90°$ 为南极(S),如图 3.1-1(b)所示。我国首都北京的纬度为北纬 $39°55'$。

经圈的一半叫经线(或子午线)。国际上规定,以通过英国伦敦格林尼治天文台子午仪中心的经线为起始经线(即本初子午线),如图 3.1-2(a)所示。以起始经线($0°$)为基准,用经度表示其他经线的位置(其他经线平面与起始经线平面的夹角),起始经线以东(E)为东经($0°\sim180°$),以西(W)为西经($0°\sim180°$)。我国首都北京市位于东经 $116°23'$,如图 3.1-2(b)所示。

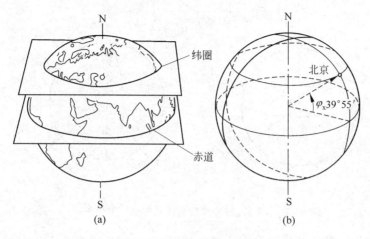

图 3.1-1　赤道、纬圈和纬度

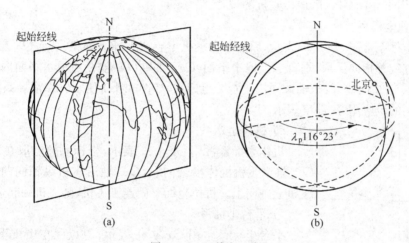

图 3.1-2　经线和经度

## 2. 坐标系

坐标系用于描述飞机运动,表示导航台位置,它是处理观测数据等信息的数学与物理基础。不同导航系统中,由于考虑问题的侧重点不同,所选用的坐标系也各不相同,因此了解部分常用坐标系,对于飞机导航系统的使用很有帮助。

1) 惯性坐标系

惯性坐标系又称为地心惯性坐标系,是将坐标原点取在地球中心,常用 $Ox_iy_iz_i$ 表示,如图 3.1-3 所示。其中 $z_i$ 轴沿地球自转轴方向,$x_i$ 和 $y_i$ 两轴在地球赤道平面内,它们都不随地球转动而转动。

地心惯性坐标系在惯性基准系统中作为惯性元件(加速度计和陀螺)测量的参考基准,在 GPS 中用于测量和确定卫星轨道。

2) 地球坐标系

地球坐标系常用 $Ox_ey_ez_e$ 表示。坐标系原点取在地球地心,$x_e$ 和 $y_e$ 两轴在地球赤道平面内,$Ox_e$ 轴指向格林尼治经线,即本初子午线,$Oz_e$ 轴与地球自转轴方向一致,指向北极,$Oy_e$ 指向东经 90° 方向,与其他两轴构成右手坐标系,如图 3.1-3(b)所示。地球坐标系与地

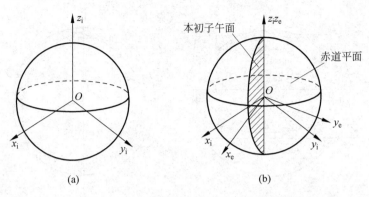

图 3.1-3　地心惯性坐标系和地球坐标系

球固连一起转动,因此也称为地心地固坐标系(earth-centered-earth-fixed,ECEF 坐标系)。在 GPS 中用于计算 GPS 用户接收机的位置。

3) 地理坐标系

地理坐标系常用 $Ox_ty_tz_t$ 表示,原点取在飞机重心或地球表面某一点,$Oz_t$ 轴沿地心与坐标原点连线并指向天顶,垂直于当地水平面,$Ox_t$ 轴和 $Oy_t$ 轴在当地水平面内,$Ox_t$ 轴指向东方,$Oy_t$ 轴指向北方,三轴共同构成右手坐标系,如图 3.1-4 所示。在惯导系统中,其原点在地球上的位置用经、纬度表示。

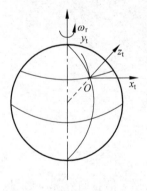

图 3.1-4　地理坐标系

4) 机体坐标系

机体坐标系常用 $Ox_cy_cz_c$ 表示,坐标系原点取在飞机重心,$Ox_c$ 轴沿飞机机体横轴向右,$Oy_c$ 轴沿飞机纵轴向前,$Oz_c$ 轴沿飞机立轴向上。机体坐标系固连于飞机,随飞机一起运动。

5) 平台坐标系

平台坐标系常用 $Ox_py_pz_p$ 表示,原点取在飞机重心,$Ox_py_p$ 平面在平台内,且互相垂直,$Oz_p$ 与平台垂直,指向上方。平台坐标系可以与地理坐标系重合,也可以在水平面内与地理坐标系成一定夹角。

6) 世界测地系

在 GPS 中使用的标准地球模型是 1984 年版的世界大地坐标系(WGS-84)。WGS-84 是协议地球坐标系的一种物理实现,其采用大地测量和地球物理联合会第 17 届大会推荐的大地测量常数,为地球提供了一个椭球模型,是目前世界上最高精度的全球大地测量参考系统。ECEF 坐标系是固定在 WGS-84 基准椭球上的,利用这个模型,可以计算出接收机在 ECEF 坐标系中的经度、纬度和高度。

**3. 导航元素**

通常将与飞机引导和定位有关的最基本参量称为导航元素。下面介绍几个主要导航元素。

(1) 方位角:以经线北端为基准,顺时针转到水平面上某方向线的角度。常用方位角包括电台方位、飞机磁方位和相对方位,如图 3.1-5 所示。

电台方位即地面信标台的磁方位角,它是以飞机所在位置的磁北方向为基准,顺时针转到飞机与地面信标台连线之间的夹角,这是从飞机观察地面信标台的方向。

飞机磁方位是以地面信标台所在位置的磁北方向为基准,顺时针转到地面信标台与飞机连线之间的夹角,这是从地面信标台观察飞机所在的方向。

相对方位是从飞机纵轴(飞机机头方向)顺时针转到地面信标台与飞机连线之间的夹角。

根据图 3.1-5 及上述角度定义,我们还可以得出如下结论:

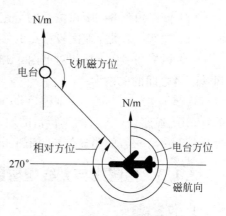

图 3.1-5　电台方位、飞机磁方位及相对方位

电台方位＝飞机磁航向＋相对方位

电台方位＝飞机磁方位＋180°

电台方位和飞机磁方位均与飞机磁航向无关,也就是说在相同的位置,飞机航向发生变化时,飞机上所测得的电台方位不发生变化。

(2) 航迹:飞机重心在地面投影点移动的轨迹,叫航迹,也称航迹线,如图 3.1-6 所示。

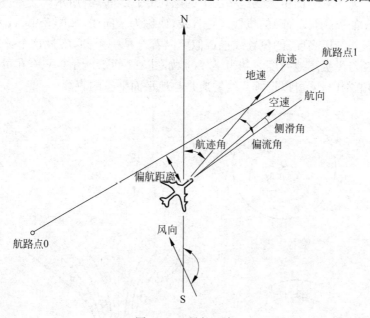

图 3.1-6　导航元素

(3) 航迹角:飞机经线北端顺时针转至航迹线的角度,如图 3.1-6 所示。

(4) 偏流角:航向线与航迹线之间的夹角。当飞机在飞行过程中遇到侧风时,飞机实际航迹会与飞机航向不一致,航迹线偏向航向的右侧称为正偏流角,反之为负偏流角,如图 3.1-6 所示。

(5) 偏航距离:从飞机实际位置到飞行航段两个航路点连线间的垂直距离,如图 3.1-6 所示。

(6) 空速:飞机相对于周围空气的运动速度,如图 3.1-6 所示。

（7）侧滑角：飞机所在位置的空速与飞机纵轴平面的夹角，如图 3.1-6 所示。

（8）地速：飞机在地面投影点的移动速度，即飞机相对于地面的水平运动速度。

（9）风速与风向：指相对地面，飞机当前位置处的大气运动速度和方向。空速、地速和风速三者之间的关系为

$$地速(V_G) = 空速(V_A) + 风速(V_W)$$

（10）航路点：飞机的飞行目的地、航路上可用于飞机改变航向、高度、速度等或向空中交通管制中心报告的明显位置，如图 3.1-6 所示。

### 3.1.3 位置线与无线电导航定位

#### 1. 位置线

在无线电导航中，通过机载无线电导航系统测得的无线电信号中某一电参量，如幅度、频率、相位、时间延迟等，可获得相应导航参量，如方向、高度、距离、距离差等，对接收点而言，某导航参量为定值的点的轨迹称为位置线。

机载无线电导航系统可获得的位置线有直线、圆、双曲线等。相应地，可以把导航系统划分为测向系统、测距系统及测距差系统。

测距系统（如 DME）的位置线是平面上的圆，如图 3.1-7(a) 所示。

测向系统（如 VOR、ADF）的位置线是直线，或称为径向线，如图 3.1-7(b) 所示。

测高系统（如气压高度）的位置线也近似可以看作是一个圆，不过这个圆是以地心为圆心、以地球半径与飞机离地高度之和为半径的，如图 3.1-7(c) 所示。只有在可以把地球表面看成是平面的范围内，才可以把等高线看成是与地平面平行的直线。

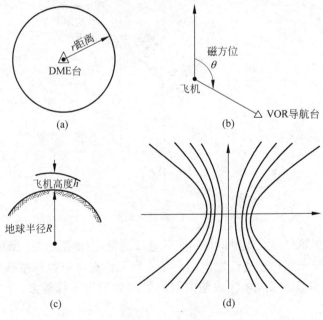

图 3.1-7 位置线

(a) 圆位置线；(b) 直线位置线；(c) 等高线；(d) 双曲线

测距差系统,如利用测距差原理工作的奥米伽导航系统、罗兰系统等,其位置线为双曲线,如图 3.1-7(d)所示。这类系统又可以称为双曲导航系统。

上述讨论是以接收点和发射点位于同一平面(如地平面,或平行于水平面的平面等)内为前提的。当接收点与发射点不在同一平面时,对应于某一导航参量值的接收点轨迹就不是平面中的位置线而是空间的位置面了。只有在飞行高度相对于距离来说可以忽略不计时,才能把位置面看成是位置线。

**2. 无线电导航定位**

根据以上讨论可知,必须利用平面中两条或两条以上位置线相交,才能确定飞机的具体位置点。

利用无线电测向、测距等系统测得导航参量的位置线可实现对飞机定位。按位置线的不同组合可分为 $\rho$-$\theta$ 定位、$\theta$-$\theta$ 定位、$\rho$-$\rho$ 或 $\rho$-$\rho$-$\rho$ 定位和双曲线定位等定位方法,这里的 $\rho$ 表示距离,$\theta$ 表示角度或方位。

1) $\rho$-$\theta$ 定位

采用测距系统(如 DME 系统)的圆位置线与测向系统(如 VOR 系统)的直线位置线相交的方法,可确定飞机的当前位置 $M$,该定位法称为 $\rho$-$\theta$ 定位,也称为极坐标定位,如图 3.1-8(a)所示。

2) $\theta$-$\theta$ 定位

由飞机测定对两个地面导航台(如两个 VOR 台)的方位,可获得两条直线位置线,其交点 $M$ 即为飞机的当前位置,如图 3.1-8(b)所示。

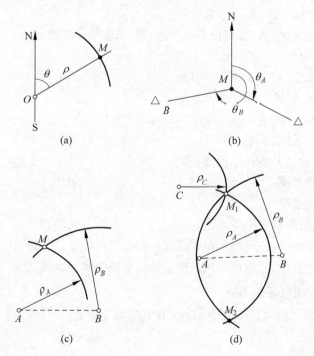

图 3.1-8 位置线定位法

(a) $\rho$-$\theta$ 定位;(b) $\theta$-$\theta$ 定位;(c) $\rho$-$\rho$ 定位;(d) $\rho$-$\rho$-$\rho$ 定位

3) $\rho$-$\rho$ 定位

由飞机测定到两个地面导航台(如两个 DME 台)的距离,可获得两个圆位置线,其交点 $M$ 为飞机当前位置,如图 3.1-8(c)所示。但两个圆位置线有两个交点时会出现定位双值,为此,采用 $\rho$-$\rho$-$\rho$ 系统,用三个地面台、三个圆位置线可确定飞机的唯一位置 $M_1$,如图 3.1-8(d)所示。

4) 双曲线定位

利用奥米伽导航系统(或罗兰系统等)测得一组两个导航台的距离差,得到一组双曲线位置线,同时再测出另一组导航台的距离差,得到另一组双曲线位置线,用其交点确定飞机的位置。现代飞机上已基本不采用此种定位方式。

**3. 无线电导航系统的分类**

1) 按测量电信号的不同参量分类

(1) 振幅式无线电导航系统;

(2) 频率式无线电导航系统;

(3) 脉冲(时间)式无线电导航系统。

(4) 相位式无线电导航系统;

(5) 混合式(如脉冲/相位式)无线电导航系统。

2) 按位置线的几何形状分类

(1) 直线位置线系统(测向系统,或测角系统);

(2) 圆位置线系统(测距系统);

(3) 双曲线位置线系统(测距差系统);

(4) 混合位置线系统(圆-直线位置线系统,圆-双曲线位置线系统)。

3) 按作用距离分类

(1) 近程导航系统(约为 100~500 km);

(2) 中程导航系统(约为 500~1000 km);

(3) 远程导航系统(约为 2000~3000 km);

(4) 超远程导航系统(大于 1 万 km)。

4) 按系统中机载设备的独立程度分类

(1) 他备式导航系统;

(2) 自备式导航系统。

5) 按飞机的飞行阶段分类

(1) 航路导航系统(保证飞机在预定航线上安全飞行的导航系统);

(2) 终端区域导航系统(保证飞机进近引导和着陆的导航系统)。

**4. 常用航空无线电导航系统**

目前民航应用较广的飞机无线电导航系统和设备主要有:

(1) 自动定向机;

(2) 甚高频全向信标;

(3) 仪表着陆系统,包括航向信标(LOC)、下滑信标(GS)和指点信标(MB);

(4) 测距机;

（5）无线电高度表；

（6）气象雷达系统；

（7）全球定位系统；

（8）空中交通管制系统；

（9）空中交通咨询与防撞系统；

（10）近地警告系统等。

### 3.1.4　新型导航方式概述

#### 1. 区域导航

航空器的传统导航方式是在飞行航线上有若干航路点，安装在航路点的各种导航设备用以引导飞机沿航路点飞行，飞行程序和航线规划受到导航台的制约。随航班需求量不断攀升，飞行航线不断增加，航路点增多的状况，有的地区航路点地域环境不适合安装地面导航设备，而适合安装地面导航设备的地点又不在航路点上。为此，采用航路点以外的导航设备，实现在该区域内引导飞机沿航路点飞行，即为区域导航（RNAV）。

RNAV 是允许航空器在导航信号覆盖范围之内，或在机载自备导航设备工作范围内，或二者组合，沿任意期望航迹飞行的一种导航方式，即 RNAV 系统能够使用多种导航源信号来自动确定航空器位置，建立期望的飞行航迹。使用多种地面信标设备完成区域导航任务，现代民用飞机已普遍采用以 VOR/DME 为基础的区域导航系统，即 VOR/DME RNAV 系统。

1）VOR/DME RNAV 基本原理

通过连续测得飞机到 VOR/DME 地面信标台的方位和距离信息，从而获得飞往某个确定航路点的航向和距离。它可归结为连续地求解如图 3.1-9 所示的由 VOR/DME 与飞机所构成的 RNAV 三角形。

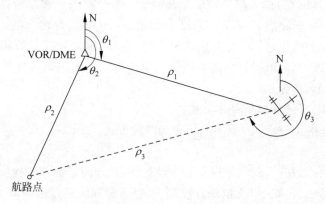

图 3.1-9　以 VOR/DME 为基础的 RNAV 三角形

假定以磁北（N）方向作为角度关系基准方向，则 RNAV 三角形各边与角度关系如下：

$\rho_1$ 表示 VOR/DME 地面信标台与飞机之间的距离；

$\theta_1$ 表示飞机相对 VOR/DME 地面信标台的磁方位；

$\rho_2$ 表示 VOR/DME 地面信标台与航路点之间的距离；

$\theta_2$ 表示航路点位于 VOR/DME 地面信标台的磁方位；

$\rho_3$ 表示飞机与航路点之间的距离；

$\theta_3$ 表示航路点相对飞机的磁方位。

其中 $\rho_1$、$\theta_1$ 可通过 VOR/DME 地面信标获取,为已知量;且对某个特定的航路点来说,$\rho_2$、$\theta_2$ 为已知量,可由驾驶员输入导航计算机或从导航计算机数据库中调用。这样,RNAV 三角形两边($\rho_1$、$\rho_2$)及其夹角($\theta_1$、$\theta_2$)为已知,根据正、余弦定理可求得 $\rho_3$ 和 $\theta_3$,即飞机相对航路点的距离和磁方位(航迹角),飞机可按此数据直接飞向航路点,而不必经过 VOR/DME 信标台上空,完成对飞机的导航引导。

2) RNAV 系统框图

图 3.1-10 为典型的 RNAV 系统框图。它由导航计算机、VOR 接收机、DME 询问器、中央大气数据计算机、控制显示单元、水平姿态指示器和自动驾驶侧滚通道所组成。导航计算机是 RNAV 系统的核心,其基本任务是接收导航传感器送来的导航信息,包括来自 VOR 接收机的方位和 DME 询问器的斜距,以及来自中央大气数据计算机的气压高度,并按预编的程序连续地求解 RNAV 三角形,得到飞往某个航路点的航迹,包括距离和磁方位。

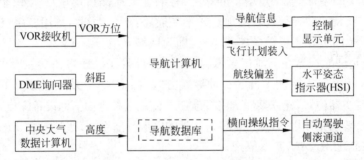

图 3.1-10　典型的 RNAV 系统框图

存储在导航计算机内的导航数据库中包含实现 RNAV 导航所需的城市之间的航线、导航设备(VOR/DME 信标)及航路点的全部信息。每个航路点参数包括:经度和纬度、高度、导航设备的频率、航路点到 VOR/DME 地面信标台的距离及磁方位。

控制显示单元的作用是:将有关信息(如飞行计划)输入导航计算机;显示导航信息。在某些 RNAV 系统中,导航计算机还可给航线偏差指示器发送航线偏差信号,同时给自动驾驶仪发送横向操纵指令。

3) VOR/DME 区域导航的基本方式

按 DME 系统在 RNAV 中的作用,可分为两种方式。

(1) $\rho$-$\theta$ 方式

如图 3.1-9 所示,在由飞机、航路点和 VOR/DME 地面信标台所构成的 RNAV 三角形中,通过测量 $\rho$(DME 距离)、$\theta$(飞机磁方位)来求得飞机到航路点的距离和航向或航迹角的导航解算方式,称为区域导航的 $\rho$-$\theta$ 方式。

(2) $\rho$-$\rho$ 方式

$\rho$-$\rho$ 方式是利用两个地面 DME 信标台的距离信息来实现区域导航的另一种方式,如图 3.1-11 所示。此种方式的导航数据库应能提供每个航路点及两个导航设备(DME)参数,它比 $\rho$-$\theta$ 方式导航定位精度高。

4) VOR/DME 区域导航的主要优点

基于 VOR/DME 的 RNAV 系统具有以下优点:

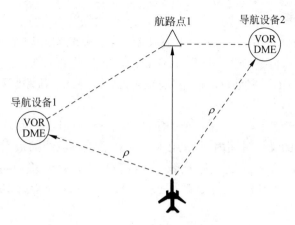

图 3.1-11　$\rho$-$\rho$ 方式区域导航

（1）成本低。

由于 VOR/DME RNAV 系统地面设备简单，而且可提供直线航线，它与其他许多 RNAV 系统相比较具有成本低廉的明显优点。

（2）地面导航台的设置可不受地域环境限制，并能够在 VOR/DME 覆盖范围内设置多个航路点提供多航线导航。

（3）精度高。

由于 VOR/DME RNAV 系统的机载设备采用了数字电子技术和计算机控制，再加上采用适当的 RNAV 方式，可使导航精度和可靠性大为提高。

新一代 700 系列 DME 询问器具有频扫功能，它可报告多达 5 个 DME 地面信标台距离信息。所以 RNAV 计算机就可以选择具有最好角度的两个 DME 台距离信息来进行数学计算，获得满意的航向、距离和现在位置的计算结果，从而提高导航精度。图 3.1-12 所示为利用具有频扫功能 DME 的 RNAV 系统示意图。

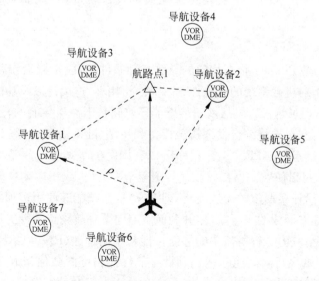

图 3.1-12　利用频扫 DME 的 RNAV 示意图

### 2. 所需导航性能

所需导航性能(RNP)是一种精密导航技术,由未来航空导航系统(FANS)委员会在20世纪90年代初向国际民航组织(ICAO)提出,1994年ICAO正式颁布RNP手册,对RNP进行了定义和规范。它是目前航空发达国家竞相研究的新课题和国际民航界公认的未来导航发展趋势。

ICAO将RNP定义为:飞机在一个确定的航路、空域或区域内运行时所需的导航性能精度,即在95%以上的飞行时间内,飞机必须处于所需飞行航线的最大距离误差范围内,用RNP-X(X为海里值)表示。最大距离误差由三种类型的误差组成,即航迹定义误差(PDE)、飞行技术误差(FTE)和导航系统误差(NSE),三种误差之和称为全部系统误差(TSE),如图3.1-13所示。

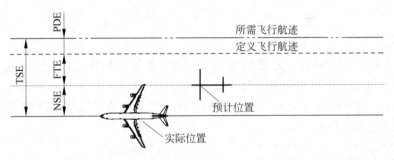

图 3.1-13　水平航迹误差

RNP改变了以往对机载导航设备的管理模式,通过对航路空域内的运行要求来确定所需的导航性能水平,而非依据特定机载导航系统的性能和能力。与传统运行相比,飞行员不必依赖地面导航设施即能沿着精准定位的航迹飞行,降低了气象等级要求,提升了全天候运行能力,提高了飞行安全水平,这尤其对于地形复杂、气候多变的高原机场具有重大意义。此外,使用RNP导航还可以实现更加灵活的飞行轨迹,有效缩短飞行距离,节省燃油成本。

### 3. 基于性能的导航

基于性能的导航(PBN)是指在相应的导航基础条件下,航空器沿航路及仪表飞行程序在指定空域飞行时,对机载系统的精确性、完好性、可用性、连续性以及功能等方面的性能要求。PBN的引入体现了航行方式从基于传感器导航到基于性能导航的转变。在PBN技术背景下,航空器定位和引导将综合发挥机载设备和星基、陆基设备的导航能力,使航空器可以沿任意期望的航迹运行。PBN飞行程序可以利用两类基本导航规范:区域导航和所需导航性能。RNAV可以使航空器在导航信号覆盖范围之内,或在机载自备导航设备工作范围内,或二者组合,沿任意期望的航迹飞行,即RNAV系统能够使用多种导航源信号来自动确定航空器位置,建立期望的飞行航迹,并为航空器向下一航路点飞行提供航迹引导。所需导航性能是对指定空域内运行所需要的导航性能精度的描述(RNP类型)。RNP数值根据航空器至少有95%的飞行时间能够达到预计导航性能精度的数值来确定,与RNAV概念结合,能够提高导航精度和运行安全水平。RNP系统不仅对航空器机载导航设备有要求,对支持相应RNP类型空域的导航设施精度也有一定要求。

## 3.2 自动定向机

### 3.2.1 概述

自动定向机(ADF),也称为无线电罗盘,它是最早用于飞机导航的无线电设备。它通过接收地面各地的民用中波无线电广播电台或专用地面导航台 NDB(无方向信标台)的信号来实现对飞机的导航引导,具有结构简单、可靠、使用方便等特点,所以,至今仍为各种飞机必备的一种无线电导航设备。

自动定向机利用具有方向性的环形天线进行定向,早期的定向机采用人工旋转环形天线的办法定向,随着科学技术发展逐渐演变为现代的机载自动定向机系统。

地面导航台 NDB 是中波导航信标发射台,向空间全方位发射无线电信号(频率范围为190～550 kHz)。地面无方向性信标台发射天线是一个 70 m 长、架在两个高 20 m 塔上的T 形天线,如图 3.2-1 所示。不同导航台发射不同的莫尔斯识别信号(由两个英文字母组成),识别信号以等幅报或调幅报方式发射,调制频率为 1020 Hz。

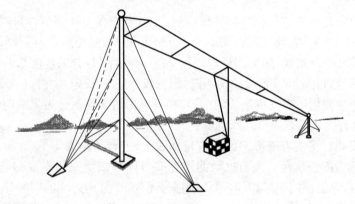

图 3.2-1 NDB 导航台发射天线

地面 NDB 台可根据其设备安装位置的不同分为航线导航台和双归航台两大类,航线导航台安装在航路上,可用于对飞机的航线引导、归航或飞机定位;双归航台安装在跑道中心线的延长线上,用于引导飞机进场着陆。

在现代飞机上,一般都装有两部自动定向机系统,它们在使用中可分别调在两个不同方位的导航台上,两个定向机的指针则装在同一个仪表内,分别指出各自相应电台的相对方位角。常用仪表为无线电数字距离磁指示器(RDDMI)和导航显示器(ND),它把飞机磁航向(磁罗盘)综合在同一个仪表中,以罗牌的形式指示。定向机方位指针相对于罗牌的读数即为电台的方位角,从而更加方便地测定飞机在地理上的位置。

**1. ADF 系统的主要功能**

机载 ADF 系统通过接收地面台信号,可以实现以下功能。

(1) 测量飞机纵轴方向(航向)到地面导航台(或中波电台)的相对方位角。

(2) 利用 ADF 测量相对方位角的变化判断飞机飞越导航台的时间。

(3) 当飞机飞越导航台后,可利用 ADF 方位指示保持飞机沿预定航线背台飞行。在向台或背台飞行时,还可以求出偏流修正航迹。

(4) 驾驶员利用"向/背"台飞行,还可操作飞机切入预定航线。同时,可进行穿云着陆和在机场上空作等待飞行。

(5) 可对飞机进行空中定位测量。因为现在飞机上一般都装有两套 ADF 机载系统,将它们分别调谐在两个不同方位的地面导航台或广播电台频率上,可分别测出两个台的相对方位角,即可得到两条直线位置线,其交点便是飞机位置(可看作 $\theta$-$\theta$ 定位)。

(6) 可接收中波民用广播电台信号,用于定向或收听广播使用。还可收听 500 kHz 的遇险信号(ADF-700 自动定向机可收听 2182 kHz 的另一海岸遇险信号),以确定遇险方位。

**2. 自动定向系统的组成**

自动定向系统由机载自动定向机系统和地面信标台组成。

1) 地面信标台

地面信标台由中波导航发射机、天线和一些辅助设备组成,它向空中全方位地发射无线电信号,故称为无方向信标台。

根据地面设备安装位置和用途的不同,可分为航线导航台和双归航台两大类。

(1) 航线导航台

航线导航台安装在航站和航线的某些检查点上,工作在 190~550 kHz 频率范围内,发射功率为 400~1000 W,有效作用距离不小于 150 km。不同导航台有不同的识别信号,识别信号由两个英文字母组成,用莫尔斯电码以 20~30 个字母/分的速度拍发,通常用等幅报方式发射识别信号,每隔 45 s 连续拍发两遍,跟着发 30 s 一长划,供机载 ADF 识别。

航线导航台主要用于对飞机航线的引导,还可利用两个导航台为飞机定位。

(2) 双归航台

双归航台安装在飞机着陆方向的跑道延长线上,近台离跑道头 1000 m,远台离跑道头 4000 m,因此,称为双归航台。大型机场跑道着陆方向两端均安装有双归航台,所以,也叫做双向双归航台,它们使用频率相同,但识别信号不同,而且两边不能同时开放。

双归航台的使用频率与航线导航台相同,但远、近台使用的频率间隔不能小于 15 kHz,以保证机载 ADF 的工作不受干扰。

远台识别信号由两个英文字母组成,而近台识别信号用远台识别信号头一个字母,它们均采用莫尔斯电码,以 20~30 个字母/分的速度、相同的间隔每分钟拍发 6 遍。

远台和近台都要以调幅报方式发射识别信号,调制频率为 1020 Hz。因为调幅报方式下高频波是连续发射的,这可以防止在拍发识别信号过程中引起机载 ADF 指示器指针的摆动。同时,要求远归航台能够发话,以便当飞机通信系统故障时,驾驶员可通过 ADF 来接收地面指挥信号。

双归航台是用于辅助引导飞机着陆的导航台,它可引导飞机进场,完成机动飞行和保持着陆航向,同时,还可在夜间或气象条件很坏的白天,通过机载 ADF 引导飞机对准跑道,安全地下降到一定高度(如 50 m)穿出云层,再目视着陆。远台还兼做航线导航台。在远、近台位一般配有指点信标台。

2) 机载自动定向机系统

机载自动定向机系统一般由自动定向接收机、控制盒、方位指示器、环形天线和垂直天线或组合型环形/垂直天线等组成,如图 3.2-2 所示。

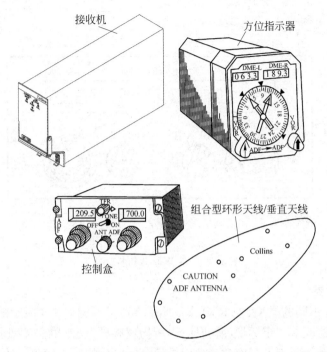

图 3.2-2　机载 ADF 系统组成

（1）自动定向接收机

自动定向接收机主要用来接收和处理环形天线和垂直天线收到的地面导航台信号,将处理后的方位信息送至无线电磁指示器(RMI)或 ND 指示器等,显示出飞机与地面台的相对方位角,并分离出地面台的识别信号,送至飞机的音频系统。自动定向接收机不仅可接收地面 NDB 台的信号,还可接收中波民用广播电台和商用电台的信号做普通收音机使用,也可利用这些电台为飞机定向。

现代自动定向接收机是一个普通二次变频的超外差接收机,能够接收 190~1750 kHz范围内的信号,采用频率合成等技术,直接以二-十进制(BCD)编码和 ARINC429 数据总线调谐方式,采用组合式(环形/垂直)天线或固定环形天线测角器电路,采用正余弦调制的方位信息处理电路和监控电路等新型自动定向接收机。其中,监控电路主要用来监视接收机信号是否有效,接收机本身工作状态是否正常,如在 ADF-700 接收机面板上按下 TEST 测试按钮,那么,面板上三个监视灯就可指示接收机工作正常(绿色 PASS 灯亮),如不正常,则红色 FAIL 灯亮,当控制输入部分有故障时,则另一个红色 FAIL 灯亮。

（2）控制盒

控制盒又称为控制板,可用来选择接收机的工作频率和工作方式,如图 3.2-3 所示。

由控制盒选择 190~1750 kHz 的工作频率,接收机的调谐可以采用五中取二法或采用编码和数据总线选频调谐法。新型自动定向接收机采用数字式调谐,可预调飞行中所需的各导航台频率,输入到飞行管理计算机(FMC)中,飞行中由 FMC 控制可自动转换到所需的频率上。

工作方式的选择一般有关闭(OFF)方式、天线(ANT)方式、自动定向(ADF)方式和测试(TEST)方式等。

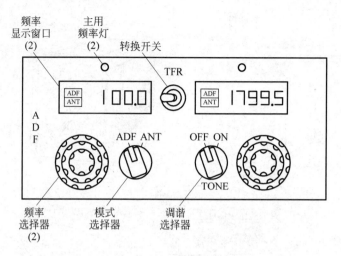

图 3.2-3　ADF 接收机控制板

(3) 方位指示器

指示器有几种不同的类型,如 RMI、RDDMI、ND 等。图 3.2-4 所示的为 RDDMI 指示器显示情况,指示器顶端固定标记(航向标记)所指罗牌(可转动的刻度盘)的刻度为飞机磁航向,指示器指针指示罗牌上刻度数为地面导航台(电台)的磁方位角,机载自动定向机所测的方位角就是指示器的航向标记与指针方向的夹角,即飞机与地面台的相对方位角。

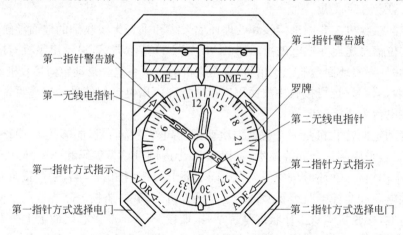

图 3.2-4　RDDMI 指示器

在 EFIS 控制板上选择 APP(ILS)、VOR 和 MAP 方式,ADF 信息显示在 ND 上,显示方式可以是扩展模式或者中心模式,第一部 ADF 接收机解算的方位信息采用短箭头显示或者单箭头显示,第二部 ADF 接收机采用长箭头显示或者双箭头显示。若接收机接收信号太弱或者出现故障,则会出现琥珀色警告旗,如图 3.2-5 所示。

(4) 天线

自动定向机工作时需要两种天线。一种是无方向性的,称为垂直天线或辨向天线,其接收信号用来调谐接收机,并与环形天线接收的信号叠加,为定向机提供单值定向;另一种是有方向性的,称为环形天线,用来提供方位信息。这两种天线都工作在 190~1750 kHz 频

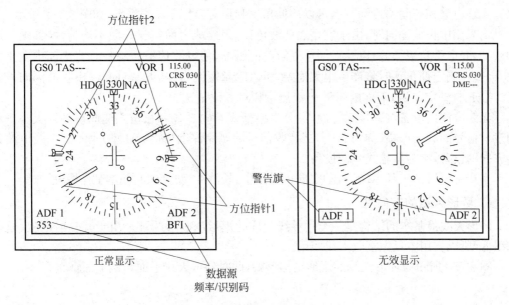

图 3.2-5　ND 上的 ADF 指示器

率范围内。

　　环形天线结构从早期人工旋转或电动机带动旋转的较大线环,发展到今天的环状,它是一种将多匝线环绕在高导磁率铁氧体上所构成的两个正交的环形天线。它与飞机机身平齐安装,且固定在飞机纵轴中心线上,其中正弦环形天线与飞机纵轴垂直,飞机对准地面台时,接收信号最小;余弦环形天线与飞机横轴垂直,飞机对准地面台时,接收信号最大。有的定向机还需要一个感受方位信息的转子线圈(测角器),如 51Y-7 型定向机,而新型自动定向机系统(如 ADF-700 系列)则取消了任何转动部件。

　　早期飞机上的垂直天线是一根单独安装在机身外部的鞭状天线,新型自动定向机系统(如 ADF-700 系列)将垂直天线与环形天线组合在一起构成组合型天线,其外形如图 3.2-6 所示。

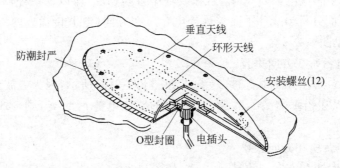

图 3.2-6　ADF-700 自动定向机天线

## 3.2.2　自动定向原理

　　利用无线电技术确定空间目标(如飞机)相对于地面导航台的角度坐标,实际上是通过确定发射或接收无线电波传播方向来确定的。

无线电波在空间的传播方向可以用仰角 $\gamma$ 和相对方位角 $\theta$ 来表示,如图 3.2-7 所示。

当采用中长波测向时,由于它是表面波传播,因地球表面空气介质不均匀性(如随高度的增加,介电系数减小等)以及上层空气游离的影响,使电波传播轨道在垂直平面内发生弯曲,因此在确定仰角 $\gamma$ 时将产生很大误差,所以除超短波(直达波)定向外,中长波测向设备(如 ADF 自动定向机)不测量仰角 $\gamma$,而测量相对方位角 $\theta$。

无线电测向设备按其技术特性,可分为振幅式测向设备和相位式测向设备两大类。利用发射信号的载波振幅(称为 $E$ 型)或接收信号的调制深度(称为 $M$ 型)来测定无线电波传播方向的设备,称为振幅式测向设备。

本章主要讨论机载 ADF 自动定向机采用中、长波 $M$ 型测向的基本工作原理。

**1. 环形天线的方向性**

环形天线最基本的结构是一个用导线制成的矩形或圆形线环。由于其辐射电阻、效率都很低,所以实用中只做接收天线使用。

图 3.2-8 所示为环形天线的矩形结构形式,此时环形天线平面与地平面垂直。

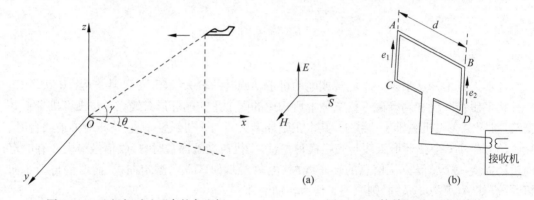

图 3.2-7　飞机相对地面台的角坐标　　　　图 3.2-8　简单矩形环形天线

由远处传来的电波为垂直极化波,电场分量与铅垂边平行,所以电波只能在 $AC$ 和 $BD$ 两个铅垂边上产生感应电势 $e_1$ 和 $e_2$,且在线环中方向相反,所以在线环输出端的合成电势 $e_合 = e_1 - e_2$。下面分析当线环平面与远处电台所在方向(电波传播方向)成不同角度时合成电势的大小(见图 3.2-9)。

1) 线环与电台所在方向垂直

当线环与电台所在方向垂直时,$\theta = 90°$,如图 3.2-9(a)所示,因为电波到达两个铅垂边的行程相等,所以在铅垂边 $AC$ 与 $BD$ 上产生的感应电势 $e_1 = e_2$,则合成感应电势 $e_合 = e_1 - e_2 = 0$。

2) 线环与电台所在方向一致

当线环与电台所在方向一致时,$\theta = 0°$,如图 3.2-9(b)所示,电波先到达铅垂边 $AC$,产生感应电势 $e_1$,后到达铅垂边 $BD$,产生感应电势 $e_2$,且 $e_1$ 超前 $e_2$ 相角 $\varphi$。$\varphi$ 的大小取决于两个铅垂边间距离 $d$,即电波传播的行程差,此时行程差 $d$ 最大,相角 $\varphi$ 也最大,而合成感应电势也为最大。

3) 线环与电台所在方向成 $\theta$ 角

当线环与电台所在方向成 $\theta$ 角,且 $\theta$ 不等于 $0°$、$90°$、$180°$、$270°$,如图 3.2-9(c)所示,电波

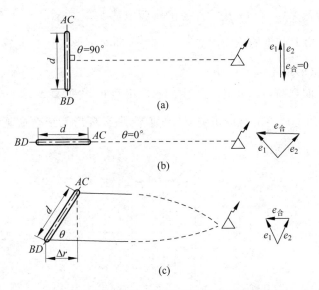

图 3.2-9　不同来波方向时产生的合成感应电势

先到达 $AC$ 边产生电势 $e_1$，后到达 $BD$ 边产生电势 $e_2$，由于电波传播的行程差为 $\Delta\gamma = d\cos\theta$，所以 $\cos\theta$ 称为环形天线的方向性因数。

从以上分析可知，电波来向与环形天线平面所成角度 $\theta$ 为 90°、270°时，合成电势 $e_合$ 为零，而当 $\theta$ 在 0°～90°之间时，合成电势 $e_合$ 在零与最大值之间，且按余弦规律变化。如图 3.2-10 所示，环形天线的方向性图为"8"字形。

当电波从环形天线零接收方向（90°、270°）左侧或右侧来时，环形天线合成感应电势反相 180°，如图 3.2-10 所示，用"＋""－"号标出。

### 2. 心脏形方向性图

环形天线具有"8"字形的方向性，也就是说，当相同场强的电波从不同方向传来时，被环形天线接收所产生的合成感应电势大小不同。在 90°、270°上接收的合成电势为零，而且在零点附近场强变化最敏感，可以用于定向。但是在 0°～360°方位上出现两个零点，造成定向的双值性。为实现单值定向，还必须加入无方向性垂直天线（辨向天线）。将环形天线产

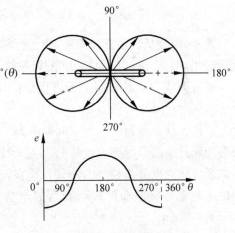

图 3.2-10　环形天线方向性图

生的合成感应电势与垂直天线产生的感应电势叠加在一起，形成新的合成电势 $e_T$。

为了实现环形天线合成感应电势与垂直天线感应电势的叠加，应首先分析两个感应电势之间的相位关系。因为环形天线合成电势大小与电波传播行程差有关，所以新的合成电势 $e_T$ 也必然与电波传播行程差有关。因此，环形天线与垂直天线之间的位置关系将决定两个感应电势的相位关系。

设垂直天线位于环形天线线环的中间位置，如图 3.2-11(a)所示。

如电波从 $A$ 方向来时,在 $ac$ 边上产生的感应电势 $e_1$ 比垂直天线上产生的感应电势 $e_s$ 超前 $\frac{\varphi}{2}$,$e_s$ 又比 $bd$ 边上产生的感应电势 $e_2$ 超前 $\frac{\varphi}{2}$,那么环形天线合成感应电势 $e_L$ 比 $e_s$ 超前 $90°$,如图 3.2-11(b)所示。

如电波从 $B$ 方向来时,在 $bd$ 边上产生的感应电势 $e_2$ 比垂直天线上产生的感应电势 $e_s$ 超前 $\frac{\varphi}{2}$,$e_s$ 又比 $ac$ 边上产生的感应电势 $e_1$ 超前 $\frac{\varphi}{2}$,那么环形天线合成感应电势 $e_L$ 比 $e_s$ 落后 $90°$,如图 3.2-11(c)所示。

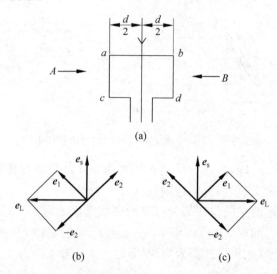

图 3.2-11　环形天线合成感应电势与垂直天线感应电势的相位关系

此外,电波从其他方向来时,由于行程差的不同,使 $\varphi$ 角减小,环形天线合成感应电势的幅度减小,但 $e_L$ 与 $e_s$ 仍保持 $90°$ 的相位差。

垂直天线在赤道面上是无方向性的,其方向性图为一个圆。规定其产生的感应电势 $e_s=1$。

环形天线在赤道面上的方向性图为一个"8"字形,其合成感应电势 $e_L=K\cos\theta$,又因为环形天线产生的合成感应电势与垂直天线产生的感应电势相位差为 $90°$,则将环形天线产生的合成感应电势移相 $90°$,使其与垂直天线产生的感应电势同相或反相,再与垂直天线产生的感应电势叠加而形成组合合成电势 $e_T$,表示为

$$e_T = e_s + e_L = 1 \pm K\cos\theta$$

假设 $e_s$ 与 $e_L$ 同相,则 $e_T=1+K\cos\theta$,当 $K=1$ 时,$e_T=1+\cos\theta$ 为一心脏形曲线,如图 3.2-12 所示。

假如 $e_s$ 与 $e_L$ 反相,则 $e_T=1-K\cos\theta$,当 $K=1$ 时,$e_T=1-\cos\theta$ 也为一心脏形曲线,不过与图 3.2-12 的实线心脏形相反(差 $180°$),如虚线所示的心脏形曲线。

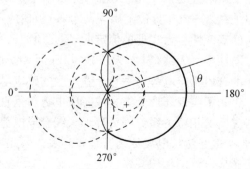

图 3.2-12　组合方向性图

### 3. 旋转环形天线移相式自动定向

环形天线与垂直天线的组合合成感应电势振幅表达式为

$$e_T = 1 + K\cos\theta$$

为了使环形天线平面的法线方向与飞机纵轴一致(即环形天线在飞机上安装的实际情况),令 $\vartheta = 90° - \theta$,那么

$$e_T = 1 + K\sin\vartheta$$

其方向性图为图 3.2-13 所示心脏形图,与图 3.2-12 所示方向性图相同,只是将坐标移动了 90°。

自动定向机并不是以心脏形方向性图的零点作为定向零点,而是以环形天线"8"字形方向性图的零点作为定向零点,也称哑点。这样就必须用一个低频调制信号(如 50 Hz 信号)使环形天线信号周期性地改变 180°,也就是当 50 Hz 信号的半周如图 3.2-13 所示右"＋"左"－"时,合成实线心脏形方向性图;而在 50 Hz 信号另一半周时,为左⊕右⊖,合成虚线心脏形方向性图。

那么,电波从任意方向传来时,接收机所接收到的组合感应电势的振幅将在下述两个值上按 50 Hz 的规律阶跃地变化:

$$e_{T1} = 1 + K\sin\vartheta$$
$$e_{T2} = 1 - K\sin\vartheta$$

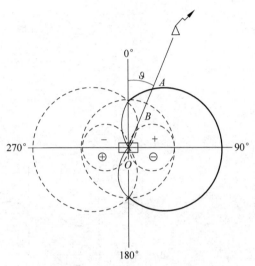

图 3.2-13　M 型定向的方向性图

例如,电波从图 3.2-13 所示的电台方向传来时,在 50 Hz 的一个半周,接收的组合感应电势为 OA,而在 50 Hz 的另一半周,接收的组合感应电势为 OB。实际上,地面电台传来的等幅高频信号(中、长波信号)被接收机接收后所形成的组合感应电势变成一个以 M 为调制系数的调幅波,其中

$$M = \frac{\frac{1}{2} \times (e_{T1} - e_{T2})}{\frac{1}{2} \times (e_{T1} + e_{T2})} = K\sin\vartheta$$

从上式可以看出:

当环形天线平面对准地面台时,即 $\vartheta = 0°$, $\sin\vartheta = 0$, $M = 0$;

当 $\vartheta = 90°$ 时, $\sin\vartheta = 1$, $M = K$(最大);

当 $0 < \vartheta < 90°$(在其中一个象限时), $0 < M < K$。

可见当电波从不同方向传来时($\vartheta$ 不同),则接收的组合感应电势调制系数 M 不同(在 0 与最大值 K 之间变化),说明调制系数 M 是飞机与地面台相对方位角 $\vartheta$ 的函数,即

$$M = f(\vartheta)$$

利用测定调制系数 M 的方法来定向的方式也称为振幅式 M 型定向。其方位辨别方法及工作原理可由图 3.2-14 及图 3.2-15 所示的简单框图及波形图说明。

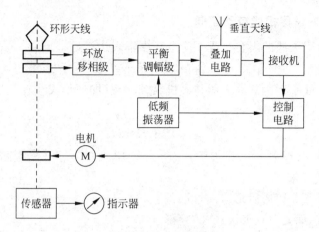

图 3.2-14　M 型定向的简单框图

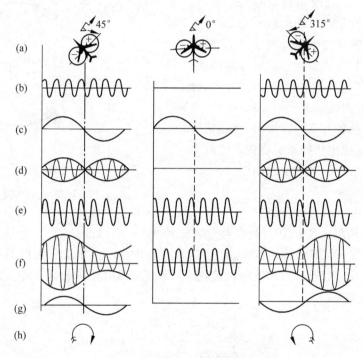

图 3.2-15　M 型定向的波形图

（a）飞机相对于电台的角度；（b）环形天线的电压；（c）低频振荡电压；（d）平衡调幅器的输出电压；
（e）垂直天线的电压；（f）叠加后的调幅信号电压；（g）电动机的控制电压；（h）环形天线和指示器的转向

### 1）电波从飞机左方传来时

被环形天线接收的信号首先经放大和移相 $90°$，以使环形天线产生的感应电势振幅 $e_L$ 与垂直天线产生的感应电势振幅 $e_s$ 相等（$K=1$），且使两感应电势同相（或反相）。再由平衡调幅器产生 50 Hz 低频信号对移相后的环形天线信号进行调制，即使其周期地换相 $180°$。如果 50 Hz 信号前半周平衡调幅器输至叠加电路的高频信号与垂直天线信号同相，那么 50 Hz 信号的后半周时间内，两高频信号反相，从而使叠加电路内组合合成信号变为具有低频（50 Hz）振幅调制的信号，该信号调制系数 M 为方位角 $\vartheta$ 的函数。经过放大、检波后,将低频 50 Hz 信号加至控制级,音频识别信号由控制级送至耳机,同时控制级接收 50 Hz 低频振荡器加来的 50 Hz 信号,与检波输出的 50 Hz 信号进行比相,其结果是控制电机转动并带动环形天线向左旋转,使其环面法线对准地面台来波方向,同时带动指示器指针指向相应 $\vartheta$ 角。

2)电波从飞机右方传来时

这种情况与电波从飞机左方传来时的情况基本相同,只是环形天线的高频信号相位与前者反相 180°。因此经接收机移相、换相、叠加及检波后得到低频 50 Hz 信号也与前者反相 180°,在控制级中与 50 Hz 低频振荡信号的比相结果与前者也反相 180°。所以控制电机带动环形天线及指示器指针转至对准地面台来波方向。

3)电波从飞机正前方来时

此时环形天线平面法线方向与飞机纵轴一致,环形天线合成感应电势为零,只有垂直天线接收信号,所以电机不转动,环形天线也不转动,指示器指针所指位置即表示飞机航向与地面台的相对方位角。此时自动定向机只输出地面台的音频识别信号。

综上所述,只要调制系数 $M \neq 0$,就会控制电机带动环形天线转动,最终使环形天线平面法线对准地面台的来波方向,使 $M=0$ 而稳定。但从图 3.2-13 来看,使 $M$ 为零的点有两个,二者相差 180°,那么电机能否带动环形天线及指示器指针停在与地面来波方向的相反方向上呢?回答是否定的。因为由于噪声等原因不可能使环形天线准确地停留在 $M$ 为零的方向上,一般允许环形天线有 ±2° 的摆动。当环形天线向左摆动时,电机必然带动环形天线向右旋转;当环形天线摆向右方时,电机又使环形天线向左回转,也就是环形天线及指示器指针始终围绕着对准地面台来波方向摆动,该 $M$ 为零的点称做稳定定向点。而在另一个 $M$ 为零的方向上(与前者相差 180°),只要环形天线摆动稍微偏离 $M$ 为零的点,由于环形天线接收的高频信号的相位不同,将使电机带动环形天线向左或向右转至稳定定向点。该点称为不稳定定向点,这就是此种定向的单值性。

### 4. 固定环形天线式自动定向

新式自动定向机将两个正交的环形天线固定在飞机上,取消测角器和任何转动部件。其定向的基本原理如下:

纵向(正弦)环形天线与横向(余弦)环形天线接收的信号分别被低频(如 96 Hz)调制信号调幅,两个调制信号相位相差 90°。经调制后的两个信号合成后产生一个组合调制信号。这个组合调制信号与低频(96 Hz)调制信号的相位差与飞机至地面电台的相对方位成正比,但存在 0° 和 180° 两个定向点,即可能产生 180° 定向误差。当组合调制信号与垂直天线信号叠加后,则可消除错误定向点,其叠加信号的外包络相位即包含有相对方位信息。经接收机相干检波后输出外包络复合音频(含有 96 Hz 方位信息),再由微处理器采用相关技术与低频(96Hz)调制信号进行比相,以确定飞机与地面电台的相对方位。

下面根据接收信号在接收机内各点的相位解析说明这种最新式自动定向的基本原理。

图 3.2-16 所示为自动定向机的方位解算框图。组合型环形/垂直天线的纵向(正弦)环形天线和横向(余弦)环形天线接收地面电台信号加至各自平衡调制器的信号电压分别用 $V_1$ 和 $V_2$ 表示:

$$V_1 = A\sin\theta\cos\omega_c t$$

$$V_2 = A\cos\theta\cos\omega_c t$$

式中,$A$——信号电压的幅值;

$\theta$——飞机与地面电台的相对方位角;

$\omega_c$——接收地面电台信号的载波角频率(如 190~1750 kHz)。

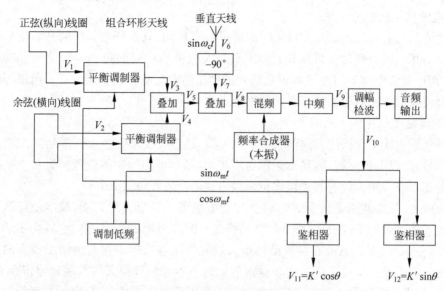

图 3.2-16　方位解算框图

两个平衡调制器分别受低频 $\omega_m$(如 96 Hz)正弦和余弦调制信号的调制,经调制后的输出信号分别为 $V_3$ 和 $V_4$:

$$V_3 = V_1\sin\omega_m t = A\sin\theta\cos\omega_c t\sin\omega_m t$$

$$V_4 = V_2\cos\omega_m t = A\cos\theta\cos\omega_c t\cos\omega_m t$$

将 $V_3$ 和 $V_4$ 合成后可得到组合调制信号 $V_5$:

$$V_5 = V_3 + V_4 = A\cos\omega_c t(\sin\theta\sin\omega_m t + \cos\theta\cos\omega_m t) = A\cos\omega_c t\cos(\omega_m t - \theta)$$

从上式中可见,组合调制信号 $V_5$ 是一个包含相对方位角 $\theta$ 的函数。垂直天线接收的信号及将其移相 90°后的输出信号分别为 $V_6$ 和 $V_7$:

$$V_6 = B\sin\omega_c t$$

$$V_7 = B\cos\omega_c t$$

将移相后的垂直天线信号 $V_7$ 与组合调制信号 $V_5$ 叠加,得到 $V_8$:

$$V_8 = V_5 + V_7 = A\cos\omega_c t\cos(\omega_m t - \theta) + B\cos\omega_c t$$

$$= B\cos\omega_c t[1 + A/B\cos(\omega_m t - \theta)]$$

$V_8$ 可视为以低频 $\omega_m$(如 96 Hz)调制的调幅波信号,其调制系数为 $A/B$。此时组合调制信号 $V_5$ 与移相 90°的垂直天线信号 $V_7$ 叠加可得到一条以 $\theta$ 角为函数的心脏形方向性图。高频调幅信号 $V_8$ 与本振信号混频后得到中频信号 $V_9$,可认为 $V_8$ 与 $V_9$ 的电压和相位不变($V_8 = V_9$)。$V_9$ 经检波后输出音频识别信号(加到音频系统)和包含方位角 $\theta$ 的低频($\omega_m$)余弦函数 $V_{10}$:

$$V_{10} = K\cos(\omega_m t - \theta)$$

式中,$K$ 为常数。

将 $V_{10}$ 加到两个鉴相器,同时调制器的两个低频正弦($\sin\omega_m t$)和余弦($\cos\omega_m t$)信号也分别加到两个鉴相器,经鉴相后得到 $V'_{11}$ 和 $V'_{12}$:

$$V'_{11} = V_{10}\cos\omega_m t = \frac{K}{2}\left[\cos\theta + \cos(2\omega_m t - \theta)\right]$$

$$V'_{12} = V_{10}\sin\omega_m t = \frac{K}{2}\left[\sin\theta + \sin(2\omega_m t - \theta)\right]$$

再经低通滤波器滤波后,鉴相器的输出为

$$V_{11} = K'\cos\theta$$
$$V_{12} = K'\sin\theta$$

最后求出飞机对地面电台的相对方位角

$$\theta = \arctan\frac{\sin\theta}{\cos\theta}$$

无测角器固定环形天线式自动定向机的简单框图如图 3.2-17 所示。

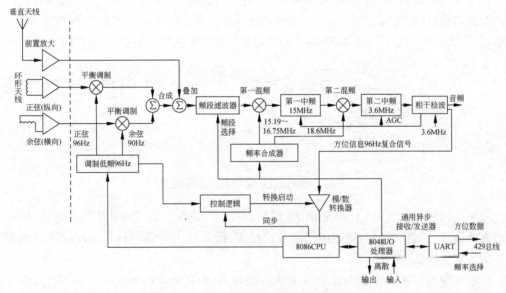

图 3.2-17　ADF-700 自动定向机简单框图

正弦和余弦环形天线接收的信号分别经平衡调制并合成后与垂直天线接收的信号叠加,经频段选择滤波器后加到第一混频器,与频率合成器加来的第一本振(15.19～16.75 MHz)信号混频,得到 15 MHz 的第一中频,再与 18.6 MHz 的第二本振信号混频,得到固定的 3.6 MHz 第二中频。

3.6 MHz 第二中频经相干检波器检波后输出含有方位信息的低频(96 Hz)复合信号,再经模/数转换器后变成数字信号,并加至中央处理器(8086CPU),基准低频(96 Hz)信号(调制低频信号)与含有方位信息的低频(96 Hz)复合信号在 CPU 中利用相关技术进行相位比较,以确定它们之间的相位关系,并经象限误差修正后得到准确的相对方位数据。该数据经输入/输出处理器(8048)、普通异步接收/发送器(UART)及 ARINC429 数据总线加到显示组件。

输入/输出处理器(8048)同时也处理一些离散数据,如频率的选择转换、象限误差修正等。

### 3.2.3　定向误差分析

机载自动定向机是靠接收地面电台发射的无线电波进行定向的,而无线电波在传播过程中会受到电离层、大气条件(如温度、湿度)、大地表面的性质、地理环境等方面影响,也会受到飞机金属机身的影响而产生定向误差。同时由于定向机设备本身结构以及天线安装等问题也会引起一定的定向误差。

目前机载自动定向机定向误差通常可分为由于电波传播方向改变而引起的电波传播误差,由于飞机机身对电波的二次辐射而产生的误差,电波传播过程中电波极化方向改变而引起的误差,以及自动定向机设备及天线的制造、安装及维护等原因引起的定向误差等。

**1. 电波传播方向改变引起的误差**

1) 山区效应

电波在传播过程中,遇到山峰、丘陵和大的建筑物时会发生绕射和反射。所以在山区低空飞行时,自动定向机指示器的方位指针有可能出现偏离正确位置或摆动,这种现象叫做山区效应,如图 3.2-18 所示。一般来说,电波波长越长,绕射能力越强,对中、长波定向影响较大。

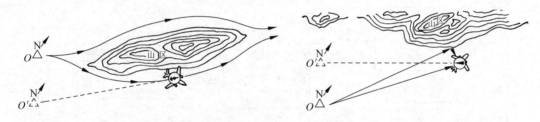

图 3.2-18　山区效应引起的方位误差

飞机在山区飞行时,由于电波在山区的反射,ADF 接收机会收到复杂的反射波,而引起定向方位误差或指示摆动。因为电波的波长越短,反射能力越强,所以,地面导航台的频率在多山区应选得低些。

山区效应只存在于靠近山区 30~40 km 范围内,山区效应的大小取决于飞行高度和离山的距离。飞行高度越低,离山距离越近,山区效应也越大。因此,在多山地区飞行时,应随时观测飞机的高度、前方山峰的位置,检查飞行的方向。

为了避免和减小山区效应影响,应尽可能利用熟悉的地形在目视条件下飞行,或在干扰范围之外测定方位,并适当地提高飞行高度和选择合适的地面导航台。

2) 海岸效应

通常电波从陆地传向海面或从海面传向陆地时,电波传播方向改变的现象称为海岸效应,如图 3.2-19 所示。产生海岸效应的主要原因是电波经过两种不同媒介的交界面,导电系数不同,使电场相位结构发生畸变所致。

因为在陆地上(特别是干燥土地)电波传播的速度比在海上传播速度慢,所以在陆海交界面上电波传播路径会发生折射,而造成 ADF 定向误差。

地面电台辐射电波传播方向与海岸线的夹角越小,则误差越大,当传播方向与海岸线垂直时,不产生误差。

海岸效应只在飞机接近海岸线的地面或海面时发生,随着高度的升高,误差逐渐减小,

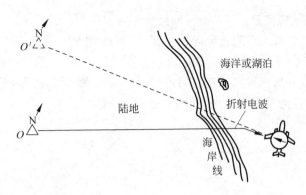

图 3.2-19　海岸效应引起的方位误差

高度在 3000 m 以上时,影响很小。

### 2. 电波极化方向改变引起的定向误差

自动定向机工作在中波波段,电离层对电波的吸收白天比夜间强,因此白天在 200 n mile 距离之内接收机只能收到地波信号;而在夜晚,电波受电离层的损耗比白天小,由电离层反射的天波分量加强,所以定向机可能同时接收到地波与天波信号。这一方面会形成电波衰落,另一方面由于反射的天波将使垂直极化波变为椭圆极化波,在环形天线的水平部分产生感应电势,不仅会使接收信号减弱,同时使环形天线的最小接收方向模糊不清而造成定向误差(极化误差)。由于夜间电离层变化极大,工作在中波的自动定向机在夜间受的影响较大,所以这种极化误差也称为夜间效应。

夜间效应通常出现在日落前 2 小时到日出后 2 小时这一段时间内(电离层变化最大);由夜间效应引起的定向误差一般为 10°～15°左右。

减小夜间效应的根本办法是避免接收天波信号。由于波长越长,电离层反射越弱,所以应尽量选择波长较长、距离较近的地面导航台,并在测定方位时注意读取方位角的平均值。

### 3. 象限误差

象限误差也叫罗差,主要是环形天线附近金属导体的干扰误差。

1）误差的形成

当地面电台辐射的无线电波射到飞机机身等金属物体上时,会在金属物体上产生交变的感应电流,该电流又在机身等金属物体周围产生辐射电波,这种现象称为二次辐射。二次辐射电波与原信号电波叠加后,合成电波作用到环形天线的方向与原电波传播方向相差一个角度,从而改变了定向方向,造成了方向误差,该角度称为象限误差或罗差。

造成二次辐射的金属物体一般分为两类,一类为垂直环状导体,如飞机机身等,它类似回路,所以称为类回路辐射体;另一类为长度比截面大很多倍的不闭合导体,如天线杆、金属杆等,它类似于天线,所以称为类天线辐射体,通常类回路辐射体比类天线辐射体对定向的影响大得多(即产生的罗差大)。

通过分析发现,由二次辐射引起的罗差为四次性的,其变化规律如图 3.2-20 中的曲线所示,相对方位角 $\theta$ 在 45°、135°、225°和 315°时,罗差 $\Delta\theta$ 最大。

从平面坐标表示的罗差变化规律,可以看出它还具有象限的特征,所以罗差也称做"象限误差"。象限误差的规律是：当飞机与地面台相对方位为 0°、90°、180°和 270°时，无象限误差，而在 45°、135°、225°和 315°附近象限误差最大，且随相对方位改变误差大小也改变。同时，相对方位在右前方(0°～90°)第一象限或左前方(270°～360°)第四象限时，指示的方位通常偏向飞机机鼻方向；当相对方位在右后方(90°～180°)第二象限或左后方(180°～270°)第三象限时，指示的方位通常偏向机尾，如图 3.2-21 所示。

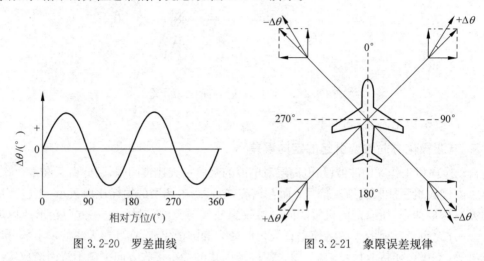

图 3.2-20  罗差曲线            图 3.2-21  象限误差规律

### 2) 象限误差修正

为了保证定向准确性，减小定向误差，必须设法消除或减小象限误差。其基本措施是采用象限误差修正器来修正。

旋转环形天线式自动定向机象限误差修正器是一个由钢带软轨、调节螺钉和修正机构等组成的圆形机械装置，也称做罗差补偿器。

这种罗差补偿器笨重，机械结构复杂，可靠性差，所以现代飞机通常采用电感式罗差补偿器。

电感式罗差补偿器，也称为电感式象限误差修正器，它是一个平衡电感衰减器，如图 3.2-22 所示。它用于正交固定环形天线式自动定向机，接在环形天线与接收机之间，将正交固定式环形天线的横向线圈(作负罗差修正)或纵向线圈(作正罗差修正)的信号按修正度数要求给以相应衰减，从而得到适当的罗差补偿(即象限误差得到适当的修正)。

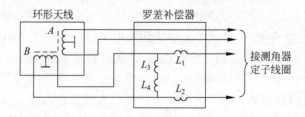

图 3.2-22  电感式象限误差修正器

衰减主要靠电路中的电感 $L_3$ 和 $L_4$ 的分流作用。因为电感线圈 $L_3$ 和 $L_4$ 是并联在环形天线线圈上的，使总电感量减小，即天线阻抗减小。为了保持天线阻抗不变，不影响系统的正常工作，又使传输馈线两边保持对称，所以在电路中串联了两个相等的电感 $L_1$ 和 $L_2$。需要修正的度数大时,就减小 $L_3$ 和 $L_4$,并增大 $L_1$ 和 $L_2$;需要修正的度数小时,则相反。为了使象限误差的修正能适应各种不同类型的飞机使用,在电感修正线圈上一般都备有很多抽头,以便按象限误差修正度数的不同连接到各抽头上。

3) ADF-700 的象限误差修正

目前使用的 ADF-700 自动定向机象限误差的修正不用专门的象限误差修正器,而是在接收机尾部中间插头 J302 上的 5 个插钉跨接线按不同连接组合来进行。每一个组合都产生一个确定的象限误差修正量。

从图 3.2-23 中可以看出,当飞机与地面台的相对方位在第一、三象限时有正的误差,在二、四象限时有负的误差。那么在修正时应将相对方位在 $0°\sim90°$ 时的指示方位朝右机翼尖方向移动(修正),在 $90°\sim180°$ 时指示方位也要向右机翼尖方向修正;而当地面台在 $180°\sim270°$ 或 $270°\sim360°$ 方位时,应使指示方位朝左机翼尖方向修正,也就是修正量符号应与象限误差符号相反,如负的象限误差需要正的修正量,反之亦然。

正常情况下,象限误差变化规律基本是对称的,如图 3.2-23 中象限误差曲线所示。

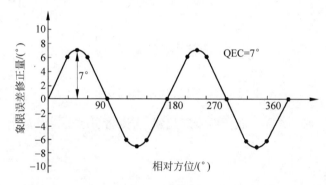

图 3.2-23　象限误差校正

从图 3.2-23 所示的象限误差曲线可以看出,最大象限误差为 $7°$。如果在校准前接收机尾部插钉的组合为 $C_6$、$C_8$ 与 $C_9$ 连接,即原有的象限误差为 $+10°$(见表 3.2-1),那么总的象限误差则为 $10°+7°=17°$。因此必须去掉原插钉的组合而改为 $C_5$、$C_8$ 与 $C_9$ 连接,即修正度数为 $+18°$。

表 3.2-1　插钉的组合和象限误差修正角度

| QEC 修正度数/(°) | 连接到插钉 $C_9$ | | | |
| --- | --- | --- | --- | --- |
| | $C_5$ | $C_6$ | $C_7$ | $C_8$ |
| +10 | | × | | × |
| +12 | | × | × | |
| +18 | × | | | × |

需要指出的是,象限误差修正的"+""-"符号和度数,一律以第一象限 $45°$ 时的象限误差符号和度数为准。

象限误差曲线如果没有规律或不对称,必须检查天线的安装位置是否正确和机身门是否有大的开缝,因为它将引起射频场不规则。如图 3.2-24(a)所示,天线位置偏离飞机纵轴中线时,象限误差曲线起始点向左或右移动;如图 3.2-24(b)所示,天线位置未与飞机机身对正时,象限误差曲线将上下不对称。

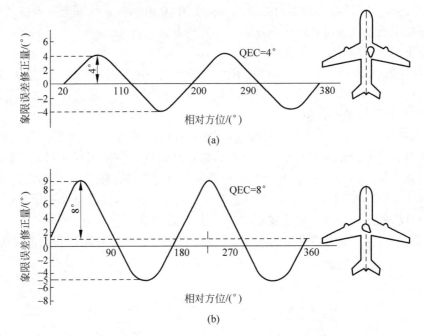

图 3.2-24    天线安装位置对象限误差的影响

在上述情况下,必须重新校正天线安装位置,否则将引起安装误差。

### 4. 天线效应

1) 异相天线效应

由于环形天线不对称(天线构造或水平边两端对地分布电容不同等原因),即地面电台传来的电波在环形天线两个铅垂边上产生的感应电势不相等会造成异相天线效应。用矢量试分析如下:

环形天线如图 3.2-25(a)所示。

当电波从环形天线左方传来,在 1 边产生感应电势为 $e_1$,如图 3.2-25(b)所示,在 2 边产生感应电势为 $e_2$,由于两边不对称,使 $e_1 < e_2$,则环形天线合成感应电势为 $e_L$,且与垂直天线产生的感应电势 $e_s$ 相差不等于 90°。其中与 $e_s$ 相差 90°的 $e_L'$ 分量为环形天线合成电势的有用分量,其方向性图为"8"字形,而与 $e_s$ 同相的

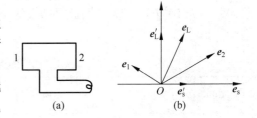

图 3.2-25    不对称环形天线感应电势

$e_s'$ 分量为天线效应分量,其方向性图为一小圆,相当于此时的环形天线附加一个小的垂直天线,且 $e_L'$ 与 $e_s'$ 的高频相位相差 90°,两矢量和或差在任何情况下都不等于零。叠加后的环形天线方向性如图 3.2-26 所示。在环形天线的合成信号中,产生与垂直天线同相的附加信号,使其"8"字形方向性零点纯化或零点模糊的这种现象叫异相天线效应。

2) 同相天线效应

环形天线水平边两端存在分布电容,如一边有漏电阻存在时,小的漏电阻使其感应电势

移相,这种不对称相当于环形天线上产生一个附加的移相的垂直天线信号。该天线效应信号中与环形天线同相的分量将大大增加,经与环形天线有用信号("8"字形方向性图)叠加后产生不对称的"8"字形方向性图,且使环形天线零点方位发生偏离。这种现象称为同相天线效应,如图 3.2-27 所示。

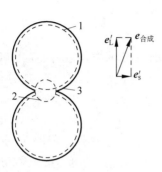

图 3.2-26　有异相天线效应时环形天线方向性图

1—环形天线的理想方向图;2—环形天线零点钝化或零点模糊;3—存在异相天线效应的环形天线方向图

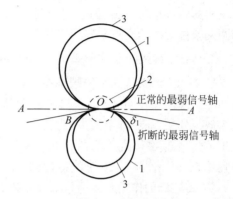

图 3.2-27　同相天线效应环形天线方向性图

1—环形天线的理想方向图;2—环形天线零点偏离;3—存在同相天线效应的环形天线方向图

由于环形天线在制造、安装、维护时造成的不对称及连接导线的不对称及漏电等原因出现的各种天线效应,都将造成自动定向机定向不稳定和定向误差。所以在对环形天线进行安装、维护过程中应特别注意保持环形天线的对称性。在环形天线制造过程中和出厂前,厂家已对其对称性采取了一定措施。

# 3.3　甚高频全向信标系统

## 3.3.1　概述

甚高频全向信标系统(VOR)是工作在甚高频波段的近程区域性无线电导航系统。VOR 与前一节所述的 ADF 均属于他备式导航、无线电测角系统,它们都由机载接收机和地面信标台所组成。

地面信标台通过天线向所覆盖空域飞机发射方位信息,机载接收设备接收并经信号处理后输出 VOR 方位角及航道偏离等参量,传送到相应的指示器。由于 VOR 系统工作频率在甚高频波段,所以,其测量精度和稳定性优于中长波的 ADF。

### 1. VOR 系统的功能

根据地面 VOR 信标台所处位置及使用频率的不同,可将 VOR 信标分为"终端 VOR 信标"和"航路 VOR 信标"。

终端 VOR 信标设在机场(通常位于跑道一侧),也叫"本场 VOR",它主要用于引导飞机进出港,当仪表着陆系统(ILS)失效或关闭后,VOR/DME 信标可以引导飞机完成非精密进近。

航路 VOR 信标安装在相应航路点上,用于引导飞机沿航路飞行。机载 VOR 接收机输出信息可以显示沿预选航道的飞行情况,如:飞向或飞离 VOR 信标台,飞机偏离预选航道的方向和角度等。

利用航路上两个 VOR 信标台测出两条直线位置线,取其交点可确定飞机的位置,即实现 $\theta$-$\theta$ 导航定位;VOR 信标台通常与 DME 信标台安装在一起,这样,可通过 VOR 系统测出飞机的磁方位角 $\theta$,并通过 DME 系统测出飞机到 VOR/DME 信标台的距离 $\rho$,利用直线和圆两条位置线的交点来确定飞机的位置,实现 $\rho$-$\theta$ 导航定位。

**2. VOR 系统的工作频率和作用距离**

VOR/LOC 系统的工作频率在 108.00～117.95 MHz 范围内,频率间隔为 50 kHz,共有 200 个波道。在 108.00～111.95 MHz 内共有 80 个波道,为 VOR/LOC 共用,其中十分位为偶数的频率有 40 个波道,为 VOR 的工作频率(十分位为奇数的频率有 40 个波道,为 LOC 的工作频率),该频段多用于终端 VOR 系统信标。在 112.00～117.95 MHz 内,频率间隔为 50 kHz,共有 120 个波道,均为 VOR 的工作频率,该频段多用于航路 VOR 信标。

VOR 信标的作用距离通常取决于机载接收机的灵敏度、地面信标台的发射功率和飞机的高度等因素。一般终端 VOR 信标要求作用距离短,所以,发射功率较低;而航路 VOR 信标要求作用距离长,发射功率高。由于甚高频波段是直达波传播,其作用距离随飞机高度增高也可增大,如当飞机高度达 9000～1 万 m 时最大作用距离可达 300～350 km。

### 3.3.2 VOR 系统的基本工作原理

地面 VOR 信标台向空间辐射的信号是一个复杂的调频调幅波信号,它包含用于方位等测量的基准相位信号、可变相位信号和用于对 VOR 信标台进行识别和语音通信的信号,如图 3.3-1 所示。

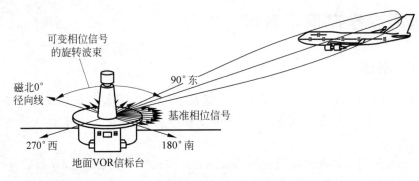

图 3.3-1　VOR 地面信标台与机载设备工作示意图

目前国际上存在两种制式的甚高频全向信标,普通(常规)全向信标(conventional VOR,CVOR)和多普勒全向信标(Doppler VOR,DVOR)。两者只是产生辐射信号的方法不同,而机载 VOR 接收机对两者均可兼容,均采用比较基准相位 30 Hz 信号与可变相位 30 Hz 信号的相位差来实现定向。

**1. CVOR 信标台信号产生过程**

常规 VOR 信标台——CVOR 信标台发射机的基本组成如图 3.3-2 所示,所产生的基准相位信号和可变相位信号分别经过全向天线和边带天线向空间发射。

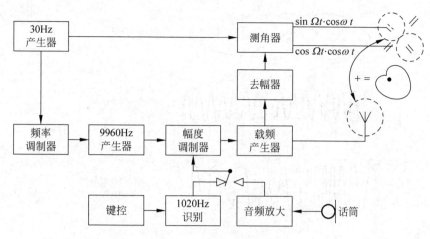

图 3.3-2　CVOR 发射机框图

1) 基准相位信号的形成

如图 3.3-2 所示,载波产生器产生 $f_0 = 108 \sim 117.95$ MHz 的载波,被三种低频信号调幅。

(1) 首先由 30 Hz 产生器产生的 30 Hz($F$)低频信号对副载波产生器的 9960 Hz($f_s$)调频,其频偏为 $\pm 480$ Hz($\pm \Delta f_s$),得到 9960 Hz 的调频副载波 $u_s(t)$:

$$u_s(t) = U_m \cos(\Omega_s t + m_f \cos \Omega t)$$

其中,$\Omega_s = 2\pi f_s$,$\Omega = 2\pi F$,$m_f = \dfrac{\Delta \Omega_s}{\Omega}$,$\Delta \Omega_s = 2\pi \Delta f_s$,$U_m$ 为调频副载波的幅度。

(2) 用 9960 Hz 的调频副载波信号 $u_s(t)$ 对辐射载波 $\omega_0$ 进行调幅,如不考虑识别和话音信号,则发射机全向天线向空间辐射的信号,即为基准相位信号 $u_R(t)$:

$$u_R(t) = U_{Rm}[1 + m_R \cos(\Omega_s t + m_f \cos \Omega t)] \cos \omega_0 t$$

其中,$\omega_0 = 2\pi f_0$,$U_{Rm}$ 为基准相位载波信号的幅度,$m_R = \dfrac{U_m}{U_{Rm}}$ 为调幅系数。

(3) 1020 Hz 音频识别信号和通信话音信号对辐射载波的调幅。

$u_R(t)$ 作为基准相位信号,其中包含有 30Hz 调频信号成分,信号波形如图 3.3-3 所示。

$u_R(t)$ 经 VOR 信标全向天线向空间 $0° \sim 360°$ 水平方位辐射水平极化波信号,辐射信号的方向性图为一个圆。机载接收机接收并检测出该 30 Hz 信号,叫做基准相位 30 Hz 信号。

2) 可变相位信号的形成

如图 3.3-2 所示,载波产生器的另一路输出信号经调制抑制电路得到等幅且与基准相位信号的载波($f_0$)同频同相的纯载波,再经边带产生器(测角器)产生 30 Hz 正弦和余弦调制的调幅边带波信号,分别由两对正交裂缝天线(可变相位天线)向空间辐射。

正弦调制的边带信号为 $u_{\sin}(t)$:

$$u_{\sin}(t) = U_{sm} \sin \theta \cdot \sin \Omega t \cdot \cos \omega_0 t$$

余弦调制的边带信号为 $u_{\cos}(t)$:

$$u_{\cos}(t) = U_{cm} \cos \theta \cdot \cos \Omega t \cdot \cos \omega_0 t$$

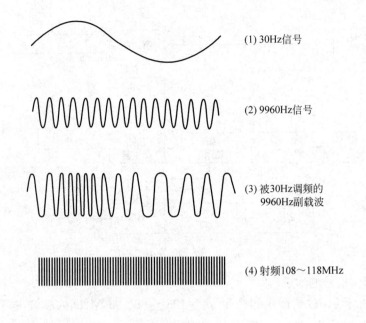

(1) 30Hz信号

(2) 9960Hz信号

(3) 被30Hz调频的
9960Hz副载波

(4) 射频108～118MHz

(5) 被(3)调幅的射频

图 3.3-3　基准相位信号的形成波形图

其中，$U_{cm}$、$U_{sm}$ 为边带信号幅度，$\theta$ 为 VOR 信标的径向方位角，$\Omega = 2\pi F$，$F = 30$ Hz。

正、余弦调制的边带信号在空间的合成即形成可变相位信号 $u_V(t)$：

$$u_V(t) = u_{\sin}(t) + u_{\cos}(t) = U_{Vm}\cos(\Omega t - \theta)\cos\omega_0 t$$

两个边带信号在空间水平面上形成两个正交的"8"字形辐射场，且分别以 30 Hz 正弦和 30 Hz 余弦规律变化，所以，两者在空间合成为一个旋转的"8"字形辐射场，该"8"字形辐射场以 30 Hz/s 的速率旋转，如图 3.3-4 所示，可见在空间任一点所接收到的可变相位信号均为 30 Hz 的调幅信号，经接收机检测出的该 30 Hz 信号叫做可变相位 30 Hz 信号。

3) 全 VOR 信号

基准相位信号与可变相位信号是通过不同天线(全向天线和边带天线)以水平极化方式向空间辐射的，飞机在空间某一点接收到的信号实际上是两者在空间的合成信号 $u_\Sigma(t)$：

$$u_\Sigma(t) = u_R(t) + u_V(t)$$
$$= U_m[1 + m_A\cos(\Omega t - \theta) + m_R\cos(\Omega_s t + m_f\cos\Omega t)]\cos\omega_0 t$$

其中，$m_A = \dfrac{U_{Vm}}{U_{Rm}}$ 称为可变相位信号的调幅系数。

空间合成信号 $u_\Sigma(t)$ 即为"全 VOR 信号"，它是一个复杂的调频调幅波，其空间合成辐射场为基准相位信号辐射场型(圆)与可变相位信号辐射场型(8 字形)线性合成，即为以 30 Hz/s 速率旋转的心脏形。

"全 VOR 信号"波形及辐射场型如图 3.3-5 所示。

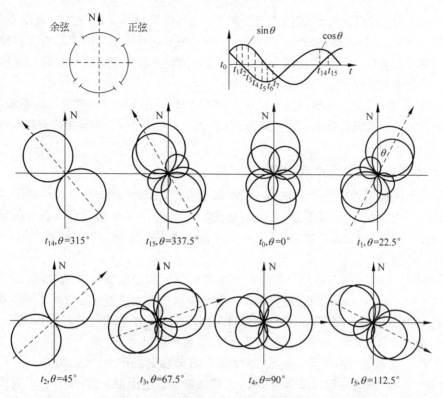

图 3.3-4 可变相位信号旋转辐射场的形成

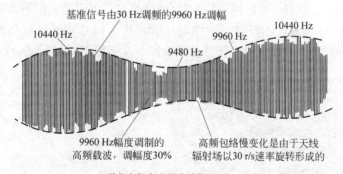

磁北方位上空间合成信号(全VOR信号)波形

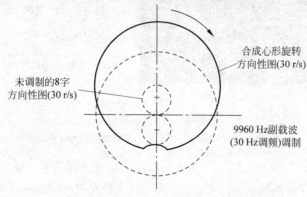

图 3.3-5 "全 VOR 信号"波形及空间合成辐射场

由"全VOR信号"$u_\Sigma(t)$的表达式及图3.3-5中可以看出,空间合成"全VOR信号"中包含有载波$f_0$被30 Hz调幅的成分$[1+m_A\cos(\Omega t-\theta)]$,它是由于心脏形辐射30 Hz速率旋转而产生的对载波($f_0$)附加调幅部分,其相位随方位角$\theta$而改变。机载接收机检测出的该30 Hz信号即为可变相位30 Hz信号。

"全VOR信号"中$[m_R\cos(\Omega_s t+m_f\cos\Omega t)]$成分是被30 Hz调频的副载波,其相位与方位角$\theta$无关。机载接收机从调频副载波(9960 Hz ± 480 Hz)中检测出调频30 Hz为基准相位30 Hz信号。

### 2. DVOR信标台信号产生过程

为了减小传播误差中场地误差,常规VOR台(CVOR台)对架设场地和周围地形有着比较严格的要求,而利用多普勒效应,采用宽孔径天线的DVOR信标台具有削弱场地误差的能力,加之采用双边带天线发射,可进一步降低场地误差影响。下面简要介绍DVOR信标台信号的产生过程。

在DVOR中,30 Hz基准信号是由中央无方向性天线经振幅调制发射,而30 Hz可变方位信号是在9960 Hz分载频上经频率调制由一个以中央天线为中心的天线圆阵发射。为了使机载VOR设备能与DVOR信标台兼容工作,在DVOR中调制与CVOR相反,DVOR天线波束转动方向与CVOR相反,不是顺时针,而是反时针转动。

DVOR天线系统由两个天线组成,一个是无方向辐射的中央天线,另外一个是以它为中心、直径13.4m圆周上均匀排列的48个天线圆阵组成的边带天线,所有边带天线单元都是爱尔福特(Alford)天线,中央天线和边带天线安装在金属反射网上,如图3.3-6(a)所示。中央天线由发射机用30 Hz(和识别信号)调幅的连续波信号馈电。圆阵天线由发射机输出的信号再经9960 Hz调频连续波(边带)馈电。DVOR天线系统通过控制圆阵中每一个天线单元的电子开关,依次把要发射的信号分别馈给各个振子,以模拟天线转动。

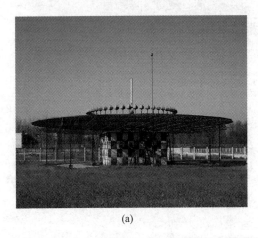
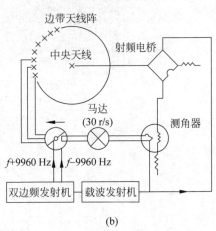

(a)　　　　　　　　　　　　　(b)

图3.3-6　DVOR信标台
(a) DVOR信标台天线阵;(b) DVOR信标台工作示意图

DVOR信标台工作过程如图3.3-6(b)所示。由于采用双振子旋转天线,上边带和下边带正好在天线圆阵对称的两边同时辐射,采用双边频发射可以进一步减小场地误差影响,因为每个边带都是以不同的频率(一个是$f+9960$ Hz,一个是$f-9960$ Hz)、从不同的位置

（圆阵相反的两个点）发射的。实际测试表明，DVOR 在任何径向上误差通常都小于 1°。

**3. VOR 方位测量的基本原理**

1）基准相位 30 Hz 信号与可变相位 30 Hz 信号的相位关系如图 3.3-7 所示。

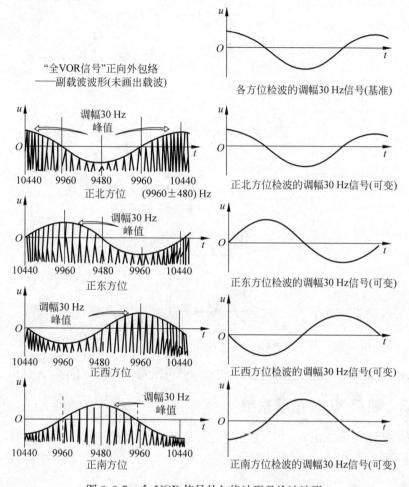

图 3.3-7 全 VOR 信号外包络波形及检波波形

图中所示为"全 VOR 信号"外包络中调频副载波的波形（部分）及载波幅度的变化规律（仅画出北、东、西、南 4 个方位）（未画出载波）。如以磁北作为基准径向方位 0°及相位测量起始方位，不妨设在磁北方位某瞬间 $t_0$ 时，调频副载波频率为（9960±480）Hz，且使心脏形旋转辐射场形成的对载波调幅的幅度也为最大，即接收机检测出的基准相位 30 Hz 与可变相位 30 Hz 同相，此时，在偏离磁北方位的其他方位上如在正东方位（90°），基准相位 30 Hz 信号相位不变，而可变 30 Hz 相位信号的相位落后基准相位 30 Hz 信号 90°，在正南方位上落后 180°，在正西方位上落后 270°。

可见，可变相位 30 Hz 信号（调幅 30 Hz）始终落后基准相位 30 Hz 信号（调频 30 Hz），落后的角度即为 VOR 信标的径向方位角，即飞机的磁方位，用 30 Hz 信号波形及矢量表示，如图 3.3-8 所示。

2）当机载 VOR 接收机接收到"全 VOR 信号"，经处理检测出基准和可变相位 30 Hz

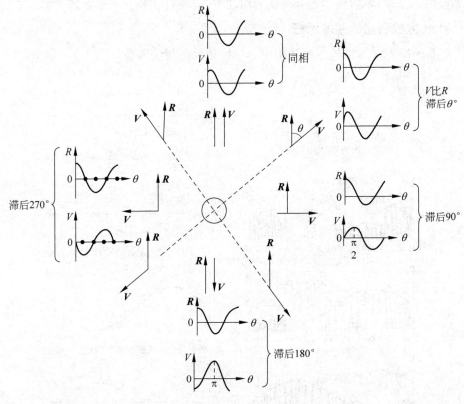

图 3.3-8　用矢量表示基准 30 Hz 信号与可变 30 Hz 信号相位关系

信号后,比较其相位,并取其差角 $\theta$ 再加上 $180°$,即可求得飞机所在位置的 VOR 方位角。

### 3.3.3　机载 VOR 接收系统

机载 VOR 接收系统由接收天线、控制盒、甚高频接收机和指示器等组成,如图 3.3-9 所示。

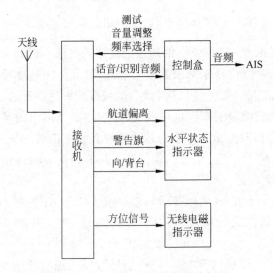

图 3.3-9　机载 VOR 接收系统框图

### 1. 接收天线

VOR/LOC 接收天线是一种具有 50 Ω 特性阻抗的全向水平极化天线,通常安装在飞机垂直安定面的顶部,外部罩有整流罩。它可接收 VOR 信标和航向 LOC 信标 108～117.95 MHz 波段内的甚高频信号,经过 ILS 继电器把甚高频信号送至导航接收机组件。VOR/LOC 接收天线如图 3.3-10 所示。

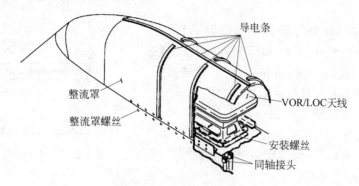

图 3.3-10　VOR/LOC 天线

### 2. 控制盒

目前飞机上 VOR 控制盒与 ILS、DME 共用,如图 3.3-11(a)所示。它的主要功能为:

(1) 人工选择并显示 108～117.95 MHz,间隔 50 kHz 的任一频率,其中包括 VOR 接收信号频率和航向 LOC 接收信号频率;当选定 LOC 频率时,与之配对的下滑 GS 接收频率即被选定;当选定 VOR、LOC 频率时,与之配对的测距机 DME 的接收频率也被选定。

(2) 测试按钮可用于分别对 VOR、ILS 和 DME 的机载接收设备进行测试检查。

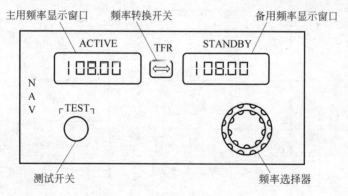

图 3.3-11　甚高频导航控制盒

### 3. 甚高频接收机

VOR 甚高频导航接收机由一个二次变频的超外差接收机和一些相关的电路组成(见图 3.3-12),VOR 甚高频导航接收机可以单独设置,也可与仪表着陆(ILS)、指点信标(MB)构成组合型接收机。

VOR 甚高频导航接收机功能框图如图 3.3-13 所示。

VOR 甚高频导航接收机接收地面 VOR 信标台辐射的"全 VOR 信号",经二次变频的超外差接收机输出以下信号：(9960±480) Hz 的调频副载波信号,识别信号及话音音频信号。调频副载波信号经 30 Hz 低通滤波器得到 30 Hz 可变相位信号。调频副载波信号再经鉴频得到基准相位 30 Hz 信号；识别信号及话音音频信号输至音频系统。

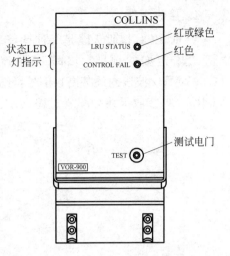

图 3.3-12  VOR/MB 接收机

基准相位 30 Hz 信号经移相解算器 A(预置 180°),移相后与可变相位 30 Hz 信号在相位比较器 C 中比较相位得到 VOR 方位信息,并发送到无线电磁指示器(RMI)和导航显示器(ND)。

基准相位 30 Hz 信号经另一移相解算器 B 移相预选航道的角度后与可变相位 30 Hz 信号比相,以输出航道偏离及向/背台信息输至水平状态指示器(HSI)或者导航显示器。

当基准相位 30 Hz 或可变相位 30 Hz 信号幅度不足够大时,接收机还将输出警告旗信号,发送到相应指示器。

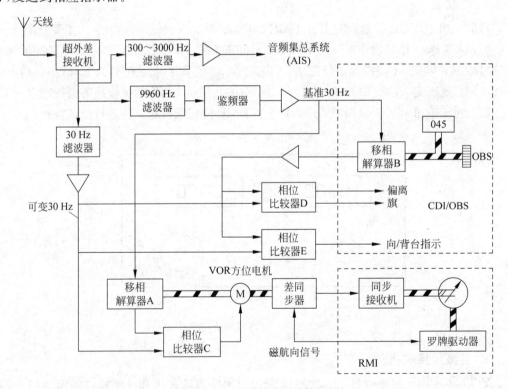

图 3.3-13  VOR 接收机功能框图

## 4. 指示器

机载 VOR 系统通常使用的指示器有无线电磁指示器(RMI)、无线电距离方位磁指示器(RDDMI)、水平状态指示器(HSI)、导航显示器(ND),它们均为综合指示器。

在 VOR 工作方式时,RMI 指示器如图 3.3-14 所示。

同步旋钮(可转动)由磁航向信号驱动,固定标线对应的罗牌刻度指示飞机的磁航向;

指针由 VOR 方位和磁航向的差角驱动,固定标线与指针间顺时针方向的夹角为相对方位角;

指针对应罗牌上的刻度为 VOR 方位角(飞机磁航向与相对方位角之和);

指针尾部对应罗牌上的刻度为飞机的磁方位角。

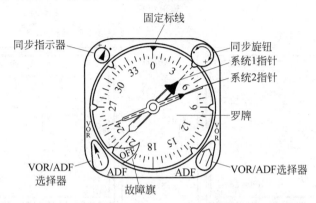

图 3.3-14　典型的无线电磁指示器

HSI 指示器如图 3.3-15 所示。

航道偏离杆由测得飞机偏离预选航道的偏离信号驱动,指示飞机偏离预选航道的角度(每点代表 5°)。

向/背台指示器由向/背台信号驱动,在向台飞行区飞行时,三角形指标指向机头方向;在背台区飞行时,三角形指标指向机尾方向。

此外还有人工可调预选航道选择钮及指示器。

当在 ILS 方式工作时,该指示器航道偏离杆由航向(LOC)信号驱动,指示偏离航向道的角度(每点代表 1°),下滑(GS)指针指示飞机偏离下滑道的角度(每点代表 0.35°)。

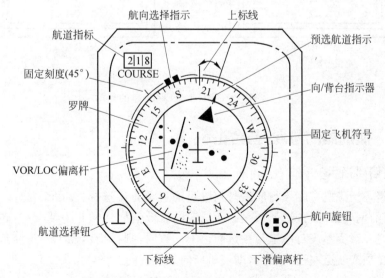

图 3.3-15　典型的 HSI 指示器

此外,当系统故障信号无效时,有警告旗显示。

ND指示器的"扩展"和"全罗盘"方式中 VOR 信息正常显示和故障显示,分别如图 3.3-16(a)和(b)所示。当 VOR 接收数据太弱或者接收不到,或者组件出现故障时,偏离指示和偏离点、向/背台指针和指示器、VOR 频率、导航数据源、方位指针等信息将隐藏。

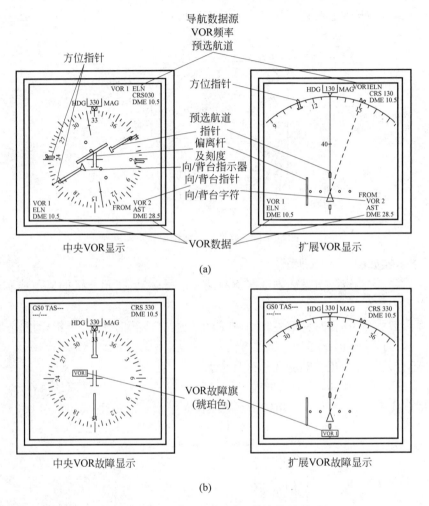

(a)

(b)

图 3.3-16　在 ND 上 VOR 信息的显示

### 3.3.4　航道偏离与向/背台指示

#### 1. 航道偏离指示

航道偏离是指飞机实际飞行航道与驾驶员通过全方位选择器(OBS)选择的航道(即预选航道)之间的偏离情况,预选航道是以所选定的有效信标台磁北为基准 0°,包括两条方向相反的方位线。当实际飞行航道与预选航道不一致时,则在指示器上通过航道偏离杆指出当前飞机是在预选航道左边或右边,即飞机应向右飞或向左飞,如图 3.3-17 所示。

航道偏离指示的基本原理是,将 VOR 接收机内的基准相位 30 Hz 信号的相位通过移相解算器 B(如图 3.3-13 所示)移相一个角度,该角度为预选航道方位角。飞机实际的飞行方位(航道)就是可变相位 30 Hz 信号落后基准相位 30 Hz 信号的角度(因为以磁北为 0°方位基准,所以,该角度为飞机位于 VOR 信标的径向方位角),那么,飞机对预选航道的偏离实际上是对移相后的基准相位 30 Hz 信号与可变相位 30 Hz 信号相位差的测量。

移相后的基准相位 30 Hz 信号与可变相位 30 Hz 信号加到相位比较器 D(如图 3.3-13 所示),其输出驱动 HSI 指示器的航道偏离杆,如果两个 30 Hz 信号同相,即飞机在预选航道上,或反相 180°,即在预选航道的相反方位上,相位

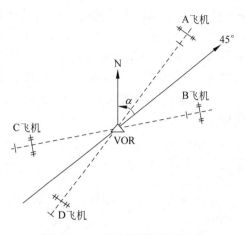

图 3.3-17 预选航道与航道偏离

比较器输出为零,偏离杆指在中心零位。如飞机偏离预选航道,则两个 30 Hz 信号的相位差不等于 0°或 180°,故相位比较器输出相应极性和大小的直流偏离电压,以驱动指示器偏离杆向左或右偏离适当角度(点)。

如图 3.3-18 所示,当可变相位 30 Hz 信号落后于移相后的基准相位 30 Hz 信号(预选航道),其相位差在 0°~180°之间时,如图 3.3-17 中的 B 和 D 飞机,表示飞机在预选航道右边,比较器输出的偏离电压为正,驱动航道偏离杆向左指,告知飞行员向左飞;而相位差在 180°~360°之间时,如图 3.3-17 中的 A 和 C 飞机,表示飞机在预选航道左边,比较器输出为负电压,驱动指示器偏离杆向右指,告知飞行员向右飞。

以上分析的是当 HSI 指示器为"零中心仪表"的情况。

### 2. 向/背台指示

当驾驶员确定预选航道后,指示器 HSI 上的航道偏离杆可以指示飞机在预选航道上飞行或偏离预选航道飞行,但此时飞机是在飞离 VOR 信标台,还是在飞向 VOR 信标台,这种判断需要另一种指示,即向/背台指示。

向/背台指示的基本原理仍是测量基准和可变两个 30 Hz 信号的相位差。即基准相位 30 Hz 信号经移相解算器移相预选航道的角度后,与可变相位 30 Hz 信号在比相器 E 中进行相位比较,比较器输出直流电压驱动 HSI 指示器的向/背台指针。当两个 30 Hz 信号相位差小于±90°时,输出负直流电压,向/背台指针指背台;其相位差大于±90°时,输出正电压,驱动指针指向台。向/背台指示比较器 E 的输出特性如图 3.3-19 所示。

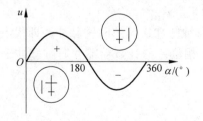

图 3.3-18 航道偏离比较器输出特性

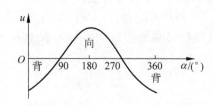

图 3.3-19 向/背台指示比较器输出特性

向/背台指示还可以通过图示法进行判断。以 VOR 台为基点作一条与预选航道(如 30°~210°)正交的直线 $AB$(见图 3.3-20),$AB$ 线为向/背台指示的分界线。如果预选航道为 30°,则飞机在 $AB$ 线的右上方,无论飞机航向如何,均指背台;飞机在 $AB$ 线左下方,则指向台。如预选航道为 210°,则 $AB$ 线右上方指向台,而在 $AB$ 线下的飞机指背台。可见向/背台指示与飞机航向无关,只决定于预选航道方位和飞机所在 VOR 信标台的径向方位角。

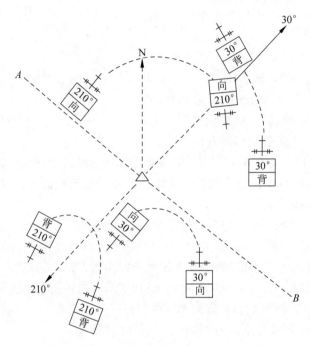

图 3.3-20    向/背台指示

### 3.3.5    数字式方位测量电路的基本原理

VOR 方位测量除采用机械的模拟方法外,目前新型设备多采用数字计数方法,其基本原理是将接收机电路输出基准相位 30 Hz 信号与可变相位 30 Hz 信号的相位差转换为按时钟频率变化的脉冲数,用计数的脉冲个数来反映 VOR 方位。

其基本原理如图 3.3-21 所示,基准与可变相位 30 Hz 信号分别经放大限幅后得到方波,经微分电路后,基准 30 Hz 方波前沿产生起始计数脉冲,并加到 RS 触发器 S 端;可变 30 Hz 方波前沿产生终止计数脉冲,并加到 RS 触发器 R 端,那么,Q 端输出方位计数脉冲,该脉冲宽度即代表基准与可变两个 30 Hz 信号的相位差。

方位计数脉冲期间打开"与门",计数器计数时钟脉冲通过的时钟脉冲数即代表了基准相位 30 Hz 信号与可变 30 Hz 信号的相位差,该相位差与计数器输入时钟脉冲个数的关系为

$$N = \frac{T}{360}\theta \div t_n$$

其中,$N$ 为时钟脉冲个数,$T$ 为 30 Hz 周期,$t_n$ 为时钟脉冲周期,$\theta$ 为基准 30 Hz 与可变 30 Hz 信号的相位差所对应的 VOR 信标台的径向方位角。

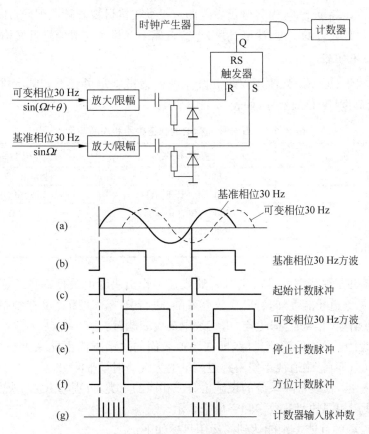

图 3.3-21　数字式 VOR 方位的测量原理电路及波形

因为飞机 VOR 方位与(飞机所在位置)VOR 信标台的径向方位相差 180°,所以,测量 VOR 方位时,必须在计数径向方位所对应的时钟脉冲数时,增加(或减少)180°所对应的时钟脉冲个数。

# 3.4　仪表着陆系统

## 3.4.1　概述

### 1. 功用

仪表着陆系统(ILS)早在 1949 年就被国际民航组织定为飞机标准进近和着陆设备。它能在气象条件恶劣和能见度差的条件下给驾驶员提供引导信息,保证飞机安全进近和着陆,所以,它又经常被称为盲降系统。

飞机在着陆时,驾驶员可以目视外界地标操纵飞机着陆。为保证着陆安全,在"目视着陆飞行条例"(VFR)中规定,目视着陆的水平能见度必须大于 4.8 km,云底高不小于 300 m。当着陆机场气象条件不能满足该条件时,着陆飞机只能依靠 ILS 的引导进行着陆。

ILS 提供的引导信号在驾驶舱仪表上显示。驾驶员可根据仪表指示操纵飞机或使用自动驾驶仪"跟踪"仪表指示,使飞机沿跑道中心线的垂直面和规定的下滑角下降到跑道入口水平面以上的一定高度上,再由驾驶员看着跑道操纵飞机目视着陆。因此,ILS 系统只能引导飞机下降到最低允许的高度(决断高度)上。依靠 ILS 设备完成的进近又称为精密进近。

### 2. 着陆标准等级

国际民航组织(ICAO)为使用仪表着陆系统的飞机制定了三类着陆标准,以跑道视距(RVR)和决断高度(DH)来划分,如表 3.4-1 所示。

表 3.4-1    各类着陆标准的跑道视距和决断高度

| 类　　别 | 跑 道 视 距 | 决 断 高 度 |
|---|---|---|
| Ⅰ | ≥800 m(2600 ft) | 60 m(200 ft) |
| Ⅱ | ≥400 m(1200 ft) | 30 m(100 ft) |
| ⅢA | ≥200 m(700 ft) | |
| ⅢB | ≥50 m(150 ft) | |
| ⅢC | 0 | |

(1) 决断高度:是指驾驶员对飞机着陆或复飞作出决断的最低高度。在决断高度上,驾驶员必须看见跑道才能着陆,否则应放弃着陆,进行复飞。决断高度在中指点信标(Ⅰ类着陆)和内指点信标(Ⅱ类着陆)上空,由无线电高度表测量。

(2) 跑道视距:是指跑道能见度,即在跑道表面的水平方向上能在天空背景上看见物体的最大距离(白天)。跑道视距使用跑道两端的大气透射计来测量。

根据着陆标准,仪表着陆系统的设施也分成相应的三类,分别与 ICAO 规定的着陆标准相对应,并且使用相同的罗马数字和字母来表示。

ILS 系统设施的性能类别能达到的运用目标如下:

Ⅰ 类设施的运用性能:在跑道视距不小于 800 m(2600 ft)的条件下,以高的进场成功概率,能将飞机引导至 60 m(200 ft)的决断高度。

Ⅱ 类设施的运用性能:在跑道视距不小于 400 m(1200 ft)的条件下,以高的进场成功概率,能将飞机引导至 30 m(100 ft)的决断高度。

ⅢA 类设施的运用性能:没有决断高度限制,在跑道视距不小于 200 m(700ft)的条件下,着陆的最后阶段凭外界目视参考,引导飞机至跑道表面。因此叫"看着着陆"(see to land)。

ⅢB 类设施的运用性能:没有决断高度限制和不依赖外界目视参考,一直运用到跑道表面,接着在跑道视距不小于 50 m(150 ft)的条件下,凭外界目视参考滑行,因此叫"看着滑行"(see to taxi)。

ⅢC 类设施的运用性能:无决断高度限制,不依靠外界目视参考,能沿着跑道表面着陆和滑行。

目前,ILS 系统能够满足Ⅰ、Ⅱ类着陆标准。

### 3. 仪表着陆系统组成及地面设备配置

ILS 系统包括三个分系统:提供横向引导的航向信标(LOC)、提供垂直引导的下滑信标(GS)和提供距离引导的指点信标(MB)。每一个分系统又由地面发射设备和机载接收设备组成。地面台在机场的配置情况如图 3.4-1 所示。内指点信标仅在Ⅱ类着陆标准的机场安装。

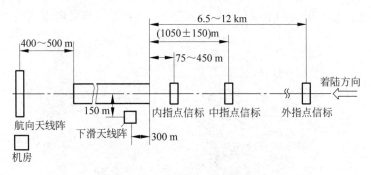

图 3.4-1　ILS 系统的机场配置图

　　航向信标天线(见图 3.4-2)安装在顺着着陆方向的跑道中心线延长线上。航向信标天线产生的辐射场,在通过跑道中心延长线的垂直平面内,形成航向面或叫航向道,如图 3.4-3 所示,用来提供飞机偏离航向道的横向引导信号。机载接收机收到航向信标发射的信号后,经处理输出飞机相对于航向道的偏离信号,加到驾驶舱飞行仪表的航向指针,给驾驶员提供"飞右"或"飞左"指令。若飞机在航向道上(飞机 A),即对准跑道中心线,偏离指示为零;如果飞机在航向道左边(飞机 C)或右边(飞机 B),航向指针就向右指或向左指。

图 3.4-2　航向信标天线

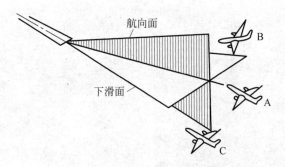

图 3.4-3　航向和下滑信标产生的引导图

　　下滑信标发射天线(见图 3.4-4)安装在跑道入口处的一侧。下滑信标台天线产生的辐射场形成下滑面,如图 3.4-3 所示。下滑面和跑道水平面的夹角,根据机场的净空条件,可在 $2°\sim4°$ 之间选择,下滑信标用来产生飞机偏离下滑面的垂直引导信号,机载下滑接收机收到下滑信标台的发射信号,经处理后,输出相对于下滑面的偏离信号,加到飞行仪表上的下滑指示器,给驾驶员提供"飞下"或"飞上"的指令。若飞机在下滑面上(飞机 A),下滑指针在中心零位；若飞机在下滑面的上面(飞机 B)或下面(飞机 C)，指针向下或向上指。

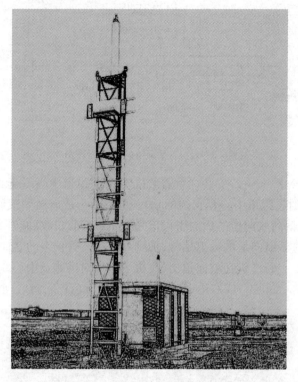

图 3.4-4　下滑信标发射天线

　　航向面和下滑面的交线定义为下滑道。飞机沿这条交线着陆，就不仅对准了跑道中心线，而且沿规定的下滑角在离跑道入口约 300 m 处着地。

　　指点信标台为 2 个或 3 个，安装在顺着着陆方向的跑道中心延长线的规定距离上，分别叫内、中、外指点信标(见图 3.4-1)，天线见图 3.4-5。

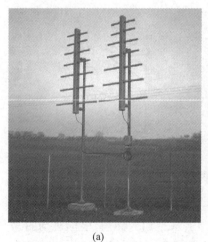

(a)　　　　　　　　　　　(b)

图 3.4-5　指点信标天线

(a) 外指点信标天线；(b) 中、内指点信标天线每个指点信标台发射垂直向上的倒锥形波束。只有在飞机飞越指点信标台上空有效范围时,机载接收机才能收到发射信号。由于各指点信标台发射信号的调制频率和识别码不同,机载接收机分别使驾驶舱仪表板上不同颜色识别灯亮,同时驾驶员耳机中也可以听到不同频率的音调和识别码,以便可以判断飞机在哪个指点信标台的上空,即知道飞机离跑道入口的距离。

**4. 仪表着陆系统的工作频率**

航向信标的工作频率范围为 108.10～111.95 MHz,只使用十分位为奇数频率和再加 50 kHz 的频率,共 40 个波道。

下滑信标工作频率范围为 329.15～335 MHz,间隔为 150 kHz,共 40 个波道。

指点信标工作频率为 75 MHz(固定)。

其中,航向信标和下滑信标工作频率是配对工作的。机载航向接收机和下滑接收机是统调的,控制盒上只能选择和显示航向频率,而下滑频率由接收机自动与航向频率对应配对调谐。

航向信标与下滑信标频率的配对关系见表 3.4-2。

**表 3.4-2　航向信标与下滑信标频率的配对关系**　　　　　　　　　　　MHz

| 航向信标 | 下滑信标 | 航向信标 | 下滑信标 |
| --- | --- | --- | --- |
| 108.10 | 334.70 | 110.10 | 334.40 |
| 108.15 | 334.55 | 110.15 | 334.25 |
| 108.30 | 334.10 | 110.30 | 335.00 |
| 108.35 | 333.95 | 110.35 | 334.85 |
| 108.50 | 329.90 | 110.50 | 329.60 |
| 108.55 | 329.75 | 110.55 | 329.45 |
| 108.70 | 330.50 | 110.70 | 330.20 |
| 108.75 | 330.75 | 110.75 | 330.05 |
| 108.90 | 329.30 | 110.90 | 330.80 |
| 108.95 | 329.15 | 110.95 | 330.65 |
| 109.10 | 331.40 | 111.10 | 331.70 |
| 109.15 | 331.25 | 111.15 | 331.55 |
| 109.30 | 332.00 | 111.30 | 332.30 |
| 109.35 | 331.85 | 111.35 | 332.15 |
| 109.50 | 332.60 | 111.50 | 332.90 |
| 109.55 | 332.45 | 111.55 | 332.75 |
| 109.70 | 333.20 | 111.70 | 333.50 |
| 109.75 | 333.05 | 111.75 | 537.35 |
| 109.90 | 333.80 | 111.90 | 331.10 |
| 109.95 | 333.65 | 111.95 | 330.95 |

## 3.4.2　航向信标系统

**1. 航向信标发射信号**

下面以等强信号型航向信标为例说明其工作原理,图 3.4-6 为航向信标发射机的示意图。

VHF振荡器产生108.1~111.95 MHz波段中任意一个航向信标频率作为载频,载波分别被90 Hz和150 Hz正弦信号调幅,且使两者调幅度相等(20%±1%)。

经调幅后的信号分别通过两个水平极化天线阵发射,形成两个对称于跑道中心线的波束,沿飞机着陆方向的左波束用90 Hz信号调幅,右波束用150 Hz信号调幅,两个波束组合的航道宽度约为4°,如图3.4-7所示。

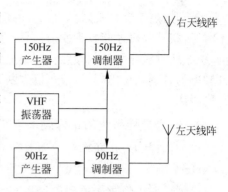

图3.4-6　航向信标发射机示意图

机载设备的功能就是接收和处理航向信标台的发射信号,即放大、检波和比较两个调制信号的幅度,由飞行仪表显示飞机偏离航向道的方向(左边或右边)和大小(度)。如飞机在航向道上(如图3.4-7中的飞机C),90 Hz信号幅度等于150 Hz信号幅度,指示器指零;飞机偏离到航道的左边(如图中的飞机B),90 Hz信号幅度大于150 Hz信号幅度,指示器指针向右指;反之,向左指(如图中飞机A)。

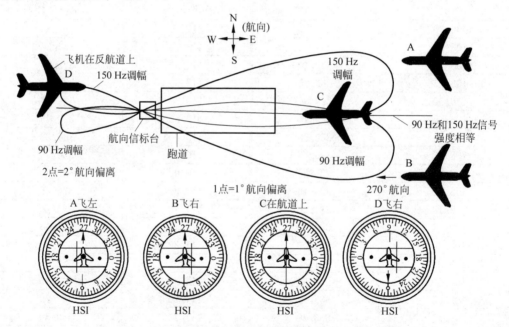

图3.4-7　航向信标辐射场及飞机偏离航向道的指示

有的航向信标天线发射双向辐射波瓣,它不仅提供跑道方向的天线方向性图,而且还提供跑道相反方向的天线方向性图,如图3.4-7所示。两个相反的天线方向性图的主要区别是90 Hz和150 Hz调制信号相反,即90 Hz调制信号在反进近航道的右边,而150 Hz调制在左边。另外,航向信标发射机不在跑道的远端(终点),而是在跑道的近端(起点)。该区域称为"反航道"(back course)。在这个方向上,通常没有下滑信标台,因此,沿反航道进近的飞机只能使用航向信标。

当飞机沿反航道进近着陆时,必须考虑到:飞机不能由完整的ILS引导着陆,此时必须有足够的能见度,以便在进近的最后阶段使用目视着陆;在反航道方向上,指点信标不一定存在;此外,飞行仪表上航道偏离指针的偏离指示与正常进行进近的指向相反。但对驾驶员来说,指针偏移的方向,总是指向航向道所在位置的方向。

目前许多机场的跑道两端都安装有航向信标天线(单向辐射波瓣)和下滑信标天线,以满足飞机双向起降的需要。

为了使驾驶员能够监控 ILS 地面台的工作以及证实接收的信号是不是要求的 ILS 设备的发射信号,在航向信标台发射着陆引导信号的同一载频上发射一个为特定跑道和进场方向所规定的识别信号,识别信号使用(1020±50) Hz 调制频率。识别码采用国际莫尔斯电码,由 2~3 个字母组成。如果需要,可将国际莫尔斯电码信号"Ⅰ"放在最前面,随后为一短暂的间隙,以便飞行员从附近地区的其他导航设备中分辨出 ILS 信号。

Ⅰ类和Ⅱ类设备的航向信标还能提供地-空话音通信。它与导航和识别信号在同一波道上工作,话音频率为 300~3000 Hz。

**2. 调制深度差与偏离指示的关系**

ILS 辐射场是由两个音频(90 Hz 和 150 Hz)调制的载波。调制途径有两种:发射机调制和空间调制。发射机调制是在发射机内形成的;对航向信标来说,两个频率的调幅度各为 20%(±10%),空间调制是由两个天线辐射信号在空间合成。对等强信号型航向信标来说,空间调制度取决于天线辐射的方向图。

在空间的某一点,90 Hz 和 150 Hz 调制度等于发射机调制和空间调制度的合成。两个信号调制度的差值除以 100,定义为调制深度差(DDM),分析可得

$$DDM = \frac{m_{90} - m_{150}}{100} = \frac{m[f_1(\theta) - f_2(\theta)]}{100[f_1(\theta) + f_2(\theta)]}$$

式中,$m_{90}$——90 Hz 调制信号的调制度;

$m_{150}$——150 Hz 调制信号的调制度;

$m$——90 Hz 和 150 Hz 调幅信号的机内调幅度(20%);

$f_1(\theta)$——90 Hz 调制信号的方向性函数;

$f_2(\theta)$——150 Hz 调制信号的方向性函数。

机载设备的航道偏离指示器的指针偏移量是 DDM 的函数,而不是调制度的函数。DDM 为零的点的轨迹,满足 $f_1(\theta) = f_2(\theta)$,即等强信号方向,该方向准确地调整在通过跑道中心线延长线的垂直面内,该平面就是飞机的着陆航道。

当飞机偏离航道时,DDM 将不等于零。如偏向左边,$f_1(\theta) > f_2(\theta)$,即 90 Hz 信号调制度大于 150 Hz 信号调制度;若偏向右边,$f_1(\theta) < f_2(\theta)$,90 Hz 信号调制度小于 150 Hz 信号调制度。在机载接收机里,由于自动增益控制(AGC)或人工电平控制的作用,射频信号幅度总是保持在一个固定的电平上,经检波后 90 Hz 和 150 Hz 分量将与各自的调制度成正比。指针偏移量又正比于 90 Hz 和 150 Hz 信号的幅度差。由此可见,指针的偏移量正比于DDM。

**3. 机载航向信标设备**

航向信标的机载设备包括控制盒、天线、接收机和航道偏离指示器。

控制盒可以实现对航向信标接收机的调谐。

地面航向信标的发射信号由安装在垂直安定面顶部的 VOR/LOC 天线或雷达罩内的 LOC 天线接收。LOC 天线是一个具有 50Ω 特性阻抗的水平极化天线,安装在雷达罩内的 LOC 天线如图 3.4-8 所示。

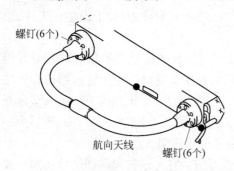

图 3.4-8　安装在雷达罩内的 LOC 天线

航向信标接收机是常规的超外差式接收机,处理由天线接收的航向信号,如图 3.4-9 所示。有些系统的 LOC 和 VOR 的接收机部分是公用的,接收机接收和处理哪种信号,决定于控制盒选择的频率是 LOC 频率还是 VOR 频率。当选择 LOC 频率时,接收机接收 LOC 台的发射信号,通过高频、中频和检波电路,输出信号包括 90 Hz 和 150 Hz 导航音频、1020 Hz 的台识别码以及地-空通信话音信号(300~3000 Hz)。这些信号的分离由滤波器完成。

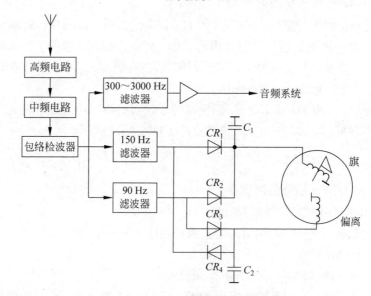

图 3.4-9　航向信标接收机框图

台识别码和通信话音信号通过 300~3000 Hz 带通滤波器和音频放大器,加到飞机音频系统,向驾驶员提供音频信号,用来监视 LOC 地面台的工作。

90 Hz 和 150 Hz 带通滤波器分开 90 Hz 和 150 Hz 信号,然后分别加至各自的整流器。两个整流器的输出加到航道偏离电路进行幅度比较,即两个整流器输出的"差信号"驱动偏离指示器,而两个整流器的"和信号"驱动警告旗。当飞机对准航向道时,90 Hz 和 150 Hz 调制度相等(DDM 等于零),也就是说,90Hz 和 150Hz 信号幅度相等,流过偏离指示器的差电流等于零,偏离指示器指针指中间零位;如果飞机偏左,则 90 Hz 信号的调幅度大于 150 Hz 信号的调幅度,整流后 $I_{90}>I_{150}$,差电流使指示器的指针向右偏;反之,飞机偏右,$I_{90}<I_{150}$,差电流使指针向左偏。

两个整流器输出"和电流"流过警告旗线圈,用来监视地面台和机载设备的工作状态。由于警告旗是由 90 Hz 和 150 Hz 两种调制信号的和驱动的,因此当任何一个调制信号从发射载波中去掉后,警告旗便出现。从接收机角度来看,如果进行幅度比较的 90 Hz 和 150 Hz 信号幅度不够大,警告旗也出现。警告旗出现表示偏离指示器上指示不可靠,尽管各种具体设备要求监控的信号不同,但基本的监控是当出现下列情况之一时,应向驾驶员或利用航向信标数据为其他机载设备发出警告:

(1) 没有接收到射频信号,或接收信号中没有 90 Hz 或 150 Hz 调制;

(2) 90 Hz 或 150 Hz 信号幅度降到额定值的 10%,而另一个保持在额定值的 20%。

### 3.4.3  下滑信标系统

**1. 下滑信标的发射信号**

下滑信标向空间辐射信号的原理与航向信标基本相同,在顺着着陆方向上向空间辐射两个与跑道平面有一定仰角的、形状相同的(上、下)波束,如图 3.4-10 所示。上、下波束重叠的中间平面为下滑面(或叫下滑道)。两波束载波频率相同,且工作在 UHF(329.15~335.00 MHz)波段,但上波束用 90 Hz 信号调幅,下波束用 150 Hz 信号调幅,调幅度均为 40%,由发射机完成调制(机内调制)。

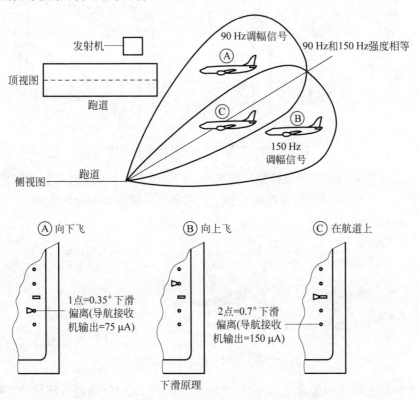

图 3.4-10  下滑信标天线辐射场和偏离指示

从图中可以看出,在下滑道上,90 Hz 和 150 Hz 调幅信号幅度相等;在下滑道上面,90 Hz 调幅信号大于 150 Hz 调幅信号;反之,在下滑道下面,150 Hz 调幅信号大于 90 Hz 调幅信号。像航向信标那样,用 DDM 表示偏离下滑道的程度,则在下滑道上 DDM = 0,离开下滑道,DDM 值随偏离下滑道角度的增大而线性增大,直至 DDM = 0.22。

机载接收机的任务就是分开 90 Hz 和 150 Hz 调制音频并比较它们的幅度,或者说测量飞机离开下滑道的偏离量(度)。如果飞机对准下滑道,接收到的 90 Hz 信号等于 150 Hz 信号,偏离指示器指针在中心零位(C 飞机);若飞机在下滑道上面,90 Hz 信号大于 150 Hz 信号,偏离指针向下指(A 飞机),表示下滑道在飞机下面;反之,飞机在下滑道下面时,150 Hz 信号大于 90 Hz 信号,偏离指针向上指(B 飞机),表示下滑道在飞机上面。

**2. 机载下滑接收设备**

接收频率的选择和调谐是在 VHF NAV 控制盒或无线电管理面板(RMP)上与 LOC 配对选频调谐。

下滑接收天线是一个单独的、具有 50Ω 特性阻抗的水平极化天线,如图 3.4-11 所示,安装在气象雷达罩内。它可接收 329.15～335 MHz 超高频信号。

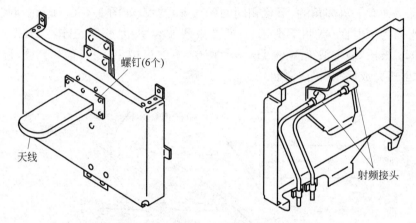

图 3.4-11　安装在雷达罩内的下滑天线

下滑信标接收机和航向信标接收机基本相似,通常采用单变频或双变频的超外差式接收机。图 3.4-12 所示为某种双变频的超外差式机载下滑接收机的原理框图。

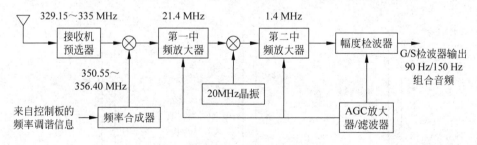

图 3.4-12　下滑信标接收机原理框图

该接收机的主要作用是输出、分离和比较 90 Hz 和 150 Hz 调制音频信号,并通过比较 90 Hz 和 150 Hz 的幅度,产生偏离电压,驱动下滑偏离指针,测量出飞机偏离下滑道的角度。下滑道的偏离值可显示在飞行仪表上。

在新型 ILS 接收机中(如 ILS-900),检波器输出的航向、下滑信息由数字处理(DSP)模块计算航向偏离信息和下滑偏离信息,再转换为 ARINC429 数据字,发送至驾驶舱显示器上显示出来。

## 3.4.4　指点信标系统

### 1. 地面指点信标台

指点信标系统主要用于对飞机在航路上的位置报告和在进近着陆阶段的距离引导。

指点信标系统按其用途分为航路信标和航道信标。航路信标安装在航路上,向飞行员报告飞机正在通过航路上某些特定点的地理位置。航道信标用于飞机进场着陆过程中报告着陆飞机离跑道头预定点(远、中、近指点信标上空)的距离。两种信标地面台天线发射垂直向上的扇形波束或倒锥形波束,以便飞机飞越信标台上空时被机载接收机接收。

指点信标台发射载频均为固定 75 MHz,天线辐射水平极化波,而调制频率和台识别码各不相同,以便识别飞机在哪个信标台上空。指点信标台的发射功率从几瓦到 100 W 不等。高功率信标台用于外指点信标和航路指点信标,在这里飞机高度比较高,不管是航道指点信标或航路指点信标,机载信标接收机是相同的。

航道指点信标台安装在沿着着陆方向的跑道中心线延长线上。根据 ICAO 规定,指点信标包括外指点信标、中指点信标和内指点信标。在一些机场还装有反航道指点信标,用于飞机从反航道进场。指点信标系统的工作如图 3.4-13 所示。

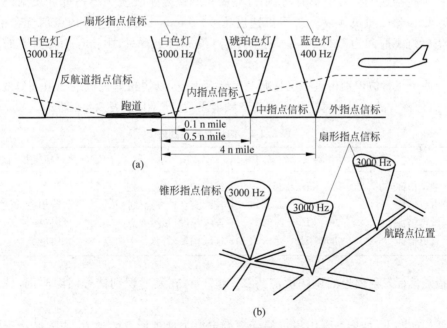

图 3.4-13　指点信标系统工作图

(a) 航道指点信标;(b) 航路指点信标

内指点信标偏离跑道中心延长线不应超过 30 m,中指点信标和外指点信标不应超过 75 m,对于某些机场来说,3 个指点信标台的具体位置,根据机场的地理条件,在允许的距离范围内设置。

指点信标系统在仪表着陆系统(ILS)中的作用是:外指点信标指示下滑道截获点;中指点信标用来测定 I 类着陆标准的决断高度,即下滑道通过中指点信标台上空的高度约等于 60 m;内指点信标用来测定Ⅱ类着陆标准的决断高度点,即下滑道通过内指点信标台上空的高度约为 30 m。考虑到内指点信标和中指点信标之间的干扰和机上目标指示灯发亮时间保证持续 3 s,内指点信标和下滑道之间所标示的最大高度限制应高于跑道入口 37 m。典型的指点信标接收机在飞机速度 140 n mile/h(250 km/h)时,中指点信标和内指点信标目视指示灯发亮的最少持续时间为 3 s,以此来选择内指点信标台的台址,便可确定其标示的最高高度,各指点信标均发射倒锥形波束,以便覆盖整个航道宽度。发射功率是由指点信标覆盖范围确定的,各指点信标覆盖范围规定如表 3.4-3 所示。

表 3.4-3　指点信标覆盖范围

| 指 点 信 标 | 高度/m | 宽　　度 |
|---|---|---|
| 内指点信标<br>中指点信标<br>外指点信标 | 150±50<br>300±100<br>600±200 | 在整个航向道宽度内能达到正常指示 |

在覆盖区边界,场强应不小于 1.5 mV/m;在覆盖区内,场强应不低于 3 mV/m。标准机载接收机如能收到 1.5 mV/m 场强时,应能正常地工作。

飞机飞越指点信标台上空时,指示灯亮的时间决定于飞机飞行速度和发射波束的纵向"宽度"以及接收机灵敏度。若飞机速度为 96 n mile/h,则飞越外指点信标台上空时,外指点信标灯亮时间为(12±4)s;飞越中指点信标台上空时,中指点信标灯亮时间应为(6±2)s。

为了便于飞行员识别飞机在飞越哪个信标台上空,以便知道飞机距跑道入口的预定距离,各指点信标台的发射频率采用不同的音频编码键控调制,如表 3.4-4 所示。

表 3.4-4　信标台与识别码

| 指 点 信 标 | 调 制 频 率 | 识 别 码 | 机上指示灯 |
|---|---|---|---|
| 外指点信标 | 400 Hz±2.5% | 连续拍发,每秒 2 划 | 蓝色(或紫色) |
| 中指点信标 | 1300 Hz±2.5% | 连续交替拍发点-划 | 琥珀色(黄色) |
| 内指点信标 | 3000 Hz±2.5% | 连续拍发,每秒 6 点 | 白色 |
| 反航道信标 | 3000 Hz | 连续拍发,每秒 6 个对点 | 白色 |

各指点信标发射信号的调幅度应为(95±4)%,在发射识别信号间隙时间,载波不应中断。

在任何航路上,如果需要用指点信标来标定一个地理位置的地方,应安装扇形指点信标。在需要用指点信标来标出航路上无线电导航设备的地理位置的地方,应安装"Z"指点信标。航路指点信标发射信号的调制频率为(3000±75)Hz,键控发送莫尔斯识别码,以表示该指点信标的名称或地理位置。

### 2. 机载指点信标接收机

指点信标天线为调谐在 75 MHz 的嵌平式天线,如图 3.4-14 所示,用 6 个螺钉固定在机身下部,以便接收指点信标台发射的垂直向上波束信号。

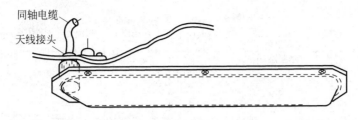

图 3.4-14　飞机指点信标天线

指点信标系统机载设备如图 3.4-15 所示。

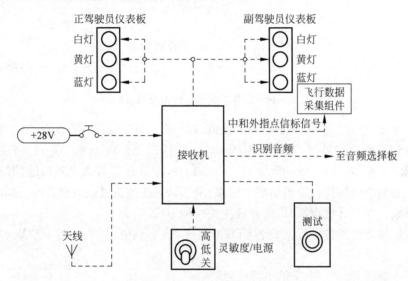

图 3.4-15　指点信标接收机组成

接收机通常采用一次变频的超外差式接收机。接收机输出信号加至正、副驾驶员仪表板指示灯和音频选择板,向驾驶员提供目视和音响信号,以区别飞机飞越哪个信标台的上空。中指点信标和外指点信标音频识别信号还加到飞行记录器中的飞行数据采集组件(FDAU),作为飞行员记录器的信号源之一。灵敏度和电源开关用来控制接收机的灵敏度和接通电源。在设置自检电路的接收机中,当按下测试按钮时,自检电路可依次产生400 Hz、1300 Hz 和 3000 Hz 调幅的 75 MHz 测试信号,加到接收机的输入端。此时,指示灯(蓝、黄、白)依次通亮并可听到相应频率的识别音频,以判断信标接收机及指示器的工作是否正常。

图 3.4-16 所示为一次变频的超外差式接收机框图。天线所接收的信号经 75 MHz 调谐滤波加到混频器。混频后产生的中频信号经过中频晶体滤波器,加到中频放大器放大。晶体滤波器是一个窄带滤波器,在 20 dB 点带宽为 ±15 kHz,它决定了接收机的选择性。中频放大器输出经包络检波器得到 400 Hz、1300 Hz 或 3000 Hz 音频,其幅度为 3.5 V。3 个带通滤波器用来分别通过 400 Hz、1300 Hz 和 3000 Hz 音频,再分别经整流后得到直流电压,以接通晶体管灯开关,使相应的指示灯亮。同时,检波后的音频经音频放大后加到音频选择板,提供音响信号。

指点信标接收机主要的干扰源是 VHF 频段低端的高功率无线电广播,接近 75 MHz

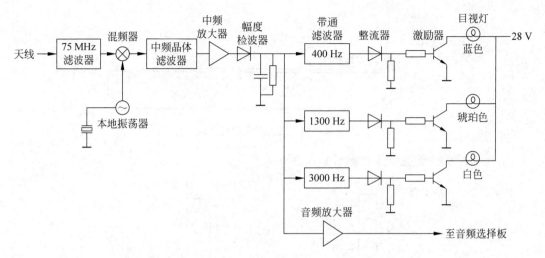

图 3.4-16　超外差式指点信标接收机框图

频率的是电视 4 频道(66～72 MHz)和 5 频道(76～82 MHz)信号,更接近 75 MHz 的是几个商用的点到点的通信波道,其频率范围是 72.20～74.58 MHz 和 75.42～75.98 MHz。虽然最接近的频率与 75 MHz 的间隔只有 420 kHz,但这些点与点之间的通信波道所使用的功率比典型的电视广播台发射功率小得多,但如果飞机接近通信发射台时,接收信号强度也会迅速增大。在设计接收机时,应充分注意这种干扰。

指点信标接收机的技术标准规程(TSO)规定,当下列信号输入时,不应影响接收机的正常工作:

(1) 2～6 频道,3.5 V 电平的电视信号;

(2) 1300 Hz 调频,频移±15 kHz,0.5 V 电平的通信信号。

一旦干扰信号进入接收机电路,由于电路的非线性,将会产生内部调制失真。减小内部调制失真有两种方法。第一种,精心设计放大器和混频器,使它们具有高的线性度,不产生内部调制失真;第二种,提高接收机的选择性,以滤掉有害干扰信号。

混频器是一个非线性器件,是产生内部调制最严重的器件。所以目前指点信标接收机采用调谐高放式(TRT)接收机电路,如图 3.4-17 所示。

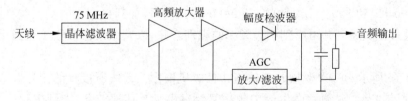

图 3.4-17　调谐高放式指点信标接收机

在该接收机中,天线输入信号直接加到 75 MHz 晶体滤波器,滤波器带宽为±15 kHz,接着是高增益高频放大器(80 dB),然后是二极管包络检波器。检波后音频输出加至 3 个指示灯滤波器。这种接收机的主要优点是 75 MHz 晶体滤波器可以滤除电视信号和调频信号,没有把输入信号频率变换为中频的混频器,完全不受内部调制的影响。但这种电路有两个明显的缺点:第一,接收机的所有增益在高频 75 MHz 放大,而不是在中频,获得稳定的高增益比较困难；第二,晶体滤波器有插入损耗,降低了接收机的灵敏度。

自动增益控制(AGC)电路是指点信标接收机的一个重要组成部分。因为飞机通过指点信标方向性天线波束时,接收信号强度会迅速变化,AGC 的作用就是在接收信号变化时,保持输出电平基本稳定。通常利用幅度检波器输出的平均电压作为 AGC 控制电压,因为它的大小和输入信号电平成正比。该电压经滤波放大后,加到中频(或高频)放大器,改变放大器的直流工作点,从而实现增益控制。AGC 电压的控制能力通常要求输出信号电平变化小于 6 dB。

高低灵敏度控制电路可以改变接收机灵敏度。指点信标接收机用来接收航路指点信标和航道指点信标的发射信号,飞机在航路上的高度远大于进场着陆高度,这样天线接收信号的强度相差很大,如果把接收机灵敏度设计得很高,则在着陆时,指示灯离信标台很远就亮。甚至飞越外指点信标和中指点信标时,两个指示灯可能同时亮,这严重影响指点信标的功能。另一方面,按进场着陆方式设计接收机灵敏度,那么在飞越航路指点信标台时,指示灯就可能不亮。为了满足进场和航路两种情况下的使用要求,在接收机外部有一个"高-低"灵敏度控制开关,高灵敏度用于航路信标,低灵敏度用于进场着陆。

自检电路产生模拟的信标台发射信号,用以在地面或空中检查机载接收机的工作情况。图 3.4-18 是自检电路的示意图。

图 3.4-18 自检信号产生器示意图

当接通自检开关时,定时器产生约 5 s 的锯齿波,加到调制频率产生器,顺序产生 1.5 s 间隔的 400 Hz、1300 Hz 和 3000 Hz 的音频信号,该信号对 75 MHz 晶体振荡器进行调幅,然后加到接收机输入端。如果机载设备工作正常,目视指示灯按蓝、黄、白顺序点亮 1.5 s,同时驾驶员耳机中可顺序听到 400 Hz、1300 Hz 和 3000 Hz 的音频。

## 3.5 测距系统

### 3.5.1 测距机的功用

测距机(DME)所测量的是飞机与地面测距信标台之间的斜距 $R$(参见图 3.5-1)。通常,大型飞机飞行高度在 3 万 ft 左右,当飞机与测距信标台的距离在 35 n mile 以上时,所测得的斜距 $R$ 与实际水平距离的差别小于 1%。

当飞机在着陆进近的过程中与测距台的距离小于 30 n mile 时,其飞行高度通常也已降低(例如距离为 6 n mile 时高度为 5000 ft),因而所测得的斜距与水平距离的差别仍然为 1% 左右。所以在实用中把斜距称为距离是可以接受的。只有在飞机保持较高的高度平飞接近测距台的情况下,斜距与实际水平距离之间才会出现较大的误差。

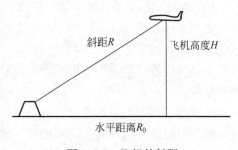

图 3.5-1 飞机的斜距

　　由于地面测距台通常是和全向信标台(VOR)同台安装的,利用测距机所提供的距离信息,结合全向信标系统所提供的方位信息,即可按 $\rho$-$\theta$ 定位法确定飞机位置,并进而计算地速、预计到达时间和其他导航参数。在现代飞机上,这些计算由飞行管理计算机完成。同样,利用所测得的飞机到两个或三个测距台的距离,也可按 $\rho$-$\rho$ 或 $\rho$-$\rho$-$\rho$ 定位法确定飞机的位置,进行各种导航计算。

　　利用机场测距台和机场 VOR 台,则可以实现对飞机的进近引导。例如,只需保持测距机输出距离读数为常数,即可使飞机绕测距台作圆周飞行以等待着陆,或者绕过禁区、障碍物等。

### 3.5.2　测距机系统的工作概况

#### 1. 测距机系统的工作方式

　　测距机系统是通过询问-应答方式实现距离测量。如图 3.5-2 所示,机载测距机中的发射电路产生射频脉冲对信号,通过无方向性天线辐射出去,这就是测距机的"询问"信号。地面测距信标台接收机收到这一询问信号后,经过 50 $\mu$s 的延迟,由其发射机产生相应的"应答"信号发射;机载测距机在接收到地面射频脉冲对应答信号后,即可由距离计算电路根据询问脉冲与应答脉冲之间的时间延迟,计算出飞机到测距信标台之间的视线距离。因此,也可以把机载测距机称为询问器,而把地面测距信标台称为应答器,或简称为信标台。通常所说的测距机是指机载询问器。

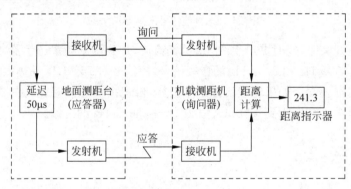

图 3.5-2　测距机系统

　　由上可知,地面测距台和机载测距机都包含有发射电路和接收电路。

#### 2. 测距机系统的工作频率及信号格式

　　地面测距信标的工作频率为 962~1213 MHz(应答频率),波道(频率)间隔为 1 MHz,共分为 252 个工作波道,并将其分为 $X$、$Y$ 波道,分别与机载询问器的询问频率 1025~1150 MHz(间隔 1 MHz 的 126 个波道)对应通信。

　　询问与应答信号均为钟形脉冲对信号,按脉冲对的间隔不同将它们分为 $X$、$Y$ 波道的脉冲对信号。

　　$X$ 波道的询问与应答脉冲对的信号格式相同,脉冲对的脉冲间隔均为 12 $\mu$s;$Y$ 波道的询问脉冲对的脉冲间隔为 36 $\mu$s,而应答脉冲对的脉冲间隔为 30 $\mu$s。$X$ 波道与 $Y$ 波道的脉冲宽度均为 3.5 $\mu$s,如图 3.5-3 所示。

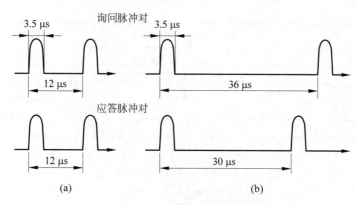

图 3.5-3 *X*、*Y* 波道脉冲对信号

（a）*X* 波道信号格式；（b）*Y* 波道信号格式

*X*、*Y* 波道询问频率与应答频率的对应关系如图 3.5-4 所示。

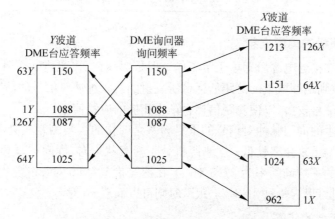

图 3.5-4 *X*、*Y* 波道的询问频率与应答频率关系

在 252 个波道中，只使用 200 个波道，与 VOR、ILS（200 个波道）配对调谐，其中，1*X/Y*～16*X/Y*，60*X/Y*～69*X/Y* 这 52 个波道不作为 DME 波道使用。

DME 使用的 200 个波道与 VOR/ILS 200 个波道的频率配对调谐关系如表 3.5-1 所示。

表 3.5-1 DME 与 VOR/ILS 频率配对调谐关系

| DME 波道 | VOR 频率/MHz | ILS 频率/MHz |
| --- | --- | --- |
| 17*X* | 108.00 | |
| 17*Y* | 108.05 | |
| 18*X* | | 108.10 |
| 18*Y* | | 108.15 |
| 19*X* | 108.20 | |
| 19*Y* | 108.25 | |
| ⋮ | | |

| DME 波道 | VOR 频率/MHz | ILS 频率/MHz |
|---|---|---|
| 56X | | 111.90 |
| 56Y | | 111.95 |
| 57X | 112.00 | |
| 57Y | 112.05 | |
| 58X | 112.10 | |
| 58Y | 112.15 | |
| 59X | 112.20 | |
| 59Y | 112.25 | |
| 60X | 112.30 | |
| 60Y | 112.35 | |
| ⋮ | | |
| 126X | 117.90 | |
| 126Y | 117.95 | |

### 3. 机载测距机的询问发射

机载测距机在接通电源后即可正常工作。但是,只有当飞机进入了系统的有效作用范围,在测距机接收到足够数量的测距信标台所发射的射频脉冲对信号的情况下,测距机才会产生脉冲对询问信号发射,以使测距信标台产生相应的应答信号。

测距机所产生的询问脉冲对信号的重复频率是变化的。当测距机处于跟踪状态时,询问脉冲信号的平均重复频率较低;当测距机处于搜索状态时,询问重复频率较高。典型测距机在跟踪状态的平均询问率为 22.5 对/s;在搜索状态为 90 对/s。现代机载测距机的询问率较低,搜索时可以为每秒 40 对/s,跟踪时则可以低至 10 对/s。

### 4. 测距信标台的应答

1) 询问应答与断续发射

测距信标台在接收到询问信号后,经过 50 μs 延迟,便产生相应的应答信号发射,以供机载测距机计算距离,这就是询问应答信号。应答信号和询问信号一样,也是射频脉冲对信号。

地面测距台应能为进入有效作用范围的所有飞机的测距机提供询问应答信号。这样,有时测距信标台会接收到多架飞机测距机的询问信号,因而要产生很密集的应答脉冲对;有时又可能只有很少的飞机测距机在询问,因而只需产生很少的应答脉冲对。甚至有时还会出现没有飞机测距机询问的情况。为了使测距信标台保持在它的最佳工作状态,且不致因应答重复频率太高而导致发射机过载,应使测距台的应答重复频率基本保持不变。一般,规定测距信标台应能同时为 100 架飞机的测距机提供应答信号。考虑到机载测距机的询问率是在一定范围内变动的,地面测距台在满负荷时的应答脉冲重复频率一般规定在 1000~2700 对/s 的范围内。

前已说明,机载测距机是在接收到一定数量的地面台所发射的脉冲信号后,才开始发射询问信号的。如果地面测距台只能在接收到询问信号后才产生应答信号发射,那么会出现当地面测距台因为没有询问信号而不发射应答信号,而测距机又因接收不到一定数量的脉冲信号而不可能发射询问信号的情况。为了避免出现这种情况,在测距信标台中采取用接收机噪声来触发发射机产生脉冲对信号发射的方法,使测距台发射机在询问飞机很少的情况下也维持规定的发射重复频率,以使测距机系统正常发挥其功能。由于噪声所触发的脉冲信号是断续的,可以把测距信标台的这种发射脉冲称为断续发射脉冲,或者称为噪声填充脉冲,以区别于前面所说的在询问信号触发下所产生的应答发射脉冲。

上述噪声填充脉冲断续发射是受询问脉冲数控制的。信标台接收机的灵敏度与所接收到的询问脉冲数有关。在询问飞机较少时,发射机除了由询问脉冲触发产生应答脉冲对外,受询问脉冲数控制的接收机灵敏度较高,因而超过某一门限的接收机输出噪声较多,从而触发发射机产生较多的噪声填充脉冲对。

2）应答抑制

所谓抑制,是指测距信标台在接收到一次询问脉冲对后,使信标接收机抑制一段时间。抑制的时间一般为 $60\ \mu s$,特殊情况下可达 $150\ \mu s$。

在抑制的寂静期,信标台不能接收询问脉冲。采取这一措施的目的是防止因多径反射信号而触发应答。机载测距机发射的询问信号,除了沿视线直接到达测距信标台天线外,还可能经地面上其他目标或飞机本身反射后沿折线到达测距信标台。如不加抑制,则这种多径反射信号也可能触发测距信标台产生应答脉冲信号,从而干扰系统的正常工作。由于沿折线到达测距台的反射信号总是在直达询问信号之后到达,所以使信标台接收机在接收到一次询问信号后抑制一段时间,便可以防止这类多径反射信号而触发应答。

3）测距信标台的识别信号

为了便于机组判别正在测距的测距信标台是否是所选定的测距信标台,各信标台以莫尔斯电码发射三个字母的识别信号。识别信号使机载测距机产生相应的由点、划组成的 1350 Hz 音频识别码输出。

由上可知,测距信标台所发射的射频脉冲信号可以分为三类:第一类是由询问信号触发产生的应答脉冲对,这类应答脉冲对的数量取决于发出询问的机载测距机的多少;第二类是由测距信标台接收机噪声所触发的断续发射脉冲对;第三类是固定的识别信号脉冲对。第一、二类信号都是随机间隔的脉冲对,而识别信号则是等间隔的脉冲对。

**5. 测距机的接收**

机载测距机在每发射一对询问脉冲后即转入接收状态。所接收信号中,既有测距信标台对本机询问的应答信号,也包括信标台对众多其他飞机测距机的应答脉冲,此外还包括信标台的断续发射脉冲信号及识别发射信号。

需要说明的是,即使飞机处于测距系统覆盖范围之内,也并不是所有询问都能得到应答。这是因为,在众多飞机询问的情况下,测距信标台每接收到一次询问信号,均会使它的接收机进入 $60\ \mu s$ 的抑制期,从而使在后续 $60\ \mu s$ 期间内到达的询问信号得不到应答。除此之外,本架飞机上的 ATC 应答机在回答地面二次雷达询问的发射期间,以及在 TCAS 和另一套测距机的询问期间,均会对本套测距机抑制约 $30\ \mu s$;另外,在测距信标台发射识别信号的点、划期间,也会使询问信号得不到应答。

考虑各种导致询问得不到应答的因素后,计算表明机载测距机所能得到的应答百分数约为 82%。通常,测距机均设计成在应答率为 50% 甚至更低的情况下能正常测距。

### 6. 距离计算原理

测距机发出的询问信号经历距离 $R$ 到达测距信标台,延迟 $50~\mu s$ 由测距信标台发出应答信号,再经历距离 $R$ 返回到测距机。计入测距信标台的固定延迟 $50~\mu s$,若应答脉冲与询问脉冲之间的时间延迟 $t$ 以微秒计,则距离 $R$ 可由下式给出:

$$R = \frac{t-50}{2}c$$

式中,$c$ 为电磁波的传播速度。

## 3.5.3 机载测距机

### 1. 机载测距机的组成

机载测距系统(DME)由询问器、天线、显示器和控制盒等组成,如图 3.5-5 所示。

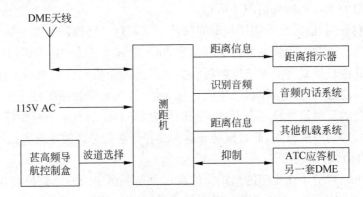

图 3.5-5　机载测距系统组成框图

DME 天线为 L 波段刀形天线,如图 3.5-6 所示,用来发射询问信号和接收应答信号。该天线与机载 ATC 天线完全相同,可以互换。

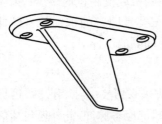

图 3.5-6　机载 DME 天线

询问器实际由一个收发机和一个计数器组成。发射机产生 1025~1150 MHz 的射频脉冲对询问信号,并由接收机接收地面 DME 信标的 962~1213 MHz 的高频应答脉冲对信号,计算出飞机到地面 DME 信标台的距离,该距离信息可在 RDDMI 等显示器上显示,同时,送到飞机其他系统使用,接收信号中,还包含有地面 DME 信标的 1350 Hz 音频识别信号,输出至飞机音频系统。

利用控制盒可以对机载 DME 进行调谐。

### 2. 机载 DME 询问器的简单工作原理

测距机大体上可分为发射电路、接收电路和距离计算电路三个基本组成部分,分别用以产生射频脉冲询问信号、接收处理应答信号和进行距离计算三项基本任务。测距机的基本功能电路框图见图 3.5-7。

1) 发射电路

测距机中发射电路用以产生 X 波道或 Y 波道的周期性射频脉冲对询问信号,所产生的

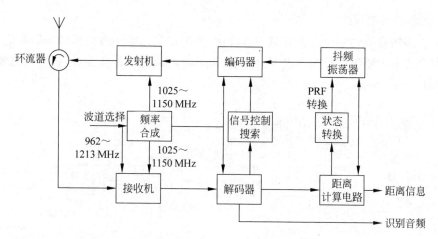

图 3.5-7　测距机系统框图

射频脉冲信号经环流器输往天线发射。发射载频由频率合成器提供。脉冲对的间隔由波道选择信号控制。脉冲重复频率则由距离计算电路中状态控制电路转换。

　　典型测距机发射电路由触发脉冲产生及转换电路、编码电路、频率合成电路、调制器和功率放大器等组成,见图 3.5-8。各型测距机发射电路虽然会有所不同,但均具有上述功能电路。

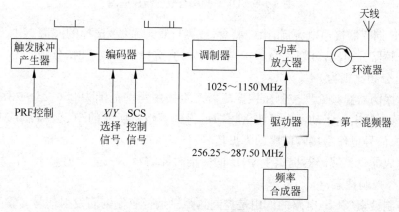

图 3.5-8　测距机的发射电路

　　触发脉冲产生电路用以产生调制触发脉冲对并控制其脉冲重复频率。测距机的询问重复频率是围绕一个平均值随机抖动,且受状态转换电路的控制而转换其平均频率,以在搜索状态提供高询问率,在跟踪状态提供低询问率。

　　编码电路在 $X/Y$ 波道选择信号控制下形成间隔为 12 $\mu$s 的 $X$ 波道触发脉冲对或间隔为 36 $\mu$s 的 $Y$ 脉冲对,以触发调制器和驱动放大器。

　　射频驱动电路对频率合成器输出的等幅射频信号进行倍频、放大,并进行预调制,供给功率放大器以足够功率的脉冲射频驱动信号。

　　编码脉冲对在调制器中进行放大并经整形处理。在调制器所形成的调制脉冲对的控制下,在射频功率放大器中实现对射频信号的脉冲调制。射频功率放大器将射频脉冲信号放大到所需的功率电平,然后经环流器输往天线发射。

（1）频率合成器

为了获得较高的频率稳定度和频率准确度，测距机利用频率合成器产生射频信号。

频率合成器主要由压控振荡器、晶体振荡器、混频器、可变分频器、鉴相器及滤波电路等组成，如图 3.5-9 所示。

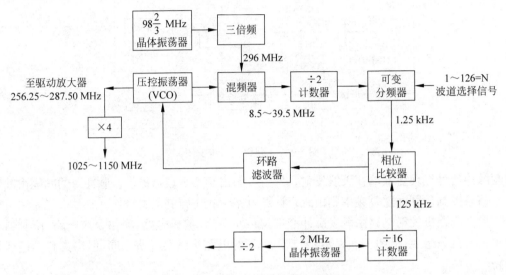

图 3.5-9　DME 频率合成器组成框图

当 DME 询问器接通电源后，由控制盒（或飞行管理系统）选择的波道 $N$ 控制频率合成器的可变分频器分频比，分频比为 $160-N$，例如，当选择第 1 波道时，分频比为 159；选择第 126 波道时，分频比则为 34。

经晶体振荡器稳频处理控制压控振荡器产生振荡频率范围为 $256.25 \sim 287.5$ MHz 的振荡信号，这一输出在驱动器中经四倍频即可得到测距机所需的 $1025 \sim 1150$ MHz 射频信号。同时，该信号也作为接收应答的本振信号。

频率合成器也为编码器提供 1 MHz 的标准时钟信号。

（2）信号控制搜索

信号控制搜索（SCS）电路的作用是控制测距机是否产生询问发射信号。常用的控制方式是通过对所接收到的脉冲对计数产生 SCS 选通信号，选通输往发射机的触发脉冲。

SCS 电路的工作原理可用图 3.5-10 说明。测距机所接收到的脉冲信号经接收机视频处理器处理后加至 SCS 电路的三位计数器进行计数，若所接收到的有效脉冲信号在一个询问周期中超过 450 对/s，计数器的输出即通过门电路加至发射机触发器，使触发器的输出变为高电平。这一信号加至 SCS 选通门 $U_6$，即可使编码脉冲对触发信号通过 $U_6$ 输出，去触发调制发射电路。反之，若三位计数器的计数表明测距机所接收到的脉冲数不足，则 SCS

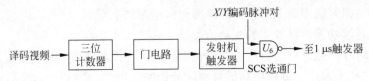

图 3.5-10　SCS 电路的工作原理

控制电平为低,触发脉冲对就不能通过选通门 $U_6$ 门输出,从而抑制发射机。

（3）编码器

测距机中编码电路的作用是在 $X/Y$ 波道选择信号控制下,产生间隔为 12 μs 或 36 μs 的 $X$ 波道或 $Y$ 波道编码脉冲对。图 3.5-11 为典型的编码电路原理框图。

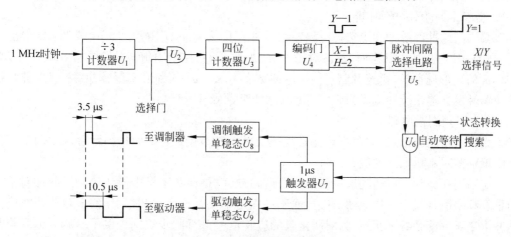

图 3.5-11  编码电路原理框图

频率合成器输出 1 MHz 标准时钟脉冲信号经 ÷3 计数器 $U_1$ 得到频率为 0.33 MHz 的编码时钟脉冲信号,其周期为 3 μs。这就是编码电路的时间间隔基准。在触发脉冲产生电路所提供的一个编码选择门控制下可以由与门 $U_2$ 选通其中 16 个脉冲门,如图 3.5-12(a)所示。这 16 个脉冲所占用的时间区间为 48 μs,用以触发四位计数器 $U_3$ 进行计数。用一组与非门组成编码门 $U_4$ 计数器对计数器各输出端的输出进行组合,即可得到如图 3.5-12(b)、(c)、(d)所示的三个编码门 $Y$-1、$X$-1 和 $H$-1。其中 $Y$-1 编码门前沿与第二个 0.33 MHz 时钟后

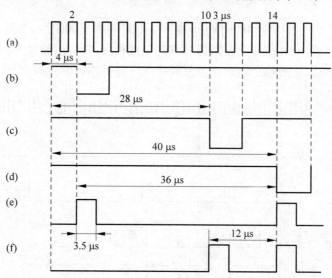

图 3.5-12  编码电路各级波形

(a) 编码时钟;(b) $Y$-1 编码门;(c) $X$-1 编码门;(d) $H$-1 编码门;

(e) $Y$ 波道触发脉冲对;(f) $X$ 波道触发脉冲对

沿同步,距第一个时钟脉冲前沿 4 $\mu s$；$X$-1 编码门前沿与第十个时钟脉冲后沿同步,距第一个时钟脉冲前沿 28 $\mu s$；$H$-1 门编码门前沿则与第十四个时钟脉冲后沿同步,距第一个时钟脉冲前沿 40 $\mu s$；每个波门宽度均为 6 $\mu s$。由此可知,上述 $Y$-1 编码门与 $H$-1 编码门之间的间隔为 36 $\mu s$；而 $X$-1 编码门与 $H$-1 编码门之间的间隔为 12 $\mu s$。这就是所需要的 $Y$ 波道和 $X$ 波道的脉冲对间隔时间。

编码门脉冲经脉冲间隔选择电路输出脉冲宽度为 6 $\mu s$、间隔为 12 $\mu s$ 或 36 $\mu s$ 的脉冲对,当 DME 进入搜索状态时,脉冲对经 1 $\mu s$ 触发器一路控制调制器触发器输出脉冲宽度为 3.5 $\mu s$ 的矩形脉冲对,再经调制器输出脉冲宽度为 3.5 $\mu s$ 的钟形调制脉冲对；另一路控制驱动器触发器输出脉冲宽度为 10.5 $\mu s$ 的脉冲对,供预调使用。

(4) 闪频测距原理

为了获得距离信息,测距机首先必须解决一个基本问题:如何从测距台众多的应答信号中识别出对本机询问的应答信号?

应用闪频原理可以达到这一目的。所谓闪频,就是在测距机中设法使询问脉冲对信号的重复频率围绕一个平均值随机颤抖而不是固定不变。这样,同时工作的多台测距机询问脉冲重复频率就会各不相同,为对所接收的应答信号进行同步识别提供了基础。询问重复频率是由重复频率控制电路控制。颤抖脉冲产生的基本原理如图 3.5-13 所示。

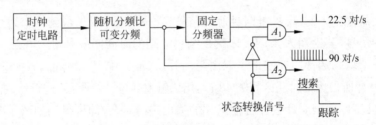

图 3.5-13 颤抖脉冲产生原理框图

定时电路产生稳定的定时脉冲信号,其脉冲重复频率是固定的,如图 3.5-14(a)所示。定时脉冲加至一个可变分频器,该分频器分频比是随机可变的,这就是颤抖脉冲发生器。由于其分频比随机抖动,它所输出的脉冲重复频率在一定范围内随机抖动,即相邻的两个脉冲

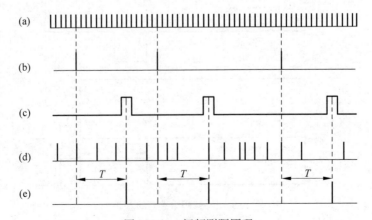

图 3.5-14 闪频测距原理

(a) 定时时钟脉冲；(b) 抖频脉冲；(c) 距离波门；(d) 视频脉冲；(e) 同步应答脉冲

之间的时间间隔不是固定不变,而是不相等的,如图 3.5-14(b)所示。用该颤抖脉冲触发发射电路,则产生的射频询问脉冲对的间隔也是随机可变的。

图 3.5-13 中固定分频器的分频比为 4,输出信号的重复频率受状态控制电路控制,在搜索状态,状态转换信号为高电平,脉冲是经与门 $A_2$ 输出,脉冲平均重复频率较高,典型值为 90 对/s。在跟踪状态,状态转换信号为低电平,所以上述电路可使可变分频器输出经 4 分频器后再经与门 $A_1$ 输出,从而使平均重复频率降为 22.5 对/s。

在每次询问后,接收电路可以收到多对应答脉冲信号,但其中只可能有一对是对本测距机询问的应答脉冲,如图 3.5-14(e)所示。为简明起见,图中以单个脉冲来代表所接收到的应答脉冲对。设第一个应答脉冲相对于发射脉冲(图 3.5-14(b)中的抖频脉冲)的延迟时间为 $T$,则由于相邻几个询问周期中距离变化所引起的应答脉冲延迟时间均为 $T$,这样,对本测距机的这些应答脉冲均可落入中心位于 $T$ 处的具有一定宽度的距离波门之内,从而得以输出;而与应答脉冲由解码电路一同输出的其他脉冲,则由于不可能与本测距机随机颤抖的发射脉冲保持稳定时间同步关系,因而不能落入距离波门之内,见图 3.5-14 中(c)、(d)。可见,应用上述闪频原理,使询问脉冲重复周期随机抖动,即可从众多的应答脉冲中识别出对本询问信号的应答脉冲,从而进一步根据其延迟时间 $T$ 计算距离。

(5) 状态转换

测距机在进入正常的距离测量状态,跟踪飞机距离变化提供距离读数之前,需经历自动等待、搜索、预跟踪等过程。在距离测量过程中,同样也会因信号状态变化进入记忆或者回到搜索状态。所以,测距机的实际工作状态可能是上述自动等待、搜索、预跟踪、跟踪或者记忆状态中的一种。有的状态,例如预跟踪,在有的设备中可能是不存在的;不同设备状态转换准则参数也可能会有所差别,但各种工作状态及其转换准则基本相同。

① 自动等待。在飞机上接通测距机的电源、选定波道后,测距机即工作于自动等待状态。自动等待状态也可以称为信号控制搜索状态。

在信号控制搜索状态,测距机接收电路正常工作,但发射部分被抑制。接收处理电路接收来自测距信标台的脉冲信号,并计算所接收到的脉冲对数。在飞机接近测距信标台的过程中,测距机所接收到的射频脉冲信号电平逐渐增高,所接收到的有效脉冲对数会随之增加。当所接收到的脉冲对数超过 450 对/s 时,表示飞机已进入了有效测距范围,测距机中的自动等待控制电路就触发编码发射电路开始发射询问信号,使测距机由自动等待状态转为搜索状态。

② 搜索。所谓搜索,是指机载测距机在不断发射询问信号的过程中搜寻测距信标台对本机询问的应答信号,并初步确定这一应答信号相对于发射时刻 $t_0$ 的间隔时间。

在搜索状态,测距机所产生的询问信号的平均重复频率较高,典型测距机为 90 对/s 或 40 对/s 等。在这些询问脉冲对中,有的得到了应答,有的则得不到应答。在众多的机载询问器同时向同一个地面测距台询问的情况下,某一机载测距机所接收到的信号中除了有对自己询问的应答信号外,还包括测距台对其他飞机测距机询问的应答信号。接收处理和距离计算电路对所接收的信号进行鉴别,以识别出测距台对自己询问的应答信号。这一识别过程就是搜索。一旦识别出对自己的应答脉冲,距离计算电路便计算出它与发射脉冲间的时间间隔,并在第二次询问后在同一时间间隔处产生一个距离波门,以等待第二次应答脉冲的到来。如果第二次应答脉冲进入了该距离波门,则表示测距机在发射脉冲后的同一时刻处识别出对自己的应答脉冲。这样,由距离波门在时间轴上的位置即可初步确定飞机距离。如果在连续 15 次询问中识别出 7 次或 7 次以上的对本机的应答信号,测距机即可结束搜索,转入预跟踪状态。

③ 预跟踪。进入预跟踪状态后,测距机继续进行上述询问-接收识别过程。询问仍然维持较高的询问率 90 对/s。

距离计算电路所产生的距离波门与发射时刻的时间间隔 $T$,对应于飞机距测距信标台的距离,因而所接收到的同步应答脉冲总是处于这一距离波门之中。在 4 s 预跟踪过程中,距离计算电路根据飞机的运动速度以及运动方向(是向台还是背台),不断微调距离波门的位置,以使所接收到的后续应答信号处在距离波门的中心。根据距离波门与发射时刻的时间差,测距机提供有效的距离信息。

④ 跟踪。在经历 4 s 预跟踪状态后,测距机进入正常的跟踪状态。在跟踪状态,随着飞机与测距信标台距离的变化,应答脉冲与询问脉冲发射时刻 $t_0$ 之间的时间间隔随之改变,此时距离计算电路所产生的距离波门精确地跟踪应答脉冲,所提供的距离信息输往显示器,显示出飞机的距离读数。距离读数跟踪飞机距离的变化,随之不断更新。

由于已经进入了正常跟踪状态,所以询问率可以远较搜索状态低,通常是从搜索状态 90 对/s 降为 22.5 对/s,或者从 40 对/s 降为 12 对/s。

⑤ 记忆。倘若在跟踪状态由于某种原因使上述"7/15"准则得不到满足,则测距机将转为记忆状态。

当测距机进入记忆状态后,距离计算电路按照进入记忆状态时的飞机速度和方向更新距离信息。此时距离显示器所显示的距离读数继续更新。一旦信号重新获得,测距机即由记忆状态返回跟踪状态,按照所获取的应答信号计算飞机的实际距离。如果记忆状态持续 4~12 s(典型时间为 11.4 s)仍不能重新获得有效应答信号,则测距机将转为搜索状态,脉冲询问率重又增加到 90 对/s。

图 3.5-15 表示了典型测距机的各种工作状态及其转换准则关系。图中 $R_x$ 代表接收电路,$T_x$ 代表发射电路,PRF 为平均询问重复频率,箭头表示工作状态的转换关系,箭头旁的说明为状态转换条件或准则。

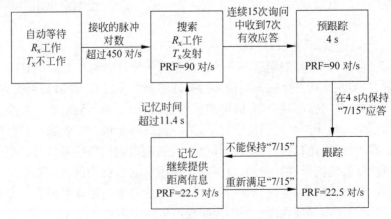

图 3.5-15  测距机的工作状态及其转换关系

2）接收电路

测距机接收处理电路大体上可以分为高频、中频和视频三个部分，其电路组成如图 3.5-16 所示。

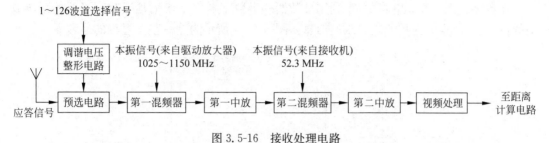

图 3.5-16　接收处理电路

高频部分用以选择出所选定波道的信号，并经混频将所接收的射频信号变换为中频信号。高频电路由预选器、调谐电压整形电路和第一混频器等组成。

在选定测距机工作波道后，代表所选波道的波道调谐信号加到接收电路中的调谐电压整形电路。调谐信号在整形电路中被变换成对应于所选择波道的直流调谐电压，以把预选器调谐到所选择的波道上。预选电路采用变容二极管调谐的方式，把滤波器调谐在工作频率上，从而从输入的众多频率的接收信号中选择出工作波道频率信号，滤除其他频率信号。

由频率合成器驱动放大电路输入的 1025～1150 MHz 稳定射频信号，作为本机振荡信号加到第一混频器。由于接收信号的频率（即测距信标台的发射频率）与询问频率相差 63 MHz，所以第一混频器产生的中频恒为 63 MHz。第一混频器输出的 63 MHz 信号经过滤波器和第一中频放大器后送到第二混频器，与从接收机本振来的 52.3 MHz 混频产生 10.7 MHz 中频信号，经过滤波和中频放大电路对信号进行足够的放大后送到检波级，检波输出视频脉冲信号，视频脉冲输往视频处理电路。

视频脉冲中既有应答脉冲对，也有测距信标台噪声填充脉冲和识别信号。视频处理电路根据 $X/Y$ 波道选择信号，对所输入的视频脉冲对间隔进行鉴别，所鉴别出的本波道应答信号被输往距离计算电路。对 $X$ 波道而言，应答脉冲对的间隔与询问脉冲相同，仍为 12 $\mu$s；而 $Y$ 波道的应答脉冲信号的脉冲间隔则为 30 $\mu$s，与询问脉冲对的 36 $\mu$s 间隔不同。视频信号中的测距台识别信号输往音频系统。此外，视频脉冲还输往信号控制搜索电路，以进行脉冲计数。

在测距机发射询问信号期间，内部抑制波门加到预选器以使预选器失谐，从而使询问射频信号不可能通过预选电路而进入接收机。

3）距离计算电路

测距机的接收处理电路所输出的应答视频脉冲对输往距离测量电路，以计算飞机距地面信标台的斜距。距离测量电路也可以称为距离计算器。

由于应答视频脉冲相对于发射时刻 $t_0$ 的时间延迟 $t_r$ 是和飞机的距离成比例的，因此设法测量这一时间间隔 $t_r$，就可以获得飞机的距离信息。

实现上述时间（距离）计算的电路方案以及所使用的器件，视设备不同而有很大差别，但大体上可以分为模拟式和数字式两类。模拟式测距机利用模拟电路来测量距离，其测量精度较低，测量速度也较慢。现代机载测距机采用数字器件来组成距离计算电路，不仅测量精度大为提高,并且能够适应高速运动飞机的距离变化。先进的测距机则进一步利用微处理器来控制信号的处理过程并实现距离计算,使测距性能进一步提高,设备的工作更加可靠。下面介绍数字式距离计算电路的基本原理、电路结构及距离计算过程。

在数字式距离计算电路中,是利用计数器一类数字器件来产生延迟时间可调的距离波门的,并且所产生的为数字式的距离信息。图 3.5-17 所示为这一基本过程的原理图。

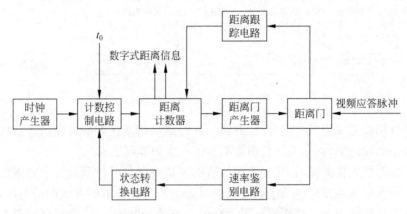

图 3.5-17　数字式测距电路原理框图

时钟产生器用以产生所需要的计数脉冲。它通常由晶体振荡器和数字分频器等组成,因而时钟脉冲的周期十分稳定,保证了时间度量-距离计数的准确性。时钟脉冲通过计数控制电路输往距离计数器,作为距离计数器的计数脉冲。计数控制电路受状态转换控制电路输出的状态转换信号和 $t_0$ 触发脉冲的控制。$t_0$ 触发脉冲在触发调制发射电路产生射频询问脉冲信号的同时,起动计数控制电路。这样,计数脉冲便输往距离计数器,使之开始计数,从而使距离计算电路获得 $t_0$ 时刻信息。加至计数控制电路的状态控制信号,通过对计数脉冲的控制而实现对距离计数器工作状态以及计数速率的控制。

距离计数器是实现距离计算的核心电路,它的最大计数应符合测距机的最大作用范围的要求。通常,机载测距机的距离增量为 0.1 n mile。对应于这一距离增量的信号往返延迟时间为 1.23 $\mu s$——这就是计数脉冲的间隔周期,因此,所选用的基本计数脉冲的频率为 809 kHz。设测距机的最大作用范围为 400 n mile,则距离计数器需由 0.1 n mile、1 n mile、10 n mile 和 100 n mile 4 个计数器组成。另外,为了实现对应答脉冲的精确跟踪,还需要一个分辨率为 0.01 n mile 的计数器。距离门产生器的功用是产生一个宽度一定的距离波门。所产生的距离波门与视频处理器输出的视频应答脉冲一起加到距离门电路,用以检验应答脉冲是否是对本测距机询问的应答信号。对应于本测距机询问的应答脉冲,由于在连续的询问周期中是同步的,所以可使应答速率鉴别电路有较高速率的输出;而地面台对其他飞机的应答信号,以及测距台的断续发射脉冲,由于不可能和本测距机的询问时刻 $t_0$ 保持同步关系,因此是不会使应答速率鉴别电路产生高速率输出的。状态转换电路即根据应答速率鉴别电路输出速率的高低,控制距离计数器的计数状态。在判别出一对应答脉冲是对本测距机的同步应答脉冲的情况下,距离计数器的距离计数就代表了飞机的距离信息,并由距离跟踪电路进行微调,以跟踪飞机距离信息的连续变化。距离计数器的数字式距离计数,输往数字式距离显示器,显示飞机的实时距离。

### 3.5.4　应用微处理器的新型测距机

目前,现代飞机所装备的是符合 ARINC 709 规范的新型测距机。典型设备有柯林斯(Collins)公司的 DME-700、DME-900,本迪克斯(Bendix)公司的 DME-37A,以及其他公司的同类产品。这类设备广泛使用大规模集成器件,其显著特点是应用微处理器来实现距离计算,控制测距机的整机工作状态转换、性能监测以及其他功能。微机技术与大规模集成电路器件的应用,不仅使设备的测距精度、工作可靠性等性能大为提高,还可使测距机工作于频率扫描等自动工作模式,提高了测距机的使用功能。

新型测距机中脉冲对询问信号的产生过程,应答信号的接收处理过程,以及进行距离计算的基本原理,和前面所介绍的数字式测距设备大体相同,这里不再重复。本节以 DME-700 为例,只就新型测距机的电路结构和微处理器对整机特性、工作的控制作用等进行简略的说明。

#### 1. 工作方式

DME-700 有三种工作模式:备用模式、直接扫频模式和自由扫频模式。

在备用模式时,测距机处于完全工作状态,但不计算距离。此时在距离指示器上显示"no computed data",并向飞行管理计算机系统(FMCS)发送"no computed data"信号。

在直接扫频模式,DME-700 能够询问并提供 1～5 个地面台距离信息。如果飞机没有安装 FMCS,则 DME-700 工作在单通道指引模式。机组可以在驾驶舱内通过 DME 控制盒选择询问地面台。如果飞机装有 FMCS,则由 FMCS 选择被询问的地面台,FMCS 从 1 到 5 个地面台中选择距离信息,但只有其中一个台的信息可以作为距离显示用。机组可以在驾驶舱内通过 DME 控制盒选择显示一个特定地面台的距离信息。

在自由扫频模式,DME-700 将提供在 DME 有效测距范围内所有地面台的距离信息,机组可以选择其中一个台的信息用于距离显示。DME 询问器对用于显示台的询问比其他台具有较高的优先级。

#### 2. 功能说明

图 3.5-18 为 DME-700 等新型测距机的简化功能框图。这类测距机是以中央处理器(CPU)为核心的全固态测距机,CPU 控制 DME-700 的工作。由图可见,它由发射机电路、接收机电路、视频处理电路(包含 CPU)、距离计算电路和监视电路等功能电路组成。

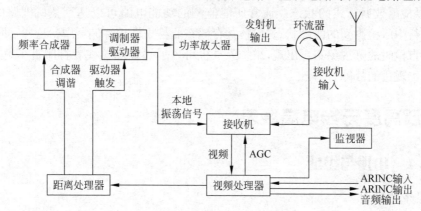

图 3.5-18　新型测距机的功能框图

1) 发射机电路

发射机电路主要由频率合成器、驱动器、调制器、功率放大器和环流器组成。

选择测距信标台的频率由 ARINC429 总线输入并存储在距离处理器的存储器中,用于对频率合成器调谐。频率合成器产生发射电路和接收电路所需的 1025～1150 MHz 的 L 波段射频信号。

驱动器用于对频率合成器产生的稳频信号进行放大,以向发射机提供足够的射频激励功率。驱动器的输出还输至接收机,作为第一混频器的本机振荡信号。

调制器输入的调制触发信号是由距离处理器中的微处理器提供的,它是微处理器根据选择的波道(X/Y 波道)所产生的间隔不同的脉冲对编码信号。

功率放大器接收来自调制器的调制脉冲射频信号进行功率放大。功率放大器是由晶体管功率放大级及功率分配、合成网络组成的全固态 L 波段功率放大器,提供约 500 W 的射频功率。功率放大器输出的射频脉冲信号经环流器输至天线发射。

环流器在射频回路中进行收、发隔离,防止收、发电路的相互影响。

2) 接收机电路

天线所接收的射频应答信号,经由环流器输入接收机。和常规的测距机接收电路类似,接收电路采用的也是二次变频的超外差式接收机,接收机对应答信号进行滤波、二次变频、放大、检波后输出视频信号发送至视频处理器。

3) 视频处理和距离计算电路

视频处理器用于从众多噪声应答脉冲和询问应答脉冲中选取出针对本测距机的询问信号的应答脉冲对。此外,信标台的音频识别信号也被选出。所选取出的有效应答视频脉冲对输至距离计算器。

视频处理器还可根据视频脉冲的幅度产生自动增益控制电压,以控制中频放大器的增益。

距离处理器对脉冲对信号进行处理,计算发射和接收信号的时间间隔,得出测量距离,通过 ARINC429 总线送至距离指示器和其他相关组件。

4) 监视电路

故障监视器周期性地检查电路的功能和 DME 的操作。机内性能检测电路和自检电路依靠微处理器可以实现高度的检测、自检、警告和故障记忆功能,从而给故障隔离和维修带来极大的便利。上述检测电路可以检测和隔离测距机、距离显示器等所有可更换组件的故障,也可以检测数据总线的状态。通常所能监测的功能电路可以达到整机电路的 95% 左右。在飞行中所检测到的故障状态信息,被存储在非易失性的存储器中。这样,即使在地面进行人工自检时故障现象不再出现,维护人员也可以通过显示器或者打印机了解测距机在飞行中所出现过的故障。

## 3.6 低高度无线电高度表

### 3.6.1 功用与组成

**1. 系统的功用**

无线电高度表测量飞机相对地面的真实高度或叫垂直高度。其测高范围为 0～2500 ft

（0～762 m），它属于低高度无线电高度表（LRRA），主要用于飞机进近着陆和起飞阶段。

无线电高度加到高度指示器，提供飞机相对地面的高度显示，同时还通过输出接口供给机上近地警告系统（GPWS）、空中交通咨询与防撞系统（TCAS）、气象雷达（WXR）和自动飞行系统（AFS）使用。

**2. 系统的组成**

飞机上通常装有两套（或三套）无线电高度表系统，每套系统均由收发机、发射天线、接收天线以及指示器组成。收发机安装在电子设备舱或货舱侧壁板内，通过电子设备通风系统或设备架下的风扇来通风冷却，发射天线和接收天线安装在机腹的蒙皮处，常见的天线有喇叭形、平板形等，驾驶舱仪表板上安装有指示器。典型的无线电高度表的组成如图 3.6-1 所示。

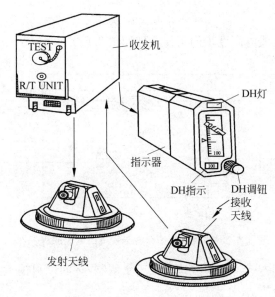

图 3.6-1　无线电高度表的组成

发射机通过宽波束方向性天线向地面发射功率约 0.5 W 的调制高频信号，地面反射信号由接收天线接收送到高度计算电路，由高度计算电路计算出飞机的真实高度。高度信号送到高度指示器和其他使用无线电高度信号的飞机系统。

**3. 无线电高度表测高的基本原理**

无线电高度表从飞机向地面发射无线电波，经地面反射后，再返回飞机。电波往返传播的时间为

$$\Delta t = \frac{2H}{c}$$

式中，$H$——飞机离地高度，通常用英尺表示；

$c$——电波传播速度（$3 \times 10^8$ m/s）。

由于无线电高度表测量的飞机最大离地高度为 2500 ft，$\Delta t$ 时间很短，一般仪表无法测量，所以无线电高度表都是通过测量无线电波某个参数变化来间接测量 $\Delta t$ 的大小，从而计算出飞机离地的几何高度。无线电高度表测高的原理是利用地面对无线电波的反射和无线

电波传播速度是常数。

现代无线电高度表的工作频率为 4300 MHz(C 波段)。

**4. 无线电高度表的分类**

目前国际民航所使用的无线电高度表只有三种类型：普通调频连续波无线电高度表、等差频调频连续波无线电高度表和脉冲雷达高度表。

由于现代飞机较多地采用普通调频连续波无线电高度表,所以本节主要介绍这种类型的无线电高度表,并简要介绍等差频调频连续波无线电高度表和脉冲雷达高度表的结构和工作原理。

### 3.6.2　普通调频连续波无线电高度表

**1. 测高原理**

普通调频连续波无线电高度表的工作原理如图 3.6-2 所示。

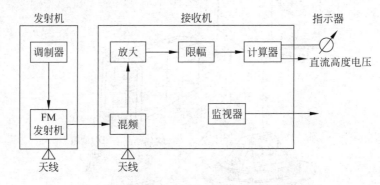

图 3.6-2　普通调频连续波无线电高度表原理框图

调频发射机的调频方式为三角波调制或正弦调制,下面以目前大型客机上使用广泛的三角波调制为例进行分析。

调制器产生一个对称的三角波线性调制电压,对发射机进行调频,发射波是三角波线性调频的连续波。不同高度表其调制参数不同,通常调制频率为 $100\sim150$ Hz,频移为 $100\sim150$ MHz。以 LRA-900 高度表为例,其发射信号特性是：中心频率为 4300 MHz,调制频率 $F_M$ 为 100 Hz,频移 $\Delta F$ 为 100 MHz,如图 3.6-3 所示。

测高原理如图 3.6-4 所示。

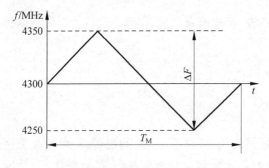

图 3.6-3　普通调频连续波无线电高度表发射信号的频率特性曲线

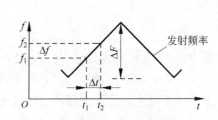

图 3.6-4　测高原理

在 $t_1$ 时刻,若发射频率为 $f_1$,经地面反射后在 $t_2$ 时刻被接收。时间差 $\Delta t = t_2 - t_1$。$\Delta t$ 就是电波从飞机到地面,再反射到飞机,电波往返传播的时间 $\Delta t = \dfrac{2H}{c}$。

无线电高度表在接收到反射波 $t_2$ 时刻,发射频率为 $f_2$,因此在 $\Delta t$ 时间内,发射频率从 $f_1$ 变化到 $f_2$,$\Delta f = f_2 - f_1$。所以可以用 $\Delta f$ 来测量高度,因为它反映了时间差 $\Delta t$,即反映了飞机高度。

由图 3.6-2 可知,发射机发射信号一路经宽方向性天线发射到地面,取样部分发射信号直接加到接收机信号混频器(叫直达信号),用于同反射信号混频得到差频电压,检波后的差频电压经过低频放大、限幅形成脉冲后输入到计算器。计算器把信号变为与差频成比例的直流电流,直流电流流过高度指示器,并使其指针偏转。因为这个直流电流值与差频成正比,而差频又与飞机飞行高度成正比,所以在无线电高度表的指示器上指示出高度。

在 LRA-900 等新型无线电高度表中,混频器输出的差频经过放大限幅处理后送到高度处理器,高度处理器将差频 $F_b$ 和基准信号发生器产生的参考差频 $F_{ref}$(该频率对应的延迟时间相当于 300 ft 的高度)转换为数字信号,通过计算后得到差频 $F_b$ 所代表的高度,再经过飞机安装延迟(AID)和内部延迟修正后,得到实际的无线电高度值。计算公式为

$$H = 300 \times F_b / F_{ref}$$

**2. 差频与高度的关系**

从上面的说明可以知道,若发射频率为 $f_t = f_1$,电波从地面返回到接收天线时,相对发射信号延时 $\Delta t$,但接收信号频率 $f_r = f_1$(不变)。这时经 $\Delta t$ 时间后,发射频率变为 $f_1 + \dfrac{df}{dt}\Delta t$。

$\dfrac{df}{dt}$ 是调频发射信号的频率变化率,它取决于发射信号的频偏 $\Delta F$ 和调制周期 $T_M$,对线性三角波调频的高度表,有

$$\frac{df}{dt} = \frac{\frac{1}{2}\Delta F}{\frac{1}{4}T_M} - 2\Delta F F_M$$

发射信号(即直达信号)和接收信号加到混频器混频,经滤波后,取出差额频率 $F_b$:

$$F_b = f_t - f_r = f_1 + \frac{df}{dt}\Delta t - f_1 = \frac{4\Delta F F_M}{c}H$$

因为在调频发射信号中,$\Delta F$、$F_M$ 是常数,差频 $F_b$ 与飞机真实高度 $H$ 成正比。高度越高,差频越大,因此可用差频的大小来测量高度。

例如,发射信号的调制频率为 100 Hz,频移为 100 MHz,则

$$F_b = \frac{4 \times 100 \times 10^6 \times 100}{3 \times 10^8}H \approx 133H\,(\text{Hz/m})$$

即频率刻度为 133 Hz/m,也就是说高度变化 1 m,差频变化 133 Hz。

因为 1 m = 3.28 ft,所以频率刻度为 40.5 Hz/ft。在整个测高范围 0~2500 ft 内,差频范围是 0~101 kHz。

**3. 差频与平均差频的关系**

对三角波调频连续波高度表而言,接收到地面反射信号的时间相对发射信号总是延时

$\Delta t$。若飞机高度不变,差频并不是一个常数,而是如图 3.6-5 所示。从波形上可以看出以下两点。

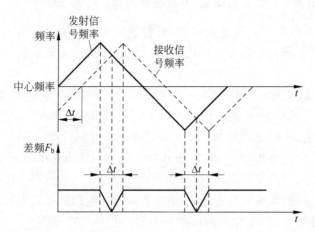

图 3.6-5　差频 $F_b$ 与平均差频 $F_{bcp}$ 的关系

其一,在三角波调频波的下降段,频率变化率 $\dfrac{\mathrm{d}f}{\mathrm{d}t}$ 为负值,接收频率高于发射频率,但发射信号和接收信号混频后的差频不变。

其二,在每个调制周期中有两个差频等于零的转向点。这样计算差频 $F_b$ 和实际测量的差频即平均差频 $F_{bcp}$ 并不相等,而是有一定的误差。转向点所占的时间为 $\Delta t(2H/c)$,它决定了飞机的高度。在 $2\Delta t$ 内的平均频率为差频的一半,即等于 $F_b/2$。这样在一个调制周期内,$F_b$ 和 $F_{bcp}$ 之间的关系可用下式计算:

$$F_{bcp} = \left[ (T_M - 2\Delta t)F_b + 2\Delta t \frac{F_b}{2} \right] \div T_M = F_b \left( 1 - \frac{\Delta t}{T_M} \right)$$

差频 $F_b$ 和 $F_{bcp}$ 之间的误差为

$$\Delta F_b = \frac{\Delta t}{T_M} F_b$$

可见,飞机高度越高,$\Delta t$ 越大,$\Delta F_b$ 越大,即由转向点引起的测高误差越大。为了保证其测高精度,这种高度表只能用于低高度测量,通常其测高范围在 $0\sim2500$ ft。

**4. 普通调频连续波高度表的阶梯误差**

普通调频连续波高度表测高通常是测量与差频成正比的单位时间内差频信号电压所形成的脉冲个数,再将脉冲数转换成直流高度电压或转换成高度信息。但当飞机高度连续变化时(升高或降低),差频信号电压所形成的脉冲个数只能一个一个跳变(脉冲不能为小数),因而出现测高误差。因为脉冲计数测量高度的方法决定了高度显示是阶梯式,由此引入的测量误差也称为"阶梯误差"。减小阶梯误差只能在电路设计上采取措施。目前普通调频连续波无线电高度表减小阶梯误差的主要方法有调幅调频法(AM/FM)和二次调频法(FM/FM)。

### 3.6.3　等差频调频连续波无线电高度表

**1. 基本原理**

等差频调频连续波无线电高度表和普通调频连续波无线电高度表收发机的工作原理是

相似的:发射波都是调频连续波,频率随时间而变化;在接收机的信号混频器中,将地面反射信号相对发射信号的延时时间 $\Delta t$ 转换成反射信号和正在发射信号的差频 $F_b$。

对三角波调频信号来说,差频

$$F_b = \frac{4\Delta F}{cT_M}H$$

在普通调频连续波无线电高度表中,$\Delta F$、$F_M$ 是常数,所以差频与高度成正比,用 $F_b$ 的大小来测量高度。在高度计算电路中,将 $F_b$ 转换成直流电压,作为高度电压,$F_b$ 越大,高度电压越大,指示器所指示的高度就越高。由于这种无线电高度表的高度指示与频率有着密切的关系,所以它的测高精度受发射机的频率稳定度好坏的影响很大,因此测高误差比较大。

在等差频调频连续波无线电高度表中,保持差频 $F_b$ 和频移 $\Delta F$ 不变,而调制周期 $T_M$ 随飞机高度变化。由于发射信号是调频连续波,而且差频保持不变,故此种高度表叫等差频调频连续波无线电高度表。

从差频和高度关系式中可知,当差频 $F_b$ 和频移 $\Delta F$ 是常数时,飞机高度 $H$ 和调制周期 $T_M$ 成正比关系。为了保持差频 $F_b$ 不变,当飞机高度增加时,电波往返传播时间 $\Delta t$ 增加,因此,调频波的调制周期 $T_M$ 增大。反之,当飞机高度减小时,电波往返传播时间 $\Delta t$ 也减小,因此调频波的调制周期也减小。所以这种高度表可以用调制周期 $T_M$ 的大小来测量高度。图 3.6-6 示出了高度 $H(\Delta t)$ 与调制周期 $T_M$ 的关系。

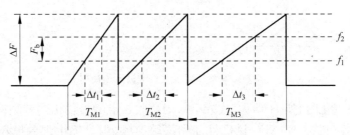

图 3.6-6 高度 $H(\Delta t)$ 与调制周期 $T_M$ 的关系

在接收机电路中把调制周期转换成高度指示电压,调制周期长,产生的高度指示电压大,指示的高度就高;反之,指示器指示的高度就低。由于差频 $F_b$ 保持不变,故受发射机频率稳定度的影响较小,其测高精度比普通调频连续波无线电高度表要高。

从图中可以看出,在某一时刻如果发射频率是 $f_1$,当电波到地面再反射回到接收机,此时发射频率已变为 $f_2$,两者的差频 $F_b = f_2 - f_1$。

对锯齿波调频信号来说,差频

$$F_b = \frac{\Delta F}{T_M} \cdot \Delta t$$

式中,$\dfrac{\Delta F}{T_M}$ ——调频信号频率变化率;

$\Delta t$——电波从飞机到地面再反射到飞机往返传播时间,$\Delta t = \dfrac{H}{c}$。

所以

$$F_b = \frac{\Delta F}{T_M} \cdot \frac{2H}{c} = \frac{2\Delta F}{cT_M} \cdot H$$

为了保持差频 $F_b$ 不变,调制周期 $T_M$ 必须随飞机高度增加而增加。目前民航飞机上使用的 AHV 系列高度表为此种类型的高度表。

### 2. 基本原理框图

等差频调频连续波无线电高度表原理框图如图 3.6-7 所示。发射机载频信号(如为 4.3 GHz)被低频线性锯齿波信号调频后向地面辐射,经时间 $\Delta t = \dfrac{2H}{c}$ 返回到接收机与发射机直达接收机的信号混频。当飞机高度 $H$ 不变时,接收机混频器输出差频信号的频率为一定值 $F_b$(如 $F_b = 25$ kHz),该信号经跟踪鉴频器,其输出信号控制调制锯齿波周期 $T_M$(或斜率)为某一值,因为 $T_M$ 与 $H$ 成正比,所以,由周期计数器测出 $T_M$,将其变换成直流高度电压驱动指示器,即测出飞机高度信号。

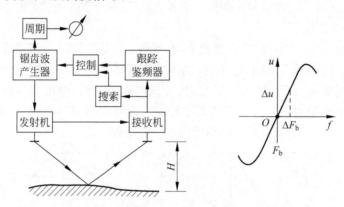

图 3.6-7　等差频调频连续波无线电高度表简单原理框图

当飞机高度变化时,如 $H$ 增大(或减小),则接收机混频器输出的差频信号频率必然要跟着改变,即增加(或减小)$\Delta F_b$,该信号加到跟踪鉴频器,且输出误差电压信号 $\Delta u$(由于 $\Delta F_b$ 值不会超出鉴频器的线性范围,所以 $\Delta u$ 与 $\Delta F_b$ 呈线性关系),并通过控制电路控制调制锯齿波周期 $T_M$(或斜率)改变,$T_M$ 增大,斜率减小(或 $T_M$ 减小,斜率增大),最终使差频 $F_b$ 稳定在恒定值(如 $f_b = 25$ kHz)上。此时,高度表指示(输出)在新的高度上。

### 3. 工作方式

等差频调频连续波无线电高度表一般有两种工作方式,即搜索方式和跟踪方式。

1) 搜索方式

当高度表刚开机或飞机高度突然改变时,高度表通常处于搜索状态,即调制锯齿波的周期 $T_M$ 由小逐渐增大(斜率逐渐减小),且周期性地搜索,相当于从低高度向高高度搜索来寻找飞机的真实高度。如此时,飞机高度为 $H_k$,当搜索到 $T_{Mk}$(该高度所对应的 $T_M$)时,接收机混频器输出信号的差频等于规定差频的恒定值(如 $f_b = 25$ kHz),高度表则进入跟踪状态,指示为飞机高度,如图 3.6-8 所示。

2) 跟踪方式

当飞机高度不变时,调制锯齿波周期 $T_M$ 及斜率不变,接收机混频器输出信号差频为恒定值(25 kHz),指示高度不变。

当飞机高度改变时,由于接收混频器输出信号差频 $f_b$ 的改变,使鉴频器输出误差信号

图 3.6-8 搜索方式时的调制锯齿波

控制调制周期 $T_M$ 改变,即锯齿波斜率改变,最后使差频 $f_b$ 回到恒定值(如 25 kHz)。在跟踪状态时,无论飞机高度如何变化(增大或减小),都能使差频 $f_b$ 保持在恒定值(如 25 kHz),高度表输出及指示高度始终能跟踪飞机高度的变化。

### 3.6.4 脉冲雷达高度表

#### 1. 基本原理

高度表发射机向地面发射高频定时脉冲(参见图 3.6-9),并以此作为时间基准产生 $T_0$ 基准脉冲。当高频脉冲从地面返回到高度表接收机时,比较返回脉冲与 $T_0$ 基准脉冲的时间差,即得到高频脉冲往返于飞机和地面之间的时间,测出该时间间隔就可以得到飞机高度。

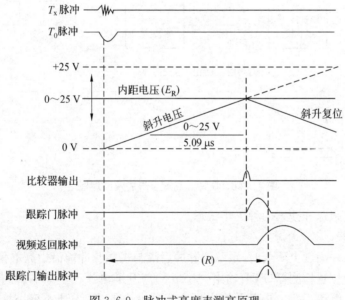

图 3.6-9 脉冲式高度表测高原理

从图 3.6-9 可以看出,发射机在以 8 kHz 的速率向地面发射高频脉冲 $T_x$(脉宽 60 μs)的同时,向斜波发生器发出 $T_0$ 脉冲(时间基准脉冲),并开始产生 0~25 V 的线性斜升电压;而内部距离产生器输出一个 0~25 V 缓慢变化的电压 $E_R$,如两者在比较器中一致相交时,比较器即输出一个一致脉冲,即跟踪门脉冲。如地面返回脉冲经接收机输出视频脉冲且与跟踪门脉冲发生重叠,重叠量合适时,则跟踪门输出一个脉冲,该脉冲与 $T_0$ 脉冲之间的间隔即反映了飞机高度。

如飞机高度不变,则内部距离产生器输出的电压 $E_R$ 不变,而高度变化时,$E_R$ 也随之变化,所以,电压 $E_R$ 即反映了飞机高度。

**2. 组成及原理框图**

脉冲雷达高度表也是由发射机、接收机、指示器和收/发天线所组成,其组成及原理框图如图 3.6-10 所示。

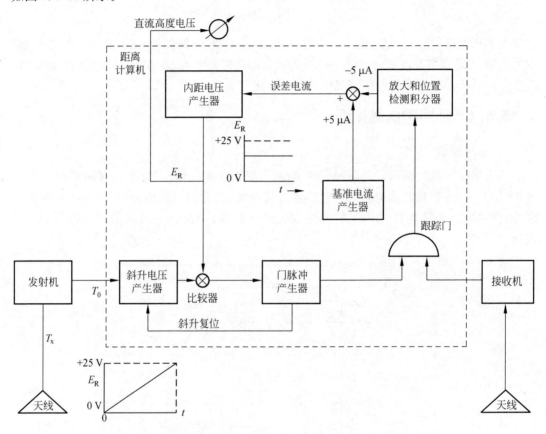

图 3.6-10　脉冲式高度表组成及原理框图

该高度表有跟踪和搜索两种工作状态。

1) 跟踪状态

如飞机在某一高度上不变时,跟踪门脉冲后沿与视频脉冲前沿中点重叠(重叠量合适),则跟踪门输出使位置检测器(PDI)输出 $-I_p(\mu A)$ 与基准电流产生器输出的 $+I_r(\mu A)$ 比较,比较器输出误差电流 $I_e=0$,内部距离电压产生器输出的 $E_R$ 电压不变,对应的高度与指示不变。

当飞机高度增加 $\Delta H$ 时,视频返回脉冲的位置向右移,与跟踪门脉冲重叠量减小,跟踪门输出使 PDI 输出的 $-I_p$ 减小,比较器误差电流为正,内距电压 $E_R$ 增大,又使跟踪门脉冲后移,重新使两脉冲重叠量合适,$E_R$ 稳定在新的数值上,高度表的输出及指示在新的高度上。

当飞机高度减小 $\Delta H$ 时,情况相反。

如果飞机高度 $H$ 稳定地增加或减小(爬升或下降),同理可分析,$E_R$ 及高度指示也将稳定地增加或减小。

2) 搜索状态

在搜索状态时,即跟踪门脉冲与视频脉冲无重叠,则在误差电流的作用下,使 $E_R$ 在 $0\sim$ 25 V 内由小到大进行扫描,只要 $E_R$ 与斜升电压相交产生的跟踪门脉冲与视频返回脉冲不重叠或重叠量不合适,就有误差电流发生,即不断搜索,直至两脉冲重叠量合适转为跟踪状态为止(参见图 3.6-11)。

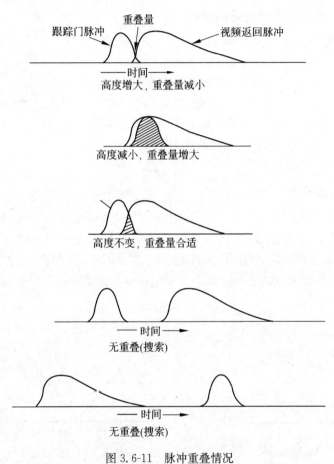

图 3.6-11　脉冲重叠情况

## 3.6.5　影响无线电高度表性能的因素

### 1. 飞机安装延迟

飞机安装延迟(AID),也叫剩余高度。当飞机着陆,机轮触地时,要求高度表指示及输出电压为零,但发射机发射信号输出孔到接收机接收返回信号输入孔之间,信号电波传播所经过的路径实际包括收、发天线连接的两条同轴传输线以及天线到地面的路径。这段路径的总长度应为飞机安装延迟,如图 3.6-12 所示。

$$\text{AID} = \frac{1}{2}\left[\sqrt{\varepsilon}\,(Le + Lr) + 2\sqrt{\left(\frac{D}{2}\right)^2 + H^2}\right]$$

式中:$\varepsilon$ 为同轴传输线介质的介电系数;$L_e$ 与 $L_r$ 为同轴传输线长度。

　　由于 AID 的存在使高度表的输出及指示产生误差，即飞机接地时指示不为零。为此,在高度表收发机电路中设计有抵消 AID 的电路,安装延时高度在高度计算电路中减去,保证在着陆期间,当飞机机轮着地时高度指示为零,而当飞机在地面停稳后,由于飞机的重量,起落架减震支柱被压缩,高度指示一般在 -2~-10 ft 之间。

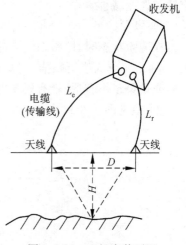

图 3.6-12　飞机安装延迟

### 2. 发射机对接收机泄漏信号的影响

　　高度表天线发射信号直接泄漏到接收机,像干扰信号一样,影响接收机的工作,如图 3.6-13 所示。发射功率越大,泄漏到接收天线的功率越大,严重时会阻塞接收机的工作,还可能引起虚假高度读数。因此,发射功率不能太大,接收机灵敏度不能太高,这就限制了无线电高度表的测高范围。通常要求发射天线和接收天线分离安装,至少要有 75 dB 的空间衰减量。

### 3. 多路径反射干扰

　　高度表接收天线,除了接收到飞机下方地面一次反射信号外,还可能接收到飞机与地面之间多次反射引起的干扰信号,特别是飞机在低高度上飞行时,多路径反射信号更强,如图 3.6-14 所示。虽然多路径反射信号的强度要比一次反射信号弱得多,但由于差频放大器采用了增益随高度增加而增大的电路,多路径反射的弱信号也会被放大,而产生虚假的高度指示。

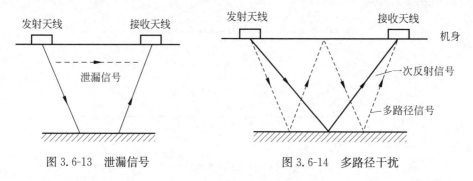

图 3.6-13　泄漏信号　　　　　　　图 3.6-14　多路径干扰

减小多路径干扰的方法是:

　　(1) 在具有搜索和跟踪能力的无线电高度表中,如等差频调频连续波高度表,要从零高度向高高度搜索,保证跟踪最先到达的一次反射信号,就锁定到这个正确高度上(最短距离)。

　　在着陆过程中(起落架放下),由于起落架和其他附属物的反射,虽然反射信号的距离短,但由于使用跟踪环路,因此跟踪高度不变。

　　(2) 在普通调频连续波高度表中,使用跟踪滤波器跟踪最低差频,可滤除多路径反射信号产生的差频。

### 4. 散射干扰

　　高度表天线使用的是宽波束天线,波束宽度在 20°~45° 之间,波束照射地面面积较大,同时发射频率为 4300 MHz,地面反射为散射(或叫漫反射)。这样,高度表接收天线不仅接收垂直方向的反射信号,还接收到垂直方向以外的散射信号,因而,反射信号和发射信号混频所得到的差频不是一个单一频率,而是具有一定宽度的频谱。但由于垂直反射信号电波往返传播路径最短,所以差频频率最低。

减少散射干扰的影响和多路径干扰相同,等差频调频连续波高度表的搜索从低高度向高高度进行,普通调频连续波高度表使用跟踪滤波器,仍然可以保持精确测高。

### 5. 多设备安装减小互相干扰的方法

为了使供给自动着陆系统的高度安全可靠,飞机上通常安装 2 套或 3 套无线电高度表,它们同时工作。

干扰原因如下:

(1) 一部高度表可能接收到另一部高度表的泄漏信号。

(2) 一部高度表可能接收到另一部高度表的地面反射信号。

减少互相干扰的方法有以下两种:

(1) 保证天线间有足够的间隔,至少有 75 dB 的空间衰减量,或相邻天线对地的电场方向互成 90°安装,使两部高度表的天线间达到最小耦合。

在装两部高度表的飞机上,两部高度表频率调制信号相位相差 180°(有的相差 120°),当一部高度表的发射频率增加时,而另一部高度表的发射频率减小,如图 3.6-15 所示。

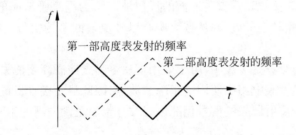

图 3.6-15　两部高度表的发射信号

这样,除在相交点外,第一部高度表发射信号到地再返回到飞机,被第二部高度表接收时,第二部高度表的发射频率与第一部高度表的反射信号混频,得到的差频频率超出差频放大器的带宽,而不能输出。

(2) 飞机上安装三部无线电高度表时,使用不同的调制频率,来减小相互干扰。例如,左系统的调制频率为 145 Hz,右系统的调制频率为 150 Hz,中系统的调制频率为 155 Hz。

为了说明减小互相干扰的能力,设两部高度表发射信号如图 3.6-16 所示。

由于两部高度表的调制频率不同,发射信号的频率变化率也不同,在一个调制周期之后,两部高度表的发射频率相差

$$f_0 = 2\Delta F T_M \Delta t$$
$$= 2 \times 100 \times 10^6 \times 145 \left( \frac{1}{145} - \frac{1}{150} \right)$$
$$\approx 7.0 \times 10^6 (\text{Hz})$$
$$= 7 (\text{MHz})$$

这样,在一个调制周期之后,干扰差拍频率远远超出差频放大器的带宽而不能输出。因为两个调制频率相差 5 Hz,差拍频率也以 5 Hz 的速率变化,最高差拍频率可达 100 MHz。

### 6. 飞机倾斜和俯仰时对测高的影响

高度表天线是固定在飞机机身上的,当飞机平飞时,天线波束中心垂直照射到地面,反射信号最强。当飞机倾斜或俯仰时,就意味着天线波束中心也已不再垂直照射地面,这会引起测高误差,如图 3.6-17 所示。

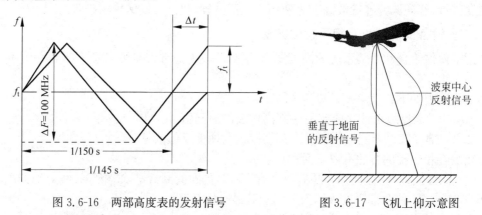

图 3.6-16　两部高度表的发射信号　　　　　图 3.6-17　飞机上仰示意图

但是,由于天线发射波束是宽波束,仍有一部分辐射功率会从垂直于地面的最短路径反射回来,也就是说仍能接收到垂直于地面的反射波。因为垂直于地面的反射波传播路径最短,因此所得到的差频频率最低,而从波束中心以外反射回来的信号传播路径长,所得到的差频频率就高。

在等差频调频连续波高度表中,由于采用了从零高度向高高度搜索和跟踪最低频率,而在普通调频连续波高度表电路中使用了跟踪滤波器,因此只要接收机灵敏度足够高,从最近点(非波束中心方向)反射回来的信号仍能被接收并给出正确的高度指示。

## 3.6.6　高度跳闸信号

有的无线电高度表(如 860F-4)输出高度跳闸信号,用来控制飞机其他系统的工作。高度跳闸信号是指当无线电高度低于某一高度(如 1500 ft,500 ft,200 ft,50 ft,20 ft,10 ft)时,输出一个接地信号。现以 200 ft 高度跳闸电路为例说明其电路工作原理,如图 3.6-18 所示。

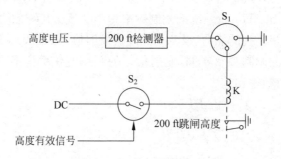

图 3.6-18　高度跳闸电路

当高度信号有效时,$S_2$ 闭合。高度电压加到 200 ft 检测器,在飞机高度等于和低于 200 ft 时,输出 1,开关 $S_1$ 接地,200 ft 跳闸高度接地。

### 3.6.7　高度表指示

对于未安装电子飞行仪表系统(EFIS)的飞机,无线电高度和决断高度显示在专用的模拟式高度表指示器上;而对于安装有 EFIS 的现代大型客机,无线电高度和决断高度则显示在主飞行显示器(PFD)上。

**1. 模拟式高度表指示器**

典型的模拟式高度表指示器如图 3.6-19 所示。

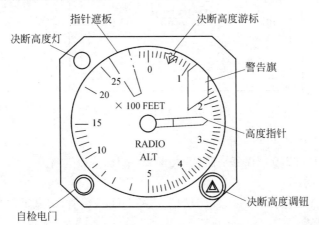

图 3.6-19　模拟式高度表指示器

1) 高度指针

由高度表收发机输出模拟高度电压驱动指示指针,指示无线电高度,从 −12~2500 ft。当高度大于 2500 ft 时,高度指针由指针遮板遮住。

2) 决断高度(DH)旋钮

飞行员根据具体情况,用它来选择确定的决断高度。转动 DH 旋钮时,它带动决断高度游标沿刻度盘滑动,指示出选定的决断高度。当飞机高度低于决断高度时,决断高度灯亮。有的指示器还发出 DH 音响信号。

3) 警告旗

它用来监视接收机、发射机和指示器的工作是否正常。如果系统工作正常,警告旗不出现。当系统有故障或接收信号太弱时,警告旗出现,这时高度指示无效。

4) 自检电门

它用来对系统进行自检,当按下自检电门时,通常警告旗出现,高度指针指示在规定的高度(决定设备的类型)。如果自检指示高度低于选择的决断高度,则决断高度灯亮,说明系统工作正常。

在自动着陆期间,航向和下滑信号截获时,主用飞行控制计算机(FCC)输出一个抑制信号,断开人工自检功能,防止试验高度信号注入 FCC。

**2. PFD 上的高度指示**

不同机型的飞机无线电高度在 PFD 上的显示不同,下面以 737NG 飞机为例说明无线电高度(RA)和决断高度(DH)在 PFD 上的显示,如图 3.6-20 所示。

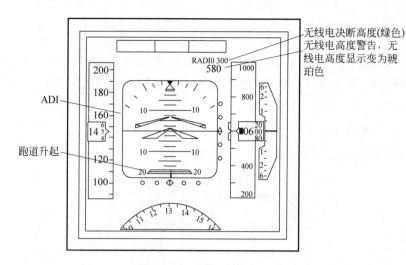

图 3.6-20    PFD 上高度显示

1）无线电高度显示(RA＞DH)

RA 显示从－12～2500 ft,字是白色,大于 2500 ft,显示空白。

2）决断高度显示

DH 显示在 RA 的上面,字是绿色。如果选择 DH 是负值,则显示空白。

3）决断高度警告

当飞机下降到 DH 高度时,RA 和 DH 显示都变成琥珀色,并在开始的 3 s 期间,字母 DH 闪亮。有的飞机还出现音响信号。

4）决断高度警告结束

决断高度警告可以自动结束或人工复位。自动结束出现在飞机着地或飞机爬升到比选定决断高度高 75 ft 时。人工复位是通过按压 EFIS 控制板上的复位按钮实现的。

复位后,RA 显示仍为白色,DH 显示仍为绿色。

5）跑道升起符号

当无线电高度低于 2500 ft 或 ILS 航向偏离显示在 PFD 上时,跑道升起符号显示在 PFD 底部。

当飞机减小到 200～0 ft 时,跑道升起符号向 ADI 上的飞机符号移动。在 0 ft,跑道升起符号显示在飞机符号的底部。跑道升起符号也向左右移动与 ILS 指向标偏离指针保持对齐。

6）无效数据显示

当 RA 或 DH 数据无效时,分别出现琥珀色警告旗,跑道符号消失。

## 3.7    气象雷达系统

### 3.7.1    概述

机载气象雷达系统(WXR)用于在飞行中实时地探测飞机前方航路上的危险气象区域,以选择安全的航路,保障飞行的舒适和安全。如图 3.7-1 所示,机载气象雷达系统可以探测飞机前方的降水、湍流情况,也可以探测飞机前下方的地形情况。在显示器上用不同的颜色来表示降水的密度和地形情况。新型的气象雷达系统还具有预测风切变(PWS)功能,可以探测飞机前方风切变情况,使飞机在起飞、着陆阶段更安全。

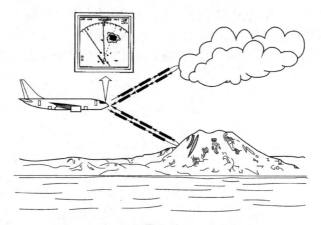

图 3.7-1　气象雷达系统的用途

### 1. 恶劣天气对飞行的影响

(1) 降水使能见度减小。

降水使能见度减低的程度,通常与降水的种类、强度和飞行速度有关。小雨或中雨,地面能见度一般小于 4 km,但在雨中飞行时,若速度不大,空中能见度减至 2~4 km;速度很大时,空中能见度可减至 1~2 km 以下。

在大雨中飞行,空中能见度仅有几十米,一方面雨水使能见度恶化,同时雨水在风挡玻璃上形成水膜,折射光线使能见度大大降低。尤其是在大雨中着陆时,降水会使飞行员无法目视准确判断飞机离跑道的高度,易造成接地不当,导致偏离下滑道而陡降的危险,严重时可造成事故。还应注意降水所引起的碎雨云常笼罩机场,使能见度降至极低。

(2) 过冷却雨滴易造成飞机积冰。

当飞机在云中飞行时,只要机身表面的温度低于 0℃,机身碰撞过冷却雨滴,水滴就会在机身表面冻结并积聚成冰层,形成飞机积冰,使飞机的空气动力学性能恶化,升力减小,阻力增大,影响飞机的稳定性和操纵性。

(3) 大雨、暴雨可使飞机发动机熄火。

喷气式飞机在雨中飞行,因雨滴蒸发耗热,降低燃烧室温度,使增压比变大,为保持飞行速度,需增加发动机的推力。当雨量过大时,若点火不及时,可能造成发动机熄火,尤其是飞机处于着陆的低速飞行情况下。

(4) 大气湍流会使飞机稳定性变差。

飞机在穿越云层或遇到强大气流时,飞机稳定性变差,难以操纵,出现上下颠簸、左右摇晃,导致机组或未系安全带的乘客受伤,甚至危及人身安全;更严重时会使飞机剧烈抖动,可造成飞机断裂和解体。

(5) 风切变对飞机的起飞和着陆造成严重的威胁。

风切变是在很短的距离范围内,风速或风向,或两者一起发生急剧变化,如巨流暴和微流暴。它可以在很大区域内发生,并伴有狂风暴雨,或者只在一个很小区域内发生,特别是在接近地面的高度发生时,会对飞机的起飞和着陆造成严重的威胁。

巨流暴和微流暴是由向下的气流引起的两种风切变。巨流暴是一种大的向下气流,它在水平方向上可以延伸超过 4 km。这种有害风如果持续 5~10 min,其风速可达 134 mile/h。微流暴是一种小的向下气流,它在水平方向上的延伸不会超过 4 km。强的微流暴可使风速达 168 mile/h,而持续时间不超过 10 min。图 3.7-2 显示的是飞机着陆时遭遇微流暴的情况。在飞行中,飞行员需要尽快、尽早知道飞行航路上风切变的存在,以采取措施保障飞行安全。

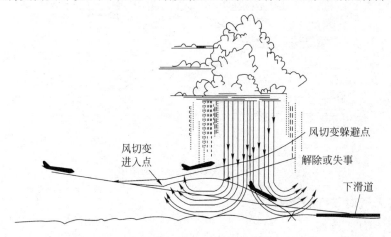

图 3.7-2　着陆时遭遇微流暴

### 2. 气象雷达可探测的目标

机载气象雷达利用无线电波经天线辐射后遇到障碍物被反射回来的原理,探测飞机前方航路上的气象目标和其他目标的存在以及分布状况,并将所探测目标的轮廓,以及雷雨区的强度、方位和距离等显示在显示器上。

气象目标主要是含水云团,根据含水量的不同包括雾、雨(小、中、大、暴)、雪(干、湿)、冰雹(干、湿)、湍流等,它们都属于导电的水物质。不同含水量的云团对无线电波的吸收反射情况也不相同,如图 3.7-3 所示。不同含水量的云团对不同频率的无线电波的吸收反射情况也不同(见图 3.7-4)。气象雷达采用的 X 波段的射频脉冲波,除一部分能量被吸收、损耗和散射外,遇到雨、雪(湿的)、冰雹、湍流等含水量较多的气象目标时,能被有效地反射回雷达天线,而反射的强弱与气象目标含水量的多少有关,但雾的雨滴尺寸较小,无法形成有效反射,气象雷达不能探测到雾。气象雷达天线接收的回波经雷达接收机处理后,在显示器上用不同的颜色显示出降雨的强弱。

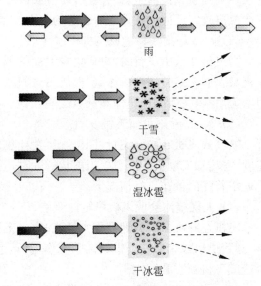

图 3.7-3　不同含水量的云团对无线电波的
　　　　　　吸收反射情况

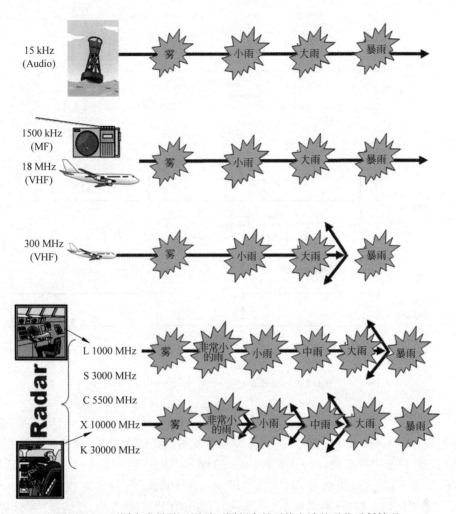

图 3.7-4　不同含水量的云团对不同频率的无线电波的吸收反射情况

## 3.7.2　气象雷达的探测原理

机载气象雷达利用无线电波经天线辐射后遇到障碍物(含水云团)被反射回来的原理,探测飞机前方航路上的气象目标和其他目标的存在以及分布状况。被测目标的距离由电磁波从发射到接收所用的时间来确定。

由于雷达天线辐射很窄的圆锥形波束,天线在扫掠过程中,反射回波的方位基本是天线扫描的方位,也即目标的方位,从而将目标图形显示在显示器的该方位上。

### 1.　一般气象目标的探测

新型气象雷达接收机为了优化接收性能,对于不同的探测距离和工作方式,通过改变脉冲组的个数和宽度以及脉冲的重复频率来实现探测。

如为短距离的目标,收发机不需要等待就可以接收到回波,所以发射机无须增加脉冲个数,而脉冲重复频率的增加可以提供更多的信息,并使显示信息的刷新更快,如图 3.7-5 所示。

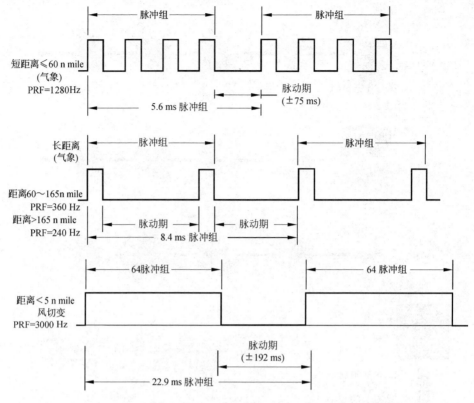

图 3.7-5　发射脉冲

短距离(≤60 n mile)时,每组(约为 5.6 ms)发射包括四个脉冲,脉冲重复频率(PRF)为 1280 Hz。对于中等距离(60～165 n mile)的探测,每组(约为 8.4 ms)发射包括两个脉冲,PRF 为 360 Hz。对于远距离(大于 165 n mile)的探测,脉冲宽度相同,但 PRF 为 240 Hz。对于风切变探测(距离为小于 5 n mile),每组(约为 22.9 ms)发射包括 64 个脉冲,PRF 为 3000 Hz。

另外,对于所有的距离,PRF 都有一个高频振荡期(或脉动期),以消除虚假的雷达回波,这些虚假回波可能是同一区域内其他飞机的 WXR 的回波。

### 2. 湍流和风切变的探测

气象雷达采用每组多个脉冲来探测湍流和风切变。由于湍流和风切变相对于飞机有速度的变化,根据多普勒频移原理,接收信号的频率相对于发射信号的频率产生偏移,利用接收回波信号频率的变化来探测湍流和风切变,如图 3.7-6 所示。

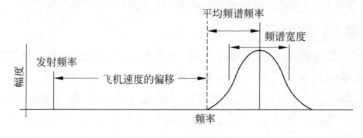

图 3.7-6　频率偏移

这个频移是由飞机速度和降水云团移动速度引起的。飞机速度引起的频移必须被滤掉，只需测量降水云团移动引起的频移。

因为湍流目标表现为微粒（即雨滴），其速度的变化范围特别大，这种高速变化的湍流使雷达接收回波信号的频谱发生变化，频谱越宽，湍流越强。气象雷达中的湍流处理电路可通过频谱的展宽程度来判断湍流目标。民用航空客机的警告门限值约为 $5\sim6$ m/s（$11.2\sim13.4$ mile/h）。5 m/s 的门限值对应于轻度或中度湍流，可使食物和饮料溢出或造成轻微伤害。

为了获得精确和可靠的回波频移，必须使用大量的回波取样信号。湍流目标的门限值是 5 m/s 的云团速度，这个速度转换成多普勒频移是 312.5 Hz。湍流方式的 PRF 提高到 1280 Hz，收发机用这么大量的发射脉冲处理每个降水信息脉冲并提供由降水云团移动而导致的多普勒频移，从而产生湍流数据。由于有这么高的 PRF，湍流探测的最大作用距离约为 40 n mile。这个距离门限值，避免了距离的不确定性，这样就不会有不必要的脉冲使接收机饱和。

图 3.7-7 给出了不同目标的频谱图。1 号目标是典型的无湍流目标的频谱，也即由云团移动产生的频移很小，回波的主要部分是平均频率。如果目标的频谱比这个频谱更窄，则说明几乎没有速度的改变，说明这个目标可能是一个固定或地面目标。2 号目标显示的是湍流目标的门限值，这个目标表示 68% 的回波信号频率在该频谱宽度内。3 号目标是一个湍流目标，它大部分的回波都在频谱宽度之外。目标 3 将被认定为湍流目标，收发机将发出湍流警告信号。

风切变就是接近地面的向下的微流暴，见图 3.7-2。当飞机遇到风切变的强顶风时，产生正的多普勒频移，而顺风会产生负的多普勒频移，如果在一个很短的距离范围内探测到有非常明显的正的和负的多普勒频移变化，则可断定为风切变。飞机与风切变区域的距离由雷达发射和返回脉冲的时间差来确定。

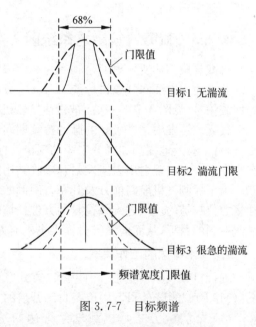

图 3.7-7　目标频谱

为此，气象雷达需要发射更多的、PRF 更高的脉冲去收集风切变数据。当气象雷达工作在风切变方式时，收发机发射一组由 64 个脉冲组成的射频信号，其 PRF 为 3000 Hz，如图 3.7-5 所示。

**3. 地面目标的探测与识别**

机载气象雷达可以探测飞机前下方扇形区域内的地形。观察城市、山峦、河湖、海岸线等地形轮廓的彩色地图，可以帮助飞行员在无法目视观察的情况下判明飞机当前的地理位置及飞机的实际航向。在缺少地面导航设备的偏远地区，也可利用气象雷达所提供的地图进行导航。

机载气象雷达是通过地面目标对雷达信号反射特性的差别来显示地形轮廓的。大地表面上反射率较强的部分,可以产生较强的地物回波,在显示器上呈现为黄色甚至红色的回波图形;反射率较弱的部分所产生的回波较弱,在显示器上呈现为绿色图像;而反射率很差或者面积很小的地物,不能产生足够强度的回波,这些地域就相当于显示器上的黑色背景。那些反射率相差明显或地形变化陡峭的地物分界处,可以在所显示的地图上形成明显的分界线,例如,海岸线、河湖的轮廓线、城市的轮廓线等。

大地表面的地形状况不同,则所产生的回波强度不同。平坦的大地,所产生的回波很弱;而丘陵、山峦由于具有起伏不平的反射表面,其回波能量明显高于平地;大型工矿企业和具有高大钢铁与混凝土建筑物的城市,回波强度很高,能形成黄色甚至红色的图像。

平静的水面产生的回波很弱;而波涛汹涌的海面,会产生较强的回波,从而形成明亮的图像。

需要说明的是,气象雷达屏幕上的地形图像是失真的,这是由于雷达画面是一种极坐标形式的图像的缘故,如飞机下方有一条宽度基本不变的河流,流向与飞机方向相同,在屏幕上的图像是近宽远窄;一条等宽的横向河流,屏幕上的图像是中间宽两头尖。了解这一点,对于正确识别地标有帮助。

### 3.7.3 机载气象雷达系统的工作

机载气象雷达所发射的是频率为 9300 MHz 的 X 波段射频信号,其波长为 3.2 cm。降雨区及其他空中降水气象目标能够对这一波段的信号产生有效的反射,形成具有一定能量的回波信号(见图 3.7-4),从而被雷达接收机所检测。

气象雷达发射机在极短的脉冲持续期间产生功率强大的射频脉冲信号(采用脉冲发射信号,可以有效地探测和区分空中的气象目标),并由平板式雷达天线会聚成圆锥形波束后向空中某一方向辐射出去。发射和接收共用同一天线,收、发工作交替进行。

为了探测飞机航路前方及其左右两侧的气象情况,气象雷达天线是在一定范围内进行往复方位扫掠的。通过天线往复的方位扫掠,雷达就可以探测这一方位范围内被波束所依次照射到的目标,从而向飞行员提供飞机前方扇形区域内目标的平面位置分布图形。

#### 1. 气象雷达的工作模式

现代机载气象雷达的工作模式(方式)有"气象"(WX)、"气象与湍流"(WX+T)、"地图"(MAP)、"测试"(TEST)以及自动开启的"预测风切变"(PWS)功能。

(1)"气象"方式是机载气象雷达的基本工作方式,典型的气象雷达工作范围为320 n mile。此方式可以在 EHSI 或 ND 显示器上向飞行员提供飞机飞行前方航路及其两侧扇形区域中的气象状况及其他障碍物的平面显示图像。

(2)"气象与湍流"方式是现代气象雷达的典型工作方式。湍流是一种对飞行安全极具威胁的危险气象状态。湍流区域中的气流运动速度和方向急速多变,当飞机遭遇这类区域时,不仅难于操纵,而且还会承受很大的应力,可能导致飞机结构的破坏。

当工作于"湍流"方式时,雷达能检测出湍流的区域,并在 EHSI 或 ND 显示器上显示出品红色区域图像,也有的雷达显示为白色的图像。湍流探测的最大范围是 40 n mile。如果EFIS 控制板上选定范围超过 40 n mile,则 EHSI 在最大 40 n mile 范围内显示气象和湍流数据,超过 40 n mile 的地方,只显示气象数据。

(3)"地图"方式用于观察飞机前下方的地表特征。在该方式时,雷达天线下俯一定角度,天线辐射的锥形窄波束照射飞机前下方的广大地区,利用地表不同地物对雷达电波反射特性的差异(不同物质对电波反射的强弱不同),用不同颜色在 EHSI 或 ND 上显示地面和地形特征,如山峰、河流、海岸线、大城市等地形轮廓平面位置分布图像。

(4)"测试"方式用以判断雷达的性能状态,并在 EHSI 或 ND 上显示检测结果。

(5)"预测风切变"功能。当飞机的无线电高度低于 2300 ft,即在起飞和近进着陆期间,无论气象雷达工作在什么方式,气象雷达系统都会自动开启风切变功能,一旦探测到风切变,立刻会在显示器上显示风切变警告。

在风切变工作方式时,雷达天线只扫描 120°(±60°)范围,而不是普通气象方式时的 180°(±90°)。此时,天线从右到左扫描期间处理气象信息,而从左到右扫描期间,处理风切变信息。而且,只有±30°之内的风切变目标才被显示出来。

风切变的位置根据相对于飞机纵轴的方位和机头的距离而确定。根据风切变的位置不同,风切变警告可以分为三类:咨询(advisory)、警戒(caution)、警告(warning)。图 3.7-8 分别给出了飞机在起飞和进近期间不同类型风切变警告的分布情况。

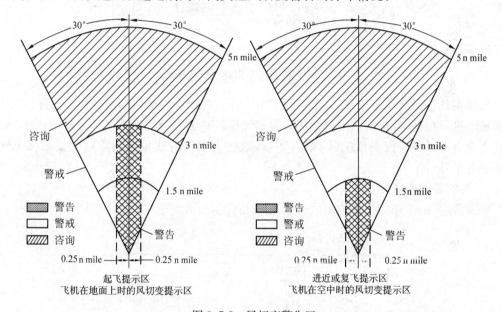

图 3.7-8 风切变警告区

### 2. 机载气象雷达系统的组成

机载气象雷达的基本组件有雷达收发机、天线与天线驱动组件、显示器、控制板、波导管路和雷达罩等,如图 3.7-9 所示。

气象雷达收发机(R/T)用来发射射频脉冲信号和接收并处理射频回波信号,提供气象、湍流和地形等显示数据,探测风切变事件并向机组发送警告和警戒信息。

当气象雷达具有 PWS 功能时,它需要大气数据惯性基准系统提供的大气数据;无线电高度表在起飞和进近过程中提供高度信号来启动或禁止 PWS 功能;自动油门电门组件在起飞过程中启动 PWS;起落架电门在进近过程中发送起落架放下离散信号启动 PWS;空-地继电器发送空-地离散信号用于飞行阶段数的记录。

WXR 天线辐射射频脉冲信号并接收射频回波信号。天线的稳定性受惯性基准组件(IRU)的俯仰和倾斜数据控制。

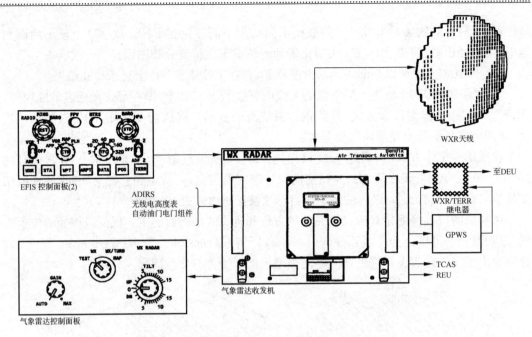

图 3.7-9  机载气象雷达系统的组成

气象雷达控制板用于选择气象雷达的工作方式,控制天线的俯仰角度和稳定性,对接收机灵敏度进行控制,并可对其进行测试。有的飞机具有独立的气象雷达显示器,但现代大型飞机上都有电子飞行仪表系统(EFIS),所以,这些飞机上的气象雷达数据都显示在 EHSI 或导航显示器(ND)上。

1) 气象雷达控制板

气象雷达(WXR)控制板具有方式选择、俯仰角控制和增益控制功能,如图 3.7-10(a)所示。

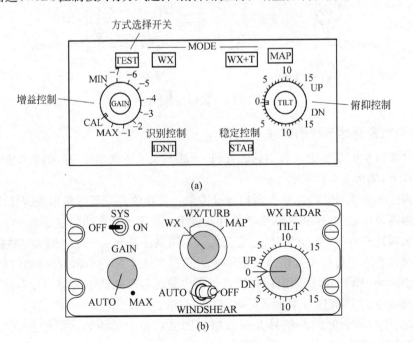

图 3.7-10  WXR 控制板

方式选择开关：有 TEST 方式，WX 方式，WX＋T 方式和 MAP 方式。

TILT（俯仰角控制开关）：调节天线在＋15°～－15°内俯仰的变化，以控制天线用适当的角度进行平行于地平面的扫描。

GAIN（增益控制开关）：可手动调节 WXR R/T 回波增益，也可在 AUTO 或 CAL（校准）位置上，由 R/T 自动调节增益。

STAB（稳定）控制开关：控制天线的稳定性，使得飞机有俯仰、倾斜动作时通过 R/T 提供的补偿信号控制天线，使其仍保持在原来选定的俯仰位置，进行平行于地平面的扫描，提供连续、准确的气象数据。

IDNT（识别）控制开关：用于消除地面杂波，更利于气象目标的识别。

不同机型、不同厂家的控制板的布局和功能不尽相同，如图 3.7-10(b)所示，但基本的控制功能相近。

2）气象雷达天线

气象雷达天线要完成辐射和接收频率极高的 X 波段的微波雷达信号的任务，还要进行复杂的运动——方位扫掠与俯仰、倾斜稳定。WXR 天线一般都安装在机头的整流罩内。现代气象雷达通常使用平板型天线，传统的气象雷达通常使用抛物面天线。这两类天线的基本功能是相同的，但特性参数、结构有较大的区别，平板天线能产生更能集中能量的圆锥形波束，且旁瓣能量特别小，主要能量都集中在主瓣上，探测精度更高，所以现代飞机基本都采用平板型天线。天线系统包括平板天线和天线驱动组件，如图 3.7-11 所示。

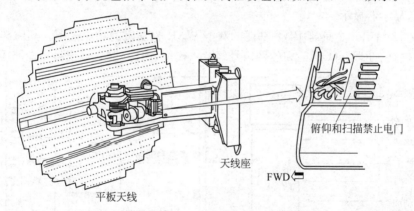

图 3.7-11 WXR 天线

平板天线用于发射和接收射频脉冲信号，它由两层薄型铝合金平板及平板之间的隔板组成，天线的正面为开有许多缝隙的辐射面，由许多发射槽阵列组成。射频脉冲信号从每个槽中发射。天线可生成高 3.6°、宽 3.4°的窄波束。

天线驱动组件包括"俯仰和水平扫描马达""天线位置发射器""俯仰和水平扫描禁止电门"等元件，收发机为其提供 115 V 交流电源。

"水平扫描马达"可使天线在飞机中线的±90°范围内运动，"俯仰扫描马达"可使天线在水平面的±40°范围内运动。

"天线俯仰和方位角同步机"输出天线位置信号与收发机内的天线位置控制信号比较，当两者有误差时，则为天线故障，给出天线故障状态指示。

"俯仰和扫描禁止电门"用来遥控扫描和俯仰马达的电源。在天线维护过程中可关断马达,防止天线运动。

天线驱动组件内的"扭力弹簧"用来平衡天线的重量。当卸下天线时,扭力弹簧将俯仰驱动装置移到上位。

在天线或其附近工作时,为确保安全,使用俯仰和扫描禁止电门使天线不能转动。地面WXR 工作或测试时,天线前方一定距离内不能有人或任何建筑物,周围飞机严禁燃油的加放工作。测试时,必须严格遵守维护手册上的警告和注意事项。

当风速超过 15 n mile/h 时,不要打开雷达天线罩。如果在风中打开天线罩,天线罩可快速运动,这将导致人员伤害或设备损坏。

3) 气象雷达收发机

气象雷达收发机(WXR R/T)是气象雷达系统的主要核心部件,通常安装在电子设备舱中,它的启动,在大型飞机上一般是在 EFIS 控制板上,由一个 WXR 启动开关控制。如果WXR 带有预测风切变功能,则 WXR 在起飞和着陆阶段(无线电高度低于 2300 ft 及其他条件满足时)自动开启 PWS 功能。

WXR R/T 形成射频脉冲传送到天线发射,天线接收的回波信号送到 WXR R/T,经处理后产生显示数据,并显示在显示器上。

在起飞和进近过程中,WXR R/T 会自动开启探测风切变功能。如探测到风切变,即向驾驶舱发送警戒或警告信息。

WXR 控制板向 WXR R/T 发送增益、天线俯仰角、工作方式等控制数据,经 R/T 处理后将信息送显示器显示。

图 3.7-12 给出一个具有 PWS 功能的新型 WXR 收发机的功能框图。其内部包括发射电路、接收电路、处理器(CPU)和各种信号(数字、模拟、离散)输入输出接口电路等。

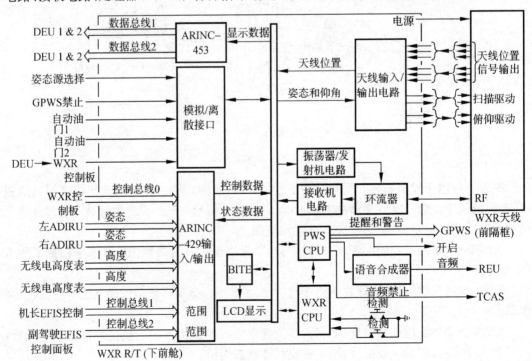

图 3.7-12　WXR R/T 功能框图

各组成部分的功能如下:

(1) 振荡器/发射机电路。它采用主振放大式发射电路,可产生 RF 脉冲信号并经过 WXR 天线发射。其振荡源是两个晶体振荡器,其振荡信号经多次倍频、功率放大和脉冲调制后生成 9.33 GHz 的射频脉冲信号。有的发射机采用单级振荡式发射电路,其振荡信号直接由磁控管产生。

(2) 环流器-天线的收发转换开关。天线具有接收、发射双重功用,由收发转换开关控制,发射时,天线收发转换开关将天线连接到发射机;接收时,将天线连接到接收机电路。

天线的收发转换开关应能满足两方面的要求。一方面,应能实现天线与发射机或与接收机之间的良好电气连接;另一方面,应能保证发射机输出端与接收机输入端之间的隔离,即在发射时发射机所输出的能量能够输往天线而不会耦合到接收机的输入端,而在发射脉冲结束后天线所接收的回波能量能够输入接收机。

天线收发开关有多种类型。机载气象雷达通常采用的是由铁氧体及波导器件等组成的微波环流器(也可称为环行器)。微波环流器的优点是工作可靠,寿命长,频带宽。

(3) 接收机电路。它处理返回信号并将它们传送到 CPU,CPU 利用 RF 返回信号的强度计算降水密度并生成 WXR 显示数据。

机载气象雷达接收机通常都采用二次变频的超外差式接收电路。图 3.7-13 为典型的气象雷达接收电路。

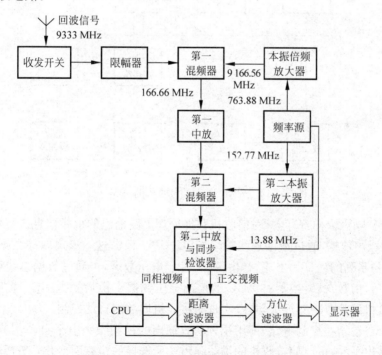

图 3.7-13 WXR R/T 的超外差式接收机电路

接收的射频信号经天线转换开关进入限幅器滤掉干扰,然后在第一混频器中与倍频的第一本振信号混频,得到第一中频信号(166.66 MHz),再经第一中放在第二混频器中与第二本振信号混频获得第二中频信号(13.88 MHz)。第二中频放大器用于放大第二中频信号。气象雷达接收机中的第二中频放大器为主中频放大器,雷达所需的高增益及接收机的灵敏度主要决定于第二中放。第二中放的频率较低,具有较高的稳定放大系数。第二中频放大器还直接决定了雷达接收机的通频带的宽度,它由多级固定调谐的参差调谐放大器组成。第二中放的增益可以由自动增益控制电路、人工增益控制电路和灵敏度时间控制电路控制。

视频检波电路对第二中频信号进行检波,输出回波视频信号;再对视频信号进行处理后,形成数字式视频信息输往显示器。现代气象雷达接收机中通常应用同步检波器。同步检波器除可像幅度检波器那样获得第二中频信号的幅度信息外,还可以获得中频信号的相位信息,从而实现湍流检测。同步检波器的输出为同步视频信号(I视频)和正交视频信号(Q视频)。

(4) 自动增益控制电路。接收电路中具有较宽动态范围的自动增益控制电路(AGC),可保证接收机在很宽范围内变动的信号的正常检测。把增益控制旋钮置于"自动"(AUTO)或"校准"(CAL)位时(或雷达工作于某些工作方式时),自动增益控制电路工作;在"人工增益"方式,可人工调节接收机的增益,而自动增益电路不起作用。

自动增益电路组成可有多种形式,如图3.7-14所示的自动增益电路是由中央处理器(CPU)自动控制的,它由噪声取样寄存器、AGC参数寄存器、数/模转换器、放大器等组成。

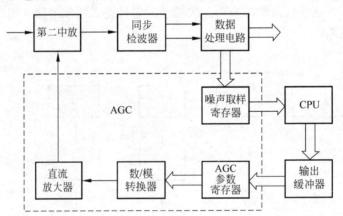

图 3.7-14　WXR R/T 的接收机的 AGC 电路

CPU控制"噪声取样寄存器"对接收机数据处理电路输出的视频信息进行取样,获得的8位取样视频噪声数据,通过数据总线输入CPU,CPU根据这一噪声取样数据以及所选择的距离,经过一系列的计算和查表,产生AGC控制电压数据,再通过数据总线输至AGC参数寄存器,然后,由数/模转换器将AGC的控制电压数据变换为模拟AGC控制电压,经放大后加到接收机的第二中频放大器,以实现对接收机增益的自动控制。

利用这个自动增益控制电路,即用视频功放输出的视频噪声电平自动调节中放增益而保持接收机输出平稳,可以使接收机的增益随雷达所选择的距离而变化:选择的距离越远,接收机的增益越高,这样目标回波信号的强度不会因为距离的远近而变化太大。

(5) 灵敏度时间控制电路(STC电路)。它的功用与自动增益控制电路(AGC)相同,也是使雷达接收机输出的目标回波视频信号强度不会因目标距离远近而有较大变化。

灵敏度时间控制电路的基本原理是:根据所探测目标的远近自动控制雷达接收机第二中频放大器的增益,即调节接收机的灵敏度,使其随目标距离的不同而改变,以实现第二中放输出端的信号电平与目标距离基本上无关,即近距离时,回波信号强,STC 电路使第二中放的增益降低;远距离时,STC 电路使第二中放的增益提高。STC 的工作范围通常在 0～80 n mile,所以 80 n mile 以内气象雷达的探测比较准确,而 80 n mile 以外气象目标的探测通常只作为战略分析。

(6) WXR 中央处理器(CPU)。CPU 使用控制数据来控制 R/T 的工作和天线的驱动。CPU 向发射电路提供范围、增益和方式控制信号;从 ADIRU 接收姿态数据产生扫描和俯仰信号,用于天线稳定性控制;从天线组件获得天线位置信号,与 CPU 计算的天线位置信号进行比较,如果有误差,则发出天线故障信号。

(7) PWS CPU。来自自动油门电门组件、无线电高度表等系统的输入数据可以自动启动预测风切变(PWS)功能。PWS CPU 控制天线扫描和发射机脉冲重复频率来探测飞机正前方的风切变。检测范围被限制在很小的范围内(约为 5 n mile),因为脉冲重复频率很高。

当 PWS CPU 探测到风切变时,向 GPWS 发送警告或警戒信号。GPWS 由警告和警戒的优先级逻辑控制。如果没有高一级的警告或警戒,PWS CPU 则向显示系统发送风切变显示,并向 REU 发送音频信号。同时,PWS CPU 向 TCAS 计算机发送音频禁止信号以禁止来自 TCAS 的任何音频信号。

CPU 将 WXR 显示数据、处理范围、系统模式、状态数据等转换为 ARINC 453 格式,经 ARINC 453 发射机和高速 ARINC 453 数据总线 1 和数据总线 2 向显示系统发送数据。

(8) BITE 组件。BITE 持续地获得系统状态数据,BITE 组件在内存中存储故障信息,系统状态和故障显示在显示器提醒行上。R/T 前面板上的 LCD 显示系统故障和故障历史。

4) 波导管路

气象雷达的工作频率高达 9.3 GHz,一般无线电设备中应用的高频同轴电缆是不能正常传输雷达射频信号的,只能使用波导。波导通常是一种中空的刚性金属导管,用具有良好导电性的铝合金或黄铜制成,其内表面通常镀有银层,雷达系统对波导截面的几何形状和尺寸有着严格的要求。

在安装两部收发机的雷达系统中,在收发机的射频输出端设有一个波导转换开关,它的作用是实现雷达天线与任一部收发机之间的射频连接,波导开关受控制板上左右系统选择电门控制。

在波导管路中,靠近收发机与天线两端通常是一段柔软的软波导,软波导在受到横向作用力或纵向力时,可承受一定限度的弯曲变形。这样,当飞机在着陆瞬间或地面滑行,由于震动而导致收发机与天线之间发生微小的相对位移时,就不会损坏其他波导管及两端的波导接头。

5) 雷达罩

雷达罩用来保护天线驱动组件,并使机身保持完整的流线形外形,以保证飞机的空气动力性能。

对雷达罩所谓电气性能要求是对传输损耗、反射功率、波束偏转和波形畸变的要求,其中最主要的是传输损耗。

传输损耗是由于雷达罩对电磁波的吸收和反射引起的。当雷达发射信号和回波信号通过雷达罩时,会引起一定程度的能量损失。雷达罩内、外界面对电波的反射也会导致信号能量的损失。当信号波长一定时,传输损耗与雷达罩的材料、结构及形状等因素有关。雷达罩的功率传输系数约为90%。传输损耗对雷达性能的影响主要表现为雷达最大作用距离的减小。

基于上述考虑,飞机雷达罩总是选那些既能保证 X 波段电磁波的良好穿透,又具有足够的强度和刚性的非金属材料来制造,常用的材料有玻璃纤维增强塑料、玻璃、陶瓷等。

另外,用于喷涂雷达罩的油漆也必须按规定的要求选择。使用不符合要求的油漆,例如使用普通的磁漆刷涂雷达罩,将会导致对电波损耗的明显增大。

### 3.7.4　气象雷达信息的显示

**1. 气象雷达信息的显示控制**

现代民航大型飞机的 WXR 信息都显示在 EHSI 或 ND 上,因此信息的显示首先要受 EFIS 控制板的控制。如图 3.7-15 所示为一种 EFIS 控制板。

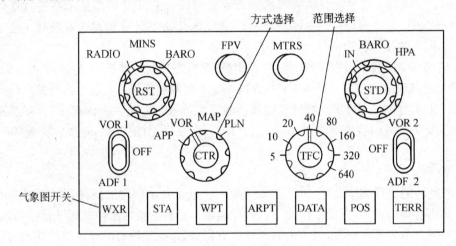

图 3.7-15　EFIS 控制板

首先选择适当的显示方式,在本例中,可以选择扩展的(EXP)APP、VOR、MAP 和 CTR MAP 方式,然后打开 WXR 开关,选择合适的显示距离。EFIS 控制板范围选择器有 8 个位置,最大达 640 n mile,但 WXR R/T 只在最大 320 n mile 范围内显示气象显示信息,气象/湍流方式在最大 40 n mile 范围内显示湍流数据。如果 EFIS 控制板上的距离选择超过 40 n mile,则显示器只在 40 n mile 范围内显示气象和湍流数据,超过 40 n mile 范围只显示气象数据。

另外,打开气象雷达 R/T 后,还需在 WXR 控制板(参见图 3.7-10)上选择工作方式、天线的俯仰角、接收机的增益,这样气象雷达系统才能正常工作。

**2. 气象雷达信息的显示**

1) 正常显示

气象雷达的正常显示包括气象数据、系统信息、警告信息,如图 3.7-16 所示。

显示器上的 WXR 数据显示飞机前方的气象或地形信息。颜色显示气象或地形回波信号的强度,这四种颜色用于 WX、WX+T 方式的显示:

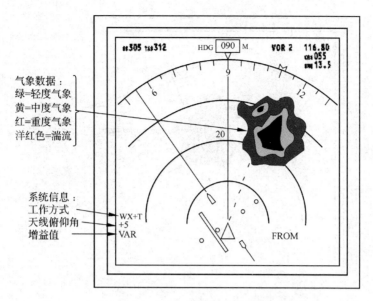

气象数据：
绿=轻度气象
黄=中度气象
红=重度气象
洋红色=湍流

系统信息：
工作方式
天线俯仰角
增益值

图 3.7-16　WXR 的信息显示(黑白)

绿色　轻度气象条件：降水量 $1 < P < 4$ mm/h

黄色　中度气象条件：$4 < P < 12$ mm/h

红色　重度气象条件：$P \geq 12$ mm/h

洋红色　湍流：$P \geq 5$ mm/s

WXR 系统只在 40 n mile 内计算和显示湍流，在 5 n mile 内计算和显示风切变。

气象雷达的系统数据在显示器的左(或右)下侧显示，分别表示工作方式、天线俯仰角和增益。所有 WXR 系统信息显示为青色。如果 WXR 系统有故障，会显示琥珀色的 WXR FAIL 故障警告。

当 WXR 控制板选择 MAP 方式、天线 TILT 选择下俯时，气象雷达可以探测飞机前下方的地形信息，用不同的颜色表示。

山脉或城市：琥珀色；

大地：绿色；

平静的水面：黑色。

2) 预测风切变显示

如果 WXR 具有 PWS 功能，则在显示器上会显示风切变的三级警告信息，如图 3.7-17 所示。在风切变工作方式时，雷达天线只扫描 $120°(\pm 60°)$ 范围，而不是普通气象方式时的 $180°(\pm 90°)$。此时，天线从右到左扫描期间处理气象信息，而从左到右扫描期间，处理风切变信息。而且，只有 $\pm 30°$ 之内的风切变目标才被显示出来。在 ND 显示器上用红黑相间条表示风切变，黄色条从该符号的边缘到达磁罗盘刻度盘。黄色条帮助机组看清 PWS 符号。如果有警戒信息，会显示黄色的 WINDSHEAR；如果是最高级警告，则显示红色的 WINDSHEAR。在 EADI 或 PFD 上也有黄色或红色 WINDSHEAR 警告。

当有风切变警戒时，除了在显示器上有显示外，还会有语音警告："Monitor Radar Display"(监控雷达显示器)；当有风切变警告时，语音警告为："Windshear Ahead"(前方有

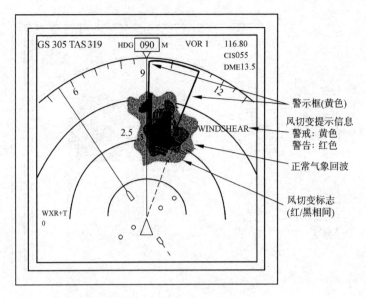

图 3.7-17　PWS 警告显示

风切变)或"Go-Around,Windshear ahead"(复飞,前方有风切变),这时在 PFD 上还会有红色的"WINDSHEAR"文字显示。

### 3.7.5　气象雷达的电磁辐射防护

#### 1. 安全距离

FAA 在 1980 年颁发 AC 20-68B(机载气象雷达地面操作的防辐射安全建议),其中提到人体耐受气象雷达电磁辐射的平均能量密度应不大于 10 mW/cm$^2$,该数据已被世界许多工业组织接受,并成为人体耐受雷达辐射的标准。

根据 AC 20-68B 的附录 1,雷达辐射安全距离的确定需计算并比较 $R_s$、$R_i$ 两个数值,取其中较大的值作为安全距离。其中:

$R_i$ 为天线到近场区/远场区交叉点的距离,$R_i = G\lambda/8\pi$;

$R_s$ 为天线到 10 mW/cm$^2$ 能量密度处的距离,$R_s = \sqrt{GP/400\pi}$。

上述式中,$G$ 为天线增益;$\lambda$ 为雷达波长,单位为米(m);$P$ 为发射平均功率,单位为瓦(W);$R_i$、$R_s$ 的单位均为米(m)。

以 Honeywell RDR-4B 雷达为例,该雷达的主要参数:工作频率为 9.345 GHz,峰值功率为 125 W,平均功率为 600 mW,天线尺寸为 30 in,增益为 35 dB。

计算:$R_i = G\lambda/8\pi = 4(\mathrm{m})$,$R_s = \sqrt{GP/400\pi} = 1.2(\mathrm{m})$

所以安全距离取 $R_i$ 值,即 4 m。

#### 2. 危险区域

以空客 A320 系列飞机为例,AMM 手册的雷达操作测试程序要求,雷达发射时严禁地面人员位于机头两侧 135°、距离天线 5 m 的范围内,这个范围是雷达辐射的危险区域(见图 3.7-18)。

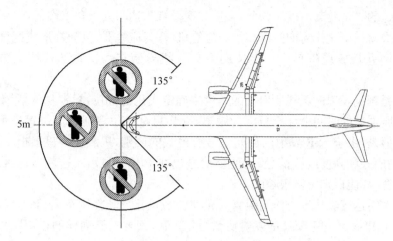

图 3.7-18　雷达辐射危险区域

**3. 维修建议**

为避免在维修中可能受到的雷达辐射,提示工作者注意并遵守以下事项:

(1) 严格遵守雷达操作的安全注意事项,雷达发射测试时,飞机前方应没有金属或高大建筑物,所有人员应位于辐射危险区域外并尽量远离,飞机下方应派人观察,及时阻拦人员或车辆进入危险区域;

(2) 飞机通电情况下,在机头区域进行维修工作时,建议拔开雷达跳开关,并安装跳开关夹子,防止误触发;

(3) 严禁在雷达工作时拆装波导管等部件、开关雷达罩以及目视波导管口。

# 3.8　空中交通管制系统应答机

## 3.8.1　概述

空中交通管制雷达信标系统(ATCRBS)是一个监视系统,它由地面监视雷达和机载应答机组成。系统主要为空中交通管制员提供某一区域内飞机的位置(距离、方位、高度等)和识别信息,以便有序地组织和指挥空中交通,保持飞机之间的安全飞行间隔,防止飞机相撞,并提高终端区空域的利用率。

地面监视雷达包括一次监视雷达(PSR)和二次监视雷达(SSR)。

一次监视雷达的地面网络系统可用于终端监视和航路监视。一次监视雷达天线辐射方向性很强的窄波束射频信号,且天线以一定的速率在 360°全方位旋转扫掠,当辐射信号遇到目标后一部分能量被反射回来,被同一位置上的接收机接收。经接收机处理后,获得被监视飞机的距离、方位及空域中存在的飞机和活动情况。

由于目标"回波"信号的强度与目标的距离、天线增益和发射机功率有关,如接收回波信号的功率与距离的四次方成反比,与信号波长的平方成正比,所以,对工作在 L 波段的一次监视雷达需要很高的天线增益、发射功率和接收机灵敏度。

一次监视雷达为了滤除对固定目标的检测,采用了多普勒雷达及动目标检测技术,但不能识别被跟踪的飞机及其高度。为此,采用二次监视雷达与其配合工作。

地面二次监视雷达作为询问器与机载应答机(作为应答器)以问答形式配合工作。SSR能够发射询问并接收应答信号。SSR 的条形天线安装在一次雷达天线上方,两者同步扫掠。

SSR 也是根据发射时天线所对准的角度来确定飞机的方位,根据从发射询问信号到接收应答信号所消耗的时间来计算目标的距离,并将目标的位置在平面位置显示器(PPI)上显示出来。但是,由于 SSR 发射的询问信号有模式的区别,机载应答机根据不同的询问模式,给出识别应答和高度应答信号,这两个信号也在 PPI 上显示。这就在三维空间上确定了目标的位置,并能识别出被跟踪的飞机。

地面二次雷达接收功率与作用距离 $R$ 的平方成反比。若作用距离相同,SSR 所需的发射功率远小于 PSR。一般 SSR 的发射功率为几千瓦,而要达到同样的作用距离,PSR 需要几兆瓦的发射功率。因此,地面询问器和机载应答器的接收机的灵敏度也可比一次雷达低一些。

此外,由于二次雷达系统的发射(询问)频率与接收(应答)频率不同,所以,没有其他目标对发射信号的反射杂波干扰。同时,不存在由于飞机姿态变化和散射而引起的目标闪烁现象,且显示的高度准确;但由于地面二次雷达采用简单的条形天线,故方位精度较差。

通常地面 ATCRBS 系统都包括 PSR 和 SSR,如图 3.8-1 所示。SSR 发射机产生某一模式的询问脉冲对信号,通过它的方向性天线辐射。天线波束的方向是与 PSR 协调一致的,发射时刻也是与 PSR 同步的。在其天线波束照射范围内的机载应答机对所接收到的询问信号进行接收处理与译码识别,如果判明为有效的询问信号,则由应答机中的编码电路控制发射电路产生应答发射信号。所产生的应答信号是由多个射频脉冲组成的射频脉冲串,它代表飞机的识别代码或高度信息。与此同时,向同一方位辐射的一次雷达也会接收到飞机所产生的回波信号,它的接收机所产生的飞机视频回波信号也同时输往数据处理与显示系统。在控制中心的圆形平面位置显示器上的同一位置,显示飞机的一次雷达回波图像与二次雷达系统所获得的飞机识别代码及高度信息。

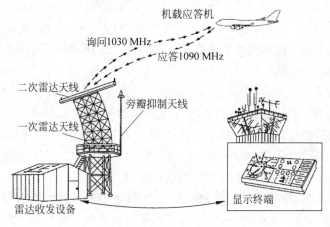

图 3.8-1　ATCRBS 系统

### 3.8.2 ATCRBS 的工作原理

#### 1. 询问模式

机载应答机所回答的信息内容,决定于地面二次雷达的询问模式。询问信号的模式由管制中心确定。

地面二次雷达向空中发射 1030 MHz 的载频脉冲询问信号询问机载应答机。询问信号由两个脉冲 $P_1$、$P_3$ 组成,并按 $P_1$、$P_3$ 脉冲间隔的不同编码。脉冲信号的编码方式称为询问模式。目前,国际民航组织规定的航管二次雷达询问模式共有四种,分别称为模式 A、B、C 和 D。其中模式 A 为飞机代码识别;模式 C 为高度询问;模式 B、D 为备用询问模式,其询问内容未定。

如图 3.8-2 所示,模式 A 的脉冲间隔为 8 $\mu$s,模式 C 的脉冲间隔为 21 $\mu$s(模式 B 为 17 $\mu$s,模式 D 为 25 $\mu$s)。各模式脉冲的脉冲宽度均为 0.8 $\mu$s。在 $P_1$ 脉冲之后 2 $\mu$s 的 $P_2$ 脉冲用于旁瓣抑制(SLS)。

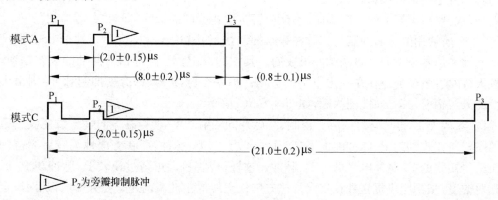

图 3.8-2 询问模式

二次雷达交替发射不同模式的询问信号。通常,采用每组三重模式的询问方式,即每组轮流发射三种模式的询问信号,三种模式以 1:1:1 的比例交替询问,也可以采用每组二重模式的询问方式,模式之间的比例也可以是其他的数值。与此同时。还可以按天线的扫掠来改换询问方式,由天线通过正北方位时的信号来转换。

对询问方式的控制由航管人员确定,通过询问方式开关,可以控制二次雷达询问器中的编码电路,产生所希望的询问模式与询问编排方式。

询问重复频率主要取决于二次雷达的作用距离,同时与应答机所能承受的最大应答率有关。通常把询问重复频率限制在使每架飞机在一次扫掠中被询问 20~40 次的范围内。一般,询问重复频率为 150~450 Hz,作用距离较近时,可以取较高的询问重复频率。询问重复频率也是由二次雷达中的编码器控制的。

地面二次雷达天线的方向性图为(按一定速率旋转的)锥形(窄波束),它集中了天线辐射的大部分能量,称为主瓣,由于天线能量的"泄露"而形成的其他方向的辐射波瓣称为旁瓣,如图 3.8-3(a)所示。

在理想情况下,当 A 飞机被主瓣照射到,主瓣法线对准飞机时,机载应答机发射应答信号,在地面雷达显示器上显示该方位(对应天线的方位)的 A 飞机图像;当飞机距雷达天线

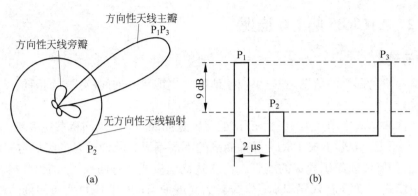

图 3.8-3　旁瓣抑制

较近时,被旁瓣照射到的其他方位的 B 飞机也能收到 $P_1$ 和 $P_3$ 询问脉冲,那么,B 飞机应答机同样发出应答信号,B 飞机的图像被显示在此时刻(与天线方位不一致)的主瓣的方位上,而出现多目标的错误显示。

为此需要对旁瓣询问进行抑制,不让应答机应答旁瓣的询问,即为"旁瓣抑制"。

目前,所通用的旁瓣抑制为三脉冲旁瓣抑制法,如图 3.8-3(b)所示。地面 SSR 所产生的询问脉冲信号是由 3 个射频脉冲组成的。其中的 $P_1$ 与 $P_3$ 脉冲由方向性的天线辐射,方向性天线除主波瓣外还存在一定电平的旁瓣。另一个脉冲 $P_2$(即旁瓣抑制脉冲)则由无方向性的天线辐射,其方向性图为圆,如图 3.8-3(a)所示。

$P_1$ 与 $P_2$ 脉冲的间隔为 2 $\mu$s。控制 $P_2$ 脉冲的辐射功率,使得在方向性天线主波瓣范围内的飞机所接收到的 $P_1$ 脉冲的电平高于所接收到的 $P_2$ 脉冲,而在方向性天线旁瓣范围内的飞机所接收的 $P_1$ 脉冲电平低于 $P_2$ 脉冲。这样,应答机即可通过比较 $P_2$ 脉冲与 $P_1$ 脉冲的相对幅度,来判明飞机是处在二次雷达方向性天线的主波瓣内还是在旁瓣内,从而决定是否产生应答信号。

在机载应答机接收电路中设置有旁瓣抑制电路。电路对所接收到的 $P_1$ 脉冲与 $P_2$ 脉冲的幅度进行比较。如果 $P_1$ 脉冲的幅度大于 $P_2$ 脉冲 9 dB 以上,即表明此时飞机处于二次雷达天线的主波瓣中,所以应答机应正常产生应答脉冲信号;如果 $P_2$ 脉冲的幅度大于或等于 $P_1$ 脉冲,则表明此时飞机处于旁瓣范围内,因而抑制应答机的应答,并在未来 $(30\pm10)\mu$s 不再接受询问;如果 $P_2$ 与 $P_1$ 的幅度比较处在上述两种情况之间,则应答机有可能应答也有可能不应答,其应答概率随 $P_1$ 脉冲幅度的增大而增大。

**2. 应答信号**

机载应答机在收到地面 SSR 的有效询问信号后,将根据询问模式产生相应的应答发射信号。当地面 SSR 发射的是 A 模式的识别询问时,应答机产生识别码应答信号;而当地面 SSR 发射的是 C 模式的高度询问时,则产生飞机的实时气压高度编码应答信号。所谓有效询问信号,是指在规定范围内地面 SSR 的主瓣询问信号,且询问模式与应答机的工作模式相符合,即应答机只对事先约定的识别询问模式产生识别应答信号,而对于模式 C 的高度询问,只有当应答机控制盒上的高度报告开关置于接通位的情况下,应答机才会自动将高度信息编码发射出去。

应答机产生的识别应答信号和高度应答信号均为 1090 MHz 的脉冲编码信号,而且应答信号的格式相同,区别仅在于编码的方式和内容。应答的编码信号是由 12 个信息脉冲和两个帧脉冲 $F_1$、$F_2$ 等组成,应答信号的格式如图 3.8-4 所示。应答信号的起始 $F_1$ 是在接收询问信号的 $P_3$ 脉冲前沿后 3 $\mu s$ 开始发射。

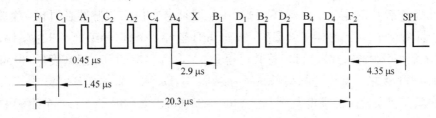

图 3.8-4 应答信号格式

应答信号的脉冲宽度均为 0.45 $\mu s$,脉冲间隔为 1.45 $\mu s$ 或其整数倍。飞机的识别信号和高度信号均采用逻辑编码方式,即在 12 个信息脉冲的位置上,利用脉冲的有(表示逻辑"1")或无(表示逻辑"0")进行编码,形成飞机识别码和高度码。

地面 A 模式询问时,应答机自动地应答飞机的识别码。识别码是空中交通管制中用于表明飞机身份的代码,每次执行航班任务前由空中交通管制部门指定,识别码为四位八进制码,由飞行员用应答机控制板上的识别码设定旋钮设定。

12 个信息脉冲用有("1")和无("0")表示二进制编码,而飞机的识别码采用四位八进制编码,则有 $2^{12}=8^4=4096$ 种组合,因此 12 个脉冲被分为 A、B、C、D 四组,每组三个脉冲,分别加尾标且顺序为 $A_4$、$A_2$、$A_1$、$B_4$、$B_2$、$B_1$、$C_4$、$C_2$、$C_1$、$D_4$、$D_2$、$D_1$,其尾标分别表示该位的权值。例如,识别码为 3456 的 12 个脉冲中,A 组(值为 3)中:$A_4=0$,$A_2=1$,$A_1=1$;B 组(值为 4)中:$B_4=1$,$B_2$,$B_1$ 均等于 0;C 组(值为 5)中:$C_4$、$C_1$ 为 1,$C_2=0$;D 组(值为 6)中:$D_4$、$D_2$ 为 1,$D_1=0$。这 12 个脉冲在应答脉冲序列中的发射顺序 $F_1$、$C_1$、$A_1$、$C_2$、$A_2$、$C_4$、$A_4$、$B_1$、$D_1$、$B_2$、$D_2$、$B_4$、$D_4$、$F_2$ 是固定不变的,因此,识别码为 3456 的应答信号的发射脉冲序列为 $F_1 C_1 A_1 A_2 C_4 D_2 B_4 D_4 F_2$,如图 3.8-5 所示。

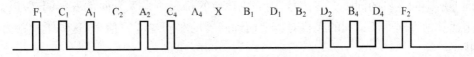

图 3.8-5 识别码为 3456 的应答信号格式

图 3.8-4 中,在 $F_2$ 后 4.35 $\mu s$ 还有一个 SPI(特殊位置识别)脉冲。这个脉冲是在地面管制员的要求下,由驾驶员按压 ATC 控制板上的 IDNT 按钮之后发出的,会持续约 18 s,其目的是使该飞机的雷达回波在地面管制员的雷达屏幕上的显示更亮,以便更容易识别该飞机。

飞机的四位八进制识别码为 0000~7777,共 4096 种,其中还有一些用于特殊用途,如:7500 表示被劫持,7600 表示通信失效,7700 表示飞机处于紧急状态。

当应答机回答模式 C 的询问时,它的应答脉冲串表示飞机的气压高度信息。气压高度信息是由大气数据计算机(ADC)提供的,由高度编码电路编码。虽然高度码也是包含在帧脉冲 $F_1$ 和 $F_2$ 之间的信息脉冲组合,但其编码规则与上述飞机识别代码完全不同。

高度信息码也由四组信息脉冲 A、B、C、D 构成,虽然发射顺序相同,即:$F_1$、$C_1$、$A_1$、$C_2$、$A_2$、$C_4$、$A_4$、$B_1$、$D_1$、$B_2$、$D_2$、$B_4$、$D_4$、$F_2$,但四组脉冲的组成顺序和编码方式与识别代码不同。

根据民用飞机的飞行高度,国际民航组织规定的高度编码范围是－1000～126700 ft(相当于－304～37000 m)。考虑气压高度的精度有限,规定高度编码的增量(精度)为 100 ft。这样,对于上述高度范围,我们只需 1278 组高度编码,即只需利用 4096 种编码中的一小部分。为此,规定不用 $D_1$ 脉冲;$C_1$ 和 $C_4$ 脉冲不能同时为 1,但 C 组脉冲必须有一个为 1。这样,D 组脉冲有 2 个,可编 $2^2=4$ 组编码;A 组与 B 组各 3 个,可各编 $2^3=8$ 组编码,C 组则可编 5 组编码(去掉 000、101、111),总共可得到 $4\times8\times8\times5=1280$ 组高度码,可满足上述高度范围编码的要求。高度码的编码顺序为:$D_1$、$D_2$、$D_4$、$A_1$、$A_2$、$A_4$、$B_1$、$B_2$、$B_4$、$C_1$、$C_2$、$C_4$。实际上,民航飞机所使用的高度范围从－1000～62700 ft 就足够了,所以高度编码中的 $D_2$ 脉冲实际上也总是为零。

高度编码中的 D、A、B 组脉冲采用 Gillham code 编码格式,它是格雷码(Gray code)的一种改进,其特点是相邻的两码之间只有一位不同。高度编码中,使用全部 D、A、B、C 组码,所表示的高度增量(精度)为 100 ft;由于 C 组只可编成 5 组编码,若精度不高时,就可以不用 C 组编码,而其表示的高度增量(精度)为 500 ft。

**3. ATCRBS 存在的问题**

(1) 管制和监控飞机的容量有限。

随着航空事业的发展,使得一些繁忙空域特别是中心机场终端区内的飞机密度不断增大,国际、国内的飞机数量不断增加,而 ATCRBS 最多只能管制 4096 架飞机(实际上,要远远小于这个数),其管制容量难以满足目前及今后的发展需求。

(2) ATCRBS 的同步串扰和非同步串扰。

如果空中有两架飞机处在询问波束同一方位或波束宽度范围内,即使两架飞机不在同一高度层,但两机的斜距小于一定值,如 1.64 n mile,则地面询问器的接收机也将收到间隔重叠的两架飞机的应答信号,造成互相干扰,降低了分辨率,该干扰即为同步串扰。

而当飞机处在两个以上地面询问器作用范围内时,每个地面询问器的接收机不仅接收本询问器所询问飞机的同步应答信号,因为机载应答机天线是无方向性发射的,所以,还可收到地面其他询问器所询问的飞机对本地面询问器的非同步应答信号,这种干扰称为非同步串扰。

(3) 多路径干扰。

发射询问信号和应答信号的电磁波,碰到高大建筑物或山峰等固定目标而反射时,将会得出距离和方位错误的假目标显示,同样使分辨率降低。

(4) 方位精度低。

因为地面雷达天线是旋转的,天线波束又有一定宽度,从波束扫掠到飞机开始至波束离开飞机期间要经过多次询问和应答,而飞机方位的确定是取用每次询问和应答所测得方位的平均值,所以,ATCRBS 用这种方法测出的方位误差较大。

随着空中交通的日益增长以及要求的提高,目前的 ATCRBS 已被离散寻址信标系统(DABS),即 S 模式所取代。

### 3.8.3　S 模式的工作原理

S 模式(select)系统由地面 S 模式雷达和机载 S 模式应答机所组成,地面的询问只是对选定地址码的飞机专门呼叫的询问。装有 S 模式应答机的飞机都有自己单独的地址码,它用自己的地址码来回答地面的询问,因此,该系统可以实现"一对一"的点名问答。S 模式系统能够提供 $2^{24}>1600$ 万个飞机地址识别码,这足以给世界上每架飞机分配一个专用的地址识别码。每个地面询问器只向它负责监视的飞机进行 S 模式的点名询问,使问答次数大大减少,从而降低了总的干扰电平,使非同步串扰降低四分之三,询问的速率也可以根据需要灵活调整(辐射功率自动与之匹配);同时,还可以定时点名询问,因此,可以不受多架飞机距离、方位的影响,克服了 ATCRBS 的同步串扰和应答机过载等问题;S 模式地面雷达采用了相控阵单脉冲天线,它辐射一个和数方向性图和一个双波瓣的差数方向性图,它们同时接收每个应答机的回答信号,在接收机中利用两个方向性图接收信号的幅度或相位之比,可以确定飞机偏离天线轴的方位和大小,即可精确地测定飞机的方位,其精度比 ATCRBS 高三倍。

此外,S 模式系统还可以建立地空之间的数字数据通信,但由于天线扫掠周期较长,波束较窄,故受到一定限制。

S 模式系统可与目前使用的 ATCRBS 应答机兼容共用,所以,机载 S 模式应答机也可称为"ATC/S"模式应答机。

### 1. S 模式的询问

S 模式的询问可以分为两类:一类是为兼容而设的 S 模式脉冲幅度调制(PAM)询问脉冲信号;另一类是专为 S 模式使用的二进制差分相移键控(DPSK)询问信号。

(1) S 模式的脉冲幅度调制(PAM)询问信号有六种,如图 3.8-6 所示。

图中(a)和(b)分别叫做"A 模式"和"C 模式",询问信号的格式和作用分别与 ATCRBS 的 A、C 模式相同,A/C 模式应答机和 S 模式应答机均能响应它们的询问,并作 A 和 C 模式的应答。

图中的(c)和(d)分别叫做"仅 A 模式全呼叫"和"仅 C 模式全呼叫",询问信号的格式和作用分别与 ATCRBS 的 A、C 模式相同,只是分别在 $P_3$ 脉冲前沿 $2\,\mu s$ 之后增加一个脉宽 $0.8\,\mu s$ 的 $P_4$ 脉冲。$P_4$ 的作用是抑制 S 模式应答机不作应答。如 $P_4$ 的幅值低于 $P_3$ 的 6 dB,则 $P_4$ 不起抑制作用,实际变成 A 或 C 模式的询问信号。同样,A/C 模式应答机和 S 模式应答机均能响应它们的询问,并作 A 和 C 模式的应答。

图中的(e)和(f)分别叫做"A/S 模式全呼叫"和"C/S 模式全呼叫",询问信号的格

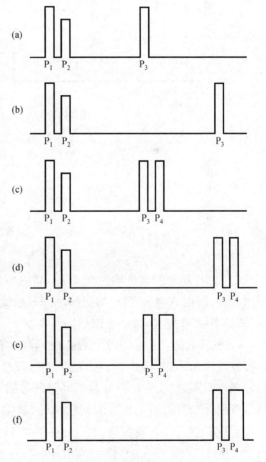

图 3.8-6　S 模式非选择性询问

式和作用分别与 ATCRBS 的 A、C 模式相同,只是分别在 $P_3$ 脉冲前沿 2 $\mu s$ 之后增加一个脉宽 1.6 $\mu s$ 的 $P_4$ 脉冲。如果 A/C 模式应答机收到这种信号时,$P_4$ 脉冲不起作用,A/C 模式应答机只作 A 或 C 模式的应答;如果 S 模式应答机收到这种信号时,应答机根据 $P_4$ 可以判断出是 A/S 模式或 C/S 模式全呼叫询问,那么,S 模式应答机就以带有本飞机 24 位地址码的"S 模式全呼叫应答"信号作应答;如果 $P_4$ 的幅值低于 $P_3$ 的 6 dB,则 $P_4$ 不起作用,该询问即为 A 模式或 C 模式询问,S 模式应答机只作 A 模式或 C 模式的应答。

(2) 仅 S 模式差分相移键控询问信号

当地面询问器发出如图 3.8-6(e)(f)所示的 A-C/S 模式全呼叫询问信号(我们称之为"第一呼叫")后,地面询问器接收到 S 模式应答机的"全呼叫应答",并获得该飞机地址码和该机的位置,地面询问器则以该机的地址进行点名询问(我们称之为"再呼叫"),以后即按该地址开始进行"仅 S 模式全呼叫"。点名询问信号和仅 S 模式全呼叫询问信号是由 $P_1$、$P_2$ 和 $P_6$ 脉冲组成的差分相移键控(DPSK)询问信号,如图 3.8-7 所示。

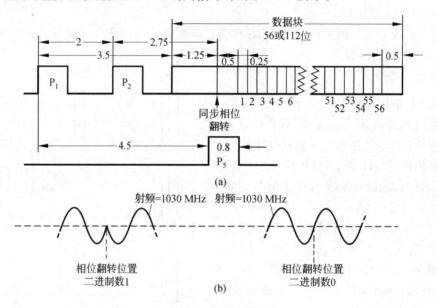

图 3.8-7　S 模式选择性询问
(a) 询问信号组成;(b) 调制方式

$P_1$ 和 $P_2$ 脉冲的宽度均为 0.8 $\mu s$,间隔是 2 $\mu s$,且幅度相等,它等同于 ATCRBS 的旁瓣抑制情况,所以 ATCRBS 应答机接收到 S 模式点名询问信号后,即可抑制 ATCRBS 应答机在 28 $\mu s$ 内不作应答,以防止出现同步串扰。

$P_1$ 前沿后的 3.5 $\mu s$ 为 $P_6$(数据块)脉冲,它是以 1030 MHz 发射的等幅波,1.25 $\mu s$ 后等幅波倒相 180°,之后的 0.5 $\mu s$ 的倒相等幅波作为第一码元前的起始基准相位。每个码元的等幅波间隔为 0.25 $\mu s$。如某个码元的等幅正弦波与前一码元无倒相则表示为二进制数"1",否则为"0",如图 3.8-7(b)所示。$P_6$(数据块)的这种表示信息的方法即为差分相移键控调制(DPSK)。$P_6$(数据块)包含 56 个或 112 个码元(位)。S 模式的询问格式被定义为 25 种 UF(Uplink Format)格式,即 UF0~UF24,用前 5 位表示,一般 ATC 的 S 模式应答机仅使用 UF=0,4,5,11,16,20 和 21 这七种格式,见表 3.8-1。从表中可以看出最后 24 位为飞机识别(地址)码。

表 3.8-1　UF(Uplink Format)格式

| UF 的序号 | 二进制表示 | 数据及位数 | 功　　能 |
|---|---|---|---|
| 0 | 0 0000 | P:3 RL:1 P:4 AQ:1 P:18 AP:24 | 短报特殊监视 |
| 4 | 0 0100 | PC:3 RR:5 DI:3 SD:16 AP:24 | 监视高度用 |
| 5 | 0 0101 | PC:3 RR:5 DI:3 SD:16 AP:24 | 监视识别码用 |
| 11 | 0 1011 | PR:4 II:4 P:19 AP:24 | 仅 S 模式全呼叫 |
| 16 | 1 0000 | P:3 RL:1 P:4 AQ:1 P:18 MU:56 AP:24 | 长报特殊监视 |
| 20 | 1 0100 | PC:3 RR:5 DI:3 SD:16 MA:56 AP:24 | Comm-A,高度用 |
| 21 | 1 0101 | PC:3 RR:5 DI:3 SD:16 MA:56 AP:24 | Comm-A,识别用 |

S 模式应答机也具备旁瓣抑制功能。由图 3.8-7(a)可见,除由方向性天线发射上述 $P_1$、$P_2$ 脉冲和 $P_6$ 数据块外,S 模式的离散寻址信标系统雷达还由全向天线发射旁瓣抑制脉冲 $P_5$。$P_5$ 脉冲覆盖在数据块 $P_6$ 始端的"同步相位翻转位"上。在所有的仅 S 模式全呼叫询问中,如扫掠波束不正对飞机目标时,$P_6$ 才可能被 $P_5$ 覆盖。当 $P_6$ 中的"同步相位翻转位"被 $P_5$ 脉冲覆盖时,说明是旁瓣询问,机载应答机不会在此期间被触发,应答机不作应答。

在 ATCRBS 系统中,信息传输没有任何差错检查和纠正措施。确保应答被正确地收到的唯一方法就是在每次扫掠时多发射几次询问信号,并与应答次数进行比较。如果应答次数相同,就假定接收是正确的。在 S 模式系统中,采用"循环冗余检查"(CRC)来进行差错检查。这种 CRC 错误检查的失败率是千万分之一,这样就基本上达到了错误检查的目的。CRC 同时应用于询问和应答的信息传输中。

### 2. S 模式的应答

S 模式应答机发射的应答信号如响应 A/C 模式(图 3.8-6(a)、(b))和仅 A/C 模式(图 3.8-6(c)、(d))全呼叫,则以 A/C 模式的脉码调制应答信号作应答,如图 3.8-4 所示;如响应 A/S、C/S 全呼叫模式(图 3.8-6(e)、(f)),S 模式点名询问或仅 S 模式(图 3.8-7(a))呼叫,机载 S 模式应答机则以 S 模式的脉冲位置调制(PPM)应答信号作应答。

S 模式应答信号中包括两对前导脉冲和一个数据块,如图 3.8-8 所示。前导码由起始 8 $\mu s$ 内的两组 0.5 $\mu s$ 宽的脉冲对组成,作为同步脉冲。

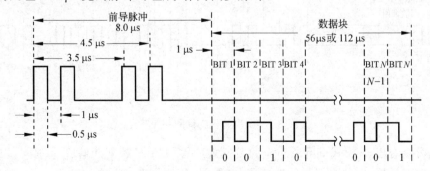

图 3.8-8　S 模式应答信号

数据块的数据脉冲是由脉冲位置调制的,其脉冲位置随调制信息的二进制数而变化,所有脉冲幅度和宽度不变。在每个码位 1 $\mu$s 间隔的前半周 0.5 $\mu$s 内发射脉冲时,表示逻辑"1";后半周 0.5 $\mu$s 内发射脉冲时,则表示逻辑"0"。脉冲在时间间隔的前半部分发射表示"1",在时间间隔的后半部分发射表示"0"。数据块由 56 位(短报文)或 112 位(长报文)甚至更长位(加长报文,ELM)组成,同样用 25 种 DF 应答格式(downlink format),其中 DF=0,4,5,11,16,20 和 21 这七种格式用于 S 模式应答,其具体格式见表 3.8-2,从表中可以看出最后 24 位为飞机地址码。

表 3.8-2　DF 格式

| DF 的序号 | 二进制表示 | 数据及位数 | 功　能 |
|---|---|---|---|
| 0 | 0 0000 | VS:1 P:7 RI:4 P:2 AC:13 AP:24 | 短报特殊监视 |
| 4 | 0 0100 | FS:3 DR:5 UM:6 AC:13 AP:24 | 监视高度用 |
| 5 | 0 0101 | FS:3 DR:5 UM:6 ID:13 AP:24 | 监视识别码用 |
| 11 | 0 1011 | CA:3 AA:34 PI:24 | 全呼叫应答 |
| 16 | 1 0000 | VS:1 P:7 RI:4 P:2 AC:13 MV:56 AP:24 | 长报特殊监视 |
| 20 | 1 0100 | FS:3 DR:5 UM:6 AC:13 MB:56 AP:24 | Comm-B,高度用 |
| 21 | 1 0101 | FS:3 DR:5 UM:6 ID:13 MB:56 AP:24 | Comm-B,识别用 |

第一个前导脉冲在 S 模式询问信号的 $P_6$ 数据块中的同步翻转脉冲发出后(128±0.25) $\mu$s 开始发射,或者在 A/S(或 C/S)模式全呼叫询问信号的 $P_4$ 脉冲发出后(128±0.5) $\mu$s 开始发射。图 3.8-9 给出了对不同询问的应答及对应的时间关系。

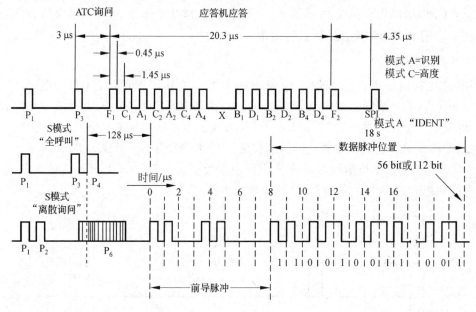

图 3.8-9　应答机的询问与应答

由此可以看出,S 模式询问所对应的 S 模式应答与 A/C 模式应答完全不同。S 模式应答数据块中的最后 24 位为飞机的地址码/奇偶码,其他位表示不同的信息。

### 3.8.4 ATC机载系统

**1. 应答机**

1）ATCRBS应答机

ATCRBS应答机的功能框图如图 3.8-10 所示。尽管各型应答机的具体电路及采用的器件随着大规模集成电路的发展有很大差别，但都应具备如下功能模块：发射电路、接收电路（超外差式接收机）、编码器、译码器、收发转换开关和收发共用天线等。应答机接收询问信号的频率为 1030 MHz，发射应答信号的频率为 1090 MHz。

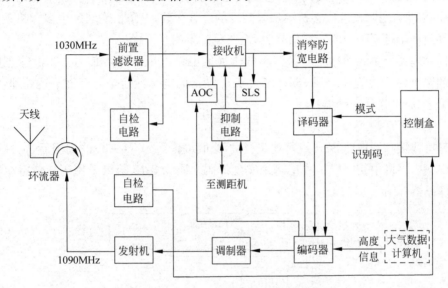

图 3.8-10  ATCRBS应答机功能框图

（1）接收电路

机载应答机的接收电路可以分为接收机和视频处理器两部分，接收机采用超外差式接收机，由前置滤波器（预选器）、混频器、本机振荡器、中放、检波视频放大器等组成，如图 3.8-11 所示。

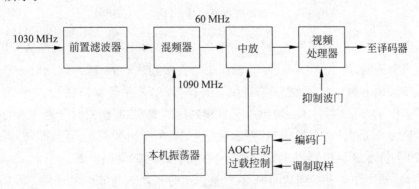

图 3.8-11  接收电路框图

接收机的高频部分把天线接收的 1030 MHz 询问信号变换成 60 MHz 的中频信号，在中放中进行有效放大。中放中有对数放大器，其特性是，当输入信号幅度小于某一值时，输出信号随输入信号线性变化;而当输入信号幅度超过某一值时,输出端的信号幅度与输入端信号幅度的对数成正比例。因此,采用对数中频放大器可以在输入信号幅度变化很大的情况下,大大减小放大器输出信号幅度的变化范围,既可以使接收机获得足够的动态范围,又可以防止过载现象的发生。

自动过载控制(AOC)电路用以限制应答机的应答信号的次数和应答脉冲数,当发射机在单位时间中产生的应答次数超过一定数值时,或者一秒钟内所产生的应答脉冲超过一定值时,AOC 电路就自动地降低放大器的增益,使较弱的询问信号不再触发发射机产生应答信号。限制发射机在单位时间内所产生的应答脉冲数,一方面是为了防止发射机因过热而损坏;另一方面,限制机载应答机单位时间内的应答次数,以防止终端区中多台机载应答机同时应答而产生过于密集的应答信号,从而避免产生相互干扰。

视频处理器的主要功用是:①抑制低于最低触发电平的噪声信号;②消除宽度小于 $0.4~\mu s$ 的窄脉冲干扰信号;③限制宽度大于 $0.8~\mu s$ 的宽脉冲信号。经过上述处理,将理想的 $P_1$、$P_2$、$P_3$ 脉冲送往译码器。

(2) 译码和编码

应答机在接收到地面 SSR 或其他飞机的飞机防撞系统(TCAS)的询问后,需判明询问模式。现代应答机中使用门矩阵逻辑来实现译码。图 3.8-12 给出了使用移位寄存器和与非门的译码器框图。

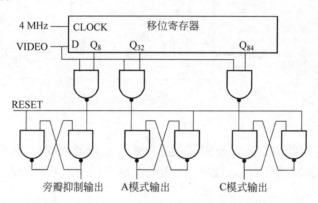

图 3.8-12　移位寄存器和与非门构成的译码器

图中,$Q_8$、$Q_{32}$ 和 $Q_{84}$ 分别为 $2~\mu s$、$8~\mu s$ 和 $21~\mu s$ 移位寄存器。询问信号从 VIDEO 端输入,如果是旁瓣询问,$P_1$ 经 $2~\mu s$ 后从 $Q_8$ 输出 1 与直接到达的 $P_2$ 脉冲被同时分别送入与非门的两端,使其输出为 0,进而使"旁瓣抑制"端输出为 1,产生旁瓣抑制约 $25\sim45~\mu s$。若为 A 模式询问,$P_1$ 经 $8~\mu s$ 后从 $Q_{32}$ 输出 1 与直接到达的 $P_3$ 脉冲被同时分别送入与非门的两端,使其输出为 0,进而使"A 模式输出"端输出为 1,译出为 A 模式询问,此时,编码器按控制板选择的 4 位八进制识别码进行编码,应答飞机代码的询问。若为 C 模式询问,$P_1$ 经 $21~\mu s$ 后从 $Q_{84}$ 输出 1 与直接到达的 $P_3$ 脉冲被同时分别送入与非门的两端,使其输出为 0,进而使"C 模式输出"端输出为 1,译出是 C 模式询问,则编码器按大气数据计算机给出的气压高度进行编码,应答飞机高度的询问。

应答机发射的应答脉冲编码由编码器来完成,它由编码移位寄存器、时钟产生器、应答门电路和控制矩阵等组成,典型编码电路框图如图 3.8-13 所示。

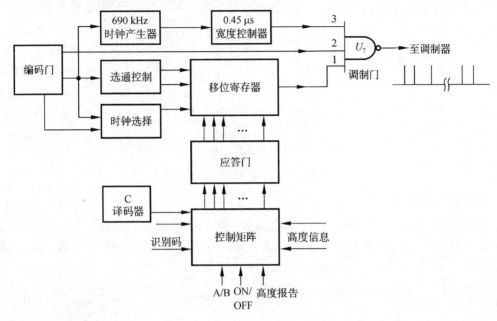

图 3.8-13 典型的编码电路框图

控制矩阵用以选择移位寄存器的输入信息。所选择的识别代码或高度信息通过应答门加到移位寄存器的输入端。输入的识别代码或高度信息,在时钟脉冲的控制下由寄存器的输出端串行输出,输往调制器。

来自控制盒的识别代码信息共有 12 位;来自大气数据计算机的高度信息亦为 12 位。这两组信息通过由二极管及放大器所形成的输入矩阵,加到选择矩阵的输入端。选择矩阵相当于一个 12 路的双刀选择开关,由模式 C 译码器的输出控制。当询问信号为模式 C 时,模式 C 译码器的输出加到控制矩阵,使控制矩阵选择来自大气数据计算机的高度编码信息;当询问信号为模式 A 时,模式 C 译码器无输出,控制矩阵此时所选择的为来自控制盒的识别码。

产生的应答脉冲串加至发射电路中的调制器,控制发射机产生相应的射频脉冲信号。应答门使控制矩阵选用来自控制盒的飞机代码信息或来自大气数据计算机的高度编码信息,并同时使移位寄存器改用编码时钟。调制选通门即将相应的脉冲编码串输送到调制器去。与此同时,内部抑制电路把抑制波门加到视频处理器去,抑制输出约 28 $\mu$s;外抑制波门则输送到机上其他 L 波段设备。如果为旁瓣询问信号,则旁瓣抑制译码器将产生 SLS 触发脉冲,使译码电路抑制 28 $\mu$s。

飞机识别码信息或来自大气数据计算机的高度编码信息,加到移位寄存器的输入端后,在编码时钟的作用下,由移位寄存器的输出端串行输出。

在编码期间,由编码波门选用 690 kHz 的编码时钟信号加到移位寄存器的输入端。这样,从移位寄存器的输出端所输出的串行信息脉冲的间隔即为 1.45 $\mu$s 或其整数倍。

(3) 发射电路

应答机的发射电路一般由调制器、脉冲功率放大器、高压电源等组成,如图 3.8-14 所示。发射电路的任务是将编码器形成的应答脉冲串进行调制、功率放大,形成 1090 MHz、脉冲宽度为 0.45 μs 的射频脉冲串,经环流器连接到所选择天线,发射出去。

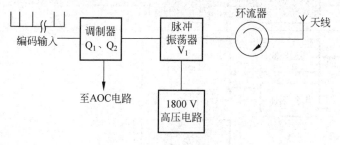

图 3.8-14　发射电路框图

2) S 模式应答机

S 模式应答机通常由两部天线(顶部和底部)系统、两套接收机电路、一套发射机电路、处理器电路、I/O 接口电路和电源等组成,此外,S 模式应答机中还配有"多样性选择"电路,如图 3.8-15 所示。

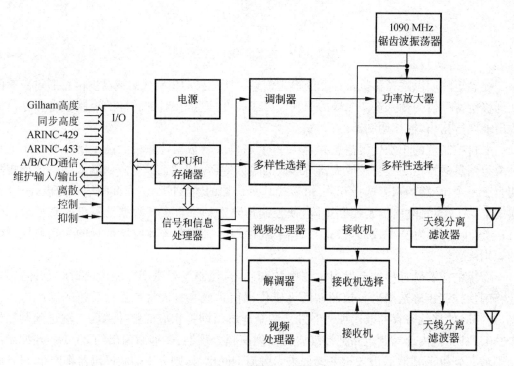

图 3.8-15　S 模式应答机框图

当地面询问信号(1030 MHz)被两部天线接收后,首先由"接收机选择电路"选择出输出信号强(或先到达)的接收机输出信号,经 DPSK 码解调器和信号处理器译码,以判断询问模式(S 模式点名询问);被选定接收机的视频输出还加到"视频处理器"。"视频处理器"用以判断是主瓣还是旁瓣询问,并完成对旁瓣和其他干扰的抑制,同时,"视频处理器"的输出加到 PAM 译码器,以判断询问模式。

根据确定的询问模式由"信号处理器电路"选择出相应的应答信号,并输送到"多样性选择"电路。该电路进一步确认所选择的接收机电路和天线,并选择该天线为发射应答信号的天线。

I/O 接口电路接收来自 10 个数据源的 ARINC 429 信号,接收 24 位地址输入、两个高度输入、两个同步输入和各种离散输入。CPU 提供 I/O 和信号处理电路之间的连接。

（1）发射机电路

发射机电路框图如图 3.8-16 所示。

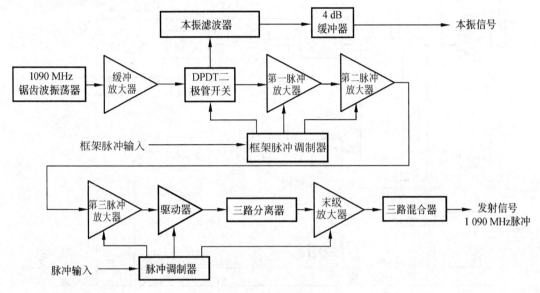

图 3.8-16　发射机电路框图

锯齿波振荡器用于产生 1090 MHz 的连续波 CW 信号,经缓冲器放大级放大 20 dBm,再经双极双掷 DPDT 的 PIN 二极管开关,其中一路经带通滤波器和衰减器（减少到 14 dBm）输至接收机,在接收方式时,作为本地振荡信号使用;另一路在发射时使用,信号经第一脉冲放大器放大到约 1 W,并经第二和第三放大器放大到约 200 W。

二极管电路和第一、第二放大级被处理器电路产生的应答信号框架脉冲所调制。第三脉冲放大器的输出又经三路功率分配器进行功率放大;第三脉冲放大器、驱动器和末级功放分别被信号处理器选定的应答信息编码脉冲调制;最后,经功率合成输出功率为 600 W (1090 MHz)的应答发射信号。

（2）接收机电路

接收机电路框图如图 3.8-17 所示。

应答机天线接收到的 1030 MHz 询问信号经低通滤波器和双工器/多样性开关,输入到 L 波段预放大器和双极预选择器,输出信号与 1090 MHz 本地振荡信号混频,输出 60 MHz 中频信号,再经中频预放大器、带通滤波、对数中频放大器以产生 I/O 和处理器电路上的视频处理电路所需的视频信号。60 MHz 的中频信号也被送入多样性选择电路,其作用为:一是选择用顶部天线还是底部天线的视频输出信号送到"信号处理器";二是控制"DPSK 码解调器"输出 DPSK 数据,输到"信号处理器"以识别 S 模式的点名询问。

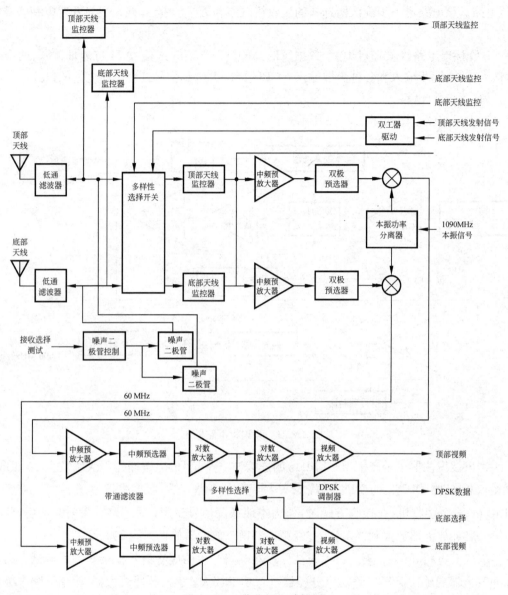

图 3.8-17　接收机电路框图

（3）DPSK 信号的解调器

DPSK 信号的解调器框图如图 3.8-18 所示。

S 模式询问信号由一对前导脉冲 $P_1$、$P_2$ 和 DPSK 调制的 $P_6$ 脉冲数据块所组成。在 $P_6$ 的 56 位或 112 位数据中，每位的宽度为 0.25 $\mu$s。由天线信号选择电路所选择的一路 DPSK 信号，先经限幅放大器放大，再由定向耦合器分配为两路，其中一路经相位补偿电路直接加到混频器的一个输入端；另一路则由延时线延迟后再加到混频器的另一个输入端。这样，如果某位数据为"1"，即该位与前一位的射频相位是相同的，则混频器输往比较器的为正极性；反之，如果某位数据为"0"，即该位与前一位的射频相位是反相的，则混频器输往比较器的为负极性。从而实现对 DPSK 信号的解调。

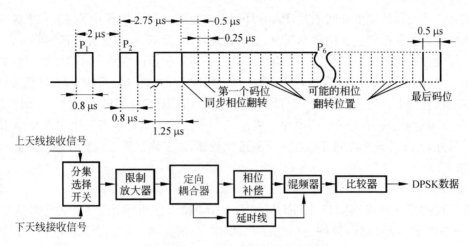

图 3.8-18    DPSK 信号的解调器框图

（4）信号处理器

信号处理器电路包括四个子电路：视频处理器、脉冲幅度调制（PAM）译码器、信息处理器、定时/多样性逻辑电路，如图 3.8-19 所示。

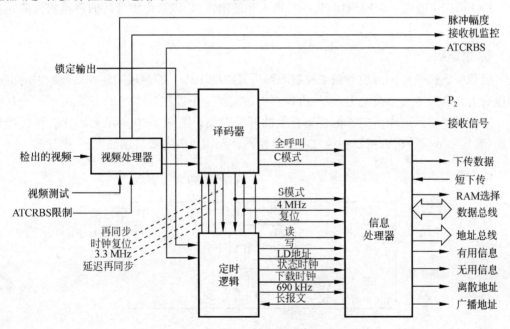

图 3.8-19    信号处理器功能框图

视频处理器接收接收机检测到的视频信号，通过对 $P_1$、$P_2$ 及 $P_3$、$P_4$ 之间的脉冲幅度和幅度差的比较来判断是主瓣还是旁瓣询问，并完成对旁瓣和其他干扰的抑制。如果信号幅度小于 $-78\ dBm$，信号将不能通过；如果 $P_2$ 相对于 $P_1$ 或 $P_4$ 相对于 $P_3$ 幅度相差 6 dB 或更少，$P_2$ 和 $P_4$ 将不能通过。视频处理器的输出送到 PAM 译码器。

PAM 译码器由门阵列电路来完成对数字视频进行译码，通过检测脉冲宽度和脉冲间隔来确定信号是 ATCRBS、仅 ATCRBS 全呼叫还是 ATCRBS/S 模式全呼叫询问信号。如果不能有效接收脉冲宽度和间隔时,PAM 译码器将重置内部计数器并等待下一个脉冲。

离散输出信号送到多样性选择逻辑、信息处理器,以及 CPU 以选择合适的响应。

信号处理器的定时逻辑使用一个由 20 MHz 石英振荡器产生的定时信号同步整个电路的工作。定时信号有:用于 CPU 的 10 MHz 信号、用于 PAM 译码器的 4 MHz 信号、PAM 译码器的长移位寄存器所需的 3.3 MHz 信号,以及 ATCRBS 应答链所需的 690 kHz 信号。

多样性选择电路使用一个门电路来确定一个视频输入是否在另一个之前至少 125 ns 出现。另外,多样性选择电路还包括一个幅度比较器,用来确定哪个视频处理器的输出幅度高一些。

信息处理器包括一个门阵列电路、一个 EPROM、一个双口 RAM。

在 S 模式操作的询问期间,EPROM 可为 RAM 和信息处理器产生一个定时信号以读取 RAM 中的相应的地址,把询问信息写入 RAM,把信息送入奇偶译码器电路,并读取飞机地址(与译码的地址比较)。EPROM 还可提供定时信号使信息处理器从 RAM 获取应答信号,产生合适的奇偶/地址区,在 S 模式发射 128 μs 后给发射机提供调制驱动。在 ATCRBS 应答期间,EPROM 提供定时以起始 ATCRBS 数据、把 RAM 的数据送入应答移位寄存器。

I/O 包括离散输入和输出接口、串行输入和输出接口,以及由组件后面连接提供的同步输入。

### 2. 控制板

机载应答机使用一部控制板来控制两部应答机的工作。控制板安装在驾驶舱内的中央操纵台上。一般在大型飞机上,应答机控制板还同时用于控制 TCAS 的工作。

应答机系统的工作由应答机控制板上的开关控制。图 3.8-20 所示为两种应答机控制板图,其他型号应答机的控制功能与此基本相同。控制板的主要功用如下:

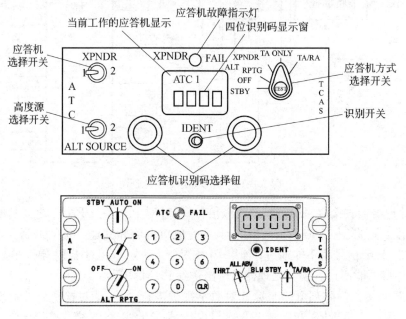

图 3.8-20　ATC 及 TCAS 控制板

1) 系统选择

系统选择开关（XPDR）用于选择用第一部或第二部应答机来产生射频应答信号。在有的飞机上,系统选择开关还可以控制天线的转换。

2) 方式选择

右上方为工作方式选择开关。当开关置于准备（STBY）位置时,两部应答机均不能发射应答信号。当选择一部应答机工作时,另一部处于准备状态。不论系统选择开关放在什么位置,两部应答机的电源均是接通的。

在高度报告关断（ALT RPTG OFF）位时,所选应答机不能报告高度,只能应答识别询问。

应答机（XPDNR）位,是应答机的正常工作位,这时应答机可以应答所有的询问。

TA ONLY 和 TA/RA 位,为 TCAS 系统的工作方式。在这两个位置时,对于应答机来说,相当于放在 XPDNR 位,可以正常工作。

3) 识别码设置旋钮和识别码显示窗

飞机的四位八进制识别码可由控制板上的同心旋钮调定或者用键盘输入。识别码显示窗用于显示所设定的识别码,最上面显示的是当前选择的工作的应答机（此例为应答机 1 或左应答机在工作）。

4) 识别按钮

按压一次识别钮（IDNT）,不论在按压后是否松开按钮,可使 ATCRBS 的 A 模式应答信号在 $F_2$ 后 4.35 $\mu$s 时发射一个 SPI 脉冲,并保持约 18 s,它可以使本飞机在地面雷达屏幕上的显示变亮,有利于地面管制员对本飞机的识别。

5) 高度源选择开关

这个开关用来选择气压高度的来源,是 ADC1 还是 ADC2。有的控制板上没有这个选择开关,所以默认为由 ADC1 提供气压高度；如果 ADC1 故障,会自动选择 ADC2 作为数据源。

6) 系统监测

应答机内设置的故障监测电路可以监测应答机输出信号功率、频率等主要参数,也能监测信号的接收译码过程及时钟频率等是否正常。如果监测电路检测到不正常的工作状况,即会给出故障指示。此时,控制板上和应答机面板上的琥珀色故障灯亮。监测电路还可以监测天线、电缆系统是否正常。

7) 系统自检

在没有收到有效的询问信号时,应答机是不产生应答信号的。利用应答机内的自检电路,可以模拟接收询问信号,以使接收处理译码和编码发射电路工作,从而通过监测电路检查系统的工作情况。方式选择旋钮的 TEST 位,可以对所选 ATC 应答机进行测试,如果安装 TCAS,也同时对 TCAS 计算机进行测试。

**3. 信号交连**

图 3.8-21 所示为 ATC 应答机系统与其他系统信号交连的示意图。

ATC 系统主要与地面雷达系统进行射频信号联系,只与 TCAS、ADC 系统有信号交连。

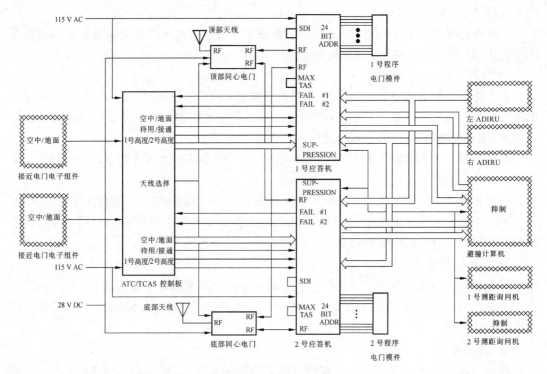

图 3.8-21　ATC 系统与其他系统信号交连示意图

从图中可以看到,ATC 系统本身包括两个应答机、两部天线及其转换开关、一个控制板。天线用于接收和发射射频信号,控制板用于设置四位八进制识别码和设置工作方式等,射频信号和设置信号都在应答机中被处理,产生的射频信号经天线发射给地面,监控而得的故障信号送回控制板,以琥珀色的 FAIL 灯显示。

另外,应答机产生的很多信号要送给 TCAS 计算机(详见 TCAS 一章的介绍);由于 ATC 需要向地面发送本机当前高度,所以需要从 ADC(或 ADIRU)获得气压高度信息。

由于 ATC(两个应答机)、TCAS(一个计算机)、DME(两个询问器)系统都工作在 L 波段,为了防止相互干扰,同时也为了保护接收机电路,在任一系统发射时,会同时输出一个抑制脉冲,抑制其他四个系统的工作,这称为同轴抑制。

在数字式 ATC 应答机系统中,内部还设有故障存储数据库,能记录不同飞行段中发生的故障,空/地继电器就是为数据库记录提供飞行段计数的。

### 3.8.5　广播式自动相关监视系统

广播式自动相关监视系统(ADS-B)是一种基于卫星定位和利用空-地、空-空数据链通信完成交通监视和信息传递的空管监视新技术。自动:全天候运行,数据传送无须人工干预;相关:航空器的设备决定了数据的可用性,数据发送依赖于机载系统和精确的全球卫星导航定位数据;监视:监视(获得)飞机位置、高度、速度、航向、识别号和其他信息;广播:无须应答,飞机之间或飞机与地面站互相广播各自的数据信息,所有用户都可以接收。

国际民航组织(ICAO)已将 ADS-B 确定为未来监视技术发展的主要方向,国际航空界正积极地推进该项技术的应用。目前,航空界比较具有代表性和影响力的研究和应用项目主要有美国的"新一代航空运输系统"的方案、澳大利亚的"高空空域计划"和欧洲的"欧洲一体化空管计划"。鉴于 ADS-B 技术在未来民航空管新技术领域的重要性,在我国低空空域不断开放的同时,应大力发展和推广 ADS-B 技术应用,为我国通用航空发展奠定技术基础。ADS-B 系统包含机载和地面设备两部分,机载设备以 GPS 进行实时定位后,以 1 s 的时间间隔把飞机的位置、速度、高度等数据信息向外广播,其周围的飞机和地面基站都能收到这些数据。同时,本飞机也能收到其他飞机的相关数据。这样,飞机与基站、飞机与飞机之间通过高速数据链进行空地一体化的协同监视,实现"自由飞行"。

**1. ADS-B 数据链方式**

目前有三种数据链方式能够提供 ADS-B 服务,分别为 1090 MHz S 模式扩展电文数据链(1090 ES)、甚高频数据链模式(VDL Mode 4)和通用访问收发机数据链(UAT),三种数据链互不兼容。

(1) 1090 ES 是 ICAO 规定使用的国际通用的数据链,主要用于大型商用飞机。1090 ES 的下行频率为 1090 MHz,信息中包括 24 位飞机地址码、位置、高度、呼号等,该位置信息每 0.5 s 更新一次。使用 1090 ES 的优势在于:已经建立了 S 模式的地面基础设施,并且飞机上都已装备了 TCAS 系统。目前一些商业化的 S 模式应答机已经能够满足 ADS-B OUT 对机载系统性能的需求,1090 ES 接收机已经装备在 TCAS 系统上。但要注意:S 模式只提供单向通信,即:装有 ADS-B OUT 的 ATC 应答机把本机的位置、速度、高度等数据信息向外广播,已经装备 1090 ES 接收机的 TCAS 飞机接收这些信息。

(2) VDL Mode 4 起源于瑞典,是欧洲电信标准协会(ETSI)推荐的规范化 VHF 数据链技术,VDL 使用现有的航空 VHF 频率为 118~137 MHz,波道宽度为 25 kHz,可进行双向通信。它采用的协议基于"自组织时分多路"(STDMA)技术。VDL 适合大量的用户在纵向范围的短信息传输。该系统利用传统的全球卫星导航系统(GNSS)以 9.6 kb/s 速率发送 32 字节的信息,系统可以每分钟管理 9000 个 32 字节的消息。系统是"自我组织"型,因此无须地面主工作站。

(3) UAT 是美国联邦航空局(FAA)为满足自身发达的通用航空的发展需要,专门设计用来支持 ADS-B 功能的数据链,它工作在 978 MHz,双向传输。UAT 使用传统的全球卫星导航系统(GNSS)技术和一个相对简单的广播通信链,典型的 ADS-B 架构见图 3.8-22。978 MHz 的 UAT 从 GNSS 接收输入信号,且与其他参数如空速、航向、高度、飞机识别码等结合,为空中交通管理(ATM)系统提供帮助。用于 ATM 系统的 ADS-B 如图 3.8-23 所示。

飞行信息服务广播(FIS-B),如气象信息,和其他非 ADS-B 雷达交通情报服务广播(TIS-B),也可以上传。这些数据传输给周围区域内的飞机和地面收发机,收发机可以通过现存的通信设施实时发布这些数据,这个系统可以工作在遥远的和/或非雷达覆盖的山区,参见图 3.8-24。工作在遥远山区的 ADS-B,飞机 A 在地基收发机(GBT)覆盖范围以外飞行,它连续不断地将其 ADS-B 数据广播出去,尽管在空-空区域内还没有其他飞机,但空管中心和其他装备 ADS-B 设备的飞机通过卫星接收 A 的数据,然后,飞机 A 通过卫星接收所有其他 ADS-B 飞机的位置(经纬度)和 ATC 航路数据,如更新的气象数据,直到它飞入 GBT 的覆盖范围。图 3.8-24 中的飞机 B 和 C 通过最近的 GBT 播发和接收数据。由于

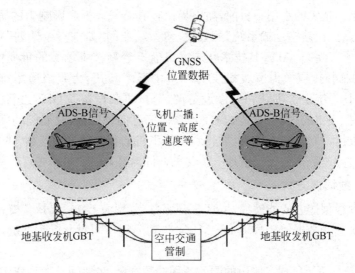

图 3.8-22　典型的 ADS-B 架构

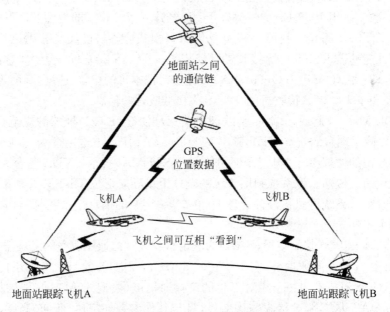

图 3.8-23　用于 ATM 系统的 ADS-B

UAT 方式的数据链仅用于广播式的服务,机载电子设备数据链接口仅需支持自带寻址信息的服务,不用规定地址或通信的连接模式。这些可优化机载收发机数据接口,使其简单化,具有提高数据流的功效,而且成本相对较低。根据发达国家和国际组织完成的试验和评估结论,如果只考虑 ADS-B 的基本功能,UAT 具有最佳的综合性能。UAT 方式的 ADS-B 系统正在成为通用航空的标准。

### 2. 机载 ADS-B 的功能

机载 ADS-B 的功能可分为发送(OUT)和接收(IN)两类。

(1) ADS-B OUT 是指航空器发送其位置信息和其他信息。机载发射机以一定的周期

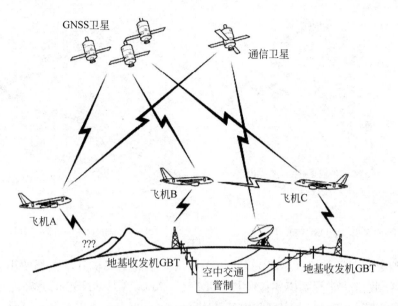

图 3.8-24　工作在遥远山区的 ADS-B

发送航空器的各种信息,包括:航空器的识别信息(ID)、位置、高度、速度、方向和爬升率等。OUT 是机载 ADS-B 设备的基本功能。地面系统通过接收机载设备发送的 ADS-B OUT 信息,监视空中交通状况,起到类似于雷达的作用,参见图 3.8-25。ADS-B 发送的航空器水平位置一般源于 GNSS 系统,高度源于气压高度表。ADS-B 系统中水平位置的表达是以 WGS-84 为基准的,其分辨率为 GNSS 系统的精度,达到 10 m 量级。而雷达设备因为固有的角分辨率限制,监视精度相对较低,且无法分辨距离过近的航空器。ADS-B OUT 可用于:①无雷达区的 ADS-B 监视,优化航路设置,提高空域容量;②雷达区的 ADS-B 监视,缩小雷达覆盖边缘区的最小间隔标准;③机场场面监视,监视机场的地面交通,防止跑道入侵等。

(2) ADS-B IN 是指航空器接收其他航空器发送的 ADS-B OUT 信息或地面服务设备发送的信息,为机组提供运行支持。ADS-B IN 可使机组在驾驶舱交通信息显示设备(CDTI)上"看见"其他航空器的运行状况,从而提高机组的空中交通情景意识,见图 3.8-26。ADS-B IN 的功能为:①提高机组的情景意识,帮助机组全面了解空中或机场场面的交通状况;②保持间隔;③获取飞行信息。

**3. 机载系统的组成**

为实现 ADS-B 功能,飞机需要装备以下三类机载设备。

(1) 数据链系统。根据需要,选择三种数据链路之一或其中两个:1090 ES,VDL Mode 4,UAT。为克服 1090 ES 与 UAT 不兼容的缺点,国际上一些厂商推出了双数据链结构的接收设备,这些设备一般工作在 UAT 数据格式下,当接收到 1090 ES 数据时,其内部电路将 1090 ES 数据转换为 UAT 数据格式。虽然两者兼容,但造价很高。大型商用飞机上的典型机载设备为具有 ADS-B OUT 功能的应答机和具有 ADS-B IN 功能的 TCAS 计算机。

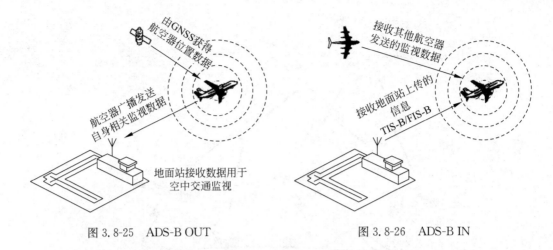

图 3.8-25　ADS-B OUT　　　　　图 3.8-26　ADS-B IN

（2）全球导航卫星系统（GNSS）接收机。目前大型商用飞机基本上都使用 GPS 系统，即具有 GPS 接收机功能的多模式接收机（MMR）。ADS-B 对 GNSS 的完好性提出了明确要求：必须具有接收机的自主完好监视（RAIM）功能。

（3）具有 IN 功能的驾驶舱交通信息显示设备（CDTI）可直观地为飞行员提供各种信息，帮助飞行员了解周围的交通状况。ADS-B 信息可以与地形数据、地面气象雷达数据、ACAS/TCAS 和其他数据整合到一起，显示在 CDTI 上。

## 3.9　交通咨询与防撞系统

交通咨询与防撞系统（TCAS）是一种新型航空电子系统，可简称为避撞系统或防撞系统。国际民航组织将其定名为飞机避撞系统（ACAS）。它是一种独立于地面设备的机载设备，它通过发射射频信号询问与其在同一空域内飞行的、装有 TCAS 或 ATC 应答机的飞机，并连续地监视和评估这些飞机是否对本机构成威胁，如果有潜在的碰撞威胁，将根据情况发出不同级别的咨询和警告，飞行员可以根据这些咨询和警告信息采取必要的行动，以避免空中相撞。

根据 TCAS 的发展和功能的不同可分为 TCAS Ⅰ、TCAS Ⅱ 和 TCAS Ⅲ。

早期研制的 TCAS Ⅰ 可为飞行员提供本飞机周围一定空域的交通情况，并发出相应的咨询和警告，但不能提供垂直或水平避让指令。该类 TCAS 一般安装在 19 座以下的飞机上。

TCAS Ⅱ 不仅能提供声音和视觉警告，还能提供垂直方向的协调避让动作指令。目前 19 座以上的飞机都装备该类 TCAS。

TCAS Ⅲ 在 TCAS Ⅱ 功能基础上，还可以提供水平方向的避让指令。但是，它还没有获得应用就被广播式自动相关监视系统（ADS-B）所取代，见 3.8.5 节 ADS-B 的详细介绍。

美国在 1993 年 12 月 31 日开始规定，30 座以上的客机必须安装 TCAS Ⅱ 设备。欧洲空管也建议，2000 年 1 月 1 日后 30 座以上的客机或最大起飞质量超过 1.5 万 kg 的飞机配备 TCAS Ⅱ 设备。我国从 2002 年起为进一步加强安全，开始对未安装 TCAS 的客机进行强制安装,这一工作在当年底完成,同时规定,2003 年 1 月 1 日起禁止无 TCAS Ⅱ、最大起飞质量超过 1.5 万 kg 或旅客座位数超过 30 的民用固定翼涡轮发动机飞机在我国境内飞行,其他小型飞机由于飞机结构、技术原因等无法安装的将被严格限制飞行时段、飞行高度和范围,并逐步退出商业运营。

### 3.9.1 TCAS Ⅱ 的工作

#### 1. 基本工作情况

TCAS Ⅱ 可用发射 A/C 模式或 S 模式的询问信号来探测和跟踪 30 n mile 范围内装备 TCAS Ⅱ 或 ATC 的飞机的存在及对本飞机的潜在威胁,并通过视觉显示和语音音响向机组发出不同等级的咨询和警告。图 3.9-1 为 TCAS 系统示意图。

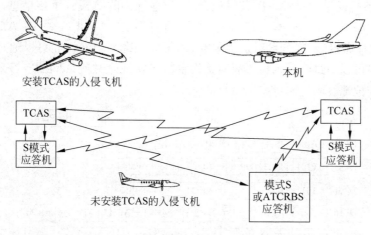

图 3.9-1　TCAS 系统

1) TCAS Ⅱ 咨询类型

TCAS 根据接近飞机相对于本机的距离和接近速度把它们分为四类:其他、接近、交通咨询(TA)和决断咨询(RA)。

其他(无威胁):相对高度大于 1200 ft、小于 2700 ft,或距离在 6 n mile 以上。

接近威胁:相对高度等于或小于 1200 ft,且距离在 6 n mile 以内。

交通咨询:系统判明的与本机存在潜在危险接近的飞机(或称为"入侵飞机"),TCAS Ⅱ 会提前一定时间(20~48 s)发出交通咨询。

决断咨询:在对已判明为交通咨询的入侵飞机被连续监视约 15 s 后,如果该机与本机危险接近的状况仍然存在,则 TCAS 会发出决断咨询。

当系统进入 TA 状态后,TA 咨询信息通知机组已构成或即将构成威胁的入侵机的位置(包括相对距离和方位)、高度,是否以高于每分钟 500 ft 的速率爬升或下降,以及入侵类型(其他、接近、TA、RA)。在对已判明为 TA 警告的飞机连续监视约 15 s 后,如果该机与本机危险接近的状况仍然存在,则 TCAS 会发出 RA 警告,RA 视觉咨询信息提示机组爬升或下降以避开入侵机。在 TA 或 RA 视觉信息发出的同时会有语音提示信息送入驾驶舱。

2) TCAS Ⅱ 发射/接收

TCAS Ⅱ 计算机相当于 ATCRBS 或 S 模式的地面雷达站,它也有方向性天线,用

1030 MHz 的载频发射 A/C 模式或 S 模式的询问信号,入侵飞机的 TCAS Ⅱ 或 ATC 应答机接收询问后以 1090 MHz 频率按照不同的询问模式应答自己飞机的识别码/高度或 24 位地址等。TCAS Ⅱ 计算机接收这个应答,根据与 ATC 雷达同样的原理计算出入侵飞机的距离和方位。连续的询问和应答可以使 TCAS Ⅱ 计算机持续地跟踪这些飞机,评估出对本机的威胁程度,进而发出不同级别的咨询信息。

3) TCAS Ⅱ 探测

TCAS Ⅱ 只能探测装有 A/C 模式或 S 模式应答机的飞机,同时,只有在入侵飞机有有效的高度报告时,才能发出 RA 咨询。如果一个飞机虽然装有有效的应答机,但不能报告高度(工作方式可能在高度报告关断位置),TCAS Ⅱ 只能将其视为与本机同一高度,发出 TA 警告。

S 模式应答机通过约每秒一次发射包含 24 位地址码的 S 模式下传信息来通报自己的存在,如图 3.9-2 所示。S 模式应答信号的信息分配中,DF11 中的 AA 为 Address Announced(地址通报)。这个发射是间歇的,约每秒一次。TCAS Ⅱ 可以通过收听这个间歇发射信号,也可以通过收听入侵飞机对地面台的 S 模式全呼叫询问的应答来确定 S 模式入侵飞机的 24 位地址码。

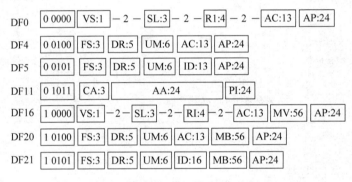

图 3.9-2　S 模式应答信号的信息分配格式

获得入侵飞机的 24 位地址码后,TCAS 就把它加在自己的滚动询问呼叫菜单中,定期循环询问该菜单中的入侵飞机,持续评估并跟踪该飞机的位置。

TCAS 只有在 ATCRBS 的全呼叫方式下才能有效地搜索装有 A/C 模式应答机的入侵飞机。一旦它被检测出对本机构成威胁,它的轨迹就会以适当的形式(其他、接近、TA、RA)显示给机组。

### 2. TCAS Ⅱ 的原理

1) τ 的基本概念

TCAS Ⅱ 计算机中所进行的监视与跟踪的计算基础,是基于对入侵飞机接近率的连续监视。在 TCAS Ⅱ 计算机检测到某些飞机相对于本机的接近率较大时,即予以重点跟踪。在判明某架飞机具有与本机危险接近的可能时,就会在到达潜在的危险接近时刻之前发出交通咨询。可见,TCAS Ⅱ 计算机是基于一定的提前时间而发出交通咨询和决断咨询的。这个提前时间,就是 TCAS Ⅱ 中的 τ(TAU)。τ 是到达两机"最接近点"(CPA)的时间,它等于两机的相对距离除以距离的接近率。

如图 3.9-3 所示,两架飞机在同一平面相互平行的航路上相向飞行,飞行速度都是 V。当 $\theta$ 等于 45°,即入侵飞机在 B 点处时,TAU 有最小值,两机之间碰撞概率最大,但此时两机之间的距离并不是最小。当入侵飞机在 C 点处时,两机之间有最小距离 d,但 TAU 已经变大,如图 3.9-4 所示。

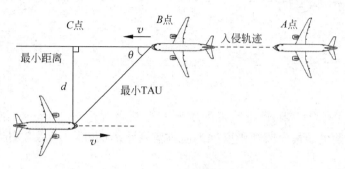

图 3.9-3　$\tau$ 的计算

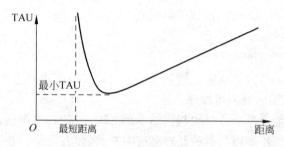

图 3.9-4　$\tau$ 与相对距离的关系

在 TCAS Ⅱ 计算机发出 TA 并进而发出 RA 后,从飞行员意识到潜在的危险并按照 RA 采取机动回避措施,一直到使飞机改变当前的飞行高度而脱离危险,是需要一定的时间的。TCAS 计算机发出 TA 和 RA 的提前时间,应略大于上述时间。

目前所确定的 TCAS Ⅱ 的 TA 门限为 20～48 s,RA 为 15～30 s,根据本机的实际高度而定。从 TCAS 计算机发出 TA 到发出 RA 的间隔时间为 15 s 左右。

2) TCAS Ⅱ 的基本原理

TCAS Ⅱ 询问装有应答机的入侵飞机,根据询问与应答的延迟时间计算出两机的距离,然后通过连续地询问和跟踪计算可以计算出距离变化率(接近率)。如果入侵飞机能够报告它的高度,TCAS Ⅱ 计算机就利用来自本机 ATC 应答机的本机高度与入侵飞机的高度进行比较,计算出两机的相对高度;再利用来自本机 TCAS 方向性天线接收的应答信号,确定入侵飞机的方位。(入侵飞机的方位对 TCAS Ⅱ 执行的某些功能来说,并不是必需的,但在视频显示信息中可以显示出来,驾驶员根据它可以很直观地确定入侵飞机的位置。)

3) TCAS Ⅱ 空域

TCAS Ⅱ 计算机在本机的周围建立了一个防护区域,这个防护区域的大小决定于飞机的高度、速度和入侵飞机的接近率。这个防护区域用 $\tau$ 时间来表示,所以也称为 $\tau$ 区域。TA 的 $\tau$ 区域是这样定义的:在本机的周围这个区域,如果入侵飞机侵入且达到相对高度限制值时,TCAS Ⅱ 将发出 TA 警告。RA 的 $\tau$ 区域的定义与此类似。图 3.9-5 给出的是飞机在某高度时的 $\tau$ 区域。

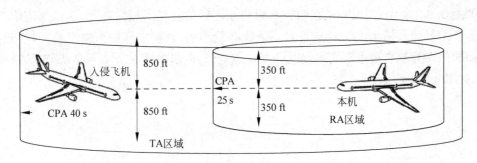

图 3.9-5 τ 区域

水平监视范围：TCAS Ⅱ所监视的本机前方距离可达 30 n mile。通常监视距离为 14 n mile。左右两侧的最大监视距离约为前方监视距离的 65%。后方则为前方监视距离的 25% 左右。

高度跟踪范围：TCAS Ⅱ的高度跟踪范围正常情况下为本机的上下 2700 ft。有高度跟踪范围选择开关的：ABOVE 位时监视的空域为 +9900~-2700 ft；BELOW 位时 TCAS Ⅱ所监视的空域为 +2700~-9900 ft。

4）TCAS Ⅱ的碰撞可能性计算

TCAS Ⅱ计算机的最大监视能力可达 30 架，而最大跟踪能力为每平方海里 0.32 架，即 5 n mile×5 n mile 范围内最多可跟踪 8 架。

TCAS Ⅱ计算机能预算出入侵飞机到达本机 CPA 时的相对高度。对 TA 和 RA，有基于本机无线电高度或气压高度的各种相对高度限制值，如表 3.9-1 所示。

表 3.9-1　TA 和 RA 与高度的关系

| 高度/ft | 灵敏度等级 | TA 的 τ/s | RA 的 τ/s |
| --- | --- | --- | --- |
| 0~999 无线电高度 | 2 | 20 | 不发布 |
| 1000~2349 无线电高度 | 3 | 25 | 15 |
| 2350~4999 气压高度 | 4 | 30 | 20 |
| 5000~9999 气压高度 | 5 | 40 | 25 |
| 10000~19999 气压高度 | 6 | 45 | 30 |
| 高于 20000 气压高度 | 7 | 48 | 35 |

TCAS Ⅱ的灵敏度指 τ 的大小。TCAS 的灵敏度分为六级，自 SL2 至 SL7，如表 3.9-1 所示。目前 TCAS Ⅱ中采取的方案，是根据飞行高度由 TCAS Ⅱ计算机自动调节 SL，也即自动调节 TA 的 τ 和 RA 的 τ。第 7 级时，TCAS Ⅱ计算机最灵敏；第 2 级没有 RA；第 3 级用于无高度报告的入侵飞机。另外，由于采取 RA 避让动作而产生的最小垂直间隔也随本机的高度而变化。

**3. TCAS Ⅱ探测的入侵机类型**

TCAS Ⅱ可通过"收听"监视空域中其他飞机对地面 ATC 的应答或其发射的间歇信号获取这些飞机的信息（是 A、C 模式还是 S 模式）。

根据所获信息用适当的询问格式（ATCRBS/S 模式全呼叫询问、仅 ATCRBS 呼叫询问或 S 模式询问格式）发出询问，并获得周围飞机的 ATC 应答机的应答。

TCAS Ⅱ的"收听-询问-应答"过程是不断进行的,其更新周期约为 1 s。

TCAS Ⅱ计算机通过"收听"可将入侵飞机分为以下几种类型。不同类型的入侵机其询问内容和信息交换内容都有所不同。

1) 无高度报告的入侵飞机

这种飞机的应答机只具备 A 模式,而不具备高度报告能力。对于这样的飞机,TCAS Ⅱ计算机只能通过 ATCRBS 全呼叫询问。TCAS Ⅱ计算机利用模式 A 应答机的识别应答信号,计算该飞机的距离,并利用方向性天线测量其方位。

由于 A 模式应答机的应答中不包含高度信息,TCAS Ⅱ计算机只能将其视为处于同一高度的飞机来对待,无法做出垂直避撞机动咨询(只有 TA)。

2) 有高度报告的入侵飞机

如果入侵飞机的应答机具有 C 模式的高度报告能力,则 TCAS 计算机可通过该机对仅 ATCRBS 呼叫询问的高度应答信息而得到高度。同样,TCAS Ⅱ计算机可通过应答信号相对于询问时刻的时间延迟,计算该飞机的距离,并利用方向性天线测量其方位。

TCAS Ⅱ计算机利用所获得的距离、方位和高度信息,跟踪并显示此类飞机,且可利用相对高度信息计算并显示其相对高度和升降速度,在必要时做出垂直避撞机动咨询(TA/RA)。

如果入侵飞机的应答机为 S 模式应答机,则 TCAS 计算机可通过该机的间歇发射而获得其 24 位地址码。此后,TCAS 计算机即按此 24 位地址码对其进行 S 模式的询问,从该机的应答中获得该机的高度信息,并了解该机是否装备有 TCAS。同样,TCAS 计算机可通过应答信号相对于询问时刻的时间延迟,计算该飞机的距离,并利用方向性天线测量其方位。

TCAS 计算机利用所获得的距离、方位和高度信息,跟踪并显示此类飞机,且可利用相对高度信息来计算并显示其升降速度,在必要时发出垂直避撞机动咨询(TA/RA)。

3) 装有 TCAS Ⅱ的入侵飞机

在相遇飞机的应答机为 S 模式应答机且装备 TCAS 的情况下,本机的 TCAS 计算机即可与该机建立基于 S 模式数据链的空-空协调关系。空-空协调关系建立后,双方的 TCAS 计算机即可确定出哪一方来控制回避机动,作为"主机",而另一方作为"从机",这种设定是随机的。如果存在 RA 状态,"主机"发出互补的两机垂直动作指令,"从机"监控"主机"的数据和指令是否合理。如果机组确定这些避让指令是安全正确的,他们将执行这些指令。如图 3.9-6 所示为 TCAS 的空-空协调关系。

**4. 分区域询问方案**

TCAS Ⅱ对周围入侵飞机首先采用 ATCRBS/S 模式全呼叫询问格式进行询问,根据应答判断出所有 S 模式的飞机,把它们的 24 位地址放入循环呼叫菜单,定时、顺序探测、评估、跟踪这些飞机。而对 A/C 模式的飞机,则采用仅 ATCRBS 全呼叫询问格式,并分段、分区域呼叫,这种方案叫耳语/大喊(Whisper/Shout)方案。

"耳语/大喊方案"询问信号由四个脉冲组成,如图 3.9-7 所示。与 S 模式应答机的仅 C 模式全呼叫询问信号格式相似。其中的 $P_1$、$P_3$ 脉冲的间隔为 8 $\mu s$ 或 21 $\mu s$。$P_4$ 脉冲距 $P_3$ 脉冲的间隔为 2 $\mu s$,宽度为 0.8 $\mu s$,在 $P_1$ 脉冲之前 2 $\mu s$ 增加一个 $S_1$ 脉冲,且 $S_1$ 脉冲的幅度略低于 $P_1$ 的幅度。整个脉冲串的重复周期为 2 ms,它由衰减器控制功率逐渐增大,顺序地由近及远分区域询问探测周围的飞机。若要询问 B 区域的飞机,首先,脉冲串的功率足够

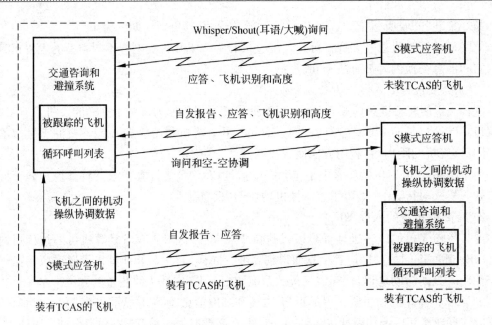

图 3.9-6　TCAS 的空-空协调关系

大,即这时 B 区域的飞机只能收到 $P_1$、$P_3$、$P_4$ 脉冲,但收不到 $S_1$ 脉冲,所以根据询问模式(即 $P_1$ 和 $P_3$ 之间的间隔)而应答;而 A 区域的飞机,既能收到 $P_1$、$P_3$、$P_4$,也能收到 $S_1$ 脉冲,但由于 $P_1$ 与 $S_1$ 间隔为 $2\ \mu s$,应答机解码后以为是旁瓣抑制脉冲,所以不应答;C 区域的飞机,因为脉冲串的功率还不够大,接收不到,所以也不应答这个询问,这样就实现了分区域的询问,避免了非同步串扰。

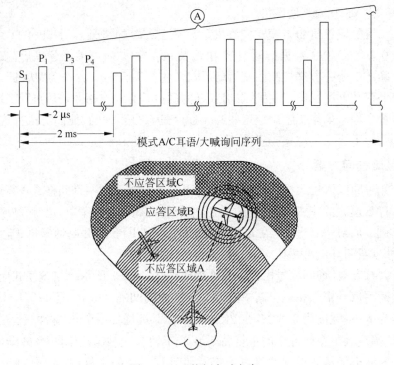

图 3.9-7　耳语/大喊方案

实际上,在 ATCRBS 系统中,地面雷达系统也采用这种耳语/大喊(Whisper/Shout)方案进行分段、分区域监视、探测飞机。

### 3.9.2　TCAS Ⅱ系统的组成部件和功能

TCAS Ⅱ系统的组成部件有：TCAS 计算机、TCAS 方向性天线(两个)、ATC/TCAS 控制板。

TCAS Ⅱ的正常工作除接收入侵飞机的应答信号外,还需要接收机载有关系统的数据和信息,如：ATC 应答机(两个)、无线电高度表(两个)、左大气数据惯性基准组件(ADIRU)、近地警告计算机(GPWC)、通用显示系统(CDS)、显示电子组件(DEU)两个、飞行数据采集组件(FDAU)、遥控电子组件(REU)或音频组件、抑制同轴三通、起落架手柄等。

TCAS Ⅱ系统框图如图 3.9-8 所示。

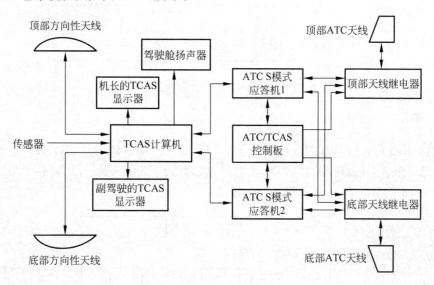

图 3.9-8　TCAS Ⅱ系统框图

#### 1. TCAS 计算机

TCAS 计算机是 TCAS 的主要部件,它具有监视邻近空域中的飞机、获取所跟踪飞机的数据、进行威胁评估计算、产生交通咨询或决断咨询等以实现空对空机动操纵协调功能。TCAS Ⅱ计算机送出信号告诉驾驶员保持当前飞行状态或进行机动操纵,防止与在此区域内飞行的其他飞机相撞。

TCAS Ⅱ计算机发射 1030 MHz 的询问信号,接收装有 ATC 应答机的入侵飞机的 1090 MHz 的应答机信号。

TCAS 计算机是一个单独组件,如图 3.9-9 所示。计算机的前面板装有多个 LED 指示器和一个自检按钮,以便于监测与相关系统的交连和进行自检。

TCAS Ⅱ计算机向入侵飞机发送询问信号并接收入侵飞机来的应答信息及本飞机有关系统的相应数据,计算出该飞机是否构成碰撞威胁,并在显示器显示和(或)发出语音警告。此外,TCAS Ⅱ计算机能和其他装有 TCAS Ⅱ的入侵飞机的计算机通过数据链通信实现避撞的协调机动操纵。

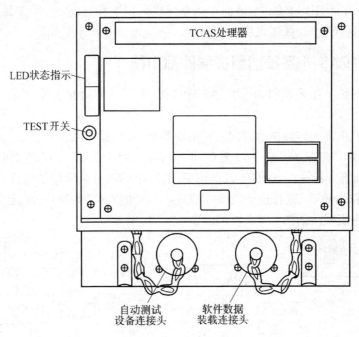

图 3.9-9　TCAS 计算机

　　TCAS Ⅱ计算机内具有如下电路：输入/输出(I/O)、语音处理器、中央处理器和存储器 CPU、抑制电路、信号处理器、接收器、发射器、波束控向和衰减器、机内自检设备(BITE)。图 3.9-10 所示为 TCAS Ⅱ计算机的功能描述。

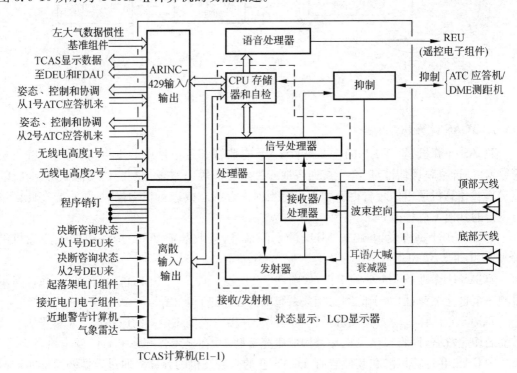

图 3.9-10　TCAS Ⅱ计算机的功能描述

I/O 电路从左 ADIRU 获得航向、俯仰、横滚 IRU 数据；获取或输出协调和控制 ATC 应答机系统的数据；获取来自 ATC 和左、右 ADIRU 的气压高度数据；获取来自无线电高度表的无线电高度；获取来自 DEU 的决断咨询状态；获取来自起落架手柄电门的起落架放下离散信号；获取与 GPWC 接口的音频禁止离散数据；获取与气象雷达接口的音频禁止离散数据；获取来自 PSEU 的空/地数据等。

程序销钉设置 TCAS Ⅱ 计算机内的下列参数：高度限制、音频警告、音量控制、自检禁止、侵入者最大数显示、地面备用、侵入者在地面不适用。I/O 传送这些数据至 CPU。

中央处理器 CPU 从输入/输出接口的输入端得到数据并将之存入存储器，CPU 将输入数据和从信号处理器来的数据结合起来，为 TCAS 显示的音频信息作必要的计算。

CPU 向 CDU 的 DEU 送 TCAS 显示数据，并在主飞行显示器(PFD)和导航显示器(ND)上显示。CPU 也将显示数据送给飞行数据采集组件(FDAU)，并通过语音处理电路将信号送给遥控电子组件(REU)，生成 TCAS Ⅱ 语音。

信号处理器从接收器/处理器处得到方位信息将之变成数字信号。信号处理器完成如下功能：

(1) 利用时间测量逻辑和方位信息计算入侵飞机的距离和方位；

(2) 检测是模式 C 或模式 S 的脉冲；

(3) 控制和抑制电路在 TCAS Ⅱ 发射时送出抑制脉冲。

抑制电路：当 TCAS Ⅱ 计算机发射时抑制电路送出一个抑制脉冲，当一个机载 ATC 应答机或 DME 询问机发射时 TCAS Ⅱ 计算机接收一个抑制脉冲，此抑制脉冲使 TCAS Ⅱ 计算机内的接收和发射电路停止工作。

中央处理器中的 BITE 电路送出一个测试询问，监测抑制电路，如果抑制电路有故障，表示 TCAS Ⅱ 失效。

语音处理器：当有交通咨询、决断咨询或自检时，TCAS Ⅱ 计算机向语音处理器送去信号，语音处理器向遥控电子组件送出语音警告。REU 将语音送到驾驶舱。

当近地警告计算机(GPWC)具有音频警告时，它送出一个模拟离散信号到 TCAS Ⅱ 计算机，抑制 TCAS Ⅱ 的咨询信息。

当气象雷达具有预测风切变警告时，它送出一个模拟离散信号到 TCAS Ⅱ 计算机，抑制 TCAS Ⅱ 的咨询信息。

接收处理器：接收机从天线获得目标的应答信号，接收机利用收到信号的相位去确定目标的方位。接收机送出信号到信号处理器去计算目标的距离。接收机还从应答信号中解码出目标高度，还从装有 TCAS 的入侵飞机的应答信号中译出协调信息。

发射机的输出为 1030 MHz。发射机从信号处理器得到信号，发射机将格式化信号送给波束控向和衰减电路，控制波束控向电路和衰减器。

波束控向电路将信号送给 4 个天线单元。在发射中，波束控向电路控制 4 个射频输出的相位关系。接收时，接收信号在每个单元中的相位是不同的。而波束控向电路将此信号送给接收机。

TCAS Ⅱ 计算机从起落架手柄电门接收到一个离散输入，当起落架手柄在放下位置时，TCAS 计算机同等地使用底部天线的所有 4 个天线单元，因此，此时底部天线作为全方向天线工作。

衰减器的输出功率由发射机控制,它控制发射信号的功率,使询问脉冲串的脉冲幅度逐渐增大,实现分段、分区域询问、监控飞机,实现 Whisper/Shout 方案。

机内自检设备:TCAS 计算机具有自检功能,当 TCAS 正常工作时,机内自检设备(BITE)连续地监测 TCAS 系统故障和接口故障。起动自检时,BITE 生成测试信号,将之送给信号处理器和接收/发射器电路,在自检中 BITE 监测系统故障和接口故障。

当 BITE 通过连续的故障监测检测到故障时,将故障数据送给故障存储器,它也送给输入/输出电路以便输出给 CDS 的 DEU 和 FDAU。

### 2. TCAS Ⅱ 天线

TCAS Ⅱ 利用其方向性天线实现与相遇飞机的询问-应答,并获得目标的方位信息。

TCAS Ⅱ 天线工作于 L 波段,每部天线均可用于发射和接收。TCAS 的发射信号频率为 1030 MHz,接收频率为 1090 MHz。

TCAS Ⅱ 设有两部这样的方向性天线,一部安装在飞机背部中心线上,另一部安装在飞机腹部中心线上。在有的飞机上,也可以用全向天线来取代飞机腹部的方向性天线。

TCAS Ⅱ 的方向性天线为外形扁平的流线型天线,如图 3.9-11 左图所示,右图为其天线方向性辐射图。

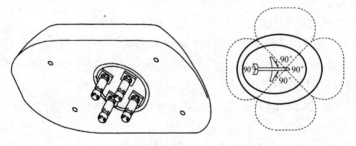

图 3.9-11　TCAS Ⅱ 天线

TCAS 天线内部设有四个辐射单元,这四个辐射单元互成 90°,分别指向飞机的前、后、左、右。四个辐射单元的方向性是相同的,均为约 90° 的波瓣。天线的四个辐射单元由 TCAS 计算机控制,因而整部天线的方向性可由 TCAS 计算机控制,TCAS 计算机可以控制四部天线轮流辐射,也可以四部天线同时辐射,这时相当于全向辐射,天线成为无方向性天线。当起落架放下的时候,TCAS 计算机就控制四部天线同时辐射,避免起落架遮挡探测入侵飞机的信号,而这时 TCAS 计算机无法判断入侵机的方位。每部天线通过四根同轴电缆与 TCAS 计算机相连接。每根同轴电缆的接头处标有顺序号,且所涂的颜色不同,安装时应注意同色的电缆与接头相接。安装时还应注意天线的里外、前后朝向。天线的辐射侧和盖板上不要涂漆,因为漆将阻挡天线射频信号的辐射或接收。

### 3. 控制板

由于 TCAS Ⅱ 计算机/收发机的工作与应答机密切相关,所以总是与两部应答机共用一部控制板,如图 3.9-12 所示。

TCAS Ⅱ 所使用的功能方式为:TA ONLY(仅交通咨询),此时应答机正常工作(相当于工作在 XPNDR 方式),TCAS Ⅱ 在需要时只能产生交通咨询,不能产生决断咨询,这时应答机和 TCAS Ⅱ 均处于全功能状态。

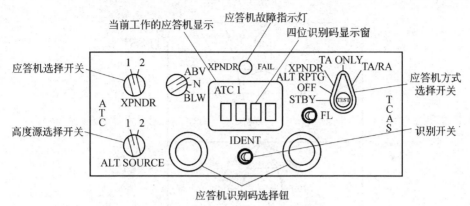

图 3.9-12 TCAS/ATC 控制板

TCAS Ⅱ控制板上设置有一个监视范围选择开关,用于选择监视范围为正常(N)、上方(ABOVE)或下方(BELOW)。TCAS 的高度跟踪范围,正常情况下为本机的上下 2700 ft。有高度跟踪范围选择开关的:"ABOVE"位时监视的空域为+9900~-2700 ft;"BELOW"位时 TCAS 所监视的空域为+2700~-9900 ft。

不同控制板的形式以及工作方式开关的设置、名称、顺序均可能与此有所不同,但其基本功能是相同的。

## 3.9.3 TCAS 咨询信息的显示和控制

TCAS Ⅱ能提供入侵飞机的相对位置等图像信息、相关的字符信息,以及与交通咨询、决断咨询相关联的语音提醒信息等。

TCAS Ⅱ所提供的视觉信息可以显示在 TCAS Ⅱ的专用显示器或其他显示器上。现代大型飞机比较常用的方式是利用电子飞行仪表系统(EFIS)来显示 TCAS 视觉信息。

### 1. PFD 上的显示和控制

PFD 用于显示 TCAS 所发出的决断咨询信息。TCAS Ⅱ计算机产生的决断咨询信息是本机为回避入侵飞机所应采取的垂直机动措施,如爬升、下降等。决断咨询信息是以红色的俯仰禁区方式显示在 PFD 的姿态球上的,如图 3.9-13 所示。

如 TCAS 计算机判断应使飞机爬升来回避危险接近,则决断咨询信息为姿态球下部向上延伸的红色的 RA 俯仰指令。在采取机动爬升之前,飞机符号处于该红色的俯仰禁区之中;只有按决断咨询信息所示向上拉升飞机,才能使飞机符号脱离该红色的 RA 俯仰指令——脱离与入侵飞机危险接近的境况。反之,如 TCAS Ⅱ判断应使飞机下降才能回避危险接近,则决断咨询信息为姿态球上部向下延伸的红色 RA 俯仰指令;只有按决断咨询信息所示使飞机下降,才能使飞机脱离与入侵飞机危险接近的境况。图 3.9-13 中所示的情况为上、下各有一架入侵飞机的极端危险状态。

若要在 PFD 上显示 RA 警告,TCAS 控制板上的方式选择开关必须放在 TA/RA 位。如果方式不对,或者 TCAS Ⅱ工作不正常,都不能显示 RA 信息。

### 2. ND 上的显示和控制

显示在 ND 上的 TCAS Ⅱ信息主要是入侵飞机的相对位置、威胁等级等,如图 3.9-14 所示。

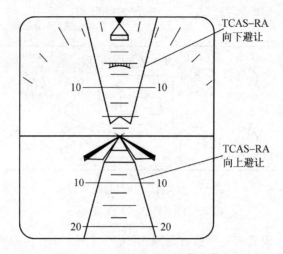

图 3.9-13　PFD 上的 RA 警告信息

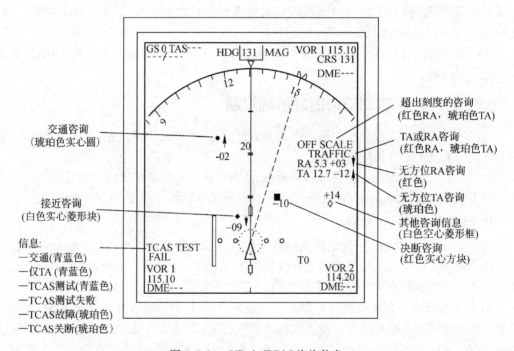

图 3.9-14　ND 上 TCAS 咨询信息

1) 入侵飞机的相对位置

TCAS Ⅱ 根据所获得的邻近飞机的距离和相对方位数据,将其显示在以本机为中心的图形画面上。观察该图形,飞行员可以一目了然地了解 TCAS Ⅱ 监视空域中的交通状况。

2) 威胁等级

TCAS 根据不同飞机的飞行趋势及本机的飞行轨迹,判断这些飞机是否存在与本机危险接近的可能,并区别各架入侵飞机的威胁等级,从而以四种不同的符号来表示对本机威胁等级不同的飞机,如图 3.9-14 所示。

(1) 其他(无威胁)

图中以空心的菱形图案表示的飞机为 TCAS Ⅱ 监视空域中目前对本机无威胁的飞机，其图像为白色空心菱形。

(2) 接近威胁

接近飞机显示为实心的菱形，仍为白色。

(3) 交通咨询

为提醒飞行员注意此类飞机，发出交通咨询时该飞机的图像变为黄色的圆形图案。

交通咨询伴随有语音提醒信息"TRAFFIC,TRAFFIC"("交通,交通")。

(4) 决断咨询

TCAS Ⅱ 将发出决断咨询飞机的图像变为红色的矩形图案。

此时，在 PFD 上会同时显示 TCAS 计算出的垂直俯仰机动咨询信息。如果装有专用的 TCAS Ⅱ 垂直速度指示器(TVSI)，则还可显示出具体的决断咨询的升降速度值。

与此同时，TCAS Ⅱ 还发出相应的决断咨询语音信息。如"CLIMB"("爬升")"DECENT"("下降")等。

3) 升降速度

如入侵飞机与本机的相对升降速度等于或大于 500 ft/min，则 TCAS 在该飞机的符号旁显示一个向上或向下的箭头。向上表示该机正在爬升，向下表示下降。

4) 相对高度

TCAS 计算机根据所获得的相遇飞机所报告的高度信息和本机的高度，计算出入侵飞机的相对高度，显示在该机图像的上方或下方，如图 3.9-14 所示。当对方高于本机时，相对高度数前为"＋"号，显示于图像的上方；当对方低于本机时，相对高度数前为"－"号，显示于图像的下方。所显示的相对高度的单位为百英尺，即图中的＋02 表示高于本机 200 ft。

5) 无方位的飞机信息

在由于某种原因一时无法获得入侵飞机的方位信息时，TCAS Ⅱ 仍然跟踪入侵飞机，并在必要时发出交通咨询或决断咨询信息。不过此时由于无入侵飞机的方位而无法在显示器上显示其图像，只能以字符方式在显示器上给出该入侵飞机的距离和相对高度。在判定该机为交通咨询的飞机时，则显示黄色的 TRAFFIC；在判定该机为决断咨询的飞机时，则显示红色的 TRAFFIC，如图 3.9-14 所示。

6) 超出显示范围的飞机信息

如果在 TCAS Ⅱ 跟踪范围内的飞机在显示器所选择的显示范围之外，TCAS 仍能显示其部分信息。此时该飞机的图像显示在距离标志圈外沿的对应方位处。

另一种选装方案是在这种情况下无该机的图像显示，而显示为"OFF SCALE"("超出显示范围")的字符信息，如图 3.9-14 所示。

7) 威胁提醒

为提醒飞行员注意观察显示器上的 TCAS Ⅱ 信息，在出现交通咨询或决断咨询情况时，显示器上出现"TRAFFIC"("交通")字符。若为交通咨询，则"TRAFFIC"为黄色；若为决断咨询，则"TRAFFIC"为红色。

8) 信息显示的控制

在利用 EFIS 显示 TCAS 信息的情况下,只有按下 EFIS 控制板上的 TFC(交通)按钮,才可能在显示器上显示 TCAS 信息。此时,ND 上显示绿色的"TFC"("交通"),表示 ND 可显示 TCAS 信息。这时,TCAS 控制板上的方式旋钮也必须放在 TA ONLY 或 TA/RA 位。

9) TCAS Ⅱ 的音频信息

TCAS Ⅱ除了以各种视觉信息发出交通咨询或决断咨询信息外,还同时以合成语音来提醒飞行员。在各种情况下的语音信息及其含义如表 3.9-2 所示。

表 3.9-2　语音信息及其含义

| 语 音 信 息 | 对应的中文含义 |
|---|---|
| TRAFFIC, TRAFFIC | 交通,交通 |
| CLIMB, CLIMB | 爬升,爬升 |
| DESCEND ,DESCEND | 下降,下降 |
| INCREASE CLIMB...INCREASE CLIMB | 增大爬升……增大爬升 |
| INCREASE DESCEND...INCREASE DESCEND | 增大下降……增大下降 |
| CLIMB,CROSSING CLIMB...CLIMB,CROSSING CLIMB | 爬升,穿越爬升……爬升,穿越爬升 |
| DESCEND, CROSSING DESCEND... DESCEND , CROSSING DESCEND | 下降,穿越下降……下降,穿越下降 |
| CLIMB, CLIMB NOW...CLIMB, CLIMB NOW | 爬升,现在爬升……爬升,现在爬升 |
| DESCEND, DESCEND NOW...DESCEND , DESCEND NOW | 下降,现在下降……下降,现在下降 |
| ADJUST VERTICAL SPEED, ADJUST | 调节垂直速度,调节 |
| MORNITOR VERTICAL SPEED | 监视垂直速度 |
| MAITAIN VERTICAL SPEED, MAINTAIN | 保持垂直速度,保持 |
| MAINTAIN VERTICAL SPEED...CROSSING MAINTAIN | 保持垂直速度……保持穿越 |
| CLEAR OF CONFLICT | 冲突解除 |
| TCAS TEST | TCAS 自检 |
| TCAS TEST OK | TCAS 自检通过 |
| TCAS TEST FAIL | TCAS 自检失败 |

TCAS Ⅱ音频被送入 GPWC 的语音优先权判断电路,当无 GPWS 或 WXR(带有预测风切变功能的)音频警告时,可发出 TCAS Ⅱ音频;否则,TCAS Ⅱ音频被抑制。

## 3.9.4　TCAS Ⅱ 与其他机载系统的联系

TCAS Ⅱ与本飞机有关系统的连接如图 3.9-15 所示。

### 1. TCAS Ⅱ计算机与 S 模式应答机的数据交换

S 模式应答机通过一条 ARINC 429 数据总线,将有关信息输往 TCAS Ⅱ计算机;TCAS Ⅱ计算机则利用另一条 ARINC 429 数据总线,将有关信息输往 S 模式应答机。

S 模式应答机输送给 TCAS Ⅱ计算机的信息中,包括由大气数据计算机系统获得的高度信息、来自控制板的各种信息等。

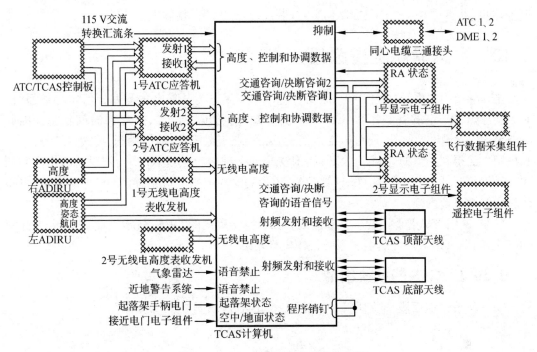

图 3.9-15　TCAS 与其他系统的连接

### 2. 无线电高度信息输入

TCAS Ⅱ 在避撞计算中必须利用无线电高度信息自动调节灵敏度等级。两部无线电高度表输出的数字式高度信息,通过 ARINC 429 数据总线输送给 TCAS Ⅱ 计算机。

### 3. 航向信息输入

航向信息是确定本机飞行轨迹的必要参数。大气数据惯性基准组件(ADIRU)将数字式航向信息通过 ARINC 429 数据总线输送给 TCAS Ⅱ 计算机。

### 4. 大气数据计算机信息输入

ADIRU 中的大气数据计算机产生的有关本机的高度、速度、升降速度等信息,通过 ARINC 429 数据总线输入 TCAS Ⅱ 计算机。

### 5. L 波段设备的同轴抑制

飞机上的两部应答机、两部测距机和 TCAS Ⅱ 均工作于 L 波段。为避免相互干扰,同一时刻只应有一部处于发射状态。在五部 L 波段设备中的一部开始发射之前,产生一个宽度为 $28\mu s$ 的外抑制信号加到其他 L 波段设备,以避免其他 L 波段设备进入发射状态,并保护其接收设备。

### 6. 来自近地警告系统的抑制信号

近地警告系统产生的"低于下滑道""拉起"和"风切变"警告信息的优先权高于 TCAS Ⅱ 的咨询信息,所以,在近地警告系统发出上述三种警告信号时,会抑制 TCAS Ⅱ 输出交通咨询和决断咨询。

如果本机的气象雷达(WXR)带有预测风切变功能,它在探测到风切变时,会发出音频警告,同时也会发出一个音频抑制信号,抑制 TCAS Ⅱ 的音频输出。

# 3.10 全球导航卫星系统

全球导航卫星系统(GNSS)就是以人造地球卫星作为导航台的星基无线电导航系统,它为全球陆、海、空的各类军民用户提供全天候、高精度的位置、速度和时间信息。因此 GNSS 系统除用于导航外,还可以在通信、交通管制、气象服务、地面勘测、搜救、授时等军事和民用方面得到广泛的应用。GNSS 是对美国的全球定位系统(GPS)、俄罗斯的格洛纳斯(GLONASS)、欧盟的伽利略(GALILEO)、中国的北斗卫星导航系统(BDS)的统称,也可指代它们的增强型系统。

现在,民用飞机上使用的卫星导航设备大都基于美国的 GPS 系统,因此,本书着重介绍 GPS 系统,对其他全球导航卫星系统仅作概略介绍。

## 3.10.1 GPS 的系统组成

GPS 系统由地面段、空间段和用户段三部分组成,如图 3.10-1 所示。

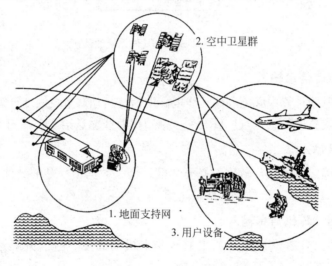

图 3.10-1 GPS 系统组成

### 1. GPS 系统的地面段

地面段由地面上的控制和监测站组成的地面支持网构成。它们连续地监测并跟踪各个卫星,以完成如下工作:

(1) 监测并修正卫星的轨道和卫星时钟;

(2) 计算并生成卫星导航电文,此电文具有说明卫星未来位置的更新信息,并收集所有 GPS 卫星的最新数据;

(3) 有规则地不断更新卫星导航电文。

GPS 系统的地面段由一个主控站、5 个监测站和 3 个注入站组成。监测站收集卫星及当地气象资料,并将这些资料送给主控站。主控站根据这些资料计算卫星轨道等导航电文,然后由注入站每隔 8 小时向卫星发送一次,更新卫星资料,以便卫星向用户设备转发导航电文。

1）主控站

主控站（MSC）设在美国科罗拉多州斯普林斯的联合空间工作中心。主控站有一个原子钟，此钟是 GPS 的基准。主控站负责系统运转的全面控制，即：提供 GPS 系统的时间基准；处理由各监控站送来的数据；编制各卫星的星历；计算各卫星钟的偏差和电离层校正参数等，然后把不断更新的导航电文送到注入站再转发给卫星。

2）监测站

监测站（MS）有 5 个，分别设在太平洋的夏威夷、科罗拉多的斯普林斯、马绍尔群岛的夸贾林岛、印度洋的迪戈加西亚岛、南大西洋的阿森松岛等。每个监测站有一台用户接收机，若干台环境数据传感器，一架原子钟和一台计算机信息处理机。它的任务是：记录卫星时钟的精度；对所有视见卫星每 1.5 s 测量一次距离数据，主控站利用此数据计算并预测卫星轨道；监测导航电文；收集当地环境气象数据，如气压、气温等（主控站用它计算对流层的信号延迟）。监测站的计算机控制所有数据的收集，并将得到的数据存储起来，然后再把这些数据送到主控站，如图 3.10-2 所示。

监测站每 6 s 将其所测得的卫星距离信息和气象数据发送给主控站。主控站对测量结果中各种已知的偏差（如电离层延时、对流层折射等）进行修正；然后每 15 min 进行一次数据处理，得到卫星位置、卫星速度、卫星的时钟偏差、频率漂移、漂移率、监测站的时钟偏差等估值，按一定格式转化为导航电文送入注入站。

主控站对卫星注入过程还需进行检验，即收集各监控站发送来的遥测检验数据，以核实导航数据注入卫星的过程。在用户导航数据中包含有这些遥测检验数据，并把这些数据调制在经卫星播发的扩频信号中。

3）注入站

监测站中有三个作为数据的上行注入站。注入站为主控站和卫星之间提供接口，它用 1754～1854 MHz 的频率向卫星注入有关数据。注入数据有用户导航电文（包括时钟校正参数、大气校正参数）、卫星星历及全部历书数据。

**2. GPS 的空间段**

空间段由 24 颗卫星组成，如图 3.10-3 所示。它在 3 颗卫星故障的情况下仍能提供全功能服务。

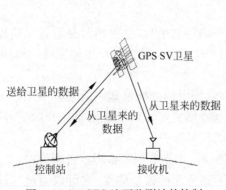

图 3.10-2　GPS 地面监测站的控制

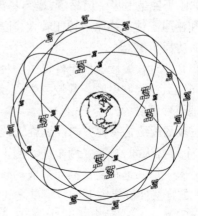

图 3.10-3　GPS 空间卫星

　　卫星接收地面站发送来的星钟修正参数、电离层校正参数等导航电文,以便为用户提供精密定位服务和标准定位服务。卫星向用户设备连续发射带有导航数据、测距码和精确时间的无线电信号。

　　24 颗卫星等间隔分布在 6 个轨道平面,每个轨道平面上有 4 颗卫星,与地球赤道平面的倾角为 55°,每颗卫星穿过赤道的经度是由它在轨道上的位置决定的,我们称之为相位。轨道上的卫星的相位是无规则的,不相等的,适当地调整相位可以保证地球上的任何一点在任何时间都能有很好的覆盖能力,也为了在任一颗卫星发生故障时仍能提供尽可能好的覆盖,如图 3.10-4 所示。

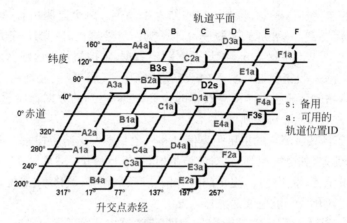

图 3.10-4　GPS 卫星布局

　　卫星在高度约 10908 n mile(20202 km)的近圆轨道上运行,周期约 12 h。每颗卫星绕地球运行两圈时,地球恰好自转一周。这样,每颗卫星每一恒星日(23 h 56 min 03.6 s)有 1～2 次通过地球上同一地点的上空。每一颗卫星每天至少一次通过一个地面控制站的上空,因此控制站可全部设在美国国内。同时,地球上任一地方的用户在任一时刻至少可看到仰角 5°以上的 4 颗卫星。由于恒星日与太阳日不同,卫星经过同一地点的时间,每天约要提前 4 min。

　　卫星虽然有几种不同型号,但其基本功能部件的组成是相同的,包括:原子钟、L 波段的通信组件、数据交换链、数据处理组件和遥控跟踪控制组件。

　　(1) 原子钟是卫星中最昂贵、最容易出现故障的部件。经过不断的完善改进,现在一般使用铷和铯原子钟。铯原子钟比较大、比较重,重约为 20 lb,功耗为 20～25 W。铷原子钟重 14 lb,功耗为 15 W。

　　(2) 卫星的 L 波段通信组件提供两种频率的辐射信号,这些信号是通过指向地球的圆极化方向性天线阵发射的。载波的生成、调制和功率放大均由这个组件完成,导航电文是从数据处理组件发射的。

　　L 波段的天线是一种方向性螺旋天线阵,它把大部分能量集中后辐射给用户。每个卫星有 12 个螺旋天线,分布在两个同心圆上。这种格式可以增加发射给用户的信号强度,以补偿穿越大气层和远距离传播而造成的较大的信号损失。

　　(3) 数据交换链提供卫星与卫星之间的通信。卫星有一种备用模式叫做"自相关导航"(AUTONAV)。在这种模式下,如果卫星得不到地面的指令信号,它可以通过与其他卫星进行通信而继续进行工作。第一种可工作卫星(即 Block Ⅱ型)可以在与监控站失去联系后14天内仍能提供定位信号,最新型卫星可以在 AUTONAV 模式下至少工作180天。

(4) 数据处理组件就是主控计算机。它可以执行以下任务:①生成导航电文;②产生伪随机噪声(PRN);③产生"选择可用性"(SA)功能;④提供"反电子欺骗"(A-S)功能;⑤在 AUTONAV 模式下操作卫星;⑥执行自检;⑦为卫星上的其他子系统提供定时和同步;⑧接收并存储地面控制站的指令。

(5) 遥控跟踪控制组件可以使卫星沿正确的轨道运行,并指向地球。来自地面控制站的指令发射给卫星,修正卫星上的制动火箭,使卫星上的太阳能电池板指向太阳获得能量,而天线指向地球,向地面站或用户发射信号。

GPS 系统一直在更新,2017 年开始,美国计划启用下一代 GPS 卫星——GPS Block ⅢA,此后,美国的 GPS 布网频率将会逐渐加快,而卫星的定位精度将会更高,抗干扰能力更强。

### 3. GPS 的用户段

GPS 用户段就是 GPS 接收机。GPS 接收机将卫星信号转换为位置、速度和时间。要计算四维数据——经度、纬度、高度(位置)和时间,就需要四颗卫星。

三维导航是 GPS 的最主要功能。GPS 接收机被用在飞机、轮船、汽车上,也可以个人便携式设备使用,如图 3.10-5 所示。

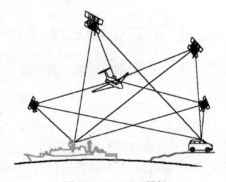

使用 GPS 接收机可以提供相对于某一基准位置的精确定位,它可以提供相对于该远程接收机的修正和相关位置数据,如观测、大地测绘、大气参数的测量和星球的构造研究等。

时间和频率校准是 GPS 的另一个用途,因为有受地面站控制的卫星的精确时钟,宇航观测、远程通信设施、实验室标准都可以用具有特殊用途的 GPS 接收机进行精确的时间设定或精确的频率控制。

图 3.10-5　GPS 导航

## 3.10.2　GPS 的工作原理

### 1. GPS 卫星信号

轨道卫星发射两种 L 波段频率的编码信号。使用的编码有 C/A 码、P 码和 Y 码。C/A 码为民用码,使用单频的 C/A 码的动态定位精度称为"标准定位服务"(SPS),其精度被美国实施的"选择可用性"(SA)技术限制在 95% 概率上,其水平定位精度为 100 m,垂直定位精度为 156 m,时间精度为 340 ns。P 码用于军事或特许用户,使用双频的 P 码的高精度的动态定位精度被称为"精密定位服务"(PPS),其定位精度在 95% 概率上,其水平定位精度为 22 m,垂直定位精度为 27.7 m,时间精度为 200 ns。SPS 只能接收两种频率中的一种,而 PPS 两种频率都能接收。将 P 码加密编译成 Y 码,用于反电子欺骗。

卫星时钟的标准频率 $f_0 = 10.23$ MHz,受主控站的控制和修正,它是卫星上各种频率的同步和基准信号。

P 码的码频率为

$$f_0 = 10.23\ \text{MHz}$$

C/A 码的码频率为

$$f_0/10 = 1.023\ \text{MHz}$$

卫星上发射的两种微波信号载波频率为：

$$L_1 = 154 f_0 = 1575.42\ \text{MHz}; \quad L_2 = 120 f_0 = 1227.60\ \text{MHz}$$

$L_1$ 频率信号承载导航电文和 SPS 码信号，只有 PPS 接收机使用 $L_2$ 频率用于测量电离层的延迟。

有三种二进制码可以对 $L_1$ 或 $L_2$ 进行相位调制，如图 3.10-6 所示。

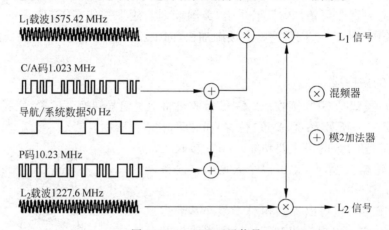

图 3.10-6　GPS 卫星信号

C/A 码调制 $L_1$ 载波。C/A 码是一种 1 MHz 的循环伪随机噪声(PRN)码，这种类似于噪声的 C/A 码调制 $L_1$ 载波，使 $L_1$ 的频谱扩展为 1 MHz。C/A 码每 1023 位(1 ms)重复一次。每个卫星的 C/A 码是不同的。GPS 卫星经常用 PRN 号作为卫星的标识，每个 PRN 都有唯一的识别号。C/A 码调制的 $L_1$ 载波是民用 SPS 的基本信号。

P 码既调制 $L_1$ 也调制 $L_2$ 载波。P 码是一种非常长(7 天)的 10 MHz PRN 码。在反电子欺骗(A-S)模式工作时，P 码被加密成为 Y 码。加密的 Y 码需要在每个接收机通道上加一个 A-S 组件，而且仅适用于被授权的、有密匙的用户使用。P 码是 PPS 的基本信号。

导航电文可调制 $L_1$ 和 $L_2$ 信号。导航电文是一种 50 Hz 的信息信号，信息包括 GPS 卫星的轨道、钟差以及其他系统参数。

**2. GPS 数据**

导航电文是卫星提供给用户的信息，它包括卫星状态、卫星星历、电离层修正参数和卫星钟偏差校正参数以及时间等内容，如图 3.10-7 所示。

每帧导航电文由 5 个子帧组成。每个子帧 10 个字，时间为 6 s。一帧就是 50 个字，每个字 30 个码位(24 个数据位，6 个校验位)，共 1500 个码位，时间为 30 s。每个子帧的头 2 个字都是遥测字(TLM)和转换字(HOW)，由星载设备产生，遥测字开头 8 个码位作为捕获导航数据的前导。转换字开头 17 个码位提供下一个子帧起始点的时间，其余的有指示卫星调姿标志、子帧识别码、指示遥测字前沿是否与 C/A 码转换到 P 码所需的 X1 历元同步等信息。每个子帧中的后 8 个字为导航电文或专用电文，由地面控制站注入给卫星。地面

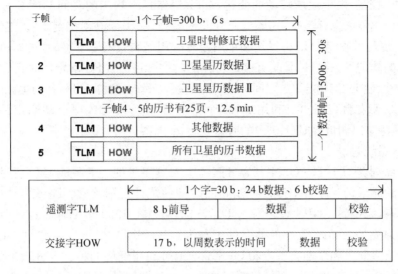

图 3.10-7 GPS 卫星数据格式

控制站每 5 h 向卫星注入一次新导航数据。

25 个帧组成一个主帧。在帧与帧之间，子帧 1、2、3 的导航电文一般相同，每 30 s 重复一次，子帧 4、5 的历书有 25 个不同的页，要播发一个主帧才是一个完整的历书，需时 12.5 min。

卫星星历数据参数描述的是卫星沿轨道运行一段时间内的数据。通常情况下，接收机每小时收集一次星历数据，但它可以使用旧数据达 4 h 而不出现大的差错。

时钟数据参数描述卫星的时钟以及它与 GPS 时间之间的关系。

历书包括了所有在轨卫星的简略星历数据，描述的是卫星在一段时间（有时用月表示）内的运行数据，每颗卫星至少每 12.5 min 发送一组数据。接收机开始获取信号的时间点就可以在这种可用的当前历书的协助下获得。这种简略运行数据可以用卫星群内每颗卫星的粗略位置和载波的多普勒频率（由运动的卫星在距离上的变化而产生的频移）对接收机进行预设置。

每颗卫星的完整数据组都包括有一个电离层模型，接收机用它来估算任何位置任何时间的相位延迟。每颗卫星都会发射 GPS 时间与协调世界时（UTC）的偏差值。这个修正值可使接收机与 UTC 时间的偏差保持在 100 ns 以内。

卫星还发射其他一些能详细描述系统性质的参数和旗信号。

### 3. 时间

1) 协调世界时

协调世界时（UTC）是一个复合时间标度，它由来自原子钟驱动的时间标度和以地球自转速度为基准的时间标度的输入组成。以原子标准为基础的时间标度叫做国际原子时（TAI）。它不是由一个实有的钟保持，因此叫做"纸上"的时间标度。

用以形成 UTC 的另一种时间标度叫做世界时 1（UT1），它是以地球绕太阳的旋转为基础的。由于地球轨道速度的不均匀性和地球赤道相对于其轨道平面的倾斜，要对 UT1 进行校正。UT1 定义了 ECEF 坐标系相对于空间和天体的实际取向，并且是导航的基本时间标度。即使作了校正,由于地球转动的变化,UT1 仍然是不均匀的时间标度。另外,UT1 相对于原子时(TAI)来说有漂移,其量级为每天几毫秒,一年可以累积到 1 s。国际地球旋转局(IERS)负责最后确定 UT1。民用和军用授时应用需要带有 UT1 特性的时间标度,但又要有原子时的均匀性。UTC 是具有这些特性的时间标度。IERS 确定何时在 UTC 上加或减一个闰秒,以使 UTC 和 UT1 之间的差值不超过 0.9 s。这样 UTC 是与太阳时同步的。

美国海军天文台(USNO)利用 20 多个铯标准组及天文数据自动测定协调时 UTC(USNO),保持与协调世界时(UTC)的时差在 1 μs 以内。

2) GPS 系统时

GPS 系统时是以 UTC(USNO)为参照的。GPS 系统时也是一个"纸上"时间标度,它是各卫星上的原子钟和在各个地面控制站的时钟的统计处理读数。GPS 是个连续的时间标度,不用闰秒来调整。GPS 系统时与 UTC(USNO)在 1980 年 1 月 6 日零时是重合的。GPS 地面控制站调节 GPS 系统时使之处于与 UTC(USNO)相差 1 μs 以内。GPS 系统时中的历元是从星期六和星期天午夜和 GPS 星期编号起所经历的秒数区分出来的。GPS 星期是依次编号的,以 1980 年 1 月 6 日零时作为第 0 星期,开始计数。

**4. 码相位跟踪导航**

GPS 接收机接收来自卫星的导航电文,利用星历资料计算卫星位置,利用伪随机码或载波相位测量出到卫星的距离,最后解算导航方程求出测量者位置的经纬度。

GPS 定位时,测量者到卫星的距离是通过测量电波从卫星发射到用户接收机接收的时间间隔来确定的,即根据卫星信号传播时间与电波传播速度的乘积来求得。而卫星信号传播时间通过测量卫星信号的 C/A 码与用户接收机内产生的同类码相关所需要的相移来求得。

卫星产生和发射的信号为伪随机噪声码。它们虽然都类似于噪声,但其都有唯一的、预先确定的一串编码和编号。每个卫星的信号都用 PRN 的编号和码序列唯一确定其格式。GPS 用户接收机产生 C/A 码的复制码是与所用卫星完全一致的一串码。现代接收机一般是在存储器中存储所有卫星的码序列格式,再用移位寄存器控制输出。

如图 3.10-8 所示,上一行是接收到的卫星 PRN 信号,下一行是接收机产生的 PRN 信号。

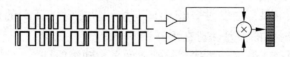

图 3.10-8　码相关比较

前文说过,每颗卫星的完整数据组都包括一个电离层模型,接收机用它来估算任何位置任何时间的相位延迟;而每颗卫星至少每 12.5 min 发送一组完整历书,接收机开始获取信号的时间点就可以在这种可用的当前历书的协助下获得。在卫星发射 PRN 码的同时,用户接收机产生的相同序列格式的 PRN 码则在时钟的控制下开始逐步右移,如图 3.10-9 所示。当接收机的 PRN 码与卫星的 PRN 码逐步对齐,直到两个 PRN 码完全重合(即完全相关)时,全信号功率被检测到,同时,停止复制码的移动,如图 3.10-10 所示,而接收机 PRN 码的相位移动所需要的时间,就是无线电信号从卫星到接收机传播的时间 $\Delta t$,GPS 接收机到卫星之间的距离等于 $\Delta t$ 乘以无线电波的传播速度。

图 3.10-9　接收机复制码和卫星的 PRN 码相同时部分相关

图 3.10-10　接收机复制码和卫星的 PRN 码相同时完全相关

### 5. 伪距导航

用户 GPS 接收机可以同时接收几个卫星的信号,测得伪距,几个卫星的伪距作为半径所形成的圆相交的点即为用户的位置。位置可以用 ECEF 坐标系的 $X$、$Y$、$Z$ 来表示,也可以用 WSG-84 坐标系的纬度、经度、高度来表示。在导航系统中,一般都使用纬度、经度和高度来表示飞机的位置。

对于一个拥有精确用户时钟的 GPS 接收机来说,测得三颗卫星的伪距就可以确定飞机的位置,即得到纬度、经度和高度。但这要求用户接收机的时钟非常精确,而一般的接收机都使用石英电子钟,与 GPS 系统时之间有误差。此外,卫星的频率产生和定时是基于高精度的自由振荡的铯或铷原子钟,通常情况下它与 GPS 系统时之间也有偏移。这样,由相关过程所确定的距离被称为伪距 $\bar{R}_i$,称其为伪距是因为它包含:①从卫星到用户的几何距离 $R_i$;②由系统时与用户时钟之间的差异而产生的距离偏移 $c\Delta t_u$;③系统时与卫星时钟之间的误差产生的距离偏移 $c\Delta t_{si}$;④传播延迟和其他误差 $c\Delta t_{Ai}$。

图 3.10-11 示出了卫星距离测量中影响测距精确的因素。伪距测量值是用测得的卫星发射信号和用户接收机收到信号的时间差 $\Delta t$ 与电波速度 $c(3 \times 10^8 \text{m/s})$ 来描述的,可写为

$$\bar{R}_i = R_i + c\Delta t_{Ai} + c(\Delta t_u - \Delta t_{si}) \tag{3.10-1}$$

式中,$\bar{R}_i$——伪距;

$\quad R_i$——真实距离;

$\quad c$——电磁波传播速度;

$\quad \Delta t_{si}$——卫星钟差;

$\quad \Delta t_u$——用户钟差;

$\quad \Delta t_{Ai}$——传播延迟和其他误差,

$\quad i$——第 $i$ 颗卫星。

对于卫星钟差 $\Delta t_{si}$ 和传播延迟等其他误差 $\Delta t_{Ai}$,GPS 地面控制站能够确定对这些偏移分量的修正量,并将这些修正量发射给卫星,再由卫星通过导航电文发给用户。用户接收机

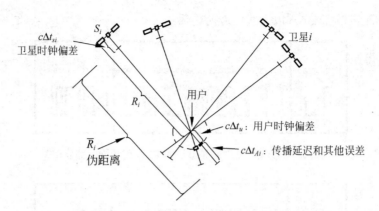

图 3.10-11　影响测距精度的因素

用这些修正量修正伪距的测量。这样,式(3.10-1)变为

$$\bar{R}_i = R_i + c\Delta t_u \tag{3.10-2}$$

为了确定用户的三维位置 $(x_u, y_u, z_u)$ 和偏移量 $\Delta t_u$,对 4 颗卫星进行伪距测量,得到以下方程:

$$\bar{R}_1 = \sqrt{(x_1 - x_u)^2 + (y_1 - y_u)^2 + (z_1 - z_u)^2} + c\Delta t_u \tag{3.10-3}$$

$$\bar{R}_2 = \sqrt{(x_2 - x_u)^2 + (y_2 - y_u)^2 + (z_2 - z_u)^2} + c\Delta t_u \tag{3.10-4}$$

$$\bar{R}_3 = \sqrt{(x_3 - x_u)^2 + (y_3 - y_u)^2 + (z_3 - z_u)^2} + c\Delta t_u \tag{3.10-5}$$

$$\bar{R}_4 = \sqrt{(x_4 - x_u)^2 + (y_4 - y_u)^2 + (z_4 - z_u)^2} + c\Delta t_u \tag{3.10-6}$$

这些非线性方程可以用闭合形式解或基于线性化的迭代技术或卡尔曼滤波三种方法解出未知数,即确定用户接收机的三维位置 $(x_u, y_u, z_u)$ 和用户钟差 $\Delta t_u$,再将 ECEF 中的 $x_u$、$y_u$、$z_u$ 转换为 WSG-84 坐标系的经度、纬度和高度。

GPS 系统还可以为用户提供三维的速度。一般用以下几种方法确定用户的速度:①在接收机中对用户位置求导数而获得;②在 GPS 接收机中对载波相位测量值进行处理以估计所接收到的卫星信号的多普勒频移,从而对速度进行测量,因为多普勒频移是因为卫星相对于用户的相对运动而产生的;③用卡尔曼滤波确定位置和速度。

**6. GPS 定位误差**

用户接收机确定位置、速度和时间的精度,取决于各种错综复杂的因素之间的相互作用。一般来说,GPS 的精度主要取决于伪距、伪距误差和卫星星历数据的质量。

1) 造成伪距误差的误差源

卫星和接收机的时钟偏移以及各种误差源都可能影响卫星到用户的几何距离的测量。卫星信号穿过大气层时会产生延迟,另外,多路径反射、选择可用性及用户天线相位中心和接收机的码相关点之间的硬件影响可能使信号延迟或超前。

(1) 卫星时钟误差。卫星上装有原子钟,控制星上所有的定时工作。虽然这些时钟非常稳定,但它仍有可能偏离 GPS 系统时高达约 1 ms,而 1 ms 的偏移可转换成 300 km 的伪距误差。一般由时钟引起的测距误差控制在 3 m 以内。主控站确定时钟校正参数,并发给卫星,以便用导航电文转播出去。这些校正参数是对实际卫星时钟误差的估计,所以还会有残留误差。

（2）星历预测误差。所有卫星星历的最佳估计值是计算出来的，由注入站加载给卫星，以便用另外的导航电文参数重新广播给用户。它同样存在残留误差。

（3）选择可用性 SA 是 SPS 用户最大的误差源。它是通过操纵广播星历数据或使卫星时钟发生颤动，而产生轨道误差分量和时钟误差分量，人为地使定位精度降低。

（4）大气层效应。包括：电波在穿过大气层（介质）产生折射，对流层引起 L 波段 GPS 载波和信号的延迟，电离层中的自由电子，以及多路径造成的 PRN 码和导航数据失真和载波相位畸变使接收机跟踪环失锁等。

（5）接收机的噪声和分辨率对载波相位测量的影响。就接收机本身而言，伪距测量的误差源是热噪声颤动和动态应力误差，以及硬件软件的码分辨率和振荡器的稳定性。接收机噪声和分辨率误差会影响锁相环和锁频环所做的载波相位测量。

2）用户和卫星几何布局的影响

我们知道，用户的位置（包括经度、纬度、高度和用户时钟偏差）是通过接收四颗卫星发来的信号计算出来的。而根据现在的空中卫星分布，可以在地球上任何一个地方能同时看到六颗卫星，如何选择其中的四颗卫星，与卫星和用户的几何布局有关。

几何精度因子（GDOP）是衡量定位精度的很重要的一个系数，它代表 GPS 测距误差造成的接收机与空间卫星间的距离矢量放大因子。实际表征参与定位解的从接收机至空间卫星的单位矢量所勾勒的形体体积与 GDOP 成反比，故又称为几何精度因子。

实际上，GDOP 的数值越大，所代表的单位矢量形体体积越小，即接收机至空间卫星的角度十分相似导致的结果，此时的 GDOP 会导致定位精度变差。好的 GDOP，是指其数值小，代表大的单位矢量形体体积，导致高的定位精度。好的几何因子实际上是指卫星在空间分布不集中于一个区域，同时能在不同方位区域均匀分布。

## 3.10.3　GPS 用户设备

GPS 用户设备包括 GPS 接收机、天线及内部配套或外部选装的控制显示设备。

### 1. 接收机的类型

按工作原理分类，接收机可分为三种类型：码相关型接收机、载波相位型接收机和混合型接收机。

码相关型接收机能够产生与所测卫星的测距码（即 PRN 码序列）结构完全相同的复制码。工作中通过逐步相移，使接收码与复制码达到最大相关，以测定卫星信号到达用户接收机天线的传播时间。码相关型接收机可利用 C/A 码，也可以利用 P 码。在工作过程中必须掌握测距码的结构，所以这种接收机也称为有码接收机。

载波相位型接收机的工作过程是将接收信号的调制码滤除，获得纯载波，以进行载波相位的测量。这种接收机无需解码，不必掌握测距码的结构，所以也称为无码接收机。此外，它也可以利用测距码恢复技术，实现对测距码的相位测量。

混合型接收机，是综合利用了码相关技术和载波相位技术的优点，它可以同时获得码伪距和精密的相位测量值。

### 2. 接收机的信号通道

接收机主要用来将天线接收的 GPS 卫星信号，经接收机的"路径"（即信号通道）进行跟踪、处理和测量,以获得导航和定位所需要的数据和信息。

GPS接收机的全向天线接收到所有来自天线水平面以上的卫星信号之后,必须首先把这些信号隔离开来,以便进行处理和测量。这种对不同卫星信号的隔离,就是通过接收机内若干分离信号的通道来实现的。

通道是由硬件和相应的控制软件组成的。每个通道在某一时刻只能跟踪一颗卫星的一种频率信号。如接收机需同时跟踪多个卫星信号时,原则上可采用两种跟踪方式:其一是接收机具有多个分离的硬件通道,每个通道都可连续地跟踪一个卫星信号;其二是一个信号通道在相应软件的控制下用时分制跟踪多个卫星信号。通道的类型有(参见图3.10-12):平行通道、序贯通道和多路复用通道。

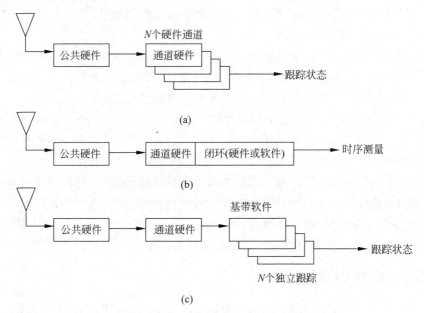

图 3.10-12　GPS接收机通道类型
(a)平行通道接收机;(b)序贯通道接收机;(c)多路复用通道接收机

所谓平行通道接收机,是具有多个卫星信号通道,而每个通道只连续跟踪一个卫星信号的接收机。所以,这种接收机也称连续跟踪型接收机。

序贯通道接收机,通常只具有1~2个通道。这时为了跟踪多个卫星信号,它在相应软件的控制下,按时序依次对所有观测卫星的信号进行测量,也称时序式接收机。由于对所测卫星依次测量一个循环所需时间较长($>20$ ms),所以,它对卫星信号的跟踪是不连续的。

多路复用通道接收机,与序贯通道接收机相似,一般也只具有1~2个通道。在相应软件的控制下,按时序对所有观测卫星信号进行测量,它与序贯通道接收机的区别在于,对循环测量卫星的时间较短($\leqslant 20$ ms),可以保持对卫星信号的连续跟踪,所以也可以称为快速序贯通道接收机。

### 3. GPS接收机的简单原理

如图3.10-13所示为GPS接收机的简易框图。卫星信号通过天线接收后在预放大器中经过滤波放大,在时钟的控制下,与C/A码产生器输出的复制码进行混频,送给数据解调和码控制组件,当卫星的 PRN 码与接收机的复制码完全相关时,数据解调和码控制组件检测到最大功率信号,控制停止 C/A 产生器产生的复制码的相位移动,C/A 产生器输出时间测量计算出伪距;同时,数据解调和码控制组件给出导航信息(包括数据位校准、数据奇偶校验、数据译码、卫星位置、伪距修正量等)。

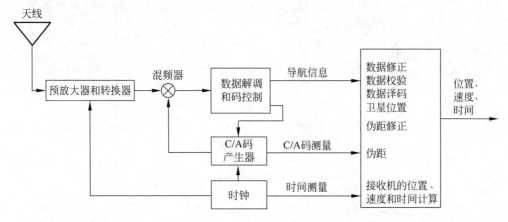

图 3.10-13　GPS 接收机框图

数据解调和码控制组件框图如图 3.10-14 所示。它产生两种(正弦和余弦)C/A 复制码:正弦信号与载波同相,经低通滤波器后,把卫星的 50 Hz 导航电文从 GPS 卫星载波信号中解调出来,送给接收机处理器,对导航电文进行校验和译码,获得卫星的位置、卫星发射信号时的 GPS 时间、修正数据等,再通过计算得到接收机的位置(经度、纬度、高度)、时间和速度。

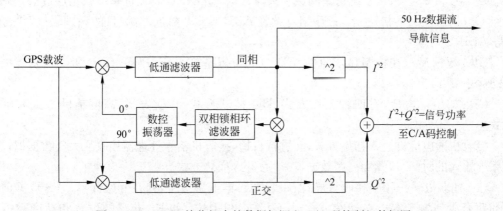

图 3.10-14　GPS 接收机内的数据解调和 C/A 码控制组件框图

余弦信号与载波混频后经低通滤波器产生正交信号 $Q$,与同相信号 $I$ 混频送给双相锁相环滤波器,使环路锁定;$Q$ 和 $I$ 信号还分别经过模 2 处理后混频,送回 C/A 码控制器控制 C/A 复制码的产生和相移。当混频信号功率达到最大时,表示 C/A 复制码与接收的卫星 PRN 码达到最大相关,C/A 复制码停止移相,输出相移时间,从而计算出伪距。

### 4. 机载 GPS 接收机

现代商用飞机上安装的 GPS 接收机与惯性基准系统一起为飞行管理计算机系统提供导航信息。

机载 GPS 接收机的功能框图(举例)如图 3.10-15 所示。

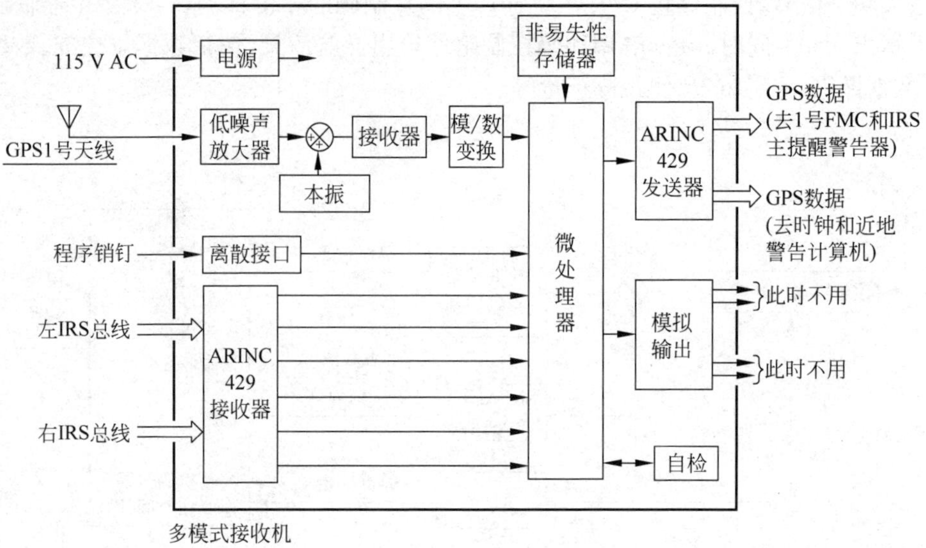

图 3.10-15　GPS 接收机功能框图

115 V 交流电输入电源形成各种供应多模式接收机(MMR)的直流电。GPS 天线首先将卫星信号放大然后送给 MMR,MMR 中的低噪声放大器(LNA)将该卫星信号放大,检波后送给模数转换器(A/D),A/D 将数字信号送给微处理器,微处理器计算飞机位置和其他GPS 数据。GPS 数据再送给近地警告系统(GPWS)、时钟、飞行管理计算机(FMC)。IRS接收从 1 号和 2 号 GPS 系统送来的数字故障数据。ADIRU 将惯性基准数据通过数据总线送给 GPS,用于 GPS 初始化。程序销钉设置 ARINC 429 数据的源/目的识别码(即 1 号或2 号 ADIRU)。

GPS 数据显示在控制显示组件(CDU)的位置基准页面(POS REF)和位置偏离页面(POS SHIFT)上。

GPS 初始上电后,有四种工作方式,即:捕获方式、导航方式、高度辅助方式和辅助方式。

接收机通电后即进入初始方式,并进行自检,接收机信号处理器接收从大气数据惯性基准系统输入的时间、位置和高度数据,30 s 后进入捕获方式。

(1) 捕获方式。GPS 接收机寻找、跟踪和锁定卫星信号,并在开始计算 GPS 数据前必须捕获至少 4 颗卫星。在捕获方式时,GPS 将利用从 ADIRS 获得的位置和高度数据及GPS 内部数据库的数据计算飞机在当前位置下可用哪些卫星。如果没有 ADIRS 的初始数据,GPS 仍能捕获卫星信号,但由于它要搜寻所有的卫星,因此需要增加捕获时间。如ADIRS 数据可用时,捕获卫星信号所需时间约 75 s;当 ADIRS 不能提供数据时,GPS 就需约 4 min(最多 10 min)的捕获卫星时间。

(2) 导航方式。当 GPS 捕获并锁定了至少 4 颗卫星的信号后进入导航方式,在导航方式时它计算 GPS 数据,输出飞机的位置、速度和时间。

(3) 高度辅助方式。因为在 4 颗卫星可用时,GPS 存储了 ADIRS 的惯性高度和 GPS高度之间的差值,当只有 3 颗卫星可用时,可以利用该差值、地球半径和当时飞机的惯性高度估算出飞机的第 4 个 GPS 高度,相当于在地心处有第 4 颗 GPS 卫星,从而计算出飞机的位置和其他数据,当重新跟踪到 4 颗卫星后,系统立即恢复导航方式。

只有在下列三个条件成立时,GPS 才能进入高度辅助方式:①GPS 已工作在导航方式;②只有 3 颗卫星可用,并且对定位有较好的几何位置关系;③在 GPS 存储器内存储着惯性高度和 GPS 高度之间的差值。

(4) 辅助方式。当 4 颗卫星信号在短时间(少于 30 s)内的覆盖变坏时,GPS 接收机无法精确定位并计算,则进入辅助方式。

在辅助方式,GPS 接受从 ADIRU 送来的惯性高度、航迹角、地速等数据。GPS 利用这些数据使得在重新达到好的卫星信号覆盖时,可以加快使 GPS 恢复到导航方式。在辅助方式时 GPS 的输出为"无计算数据"(NCD)。

如果超过 30 s,4 颗卫星的覆盖情况没有改善,则 GPS 返回到捕获方式。

几种工作方式的转换关系见图 3.10-16。

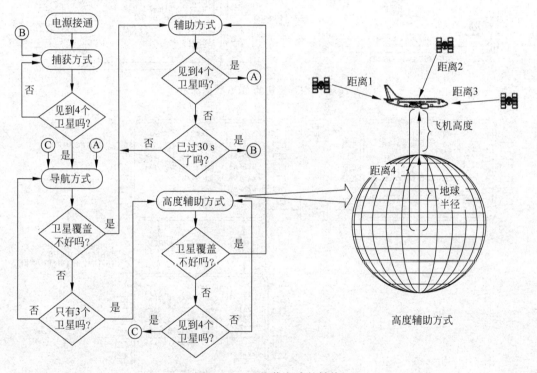

图 3.10-16　工作方式的转换

### 5. GPS 数据的显示举例

空客飞机上,GPS 数据显示如图 3.10-17 所示。

波音飞机上的 GPS 数据显示如图 3.10-18 所示。

### 6. 接收机自主完好性监控

由于接收机至少需要 4 颗卫星才能完成定位,那么如果某颗卫星出现故障,定位数据就会发生错误。仅有 4 颗卫星可用时,定位错误无法被系统识别和纠正。如果 GNSS 接收机能够搜索到 5 颗可用的卫星,按照"4 颗卫星定位一次"的原则排列组合,接收机可以做 5 次

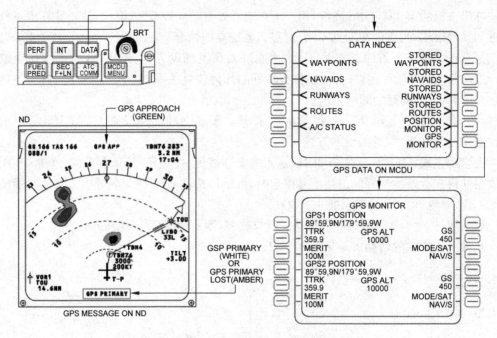

图 3.10-17　空客飞机的 GPS 数据显示实例

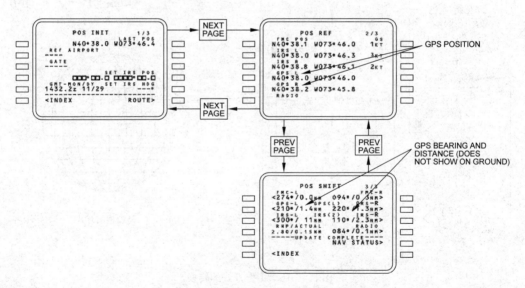

图 3.10-18　波音飞机的 GPS 数据显示实例

定位计算。通过 5 组数据的对比,接收机就能够发现故障卫星。这个对比/识别的功能,就是接收机自主完好性监控(RAIM)。

　　RAIM 是 GNSS 接收机的一种功能,目的是监控 GNSS 卫星的可靠性。接收机必须搜索到至少 5 颗可用卫星,RAIM 才能够工作。但是,RAIM 并不监控 GNSS 接收机本身的故障。

　　所有航空用 GNSS 接收机都必须具备 RAIM 功能。只要可用卫星不少于 5 颗,RAIM 功能即自动工作。RAIM 是 FMC 评价导航精度的重要依据之一。机组不需要直接监控 RAIM 结果,只需要监控实际导航性能(ANP)值有没有超过所需导航性能(RNP)值即可。

RAIM 功能的输出是对 GPS 位置误差的估值。RAIM 值送给 FMC,FMC 利用此监测数据决定 GPS 数据是否能用于导航。ANP 是 FMC 根据 RAIM、更新方法以及其他因素计算的,它的值一直波动。如果 ANP 增加超过 RNP,会出现"UNABLE REQD NAV PERF"(达不到所需导航性能)的 RNP 警报。

无法搜索到 5 颗可用卫星的区域被称为"RAIM 空洞"。在 RAIM 空洞中,接收机无法对卫星的可靠性进行监控。RAIM 空洞的发生主要受卫星星历、遮蔽高度角(MASK ANGLE)、故障卫星数目等因素的影响。如果某条航路,或者某个飞行程序以 GNSS 定位作为唯一导航信息源,就必须随时监控 RAIM 空洞的位置。当飞行路线处于 RAIM 空洞的覆盖范围时,需要向机组发出预警,这就是"RAIM 预报"。以 GNSS 作为唯一导航信号源,常见于 RNAV 航路飞行和 RNP 进近程序。RAIM 空洞对于 RNP 进近的影响尤为严重。在实际运行中,在预报 RAIM 空洞的时段内,RNP 进近都是被禁止的。

## 3.10.4　GPS 增强系统

### 1. 局域差分 GPS

为了消除或减小由于利用卫星定位的 GPS 误差,采用了差分 GPS 技术,它是在已知精密坐标位置点上设置 GPS 基准台监测设备,用高精密度的双频 GPS 接收机,排除多路径干扰的影响,连续实时地接收 GPS 卫星信号并求出误差,按规定时间间隔确定修正量值向用户(如飞机机载 GPS 接收机)播发。机载接收机利用该信息在解算中加以修正,从而可得到更精确的位置数据。这种技术也称为局域差分 GPS(LADGPS)。

利用差分 GPS 技术可以消除或减小如星钟误差、星历误差和信号传播延迟等公共误差,但不能消除多路径干扰误差、接收机自身噪声误差和自身设备误差。

差分 GPS 应用中的精度和用户相对差分基准台的距离有关。离基准台越近,在公共误差相同的情况下,定位精度越高;而离基准台越远,由于大气传播误差的差异,使精度降低。所以,差分 GPS 技术受到用户和基准台距离的限制,通常用于机场附近的进近着陆。

局域增强系统(LAAS)是美国联邦航空局(FAA)开发的 GPS 地基增强系统,支持 GPS 差分精密进近和着陆。LAAS 主要包括三个主要的子系统:卫星系统,如 GPS 卫星,产生测距信号;地面系统,提供包含差分校正、完好性信息和其他有关信息的 VHF 数据广播;机载设备,包括用于接收和处理 LAAS/GPS 空间信号的航空设备,以便计算和输出定位解、相对于期望基准航径的偏差和相应的告示。其中 LAAS/GPS 空间信号是由卫星和地面系统组成的。首先,GPS 卫星提供机载设备和地面系统测距信号,然后地面系统产生地面监视的差分校正、相关的完好性信息,以及包括为实现航空器进近引导的由空间几何航径所确定的最后进近航径数据,这些数据由 VHF 数据广播(VDB)发送给机载设备。

### 2. 广域差分 GPS

广域差分 GPS(WADGPS)是建立多个 LADGPS 基准站,在很大区域内获得米级定位精度。WADGPS 包括一个基准站网,该网用于精确测定卫星星历、大气层参数,以及 GPS 系统时与卫星时钟之间的偏差。

系统内有一个主控站,它接收来自整个区域内所有基准站的测量值,并更新星历预测值,对未修正掉的卫星时钟漂移和选择可用性(SA)颤动进行估计,并对随时间和空间变化的大气层延迟保持跟踪。同时系统内还设有多个区域控制站,它们与各基准站相距不远,能较容易地提供及时的修正更新,并提供热备份和冗余,以在必要时接替邻近的区域控制站的功能。主控站与区域控制站联合工作,主控站对区域控制站时钟进行同步,履行各自的职责,修正用户的定位误差,可在较大区域内获得米级定位精度。

### 3.10.5　其他全球导航卫星系统 GNSS 介绍

#### 1. GNSS 概况

GPS 是美国军方控制和运行的系统,虽然已经宣布其民用码(C/A 码)向全球民间开放,免费提供使用,但是保留其对敌视使用的拒绝措施,包括危机时刻采用向局部地区施加降低精度、乱码或中断信号等不可预测的措施,对航空使用尚无安全保障。在美国也不能作为单一导航手段使用。

国际民航组织(ICAO)鼓励航空界尽早采用卫星导航,提出了一个使用多元化的全球导航卫星系统(GNSS)概念,其定义为:GNSS 是一个全球性的位置和时间的测定系统,它包括一个或几个卫星星座和机载接收机,具有系统完好性监控。系统完好性监控是为了支持实际飞行阶段中所需导航性能(RNP)所需的增强功能。

GNSS 被 ICAO 采纳作为全球民航用作航空器定位和导航的一个统一系统的总概念。它具有以下特点:

(1) GNSS 将由多星座系统组成,不能单纯依靠单个或单国的某一现存系统(星座),而 GPS 和 GLONASS(以及今后的 GALILEO 系统)可以作为 GNSS 的选用部件。

(2) 考虑到民航对安全飞行上的要求,GNSS 必须有完好性监控和增强技术。例如,美国、加拿大准备发展由静地卫星发布广域完好性监控信息和广域差分信息的系统,称为广域增强系统(WAAS);日本也将发射静地卫星——移动运输卫星(MTSAT),同样具有对 GPS 的广域增强作用(MSAS);欧洲利用 Inmarsat 卫星和 Artremis 卫星实现欧洲静地卫星的 GPS 重叠系统(EGNOS)也是一种广域增强系统。

这些广域增强系统必须在地面上按地域建立对 GPS 的完好性监测台网,监测并生成完好性数据,用以上行注入卫星后向用户广播,这些台网和静地卫星都是 GNSS 的组成部件。

(3) 机载接收机必须备有接收机自治式完好性监控(RAIM)手段,作为接收机适航批准的必要条件。

(4) 希望由民间补发、加发民用的导航卫星,或建立民用导航星座,最终形成一个民用 GNSS 星座。欧洲提出的 GALILEO 计划,能够符合此要求。

现有卫星导航系统,除了 GPS 外,还有俄罗斯的 GLONASS 系统、欧盟的伽利略(GALILEO)计划,和我国的北斗(BeiDou)系统。

#### 2. 格洛纳斯系统

格洛纳斯(GLONASS)系统是苏联于 1982 年宣布发展并发射首颗试验卫星建立起来的,比美国的 GPS 晚起动 9 年,直至 1996 年初达到了 24 颗在轨卫星的满星座运行。其星座方案与 GPS 相仿,为 24 颗中高度轨道(MEO)卫星,采用 19100 km 高度的三个等间隔轨道,倾角为 64.8°。由于倾角较大,对高纬度地区的信号覆盖较好。每个轨道上平均分布 8 颗卫星。卫星绕地球旋转周期约 11.25 h。

信号结构上也采用直序码扩频的 L 频段,但由于卫星识别采用了与 GPS 不同的频分复用(FDMA)体制,其民用码 G1 的主要频率分布在 1598.0625～1604.25 MHz 频段上,其军用码 G2 分布在 1246.4375～1256.5 MHz 频段上。GLONASS 的精度与 GPS 相当。

苏联早就表示民用码 G1 向全球公开,免费提供民间服务。苏联解体后,因俄罗斯的经济能力有限,老的卫星失效或到寿后,无力及时发射新的替补卫星,使得轨道上的工作卫星数目经常不足。1996 年至 2002 年的六年时间内,勉强发射了 3 次 9 颗卫星,使得在轨工作卫星有时少于 9 颗,2001 年年底最少的时候仅剩 6 颗可用。2001 年底,俄罗斯航天司令部提出了 GLONASS 预算,准备重整旗鼓,增发卫星,维持 12～20 颗卫星在轨运行。2014 年 11 月,"格洛纳斯"卫星的轨道编组已基本完成,系统的空间飞行试验仍在进行,但在导航精确性上已获得可靠的参数。作为新一代卫星导航系统,"格洛纳斯"的国家试验计划于 2015 年完成。2014 年底,俄成功发射第五颗"格洛纳斯-K"导航卫星,"格洛纳斯-K"是俄罗斯继"格洛纳斯"和"格洛纳斯-M"之后的第三代导航系统卫星,2011 年开始发射,计划 2020 年完成组网。与此前的"格洛纳斯-M"卫星相比,"格洛纳斯-K"的预期使用寿命由 7 年提升至 10 年,质量由 1415 kg 减少至 935 kg。"格洛纳斯-K"卫星将逐步替代俄全球卫星导航系统中运行的"格洛纳斯-M"卫星,以提高导航精确度。

**3. 伽利略计划**

伽利略计划,实际上是一个欧洲的全球导航服务计划。它是世界上第一个专门为民用目的设计的全球性卫星导航定位系统(GNSS),与现在普遍使用的 GPS 相比,它将更显先进、更加有效、更为可靠。它的总体思路具有四大特点:自成独立体系,能与其他的 GNSS 系统兼容互动,具备先进性和竞争能力,公开进行国际合作。

欧洲联盟委员会于 1999 年公布其伽利略计划,意欲靠欧洲力量建立一个和 GPS 相仿的、可以和 GPS 兼容,但独立自主的民用全球导航卫星系统,希望在交通运输上摆脱一贯受美国的牵制。这个计划虽然难产,曾两次搁浅,最后于 2002 年 3 月决策上马,但由于种种原因未能实现 2008 年完成的目标。

伽利略导航系统将由 30 颗卫星组成,其中 27 颗工作星,3 颗备份星,卫星高度为24126 km,位于 3 个倾角为 56° 的轨道平面内。该系统除了 30 颗中高度圆轨道卫星外,还有两个地面控制中心。首批两颗卫星于 2011 年 10 月成功发射入轨。2012 年 10 月,第二批两颗卫星成功发射,4 颗伽利略系统卫星组成初步网络。但 2014 年 8 月,搭载俄罗斯联盟号 VS09 型火箭从法属圭亚那发射升空的第三批两枚伽利略导航卫星未能进入预定轨道,使得资金紧张的伽利略导航卫星发射计划受到影响并陷入停顿。2015 年 1 月 28 日,欧洲委员会批准重新启动伽利略卫星发射计划,最新预算总投资达 80 亿美元,2015 年 9 月发射第九、十颗卫星,伽利略定位系统计划在 2016 年前开始提供初步定位服务,到 2020 年完成全部卫星入轨并提供全面的高精度定位服务。

**4. 北斗卫星导航系统**

1) 概述

北斗卫星导航系统(BDS)是中国正在实施的自主发展、独立运行的全球卫星导航系统。

北斗卫星导航系统由空间段、地面段、用户段组成。空间段由 35 颗卫星组成,包括 5 颗静止轨道卫星、27 颗中轨道地球卫星、3 颗倾斜同步轨道卫星。5 颗静止轨道卫星定点位置为东经 58.75°、80°、110.5°、140°、160°,中地球轨道卫星运行在 3 个轨道面上,轨道面之间为相隔 120°均匀分布。

至 2012 年底北斗亚太区域导航正式开通时,已在西昌卫星发射中心发射了 16 颗卫星,其中 14 颗组网并提供服务,分别为 5 颗静止轨道卫星、5 颗倾斜地球同步轨道卫星(均在倾角 55°的轨道面上)、4 颗中地球轨道卫星(均在倾角 55°的轨道面上)。

2) 系统功能

短报文通信:北斗系统用户终端具有双向报文通信功能,用户可以一次传送 40～60 个汉字的短报文信息和一次传送达 120 个汉字的信息,在远洋航行中具有重要的应用价值。

精密授时:北斗系统具有精密授时功能,可向用户提供 20～100 ns 时间同步精度。

定位精度:水平精度 100 m,设立标校站之后为 20 m(类似差分状态)。

工作频率:2491.75 MHz。

系统每小时容纳的最大用户数:54 万户。

3) 服务和进展

2011 年 12 月 27 日起,开始向中国及周边地区提供连续的导航定位和授时服务。2012 年 12 月 27 日起,北斗系统在继续保留北斗卫星导航试验系统有源定位、双向授时和短报文通信服务基础上,向亚太大部分地区正式提供连续无源定位、导航、授时等服务;民用服务与 GPS 一样免费。北斗卫星系统已经对东南亚实现全覆盖。2013 年 12 月 27 日,正式发布了《北斗系统公开服务性能规范(1.0 版)》和《北斗系统空间信号接口控制文件(2.0 版)》两个系统文件。2014 年 11 月 23 日,国际海事组织海上安全委员会审议通过了对北斗卫星导航系统认可的航行安全通函,这标志着北斗卫星导航系统正式成为全球无线电导航系统的组成部分,取得面向海事应用的国际合法地位。2015 年 7 月 25 日,以"一箭双星"方式成功发射第 18、19 颗新一代北斗导航卫星,标志着北斗卫星导航系统向全球组网建设目标迈出坚实一步。根据计划,北斗卫星导航系统将在 2020 年完成,届时将实现全球的卫星导航功能。

### 5. GNSS 的其他系统

GNSS 除了四大全球卫星导航系统之外,还应包括一些地区的区域系统。例如,美国以 GPS 为基础建设的广域差分系统(WAAS)和区域差分系统(LASS),日本的 QZSS 和印度的 IRNSS 等国家的区域导航系统。

日本的准天顶卫星系统(QZSS),以高仰角服务和大椭圆非对称 8 字形地球同步轨道为其特征,服务于闹市区和中纬山区的通信与定位,是一个 GPS 的区域增强系统,发射 $L_1$、$L_2$ 和 $L_5$ 三种频率。该系统由日本政府 4 个部门和数十家民营企业联手实施。日本的区域准天顶卫星系统曾于 2010 年 9 月 11 日发射了第一颗卫星。

印度政府于 2006 年 5 月 9 日正式批准实施"印度区域导航卫星系统"(IRNSS)重大工程,预计耗资 160 亿卢比(约合 3.5 亿美元)。IRNSS 导航系统将由 7 颗卫星(可能是地球同步 GEO 或椭圆轨道)和一个大型地面控制段组成,按计划要求在未来 6 年内完成全系统部署。印度的区域导航卫星系统将完全由印度控制,所有空间段、地面段和用户接收机都将在印度研制与生产。这一计划比先前的计划有了进步,原计划是印度与俄罗斯的 GLONASS 和欧洲的 GALILEO 合作,开发地基增强系统,将其用于航空。2015 年 3 月,印度成功发射 7 颗 IRNSS 卫星中的第四颗,随着 IRNSS-1D 卫星的发射,4 颗有源卫星将发射导航信号,这已达到让该卫星系统完全生效、使导航接收器能够计算位置的最小卫星数量。

2015 年 8 月,俄罗斯联合火箭航天集团(URSC)旗下俄罗斯航天系统公司发布消息称,该公司已开始布设"国家高精度卫星定位网"。项目的宗旨是形成覆盖全俄的高精度导航系统。"国家高精度卫星定位网"将由 600 多个单独的地区高精确定位网和格洛纳斯卫星参考站组成。该项目的实施可使实时导航定位精度达到分米级和厘米级。"国家高精度卫星定位网"将为用户一周 7 天 24 小时全天候有保障地提供定位导航服务。新网络独一无二的功能还适用于解决建筑业当中遇到的复杂技术问题,各种交通工具管理、基础设施维护、土地利用规划等其他领域。

## 3.11　近地警告系统

可控飞行撞地(CFIT)是指在飞行中并不是由于飞机本身的故障或发动机失效等原因发生的事故,而是由于机组在毫无觉察危险的情况下,操纵飞机撞山、撞地或飞入水中,而造成飞机坠毁或严重损坏以及人员伤亡的事故。

根据国际民航组织(ICAO)的统计,CFIT 事故是导致商用喷气飞机机体损毁和人员死亡的元凶。为此,民航开始在飞机上安装近地警告系统(GPWS,该系统有时又被称为地形提示和警告系统,即 TAWS)来避免类似事故的发生。1974 年,美国联邦航空管理局(FAA)开始在美国空域飞行的航班上强制要求安装 GPWS。1979 年,ICAO 推荐全球航空公司安装该设备,此后 CFIT 事故急剧减少。1985 年后,CFIT 事故每年仅发生 1～2 次,而强制要求安装前每年发生 7～8 次。2005 年 1 月 1 日起,我国要求所有最大审定起飞质量超过 15000 kg 或批准的旅客座位数超过 30 的涡轮发动机飞机,应安装经批准的 TAWS 系统。2007 年 1 月 1 日起,所有最大申请起飞质量超过 5700 kg 或批准旅客座位数超过 9 座的涡轮动力飞机,应安装经批准的 TAWS 系统。目前,全球几乎所有的商用喷气飞机均安装了该系统。

近地警告系统是一种机载警告系统,它的作用是在飞机接近地面(2500 ft 以下)遇有不安全地形或风切变时,提醒机组飞机正处于不安全的状态,并向驾驶员发出语音和目视警告,直至驾驶员修正险情后停止。

GPWS 系统的工作是由飞机其他有关系统提供相应数据,计算飞机当前的飞行状态,并将这些数据与数据库中存储的飞机不安全状态的临界值进行比较,如超出临界值的范围,则发出相应的警告。

近地警告系统按飞机不同的飞行状态,可分为以下几种方式警告:

方式 1——过大的下降率;

方式 2——过大的地形接近率;

方式 3——起飞或复飞后掉高度太多;

方式 4——地形净空高度不够;

方式 5——进近时低于下滑道太多;

方式 6——飞机下降中无线电高度的自动报告;

方式 7——风切变警告。

此外,对增强型近地警告系统(EGPWS)而言,它要求飞机必须装备全球定位系统(GPS),GPS 可为 EGPWS 提供实时的、精确的飞机位置(经度、纬度、高度)。

增强型近地警告系统增加了"地形觉察"(TA)警告功能。它将 EGPWC 内设置的"全球地形数据库"中的数据与飞机位置数据在计算机内进行跟踪比较,发现险情立即发出地形觉察警告。

同时,增强型近地警告系统内还设有"机场数据库",该数据库含有世界上所有跑道长度大于 3500 ft 的机场的信息,EGPWS 将飞机位置和跑道位置相比较,发现不安全情况,可立即发出"地形净空基底"(TFC)警告。

### 3.11.1　GPWS 的组成

GPWS 由近地警告计算机、近地警告控制组件和近地警告灯组成,如图 3.11-1 所示。

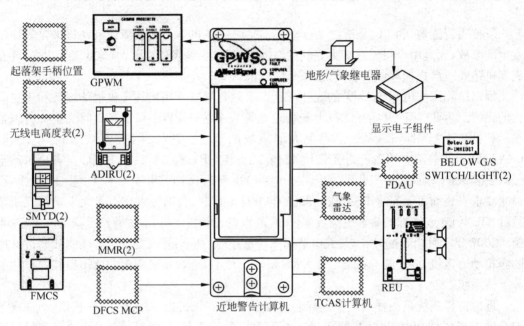

图 3.11-1　近地警告系统的组成部件及与其他系统的连接

#### 1. 近地警告计算机

近地警告计算机(GPWC)的外形图如图 3.11-2 所示。

近地警告计算机用来将飞机的飞行剖面、襟翼和起落架位置、离地高度等数据与数据库内的临界值进行比较,并发出相应的警告。计算机还可将系统的故障资料存储在其非易失性存储器中,可以在测试和排故时调用。

计算机前面板上有三组发光二极管显示器显示内部或外部故障,前面板上的自检电门用于自检,上面的耳机插孔可用来接听语音警告(也可通过驾驶舱扬声器收听)。存储卡槽用来装载数据库(地形数据库、跑道数据库等),有些 EGPWC 在面板上还取消了存储卡槽,改为 USB 接口,这样装载起来更方便、更快捷。

GPWC 内,有一个语音警告优先权逻辑选择电路,其功能如图 3.11-3 所示。GPWS 的所有警告方式产生后都送入这个逻辑选择电路,如果同时有几种警告方式产生,则只有最高优先权级别的一个警告被选择,然后送给语音系统。由于 TCAS 的警告级别都低于 GPWS 的警告级别,所以一旦有任何一个 GPWS 警告,都会给 TCAS 计算机一个语音抑制信号。

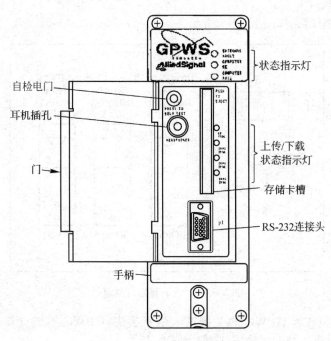

图 3.11-2 近地警告计算机外形图

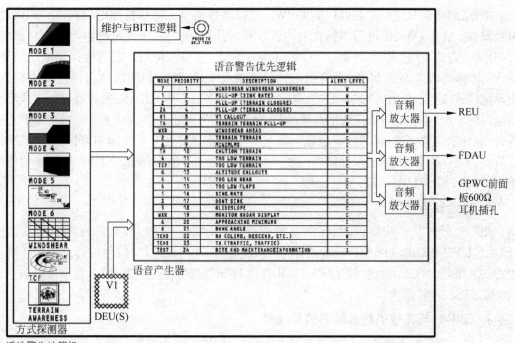

图 3.11-3 语音警告优先权逻辑选择功能

## 2. 近地警告控制组件

近地警告控制组件(GPWM)是机组和 GPWS 之间的接口,GPWM 上有一个琥珀色的 GPWS 不工作(INOP)指示灯、系统测试电门和三个抑制电门——襟翼抑制电门、起落架抑制电门、地形抑制电门。如图 3.11-4 所示。

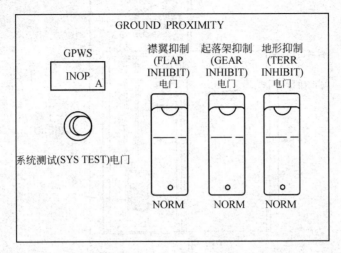

图 3.11-4　近地警告控制组件

当 GPWC 失效或者 GPWC 的关键输入信息丢失、GPWC 不能计算出风切变状态或 GPWC 自检时,琥珀色 INOP 指示灯均点亮。

测试电门是一个瞬间作用电门,用于在驾驶舱对 GPWC 进行自检。

襟翼、起落架和地形抑制电门向 GPWC 提供离散信号。襟翼抑制电门向下 GPWC 模拟襟翼放下状态,当机组进行襟翼收上的进近时,利用此电门阻止发出警告,当此电门放在抑制位时,方式 4 的"太低,襟翼"(TOO LOW FLAP)警告被抑制。起落架抑制电门向下,GPWC 模拟起落架放下状态,当机组进行起落架收上进近时,利用此电门阻止发出警告。当此电门放在抑制位时,方式 4 的"太低,起落架"(TOO LOW GEAR)警告被抑制。地形抑制电门向 GPWC 送出一个接地的离散信号,此离散信号禁止地形净空基底警告和地形觉察警告,当此电门放在抑制位时,导航显示器上不再出现 TCF 和 TA 提醒和警告,驾驶舱扬声器听不到这些声音,但当地形抑制电门在抑制位时,两个导航显示器(ND)上均有琥珀色的地形抑制(TERR INHIBIT)信息出现。

**3. 近地警告显示**

当产生近地警告信息时,除有语音警告外,在 EADI(或 PFD)上还有对应的红色的"PULL UP""WINDSHEAR"显示。有的飞机上有"PULL UP"灯,红色的灯会点亮。当发生方式 5 警告时,琥珀色的"BELOW GLIDE SLOPE"灯亮,该灯为开关灯,按下可以对方式 5 复位,灯灭、声音停止。

**4. GPWC 与其他机载系统的信号连接**

GPWC 与其他系统的信号连接包括数字信号、模拟信号和离散信号。

1) 数字信号

GPWS 利用 ARINC 429 数据总线与大气数据惯性基准组件(ADIRU)、无线电高度表(LRRA)、多模式接收机(GPS 和 ILS 接收机,即 MMR)、飞行管理计算机(FMC)、数字飞行控制系统(DFCS)的方式控制板(MCP)、失速管理偏航阻尼器(SMYD)、气象雷达(WXR)、显示电子组件(DEU)、地形/气象(TERR/WXR)继电器、飞行数据采集组件(FDAU)进行数据传输。

2) 模拟和离散信号

地形气象继电器的接地离散信号(选择地形)是由 GPWC 提供的,此离散信号使地形/气象继电器吸合,将 GPWC 连接到显示电子组件(DEU),因此在导航显示器上显示地形数据。

近地警告组件将抑制电门的位置离散信号送给 GPWC。GPWM 也向 GPWC 送去测试离散信号。

GPWC 送出 GPWC 不工作离散信号到 GPWM 使其琥珀色的 INOP 灯亮。

接近电门电子组件(PSEU)将空中/地面离散数据送给 GPWC,此逻辑用于方式 2～方式 4、禁止空中 BITE 自检、飞行段计数。

当 GPWC 具有较高优先级警告时,GPWC 向 TCAS 计算机或气象雷达收发机送出禁止的离散信号。

程序电门组件向 GPWC 提供程序销钉设置,可设置飞机机型、方式 6 语音报数、音量高低选择等参数。

GPWC 向机长和副驾驶的"BELOW GLIDE SLOPE"送去离散信号,在 GPWC 方式 5 警告时灯亮。压下灯开关时,有一个离散信号送给 GPWC 使灯灭并停止语音警告。

GPWS 提醒或警告信息送给遥控电子组件(REU),REU 传送声音信号到驾驶舱。

## 3.11.2　GPWS 的工作方式

GPWS 的 GPWC 从其他系统接收飞机的状态信息,计算飞机的飞行状态,与 GPWC 数据库中的临界值比较,出现不安全状态时,发出警告。警告分为方式 1～方式 7,EGPWS 还有 TA 和 TCF 方式。

### 1. 方式 1——过大的下降率

方式 1 是当飞机接近地面并以过大下降率飞行时发出警戒和警告两种级别的提示信息,此方式与襟翼或起落架的位置无关。

警戒状态提供语音信息"SINK RATE"并在 EADI 或 PFD 上显示"PULL UP"。如果不减小下降率,则将从警戒状态转变成警告状态,此时 EADI 或 PFD 上的"PULL UP"呈红色警告,且语音信息为"WHOOP WHOOP PULL UP",如图 3.11-5 所示。

方式 1 在无线电高度表 10～2450 ft 之间的一定情况下发出警戒或警告,提示形式取决于无线电高度和下降率。首先发出警戒信息,如果下降率不减少,则变为警告。

方式 1 工作所需输入的部件为无线电高度表和左、右 ADIRU。

GPWC 用下列数据检测方式 1 的警戒和警告:

(1) 无线电高度;

(2) 惯性垂直速率;

(3) 气压高度速率。

在 GPWC 中的检测器从惯性垂直速率的输入计算下降率,如果惯性垂直速率(IVS)无效,则使用 ADIRU 的气压高度速率,此时,低高度临界值从 10 ft 改变为 30 ft。

当出现了警戒或警告状态后,方式检测器向语音可编程只读存储器(PROM)送去一个离散信息,使语音信息送到遥控电子组件,然后送给驾驶舱扬声器。

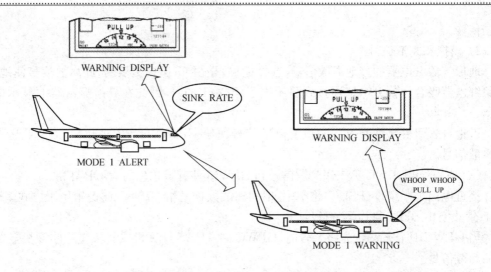

图 3.11-5　方式 1

警戒和警告状态还使方式检测器从 ARINC 429 发送器送出一个信号到显示电子组件，去显示"PULL UP"。

当 GPWC 发出语音信息时，向 TCAS 计算机发出一个离散信号以抑制 TCAS 语音信息，如图 3.11-6 所示。其中，图(a)给出了警戒和警告的临界值；图(b)为 GPWC 中方式 1 探测器的输入输出情况。

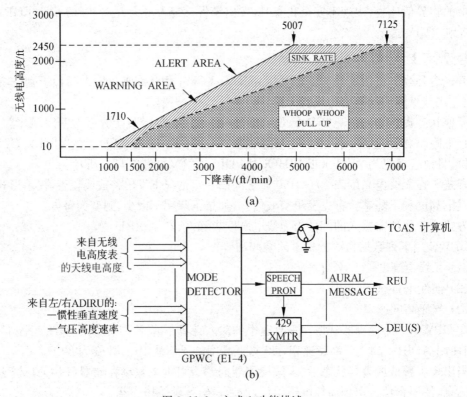

图 3.11-6　方式 1 功能描述

### 2. 方式 2——过大的地形接近率

当飞机向地形接近的速率太大时,方式 2 将发出警戒或警告。方式 2 有两种,即方式 2A 和 2B。当襟翼不在着陆构形而地形接近速率太大时发生方式 2A 警告,而在着陆构形 (襟翼位置大于 30),则发生方式 2B 警告。

方式 2A 具有两个提示等级,即警戒状态和警告状态。当地形接近率太大,GPWC 发出两次"TERRAIN"语音提醒信息,并在 PFD 或 EADI 上显示"PULL UP"文字。如果此状态不予修正,则从警戒状态转变为警告,发出"WHOOP WHOOP PULL UP"语音信息,并在 PFD 上仍有"PULL UP"文字。

当地形下落或操纵飞机上升后,退出方式 2 包络,但 PFD 上继续显示"PULL UP",直至飞机高度上升了 300 ft 或起落架放下以后,显示和语音警告消失,如图 3.11-7 所示。

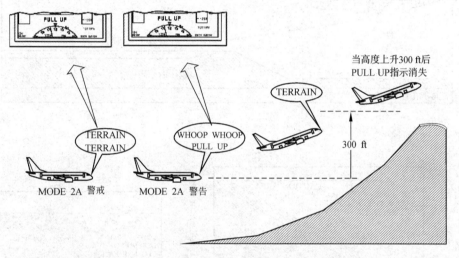

图 3.11-7 方式 2A

方式 2B 也有警戒和警告两种状态。当过分贴近地面,GPWC 反复地发出"TERRAIN"语音警戒信息,如果此状态持续 1.6 s,则 GPWC 发出"WHOOP WHOOP PULL UP"语音警告信息,并在 PFD 或 EADI 上显示出"PULL UP"字样。

如果在着陆构形中襟翼放在着陆形态,并且起落架已放下,则"PULL UP"的语音警告信息将被"TERRAIN"语音提醒信息所取代,如图 3.11-8 所示。

方式 2A 提示信息发生于空速小于 220 n mile/h,且无线电高度在 30～1650 ft 之间,当空速为 220～310 n mile/h 时无线电高度上限增加到 2450 ft,如图 3.11-9(a)所示。

方式 2B 提示信息发生于无线电高度的 30～789 ft 之间,其低限为 30～600 ft 之间 (GPWC 利用襟翼位置和高度下降速率计算低限),如图 3.11-9(b)所示。

无线电高度表、大气数据惯性基准组件、近地警告控制组件、失速管理偏航阻尼器、ILS 接收机、接近电门电子组件分别为方式 2 提供无线电高度、惯性垂直速率、气压高度速率、气压高度、计算空速、襟翼和起落架位置、下滑偏离等数据,GPWC 利用这些数据检测方式 2 的警戒和警告。

当发生方式 2 的警戒或警告时,方式检测器向语音可编程只读存储器发送相应的离散信号,接通语音信息电路。语音信息经遥控电子组件送到驾驶舱扬声器和 GPWC 面板的耳

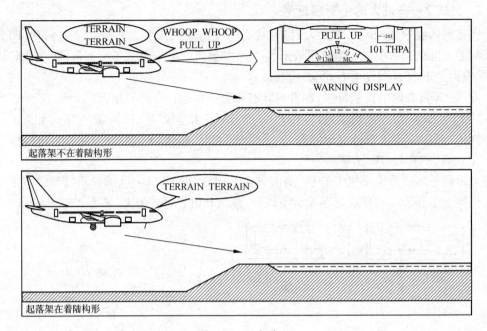

图 3.11-8　方式 2B

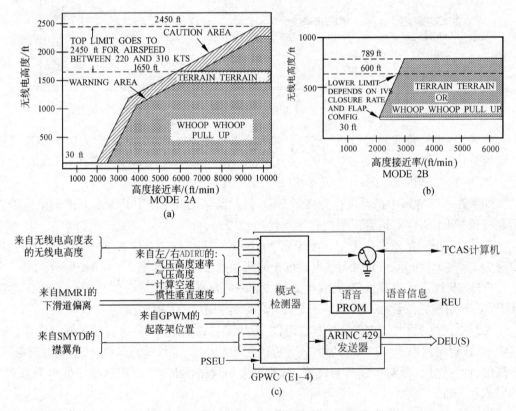

图 3.11-9　方式 2 描述

机插孔；方式检测器也通过 ARINC 429 总线控制显示电子组件（DEU）显示警告信息；同时，方式检测器的输出还抑制 TCAS 的咨询及其语音信息，如图 3.11-9(c)所示。

### 3. 方式 3——起飞或复飞后掉高度太多

当飞机在起飞或复飞期间，而襟翼和起落架不在着陆状态，如飞机掉高度太多时，则发出方式 3 警告。方式 3 有两种（3A 和 3B），如图 3.11-10 所示。

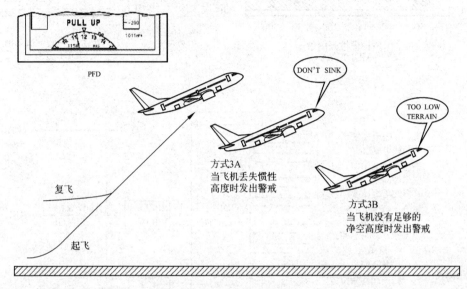

图 3.11-10 方式 3

当起飞后飞机掉高度太多，则发出方式 3A 警告。警告发生在无线电高度 30～1500 ft 之间，允许掉高度的值取决于飞机的爬升率和无线电高度，警告状态随飞机爬升率而改变。

方式 3A 发出的语音信息为"DONT SINK"，如图 3.11-11(a)所示。

方式 3B 对最低地形净空高度发出警告，警告门限取决于无线电高度和空速，在起飞和爬升中随无线电高度和空速的增大，最低地形净空高度增加，如图 3.11-11(b)所示。方式 3B 给出语音信息为"TOO LOW TERRAIN"。

当 GPWS 方式 3 发出警告时，EADI 或 PFD 上有"PULL UP"显示，如图 3.11-9 所示。

无线电高度表、大气数据惯性基准组件、近地警告控制组件、起落架手柄电门、失速管理偏航阻尼器等为方式 3 的工作提供无线电高度、惯性高度、惯性垂直速率、气压高度、气压高度速率、襟翼角、起落架位置等数据。

当发生方式 3 警告时，方式检测器向语音可编程只读存储器送去一个离散信息并发出语音信息，语音信息经 REU 送到驾驶舱扬声器和 GPWC 面板的耳机插孔，方式检测器还通过 ARINC 429 数据总线向 DEU 送去一个离散信息使其显示警告信息。同时，方式检测器的输出还抑制 TCAS 的咨询和语音信息，如图 3.11-11(c)所示。

### 4. 方式 4——地形净空高度不够

方式 4 是在襟翼或起落架不在着陆构形时，飞机离地高度不足而发出警告。方式 4 有两种，即 4A 和 4B。

GPWS 的方式 4A 是在起落架没有放下时发出警告的。方式 4A 在低空速时发出语音

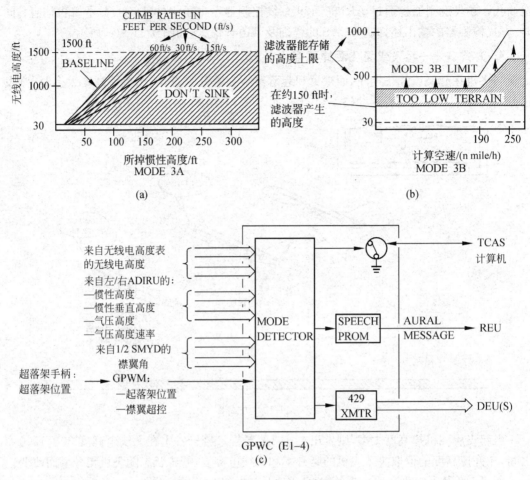

图 3.11-11　方式 3 描述

信息为"TOO LOW GEAR",在高空速时发出语音信息为"TOO LOW TERRAIN"。

　　当起落架已放下但襟翼没有放到着陆构形时 GPWC 给出 4B 方式警告。方式 4B 在低空速时发出语音信息"TOO LOW FLAPS",或在高空速时发出语音信息"TOO LOW TERRAIN"。

　　当 GPWC 发出方式 4 警告时,方式检测器通过 ARINC 429 数据总线向显示组件 DEU 送去一个离散信号,以显示 PULL UP 信息,如图 3.11-12 所示。

　　方式 4 的警告发生在高度 30～1000 ft 间,在低空速时方式 4A 和 4B 的高度临界值更低。

　　方式 4A 警戒发生于起落架未放下但飞机已低于高度临界值。当空速低于 190 n mile/h 时,方式 4A 的高度临界值为 500 ft,当较高空速时,高度临界值为 1000 ft,方式 4A 的语音信息为"TOO LOW GEAR";当空速大于 190 n mile/h 时,则语音信息变为"TOO LOW TERRAIN",如图 3.11-13(a)所示。

　　方式 4B 警戒发生于起落架已放下,但襟翼不在着陆构形,且飞机低于高度临界值时。方式 4B 的高度临界值在空速低于 159 n mile/h 时,为 245 ft,在较高空速时为 1000 ft,方式 4B 的语音信息为"TOO LOW FLAPS";当空速大于 159 n mile/h 时,语音信息变为"TOO LOW TERRAIN",如图 3.11-13(b)所示。

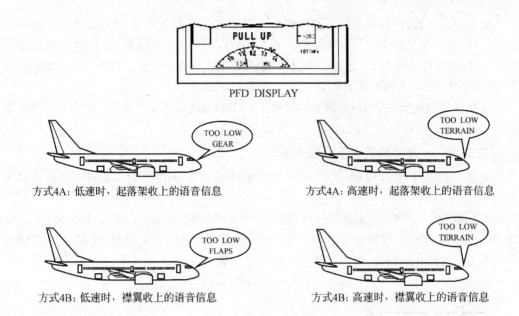

图 3.11-12　方式 4

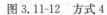

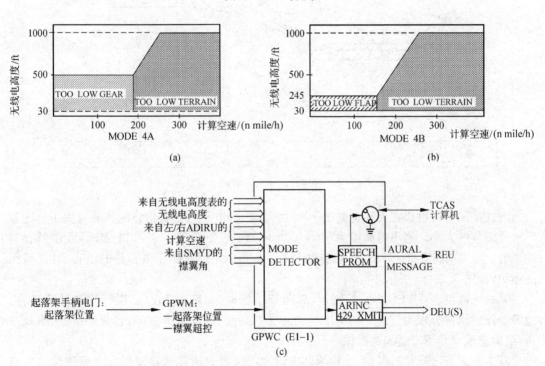

图 3.11-13　方式 4 描述

　　无线电高度收发机、大气数据惯性基准组件、失速管理偏航阻尼器、起落架手柄电门、近地警告控制组件分别为方式 4 提供无线电高度、计算空速、襟翼角、起落架位置等数据。

当发生方式 4 警告时,方式检测器向语音可编程只读存储器发送一个离散信号使其产生语音信息,语音信息经 REU 送到驾驶舱和 GPWC 面板的耳机插孔,方式检测器还通过 ARINC 429 数据总线向 DEU 送去一个离散信息使其显示警告信息。同时,方式检测器的输出还抑制 TCAS 的咨询和语音信息,如图 3.11-13(c)所示。

当飞机在着陆构形(襟翼和起落架均已放下)、飞行高度低于 245 ft 时,方式 4 转变为方式 3。

### 5. 方式 5——进近时低于下滑道太多

当飞机在进近下滑过程中,起落架虽放下但飞机低于下滑道时,GPWC 发出方式 5 警告。

方式 5 警告时,GPWC 发出语音信息"GLIDE SLOPE",并且"BELOW GLIDE SLOPE"灯亮,如图 3.11-14 所示。当飞机与地形贴靠更近时,语音信息的音量更强,且信息重复频率更快。压下下滑禁止电门灯,可以禁止或撤销方式 5 警告。

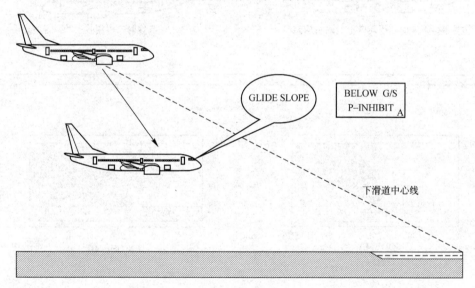

图 3.11-14　方式 5

方式 5 的警告可以在无线电高度 30～1000 ft 之间发生,语音信息的间隔取决于高度和下滑道偏离的大小。当飞机高度为 30～1000 ft 而低于下滑道 1.3～2 个点时,发出低音量的语音;当飞机高度低于 300 ft,且偏离大于 2 个点以上时发出正常音量的语音,且语音间隔缩短,如图 3.11-15 所示。

无线电高度表、DFCS 方式控制板、起落架手柄电门、ILS 接收机、飞行管理计算机、近地警告控制组件分别为方式 5 的工作提供无线电高度、预选跑道方向、起落架位置、磁航迹角、航向道偏离和下滑道偏离数据。

发生方式 5 警告状态时,方式检测器向语音可编程只读存储器发送一个离散信号生成语音信息,语音信息通过遥控电子组件送到驾驶舱和 GPWC 面板的耳机插孔。

满足下列条件后方式 5 进入预位状态:

(1) 地形净空高度小于 1000 ft;

(2) 起落架在放下位置;

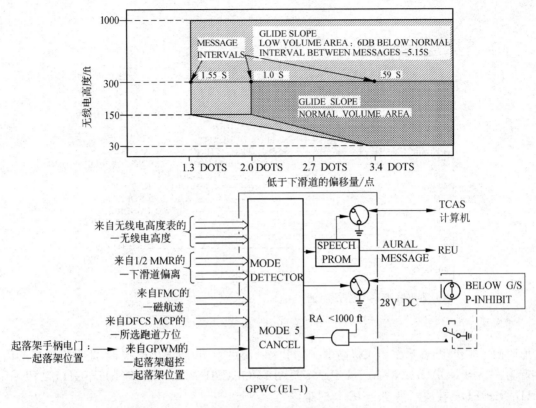

图 3.11-15    方式 5 描述

（3）下滑道信号有效；

（4）飞机不在背航道进近；

（5）航向台信号已截获。

当压下近地警告下滑道禁止电门灯时，可以禁止或撤销方式 5 语音和目视信息。如果在方式 5 警告开始以前压下此电门，则可禁止语音信息和目视信息的出现；如果在方式 5 已出现警告时压下此电门，则可停止语音信息和目视警告。一旦警告被禁止或撤销，就不能再使方式 5 工作，除非飞机离开了方式 5 警告状态或将起落架重新收放一次。

GPWC 产生语音信息的同时，向 TCAS 计算机发送一个离散信号，禁止 TCAS 的咨询和语音信息。

### 6. 方式 6——飞机下降中无线电高度的自动报告

GPWS 方式 6 为飞机在起落架放下的下降过程按预定高度提供语音报数。根据程序销钉的不同设置可以报告：无线电高度报数、最低高度报告、接近最低高度报告、侧斜角（滚转警告）报数，如图 3.11-16 所示。

高度报数从 2500 ft 开始，在 2500 ft 时，可以选用发出语音“TWENTY FIVE HUNDRED”或发出语音“RADIO ALTITUDE”。

可报告 EFIS 控制板上选择的决断高度，并在决断高度上发出“MIMIMUMS”“MINIMUMS、MINIMUMS”“DECISION HEIGHT”等语音报告。

还有一种可选的接近最低高度报告，它按照 EFIS 控制板上设定的决断高度，当接近此

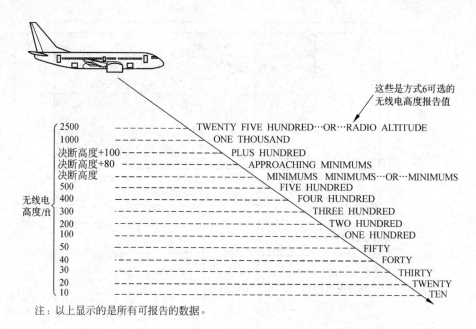

注：以上显示的是所有可报告的数据。

图 3.11-16　方式 6

值时向驾驶员报告,通常当飞机高度在高于决断高度 80 ft 时发出此报告,此报告供选的语音为："APPROACHING MINIMUMS""APPROACHING DECISION HEIGHT""PLUS HUNDRED"(在决断高度＋100 ft 时报告)。

当飞机在 30~130 ft 高度上其倾斜角超过 10°时,产生方式 6 的倾斜报数。当高度高于 130 ft,倾斜角为 35°、40°和 45°时产生报告,其语音为"BANK ANGLE、BANK ANGLE"。

GPWC 从无线电高度表、近地警告控制板、大气数据惯性基准组件、1 号和 2 号显示电子组件接收无线电高度、起落架位置、程序销钉选择、倾斜姿态、决断高度数据计算方式 6 警告。

当飞机爬升,其无线电高度超过 1000 ft 后方式 6 进入预位状态。飞机必须爬升高于发出第一个高度报数的无线电高度以后,方式 6 才能被复位。

### 7. 方式 7——风切变警告

当进近或起飞中具有水平和垂直风切变情况时 GPWC 将发出方式 7 警告。

风切变是大容积的空气迅速改变流动方向的结果,最危险的风切变是下冲微流暴。当飞机接近地面时,一个下冲微流暴会使驾驶员没有时间修正风切变的影响,如图 3.11-17 所示。

飞机遭遇微流暴时,其初始影响为增加空速和升力,由于增加升力,飞机增加高度。当飞机继续通过微流暴时,其影响迅速改变为丧失空速和升力,此时飞行高度迅速减小。

GPWC 发出的方式 7 警告为带有笛声的语音信息"WINDSHEAR…"。同时 GPWC 向 DEU 送出一个离散信号,使主飞行显示器上显示红色的"WINDSHEAR"信息。方式 7 警告具有最高优先级。

无线电高度表、大气数据惯性基准组件、失速管理偏航阻尼器为方式 7 的工作提供数据检测风切变,这些数据包括：无线电高度、惯性垂直速度、俯仰和倾斜角、俯仰速率、纵向速

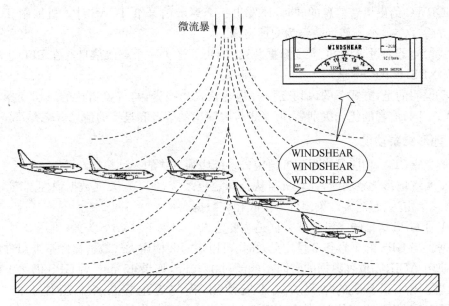

图 3.11-17　方式 7

率、法向加速度、垂直加速度、指示迎角（AOA）、修正迎角、抖杆迎角、襟翼角、最低运行速度、真空速和计算空速。

当发生了风切变警告时,方式检测器向语音可编程只读存储器送去一个离散信号生成语音信息,语音信息经遥控电子组件送到驾驶舱和 GPWC 面板的耳机插孔,如图 3.11-18 所示。

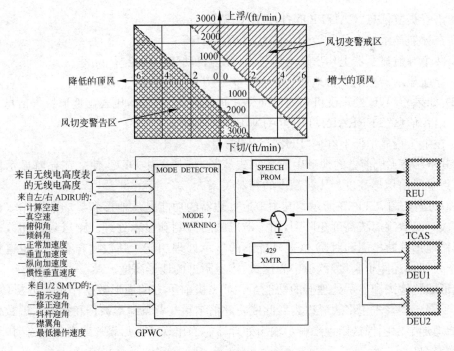

图 3.11-18　方式 7 描述

在 GPWC 给出语音信息的同时,还发出一个离散信号给 TCAS 计算机抑制 TCAS 语音信息并将 TCAS 决断咨询降级为交通咨询。

方式检测器通过 ARINC 429 数据总线向 DEU 送去一个离散信息并在 PFD 上显示出红色"WINDSHEAR"信息。

需要说明的是,方式 7 的风切变警告是现状式的报警,与气象雷达的风切变探测警告(预测式)不同,前者的优先级别高,两者警告时输出的语音和显示的信息也略有差异。

### 8. 地形觉察功能

地形觉察(TA)功能是增强型近地警告系统增强方式的一种功能。

为了实现地形觉察功能,计算机需从全球定位系统(GPS)、大气数据惯性基准组件、显示系统、气象雷达、起落架开关组件等接收相应数据。

从 1 号 GPS 送来的飞机位置数据是主要输入。如果 1 号 GPS 失效,则用 2 号 GPS 的位置数据。当 GPS 的 1 号和 2 号均无效时,可以短时间使用大气数据惯性基准组件的位置数据。使用 ADIRU 位置数据的时间不能超过 15 min,如果 15 min 后 GPS 仍然不能提供飞机位置,则 EGPWS 的增强方式不能使用,需将近地警告控制组件上的"TERR INHIBIT"电门放到抑制位置,使 EGPWS 的增强方式不工作。

EGPWS 的计算机存储器内设有"全球地形数据库",在计算机内将飞机位置和航迹等数据与此地形数据库的地形警告包络数据进行比较,如发现存在地形威胁,则发出 TA 警告。

TA 警告有两种级别:

(1) 如果 EGPWC 发现飞机与地形冲突之间仅有 60 s 时间,则发出"地形警戒"信息,包括:

① 语音提醒信息"CAUTION TERRAIN";
② 在导航显示器上显示琥珀色信息"TERRAIN";
③ 两个导航显示器上均出现地形显示(此为自动弹出功能);
④ 导航显示器上的威胁地形从虚点阵变为实心的黄色。

(2) 如果 GPWC 发现飞机与地形冲突之间仅剩 30 s 时间,则发出地形警告信息,包括:

① 语音信息"TERRAIN,TERRAIN,PULL UP";
② 在主飞行显示器上红色"PULL UP"信息。

EGPWS 将飞机前方的地形生成数字式地图,将其送往 DEU,使之在导航显示器上用不同色点显示出地形高度与飞机高度的相对关系。

TA 功能如图 3.11-19 所示。其中地形处理器的功能是从地形和机场数据库取得地形数据构成一组数字海拔高度矩阵图,用于地形威胁检测和显示处理。跑道附近的数据被处理后用作地形威胁检测和对照 TCF 功能下的显示处理功能。其数据含有所有跑道长度超过 3500 ft 机场的跑道长度、跑道中心位置、跑道附近的地形高度。

地形威胁检测和显示处理器的功能是:对飞机前下方的地形数据作威胁分析,计算是否进入了警戒和警告包络边界以内。此威胁评估结果与背景地形数据和跑道附近数据相结合,形成地形显示图像送给地形显示输出处理器。当出现了地形警戒或警告状态时,也产生语音提醒信息。

地形显示逻辑。来自通用显示系统(CDS)、气象雷达和地形威胁检测器以及显示处理

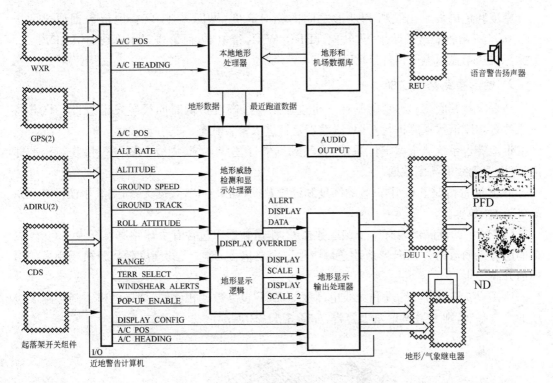

图 3.11-19 地形觉察(TA)功能描述

器的输入用于确定显示刻度和显示哪些信息。来自 CDS 的地形选择数字离散信号使地形逻辑处理器按显示组件(DU)上所显示并选定的距离数据显示地形。地形显示逻辑处理器使每个地形显示有相互独立的标定尺度。此外,如果机长和副驾驶员的显示器都选用气象方式,一旦检测到一个地形警告,则自动弹出方式能使地形警告信息自动地在 DU 上显示,气象图像同时消失。

地形显示输出处理器保持着飞机前方地形的背景显示,当从地形威胁检测器和显示处理器送出一个警戒或警告时,背景图像对飞机前方威胁被着重加强。显示刻度是由地形显示逻辑功能所提供的,背景数据按三种密度的绿色、黄色或红色的点阵显示出来。地形显示图样与飞机周围地形的相对高度有一一对应关系,如图 3.11-20 所示。当飞机下降率超过1000 ft/min,参考高度从飞机实际高度往下移动以确保提前 30 s 提供地形显示。

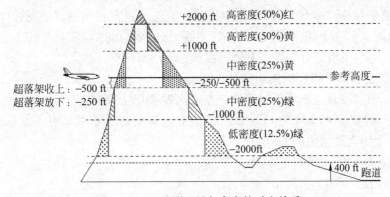

图 3.11-20 地形显示与高度的对应关系

密度和色码表示出飞机和地形之间的相对高度,见图 3.11-20。地形数据通过两个 ARINC 453 数据总线送给地形/气象 TERR/WXR 继电器,而警告显示则通过 ARINC 429 数据总线送给显示电子组件(DEU)。

**9. 地形净空基底功能**

地形净空基底(TCF)功能是在飞机进近中下降高度过低时向机组发出警告。TCF 将飞机位置和跑道数据库进行对照,以发现是否进入警告状态。

近地警告系统从全球定位系统、大气数据惯性基准系统、无线电高度表接收飞机的纬度、经度及无线电高度数据。

TCF 通常情况下利用 GPS 的纬度和经度数据,如果 GPS 数据无效,则利用惯性基准系统(IRS)的数据。

EGPWC 的存储器内有一个跑道数据库,跑道数据库包含有全球跑道长度为 3500 ft 以上的所有机场数据。TCF 形成跑道周围地形净空包络,此包络的高度随离开机场距离的增加而升高。

EGPWC 将飞机经纬度和无线电高度与 TCF 包络数据相比较,如果飞机下降穿越了包络的净空基底,则 EGPWC 发出警告,如图 3.11-21 所示。

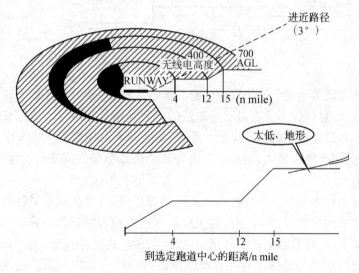

图 3.11-21　TCF 功能描述

即使飞机是在着陆形态下,TCF 也生成警告信息。TCF 功能在整个飞行阶段都发生作用,当飞机离跑道 15 n mile 或更远,其基底为高于地平面 700 ft,直至飞机接近另一条跑道前,基底高度不变,飞机进近中净空基底高度按图示逐渐降低。

TCF 功能也有两种级别的提示信息:

如果 EGPWC 发现飞机低于地形净空基底高度,则发出警戒:

(1) 语音信息"TOO LOW TERRAIN",此信息高度每下降 20％时重复发出;

(2) ND 上出现琥珀色"TERRAIN"信息。

如果继续下降,则发出如下警告:

(1) 语音信息"PULL UP";

（2）ND 上为红色"TERRAIN"信息；

（3）PFD 上显示"PULL UP"。

以下任何一种情况下 EGPWC 都会禁止 TCF 警告：

（1）飞机在地面；

（2）起飞后 20 s 以内；

（3）无线电高度低于 30 ft。

# 3.12　惯性基准系统

## 3.12.1　概述

惯性基准系统(IRS)是根据牛顿力学定律,利用安装在飞机上某一选定的导航坐标系三个轴向上的加速度计测出其加速度信息,在给定的初始条件下,通过对加速度进行积分,可得到飞机相对该导航坐标系的即时速度信息,将速度再进行积分,加上初始位置信息即可求得飞机相对该导航坐标系的即时位置信息,从而引导飞机完成预定的飞行任务。导航坐标系可由陀螺稳定平台来模拟或利用数学平台来实现,并能测量或计算输出飞机的姿态信息。

惯性基准系统不依赖任何外界的信息来测量导航参数,不受天气或人为的干扰,具有很好的隐蔽性,是一种自主式的导航系统。但其定位误差随时间而积累,在长时间工作后会产生较大的积累误差;此外,对陀螺、加速度计、计算机精度要求高,成本也高。

目前应用的惯性基准系统按是否使用机电平台可分为两类。一类是早期出现的,系统中有 1~2 个三轴陀螺稳定平台,加速度计和陀螺安置在平台上的平台式惯性基准系统;另一类是后来出现的系统中没有机电平台,加速度计和陀螺直接"捆绑"在机体上,利用计算机建立的"数学平台"模型代替机电平台的捷联式惯性基准系统。当前波音 737NG 和空客 A320 系列机型使用的捷联式惯导系统,都装配激光陀螺和具有较强计算能力的计算机,充分利用计算机的计算能力代替实体平台,称为激光陀螺惯性基准系统。

## 3.12.2　平台式惯导系统

### 1. 系统的功用

平台式惯导系统主要用在早期的飞机上,是现代惯导系统的基础。它们与较早一代的姿态指引仪(ADI)和水平状态指示器(HSI)配合,以显示飞机各种参数。

平台式惯导系统计算导航参数,是用平台坐标系模拟所选定的导航坐标系,根据所选定的导航坐标系与地球坐标系的关系,建立导航参数的计算方程,再由计算机按照方程算出导航参数。导航所需要的俯仰、倾斜和航向角,是通过测量机体坐标系相对于平台坐标系的转动而求得,平台的稳定通过陀螺来实现;而三个加速度分量是通过安装在平台上的加速度计求得。

平台式惯性基准系统必须建立基准坐标系,即导航坐标系,它不随飞机在三维空间转动,相对惯性空间稳定,该坐标系由陀螺稳定平台来实现;同时,沿三个坐标轴方向安装三个加速度计,以测量坐标轴向的加速度,其初始条件由人工或其他导航设备给出。

　　如图 3.12-1 所示,平台惯导系统主要由惯性导航组件、方式选择组件、控制显示组件和电瓶组件组成。惯导组件内包含一个导航计算机和一个三轴平台,其上装有 2~3 个高精度的陀螺仪及 3 个高精度的加速计。加速度计用来测量飞机沿某一轴向的运动加速度。

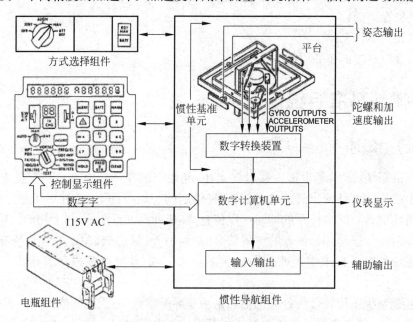

图 3.12-1　平台惯导系统的组成

　　加速度计安装在惯导平台上,惯导平台稳定在相对惯性空间,或按导航计算机的指令跟踪所选定的导航坐标系,平台相对惯性空间以给定规律转动;向其他机载设备提供飞机的基准状态(姿态角)和基准航向信息。

　　导航计算机给出控制平台运动的目标角速率信息,并完成导航参数计算工作。

　　方式选择组件包括方式选择开关和指示灯,可选择相应的工作方式,并指示系统工作状态。

　　控制显示组件包括显示器和控制器两部分,为惯导系统提供工作方式的选择和输入数据,并显示导航参数。

　　由于飞机的速度和位置是利用测得的加速度经过积分得到的,因此必须知道初始条件,即初始速度和位置。在静基座(地面)情况下,初始速度为零,初始位置为当地的经、纬度。

　　平台式惯导系统的工作原理如图 3.12-2 所示,为了使平台坐标系能模拟所选定的导航

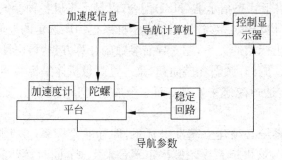

图 3.12-2　系统工作原理简图

坐标系,就要给三轴陀螺稳定平台加控制指令,使平台按指令角速率转动,保证平台坐标系始终跟踪所选定的导航坐标系。指令信号由导航计算机产生。

**2. 平台式惯导的校准**

惯性基准系统在进入正常的导航工作状态之前,应当首先输入进行积分运算的初始条件及平台初始调整,即为惯性基准系统的初始校准。

在地面静基座情况下,初始条件中的初始速度为零,初始位置为当地的经纬度,这可以由驾驶员通过控制显示组件输入导航计算机。

平台式惯导系统的初始校准,就是通过实施校准程序使平台坐标系与导航坐标系重合。

平台的校准可通过光学或机电方法,将外部参考坐标系引入平台,使平台校准到外部提供的姿态基准方向。还可以利用惯导系统本身的敏感元件——陀螺与加速度计测得的信号,结合系统原理进行自动校准,也就是自主式校准。

### 3.12.3　激光陀螺惯性基准系统

**1. 概述**

捷联式惯性基准系统是一种新型的惯导系统,它充分利用计算机技术,对平台式惯导进行改造,使其性能得到极大的提高。捷联这一术语原意是指"捆绑"(strapdown),因此所谓捷联式惯导系统就是将惯导系统的惯性元件(陀螺和加速度计)直接安装在载体上,直接测量载体的运动参数,以实现自主导航。

在捷联式惯导系统中,将陀螺和加速度计直接固连于机体上,其"平台"是用计算机建立的"数学平台",取代了平台式惯导系统中的机电平台。由于它没有机电平台,我们也称其为"无平台惯导系统",这是与平台式惯导系统的主要区别。激光陀螺惯性基准系统实质就是一种使用激光陀螺的捷联式惯性导航系统。激光陀螺惯性基准系统不但采用了数学平台,而且采用了高精度的激光陀螺,加速度计的性能也得到改善,能提供多种参数给飞机的控制和导航,如飞机的姿态、航向、速度、角速率、线性加速度和即时位置等参数。

目前,有些惯性基准系统还采用光纤陀螺,这种陀螺的腔体由光纤构成,其工作原理和激光陀螺相类似。

捷联式惯性基准系统具有以下特点:

(1) 从功能上看,捷联式惯导系统除能完成平台式惯导系统的所有功能外,还增加了垂直导航功能。另外,由于陀螺、加速度计直接固连在机体上,还能提供沿机体系的角速率和线加速度。

(2) 结构简单、质量轻、便于维修,同时,还减少了由于机电平台结构、线路带来的故障。

(3) 由于取消了机电平台,采用可靠性高的激光陀螺,便于使用余度技术,因而使系统的可靠性大大提高。

(4) 对惯性元件(特别是陀螺性能)和计算机(字长和运算速度)的要求高。

**2. 系统的工作原理**

捷联式惯导系统的加速度计和陀螺直接固连在机体上,它们测量的是沿机体系各轴的惯性直线加速度和绕机体系各轴的旋转角速率,它与平台式惯导系统中测量沿导航坐标系的线加速度和旋转角速率不同。

　　在捷联式惯导系统中,通过计算机进行坐标转换,如果将机体坐标系转换为地理坐标系,那么,沿机体坐标系各轴测得的加速度经转换得到沿地理坐标系各轴的加速度,然后,导航计算机可按指北方位惯导系统导航计算的方法计算出各种相应的导航参数。

　　如图3.12-3所示,导航计算机利用数学平台经坐标转换后的导航(如地理)坐标系的加速度分量以计算各种导航参数;同时,向姿态矩阵计算提供相当于陀螺稳定平台的转动角速率指令,以便根据飞机当时的位置在计算机中建立起地理坐标系。姿态矩阵计算还输出飞机的姿态和方位信息。

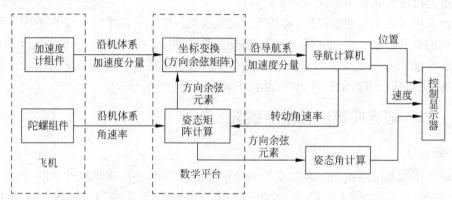

图 3.12-3　捷联式惯导原理组成

　　"数学平台"的主要作用,就是把加速度计的沿机体系各轴的输出转换成导航系统坐标系相应的输出,同时,建立和修正姿态矩阵,并计算出飞机的姿态角。它起着平台式惯导中机电平台的解析作用。因为,在平台式惯导系统中,利用陀螺和加速度计的输出控制平台以使平台坐标系稳定在导航坐标系内,加速度计安装在平台上,因此可直接测得飞机沿平台系(导航坐标系)各轴的加速度值。另外,由于机电平台稳定在导航坐标系内,当导航坐标系是地理坐标系时,平台各轴就可直接输出飞机的姿态角。

### 3. 捷联式惯导的校准

　　捷联式惯导系统的初始校准,就其基本原理来讲和平台式系统是一样的,但具体校准形式却有很大不同。不同点主要在于,捷联系统利用加速计和陀螺仪的输出信号,经过滤波处理,计算姿态矩阵的初始值。校准的过程分为两个步骤。

　　1) 粗校准

　　捷联式惯导系统校准的目的是建立或寻找当地的地垂线和确定当地的真北(或与真北成一定夹角的基准线)方向,从而得到飞机的俯仰角、倾斜角和航向角,进而利用这些基本参数由计算机建立起始姿态矩阵或逆矩阵。

　　粗校准时,飞机停在地面上,$V=0$,利用加速度计感受重力加速度 $g$ 在机体轴的分量,利用陀螺感受地球自转角速度分量,进而推算出飞机的俯仰角、倾斜角和航向角。

　　2) 精校准

　　在粗校准的基础上,再估算出陀螺和加速度计的误差以及动态干扰(如装拆货物、旅客上下、风等)误差,从陀螺和加速度计的输出中提取误差并引入校准回路经过滤波和加权去修正姿态矩阵,对系统进行补偿,以提高精度,即为精校准。现代捷联式惯导系统中通常用卡尔曼滤波技术进行精校准。

## 4. 系统组成

737NG 的惯性基准系统主要由惯性基准组件(IRU)、方式选择组件(MSU)和惯性系统显示组件(ISDU)等几部分组成。其中惯性基准组件与大气数据组件组合到一起,形成大气数据惯性基准组件(ADIRU)。

1) 大气数据惯性基准组件

大气数据惯性基准组件是惯性基准系统的核心部件,主要功能是为飞机系统提供姿态、位置、加速度、航向和各种速度数据。

惯性基准组件内部有电源部分,电源部分从飞机交流汇流条获得 115 V 交流电和直流热电瓶汇流条处获得 28 V 直流电,115 V 交流电是正常电源,28 V 为备用电源。

每个惯性基准组件内装有三个加速度计和三个激光陀螺,沿机体三个轴向安装,线性加速度计用于感受机体线运动,激光陀螺测量绕三个轴的角速度。组件内部的计算机可对陀螺和加速度计进行误差补偿,建立姿态矩阵以解算姿态参数,完成对加速度信号的平台坐标转换以及导航参数的解算,并完成惯性基准系统的校准程序等,该组件向机组和飞机系统提供各种飞行数据。激光陀螺的原理见仪表系统中的陀螺及陀螺仪表部分,下面主要介绍加速度计。

飞机上的加速度计用来测量沿其安装轴向的线加速度,并输出与加速度成比例的电信号给计算机,加速度计是实现惯性导航的重要元件之一。加速度计的种类很多,有摆式加速度计、振动加速度计、石英加速度计、微硅加速度计等。航空惯导上应用最广泛的是液浮摆式加速度计和挠性加速度计。挠性加速度计的主要特点是采用挠性支承,大大简化了加速度计的结构和工艺,成为当今飞机用惯导系统主要采用的加速度计。

挠性加速度计实质上也是靠摆锤来敏感加速度的,它的力学原理是靠反馈系统使摆质量块维持在零位附近。其结构主要是用挠性杆来支撑摆质量。图 3.12-4 所示为电容式信

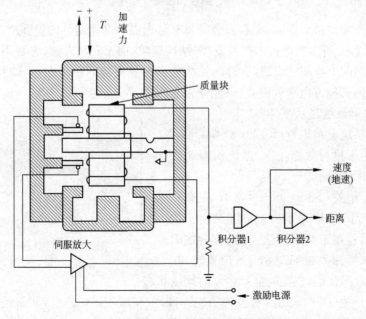

图 3.12-4　挠性加速度计结构图

号传感器的挠性加速度计结构图。质量块是用一个细颈杆与壳体相连的,在质量块上绕有力矩器线圈。在壳体两端固定有两个永久磁铁,它们与力矩器线圈构成动圈式力矩器。用磁铁表面和摆组件两端面构成两个测量电容器,当沿测量轴向有加速度时,摆组件偏离零位,电容器两边间隙发生变化,两个电容器的电容值也相应变化,一个电容变大,另一个变小。用电桥电路可检测出它们的变化量,从而测量加速度的大小。挠性加速度计的信号检测和反馈控制回路原理如图 3.12-5 所示。输入轴有加速度作用时,惯性力作用在摆质量块上,该惯性力对挠性杆细颈处形成惯性力矩,使摆质量绕细颈轴转动,摆两端面与磁铁表面构成的两个电容器其间隙一边增大,一边减小,从而使左、右两电容器的容量发生变化。两个电容的变化量由电桥电路检测。电桥不平衡,其电压反映了摆组件偏角的大小。不平衡信号经放大、解调、校正和直流功率放大,最后送至力矩器线圈,生成电磁力矩来平衡摆力矩。由于回路的放大系数可设计得很大,因而摆质量的偏角实际上很小。为了输出与加速度大小成比例的电信号,只要在力矩器线圈电路中串入一个采样电阻,取其电压就可获得加速度计的输出信号。

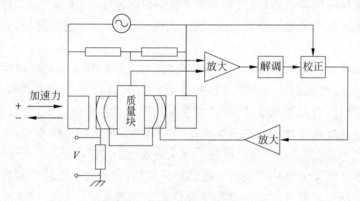

图 3.12-5　挠性加速度计原理电路

挠性支撑通常由铍青铜、石英和合金等具有低迟滞和高稳定性的弹性材料制成,它的结构很多。图 3.12-6 所示的圆柱形挠性支撑,结构简单,加工安装方便,它是用一圆柱形棒料切去半径为 $r$ 的两个半圆柱而成,这样的结构使沿加速度输入轴方向($Y$ 轴)具有非常小的刚度,即易弯,而其他方向刚度很大(不能弯)。

　　2) 惯性基准系统显示组件

惯性基准系统显示组件(ISDU)如图 3.12-7 所示,该组件用来进行数据输入、系统状态通告及导航信息显示选择。

系统显示开关(SYS DSPL)选择左或右 IRU 数据显示到 ISDU 显示器上。键盘用于数据输入,而显示器用于显示所选择的信息,地面维护时,显示选择开关在 HDG/STS 位置时,在

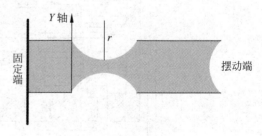

图 3.12-6　圆柱形挠性支撑

右显示窗显示故障代码,校准时显示剩余时间或状态号。

　　显示选择开关(DSPL SEL)有各种功能选择,可显示不同的信息,如航迹角(TK)/地速(GS)、即时位置(PPOS,即经度/纬度)、风向/风速(WIND)、航向(HDG)/状态(STS),还有

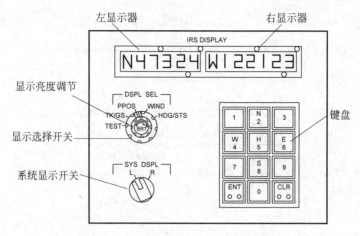

图 3.12-7 惯性基准系统显示组件(ISDU)面板

系统测试(TEST)功能。显示选择开关的中央是显示器的亮度调节旋钮,利用它可调节显示屏和背景灯光的亮度。

3) 方式选择组件

方式选择组件(MSU)用于选择 IRS 的工作方式,向 IRU 提供方式选择数据,并向机组人员显示系统的工作或故障状态。有四种工作方式:校准方式(ALIGN)、导航方式(NAV)、姿态方式(ATT)和关断方式(OFF)。

工作方式和状态指示灯指示系统的工作或故障状态,有四种指示灯:校准灯(ALIGN)、直流供电灯(ON DC)、直流电源故障灯(DC FAULT)和系统故障灯(FAULT)。

校准灯:为白色指示灯,在校准期间,该灯一直点亮,当校准完成后灯灭。如果在校准期间没有输入起始位置或校准工作程序失败,该信号灯会闪亮。

直流供电灯:当飞机的 115 V 400 Hz 交流电源失效时,IRU 自动地使用电瓶供电,此时琥珀色直流供电灯亮,提醒机组人员电瓶在供电,它只能向惯导系统供电 15～20 min。在启动惯性基准系统时,该灯会瞬时闪亮。

直流电源故障灯:如果 IRS 一直使用电瓶电源供电,当电瓶的电压降至 18 V 时,该琥珀色灯点亮,表示电瓶的电已不足够使惯性基准系统正常工作。

系统故障灯:为琥珀色指示灯,当系统故障时,该灯一直亮。

**5. 应用实例**

在正常的工作中,惯性基准系统测量飞机绕三个轴的转动角速度和线加速度,然后用这些数据来计算出飞机的姿态、航向、速度和位置数据,但必须要有飞机的初始数据,如当地的地垂线、真北方向、当前位置和当前高度数据。在不同的阶段,惯导系统采用相应的工作方式,可以通过方式选择组件(见图 3.12-8)选择两套惯导系统的工作方式。

1) 关断方式

在关断方式(OFF),没有交流和直流电源供应,系统不工作。

2) 校准方式

当方式选择开关从关断位转换到校准位或导航位时,IRU 进入校准方式(ALIGN)。校准的目的是惯性基准组件利用地球自转角速度和重力加速度,寻找当地的地垂线和当地的

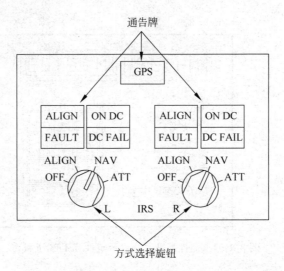

图 3.12-8  方式选择组件(MSU)

真北方向,并估算当地纬度,但它不能计算当前位置的经度。在校准完成前,必须引入当前位置。惯性基准系统校准时间与当地的地理位置有关,不同的地区校准所需要的时间有所不同,在北纬 70.20°至南纬 70.20°之间,大约需要 10 min;在较高纬度地区,如 70.20°~78.20°之间,需要 17 min。如果纬度高于 78.20°,则惯导系统不能校准,没有磁航向输出,只能采用真航向。

在惯性基准系统显示组件上可以看到剩余的校准时间。将显示选择开关置于航向(HDG)/状态(STS)位,在 17 min 的校准过程中,如果处于前三分钟,在右显示窗显示 15,3 min 后,即显示所剩校准时间的分钟数。校准期间,如果惯性基准组件探测到飞机发生位移,则校准终止。如果显示选择开关处于航向/状态位,将在右显示窗显示状态代码"03",且在控制显示组件上显示"IRS MOTION";30 s 后,惯性基准组件再次探测飞机是否还在移动,如果没有移动,则重新开始校准过程,代码"03"消失,而控制显示组件上的"IRS MOTION"信息可以人工清除。

起始位置的输入有两种途径:一种是通过惯性系统显示组件面板输入;另外一种是通过控制显示组件输入。通常使用 CDU 进行初始位置的输入,而 ISDU 作为备份输入。

(1) ISDU 输入法

可以利用 ISDU 键盘输入当前位置数据。纬度输入方法见图 3.12-9 右侧面板:按压 N2 或 S8 键输入纬度,这时,字母 N 或 S 显示在左 ISDU 显示屏上,且 ENT 键上的灯点亮,按压键盘输入纬度数据。当按压某一个按键时,该数字出现在左 ISDU 显示屏的右边,以前输入的数据将向左移动一个位置。输入完成,按压 ENT 按键将数据发送给 IRU,ENT 键上的灯将熄灭。如果此前显示选择开关在当前位置以外的其他位置,ISDU 显示屏将转换到在开始位置输入前显示的信息。

经度输入与纬度输入类似。按压 W4 或 E6 键来输入经度,经度数据将显示在右 ISDU 显示屏上。

如果输入的经度或纬度超出范围,则输入的位置无效。当按压 ENT 键输入下面范围数据时,会导致 CLR 键指示灯点亮:

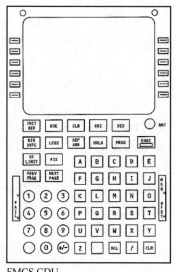

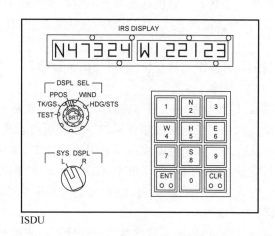

FMCS CDU

ISDU

图 3.12-9　CDU 和 ISDU 数据输入面板

① 纬度超过 90°;

② 经度超过 180°;

③ 经纬度分值大于 59.9′。

(2) CDU 输入法

见图 3.12-9 的控制显示组件(CDU)面板,按压 CDU 面板上的 INIT/REF(起始/基准)键显示位置初始化页(见图 3.12-10),在这个页面可通过五种方法输入经纬度:

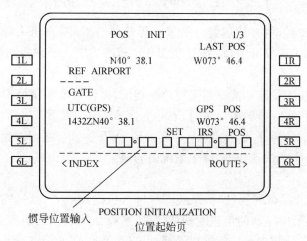

惯导位置输入　POSITION INITIALIZATION
位置起始页

图 3.12-10　惯性基准位置 CDU 输入界面

第一种是直接输入惯性基准位置;第二种是输入飞机的最后位置;第三种是输入基准机场位置;第四种是输入登机门的位置;第五种是采用 GPS 位置,如果飞机上安装了全球定位系统(GPS),则可输入 GPS 位置。

通常情况下,采用 GPS 位置或飞机的最后位置校准惯性基准系统,方法是按压 GPS 位置行选键或最后位置行选键,相应的经、纬度被复制到暂存区上,然后再按压位置输入行选键,则暂存区的数据被复制到位置输入栏的空格内,进行位置初始化。

如果使用基准机场位置或登机门的位置进行 IRS 初始化,则需要在相应的位置输入机场或登机门代码,在该代码之后显示该机场或登机门的经纬度,将其复制到位置初始空格内即可。

如果是直接输入基准位置,可使用键盘键入经、纬度到暂存区,然后复制到位置输入栏。

(3) 位置的比较

在校准期间,需输入当前位置。惯导系统能够记录最后使用时的位置。IRU 将输入的当前位置和存储在非易失储存器的最后使用位置相比较,如果误差在 1°以内(包含 1°),则进入校准方式。如果经度或纬度的误差超过 1°,则校准灯闪亮;此时,状态代码"04"显示在惯性系统显示组件的右显示窗上,CDU 上出现"ENTER IRS POSITION"。如果再次输入与上次输入相同的经纬度值,则校准灯亮(不再闪烁),状态代码"04"消失,"ENTER IRS POSITION"也消失。

在校准结束时,如果惯性基准组件计算的纬度与输入纬度不一致,则校准灯闪亮,在控制显示组件上显示"SET IRS POSITION",校准时间显示为"0",而不显示状态代码。如果仍输入上次输入的纬度值,则校准灯亮,故障灯也亮,校准时间仍显示为"0",而"SET IRS POSITION"不再显示,状态代码"02"显示出来,如图 3.12-11 所示。由于惯性基准组件在校准时不能计算经度,所以无法检测输入的经度值是否正确。

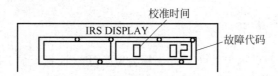

图 3.12-11 初始位置纬度输入错误时的显示

当校准方式完成后,将方式选择开关置于导航位,IRU 自动进入导航方式。如果校准工作已完成,而开关仍在校准位,则 IRU 仍工作于校准方式。必须要选择导航位,才能进入导航方式。

有些飞机具有快速校准功能。当飞机停在地面,惯性基准系统处于导航方式,但 ISDU 上显示的位置与飞机实际位置不一致时,不必更换 ADIRU 或重新启动惯导系统,有些飞机将方式选择组件上的选择开关,从 NAV 位转换到 OFF 位,5 s 之内再置于 NAV 位,然后再输入当前位置,即可实现快速校准,修正系统内的误差。

3) 导航方式

当系统完成校准并顺利通过时,系统即可进入自动导航方式(见图 3.12-12)。在此方式时,IRS 测量飞机沿机体轴的角速度和加速度,进行加速度值的坐标变换、姿态矩阵的修正、姿态参数的解算、导航参数的解算以及惯性高度、垂直速度的混合等,并计算出姿态、速度、航向、高度和当前位置。

IRS 使用大气数据组件的输入计算地速、基准高度、垂直速度、风速和风向,并监控系统工作。系统输出接口向有关系统发送导航及制导参数。

4) 姿态基准方式

姿态基准方式(ATT)是惯性基准系统的一种备用工作方式。下列三种情况下,可使用

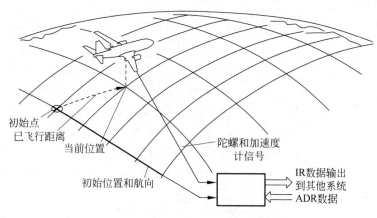

图 3.12-12 导航方式示意图

姿态基准方式：

（1）飞行中，当系统在 NAV 导航方式时，短时断电，系统经过 10 s 后，转换为电瓶供电，校准灯亮，进入该方式；

（2）飞行中，检测出某些系统故障，即故障灯亮，进入该方式；

（3）如果该次飞行是短航线飞行，或者由于其他原因，不需要导航方式，只需要姿态等信息时。

在姿态基准方式，惯性基准系统只提供飞机的俯仰角、倾斜角和航向（在引进磁航向基准时，可提供磁航向，当不能引进磁基准时，只提供参考航向，即接通 ATT 方式时航向为零基准的航向），还可提供高度、垂直速率、加速度和机身角速率，但不能提供飞机的地速、位置、真航向和风的数据。

将方式选择开关从 OFF 位转换到 ATT 位，2 s 后才进入姿态基准方式，这样可防止误操作到 ATT 方式。接着，需要 30 s 校准时间，校准灯亮。在此期间，需要输入航向数据。在姿态方式校准的目的是俯仰和倾斜要校到 0°。如果飞机在空中，飞行员必须保持飞机水平向前匀速飞行，直至校准灯熄灭。

值得注意的是，如果从姿态位回到校准或导航位时，除非断开 IRS 系统电源，并使飞机静止不动（即只能在地面），才能重新开始系统校准；但当系统从校准或导航方式转入姿态方式时，系统立即投入姿态方式，并重新调整航向。

在姿态方式 CDU 上输入三位数的磁航向，或在 ISDU 上用键盘输入 H 后跟三位数的磁航向，面板上的显示器只能显示航向和故障代码，其他导航参数均不能显示。

**6. 惯导参数的显示**

如图 3.12-13 和图 3.12-14 所示，IRS 为飞行提供了许多重要的参数，它们主要有三种显示情况。

（1）正常显示：IRS 作为数据源，在 PFD 和 ND 上显示各种信息，如俯仰/倾斜姿态、航向/航迹、地速、升降速度、真空速、风向/风速和位置数据等。

（2）无计算数据显示：当来自惯性基准系统的信息处于无计算数据状态时，在显示器上显示的数据消失，或以虚线表示，有些信息显示的刻度、指针都消失。

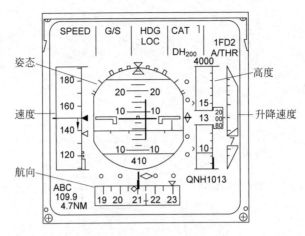

图 3.12-13　PFD 上的显示

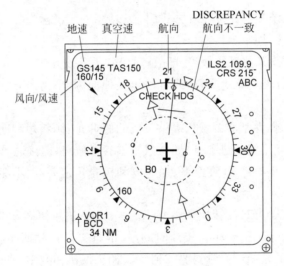

图 3.12-14　ND 上的显示

（3）无效显示：当惯导故障时，在显示位置出现相应的故障旗，且数据、刻度和指针都消失。

信息在无线电磁指示器（RMI）上的显示：在 RMI 上显示磁航向或真航向，来自惯性基准系统的数据驱动罗盘卡转动。当惯性系统故障或无计算数据时，不能正确读取航向数据，此时，会出现航向故障旗。如果 RMI 故障，航向故障旗也会出现。

**7. 故障监控**

惯性基准系统设计了完善的内部自检测电路和故障监测电路。自检测可对系统进行测试，并输出一些信号用以检测各指示仪表和有关系统的工作情况，如图 3.12-15 所示。监测电路可对系统内重要部件——如陀螺、加速度计、计算机等进行监视，若发现故障，即可进行通报显示。

IRU 对其陀螺、加速度计等传感器的精度要求非常高。但由于长时间工作，这些传感器容易产生各种误差，使系统性能降低。当误差超过最大允许限制时，即使系统没有故障指

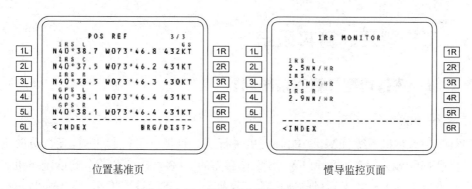

位置基准页　　　　　　　　惯导监控页面

图 3.12-15　惯性基准系统的监控页面

示,也要更换 IRU。

在维护中主要使用两个技术指标评估 IRU 性能误差是否超标,即径向位置误差和剩余地速偏差。径向位置误差是飞机实际位置与惯导计算位置之间的差值;剩余地速偏差是指飞机停止运动后惯导系统计算的地速值。

径向位置误差评估方法如图 3.12-16 所示,横坐标代表导航时间(h),纵坐标代表 IRU 的位置误差(n mile)。如果位置偏差落在 A 区,表示 IRU 性能超标,需要立即更换;若落在 B 区,可以继续观察一个航班,如果下一个航班结束时位置偏差还在 B 区,则也需要更换 IRU;落在 C 区则表示 IRU 可以继续使用。

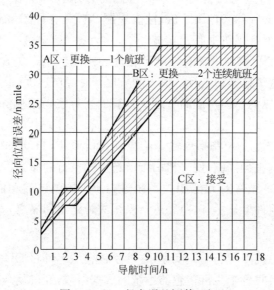

图 3.12-16　径向误差评估区间

剩余地速偏差指的是飞机执行完航班、在地面停稳后,在 POS REF 3/3 页显示的地速值,以某 IRU 为例,如果超过 21 n mile/h,则该 IRU 性能误差超标,需要更换;如果连续两个航班都在 15～21 n mile/h 之间,也需要更换 IRU;如果小于 15 n mile/h,则表示其性能误差在可接受范围,可继续使用。需要注意的是,由于 IRU 的导航更新功能,剩余地速数据在飞机停稳后只保留显示 3 min,3 min 后该数值自动归零。

## 3.13  飞行管理计算机系统

### 3.13.1  飞行管理计算机系统简介

**1. 系统功能**

飞行管理计算机系统(FMCS)能对飞机进行综合管理。飞机起飞前,飞行员向飞行管理计算机(FMC)输入一条航路和FMCS工作必需的一些性能数据,FMCS确定飞机当前位置并引导飞机从起飞机场飞到目的地机场。若配合自动飞行系统工作,那么就由FMCS全程管理飞机,能实现以最佳飞行路径和最省油方式的自动飞行,直至进近着陆。安装了FMCS的飞机,减轻了飞行员的工作负担,可最少安排两个飞行员组成飞行机组。

飞行管理计算机系统在现代飞机上主要用于导航、性能管理和制导。

导航:负责飞机飞行横向剖面的飞行管理,引导飞机按预定的航线飞行。导航主要解决的问题是:确定飞机当前的位置;确定飞机从当前位置向另一个目标位置前进的方向;确定到某一点的距离等。FMC的存储器中含有导航数据库。FMC使用导航数据库可在飞行前确定整个飞行计划。飞行中,FMC计算飞机位置并与水平飞行计划的位置进行比较,同时使用ADIRU的IRS功能和无线电导航设备、GPS设备等不断更新飞机的当前位置。FMC计算的飞机位置信息与飞行计划信息可同时显示在导航显示器(ND)上。未安装FMCS飞行时,飞行员必须参考地图、飞机性能手册、航图、各种图表和计算器,以此获得导航和性能的信息数据,通常飞机上有领航员。

性能管理:FMC的存储器中含有性能数据库。性能数据库包含形成飞机和发动机的模型数据,FMC使用这些数据和飞行员输入的数据计算经济速度、最佳飞行高度、下降顶点等,实现对飞机的飞行纵向(垂直)剖面管理。计算的目标飞行速度和高度可以显示在驾驶舱的显示器上。

制导:FMC计算产生的控制指令输送给自动飞行系统,自动飞行系统执行制导指令,用于水平和垂直模式的飞行控制,使飞机沿着所选定的飞行剖面飞行。

现代飞机的FMCS还有对其他相关系统进行BITE测试的功能,把测试结果返回到FMCS存储并在显示组件上显示,以协助进行系统故障确定和隔离。

**2. 系统组成**

飞行管理计算机系统由飞行管理计算机和控制显示组件(CDU)组成,如图3.13-1所示。飞行管理计算机接收各个飞机传感器系统的数据参数,经过复杂的计算,输出指令到飞机显示系统及其他飞机系统。FMC安装在飞机的电子设备舱的设备架上,一般飞机上安装有两台FMC,一台主用,一台备用。为便于操作,CDU安装在驾驶舱靠近正、副驾驶的中央操纵台的前方。CDU在飞机上安装两台(在B747-400/B747-200/B777等大型飞机上安装三台),分别供正、副驾驶操作使用。

**3. 系统基本原理**

飞行管理计算机的功能可以分为水平导航和制导、垂直导航(或称做性能计算)和制导。

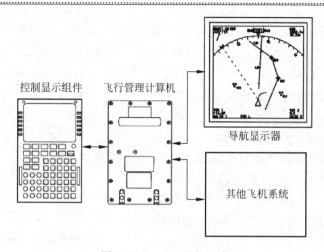

控制显示组件　飞行管理计算机

导航显示器

其他飞机系统

图 3.13-1　FMCS 的组成

1) 水平导航和制导

在图 3.13-2 中,虚线的上半部分是水平导航和制导功能。其中有一个导航数据库,它存储所有飞行阶段所需要的导航数据,这一数据必须每 28 天更新一次。利用该数据库,FMC 可以通过给定的飞机位置和输入的飞行航路建立飞行计划。航空公司航路必须由飞行员在控制显示组件上输入。

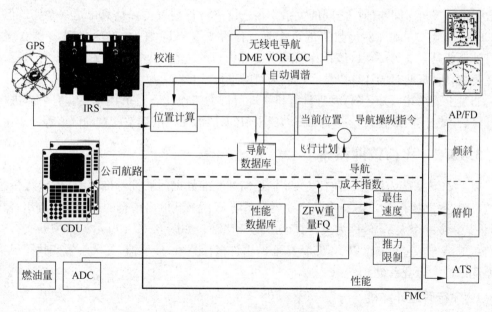

图 3.13-2　水平、垂直导航和制导

FMC 利用 ADIRU 的 IRS 功能和无线电导航设备、GPS 等计算出飞机的当前位置。在飞机飞行过程中,将飞行计划中标出的位置与飞机的当前位置进行比较。比较得出位置误差,在 FMC 中计算生成水平制导指令(如目标航向),送到自动驾驶仪和飞行指引的倾斜通道中进行计算,输出操纵指令信号,控制飞机向左或向右飞行。

在地面上,飞机的当前位置由 IRS 给出,但是,在 IRS 校准期间,必须通过 FMC 给定初始位置。在飞行期间,IRS 的位置数据由 GPS 更新,还可以利用 DME、VOR 等无线电导航数据进行位置更新。

当前位置和飞行计划数据显示在导航显示器上,如图 3.13-3 所示。

2) 垂直导航和制导

图 3.13-2 中,虚线的下半部分是性能计算功能。垂直导航或性能计算功能是指:系统根据性能数据库提供的基准数据、CDU 上的输入参数及其他传感器系统输入信息计算出飞机的纵向剖面参数,如高度、速度、爬升顶点、下降顶点、爬升和下降速率,预计到达时间、燃油流量相关参数、推力和推力限制值等。其中,最佳速度(通常也被称为经济速度)作为目标速度传送到自动驾驶仪、自动油门系统。A/T 还从 FMC 中获得推力门限值。

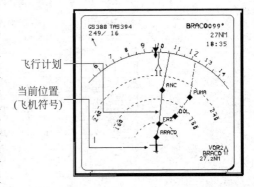

图 3.13-3　飞行计划和飞机当前位置
在 ND 上的显示

飞机的最佳速度主要取决于外部环境,比如,ADC 提供的气压和温度,以及飞机的重量。重量通常由 FMS 进行计算,它包括燃油系统提供的燃油量。零燃油重量(ZFW)由飞行员在 CDU 上输入。

最佳速度与飞机消耗燃油量有关。为了计算出这一速度,FMC 需要成本指数(CI)。该指数表示了飞行时间与油耗之间的关系。在选定飞行计划后可以估算出这一数值。但是,在 CDU 上,飞行员可以对该数值进行修改。有的飞机上 CI 在 0～999 之间,0 的含义是:只有油耗值是重要的,所以,该计算以最小油耗为目的进行;999 的含义是:只有飞行时间是重要的,所以,此时的计算以最大速度为目的进行。

通过上面描述可知,飞行管理计算机系统所做的工作比飞行员还重要。它可以进行导航计算、性能计算、最佳飞行速度和推力门限值的计算,无线电频率的自动调谐等。

### 3.13.2　飞行管理系统

以 FMCS 系统为核心,将向 FMCS 输送惯性基准数据的惯性基准系统(IRS)等传感器系统,能接受并执行 FMCS 指令的自动飞行系统及 FMCS 输出信息的显示系统等组合在一起,将其看成一个大系统,称为飞行管理系统(FMS)。如图 3.13-4 所示为典型的飞行管理系统组成结构。它是一个以 FMC 为核心的由许多计算机、传感器、显示装置和执行机构等联系起来的大设备系统。

#### 1. 飞行管理计算机

FMC 是系统的核心部件(见图 3.13-5),它的硬件是多微机系统,一般由三台微处理机、电源组件和电池组件组成。三台微处理机分别是:导航微处理机,执行与导航计算、侧向操作指令和 CDU 管理等有关的功能;性能微处理机,完成大部分与性能计算有关的功能,即垂直操纵(如跟踪目标速度)和飞行包络保护;输入/输出微处理机,有规则地在计算机和飞机各设备之间传输信息。三台微处理机在工作中是相互独立的,它们各自执行自己的功能,一个部件的功能丧失并不会影响到其他部件的工作。

FMC 是静电敏感组件,维护工作时要采取静电防护措施。

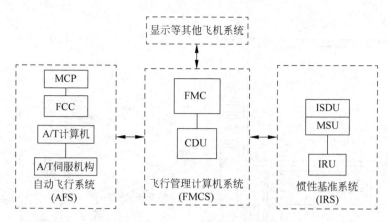

图 3.13-4　飞行管理系统组成

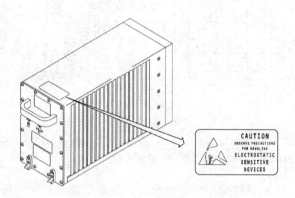

图 3.13-5　飞行管理计算机

### 2. 控制显示组件

CDU 就好似一般计算机的键盘和终端显示器的集合体,它是 FMCS 进行人机联系的一个重要部件。每架飞机一般装有二或三台 CDU,各 CDU 独立地工作,共同控制 FMC 的运行。任意一个 CDU 都可以用来输入系统数据或操纵 FMCS 工作,在一个 CDU 上输入的数据也会出现在另一个 CDU 的相应显示页面上。

飞行员主要通过 CDU 对 FMCS 进行控制操作和相关信息的显示。在 CDU 的面板上有许多按键,它们分为三类。一类为字母、数字键;一类为功能键;第三类为显示屏两边的行选键。功能和行选键可以执行许多特殊功能,以简化驾驶员的操作。CDU 上可以实施的控制操作有惯导的起始校准、飞行计划的建立、航路修改、执行测试等。CDU 上也可以显示多种不同的页面,如飞机性能数据、导航数据、飞行计划、咨询信息、故障情况、自检信息等。

目前在我国民航飞机上使用的不同公司的产品外形基本相似,内部结构和操作也大同小异,但功能稍有不同。这里以 LEAR SIEGLER 公司生产的 2577B 型 CDU 为例进行说明。

CDU 由包含有各种键的前面板、一个阴极射线管(CRT)、一个 8 位微处理机、输入输出电路板、高低压电源和壳体组成,如图 3.13-6 所示。CDU 要求使用 115 V、400 Hz 单相交流电,耗电约为 65 W。为防止工作时内部电路过热,需要根据 ARINC600 的要求进行强制空气通风冷却。

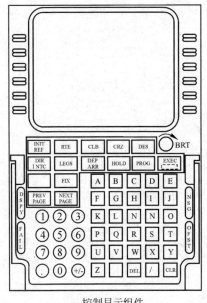

控制显示组件

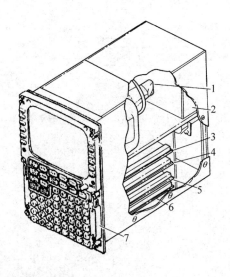

图 3.13-6　控制显示组件的结构

1—阴极射线管；2—低压电源组件；3—影像偏转电路板；4—自动亮度控制板；

5—微处理机板；6—输入输出板；7—前面板

CDU 的前面板上装有各种键电门和信号灯。键电门都是瞬时按压式电门,当任一键电门被按压后,该信号被编码,然后送到 FMC 去。按照键电门的功能分类,可将其分为四种类型:

功能键:执行(EXEC)键、下页(NEXT)键、前页(PREV)键。

方式键:航路(RTE)键、航段(LEGS)键、离场/进场(DEP/ARR)键、直飞/切入(DIR/INTC)键、等待(HOLD)键、起始基准(INIT REF)键、进程(PROG)键、爬高(CLB)键、巡航(CRZ)键、下降(DES)键、定位(FIX)键。

行选键:12 个行选键分别位于 CDU 显示屏两边,每边 6 个,各键与显示屏上的数据对齐。

字母数字键:除字母、数字键外,还有删除(DEL)键、清除(CLR)键、撇号(/)键、小数点(.)键和符号改变(+/-)键等。

CDU 前面板上共有 69 个键电门,字母键是方形的,数字键是圆形的,其余功能、方式、行选键都是长方形的,它们是一个键电门灯光组合体。

前面板上除键电门外,两边各有两个灯光信号器,一般只使用两个。当 CDU 显示屏上出现警戒或咨询等信息时右边的信息灯亮,以引起操作者的注意。左边是 FMC 失效灯。

CDU 显示屏是一个 5 in 见方的阴极射线管(CRT),其表面是平的,粘贴有一块玻璃光线过滤板。显示的信息以英文字母和带有各种符号的阿拉伯数字为主,有时也显示方框和虚线等。

CDU 前面板中间右侧的亮度调节旋钮用于调节显示器的亮度。有的 CDU 在前面板的角落处还设有光传感器,用以感受驾驶舱内的光线强弱,自动地调整 CDU 亮度。

### 3. 传感器

FMS 要完成各种功能,需要使用大量传感器参数数据,通过许多综合运算得出结论。与 FMS 有关的传感器主要包括惯性基准系统、大气数据计算机、全向信标接收机、测距机、仪表着陆系统、燃油总和器和飞行时钟等,如图 3.13-7 所示。

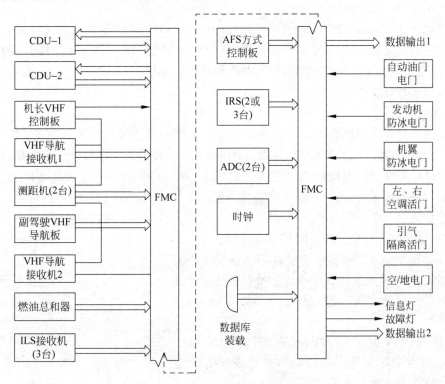

图 3.13-7　FMCS 的传感器系统

1) 惯性基准系统

惯性基准系统(IRS)向 FMCS 输送飞机经纬度位置、真航向、磁航向、南北和东西向地速、俯仰和倾斜角、高度、升降速度、地速等数据。它像是 FMS 的一个大传感器。

2) 大气数据计算机

大气数据计算机(ADC)向 FMCS 提供飞机气压高度、空速、马赫速度和温度信息。飞机上装有两或三台 ADC,FMCS 根据情况选取左或右 ADC 的数据。

3) 全向信标和测距机

全向信标(VOR)向 FMCS 提供飞机方位和航道偏离信号。测距机(DME)提供飞机到某一地面台的距离数据。FMC 用 VOR、DME 与 IRS 飞机位置数据进行综合计算,得出精确的飞机导航数据。

地面导航台很多,它们使用不同的识标和频率,其数据也存储在 FMC 内的导航数据库里。有的机型上,FMC 可以对导航系统进行频率的自动调谐。

4) 仪表着陆系统

仪表着陆系统(ILS)向 FMCS 提供航向道和下滑道的偏离信号。当 FMCS 在选定的航路中包含有仪表着陆程序,飞机已在距跑道一定范围内且接收到有效的 ILS 信号时,FMCS 才使用 ILS 的信号数据进行位置修正。

5) 时钟

正驾驶时钟向 FMC 提供世界时(UT)时间,FMCS 用这个时间预报到达各航路点和目的地机场的时间。

6) 飞机防冰和发动机引气电门

发动机防冰、机翼防冰和发动机引气系统的传感元件也向 FMCS 输送这些系统工作情况的离散信号。发动机引气用于客舱空调、机翼防冰和发动机结冰以后,其推力要下降。FMC 使用这些系统工作情况的离散信号对发动机的目标推力、发动机推力限制或 N1 转速限制等数据进行计算修正。

7) 空地电门

空地继电器是由安装在飞机起落架减震支柱上的空地微动电门来控制的,当起飞、着陆、起落架减震支柱压缩或伸展时,由微动电门的转换而使空地继电器吸合或断开,把空、地状态通过继电器接触点输送到飞机的各个系统去。对于 FMCS 来说,FMC 的导航数据库的更新必须在地面进行,飞机在空中状态是不允许进行的,有些维护页面也只有飞机在地面时才向维护人员显示,而无线电导航位置修正只有当飞机在空中时才能实现。

此外,CDU 提供机组与 FMC 的接口连接。

燃油油量总和器把各燃油箱油量相加得到飞机的总燃油量。FMS 需要使用这个总燃油量预测到达各航路点和目的地机场的剩余燃油量,如果不够,FMS 则发出警告信号。

自动飞行系统的方式控制板(MCP)给 FMC 提供水平导航(LNAV)和垂直导航(VNAV)衔接方式逻辑、预选高度、速度数据等信息。

数据装载机插头提供外部手提数据装载机与 FMC 的接口。数据装载机用来更新 FMC 的导航数据库,它通过接口与输入/输出数据总线相接。

### 4. 执行部件

FMC 根据各传感部件的信号和飞行员的指令进行运算处理,得出精确的结果,转换成控制信号操纵执行机构控制飞机,或输出各种数据到指示仪表、显示屏幕、通告牌等用于显示。FMCS 的执行部件如图 3.13-8 所示。

1) 自动飞行系统

自动飞行系统(AFS)是 FMS 的组成系统之一,当接通水平导航和垂直导航之后,FMC 向 AFS 的飞行控制计算机输出各种操纵指令(制导指令),有目标高度、目标计算空速、目标马赫数、目标升降速度、航向指令等。飞行控制计算机根据这些输入数据进行综合运

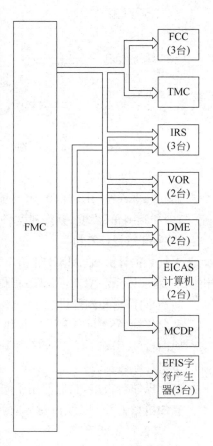

图 3.13-8　FMCS 的执行部件

算,产生飞机爬高、下降、倾斜转弯等操纵指令,操纵副翼、升降舵等舵面,飞机则按要求的航向和高度飞行。当然 AFS 也可与 FMCS 脱开,系统自己独立运行,此时,由飞行员利用自动驾驶操纵板上的旋钮、电门进行人工操纵。

FMCS 还向 AFS 的自动油门计算机输送飞机爬高、巡航和复飞的发动机推力或 N1 转速限制值、飞机全重、FMC 要求高度和假设空气温度等数据。A/T 计算机根据这些数据产生油门位置指令,把油门杆置于正确位置以产生所需的飞机推力。在一些飞机(如波音747-400)上,不再安装自动油门计算机,它的工作由 FMC 完成。FMC 增添了推力管理功能。

2) 惯性基准系统

惯性基准系统(IRS)在起始校准时,接受 FMC 飞机当前位置的经纬度数值,作为它的起始数据。在 IRS 的"姿态"方式时,也接受 FMCS 的控制显示组件(CDU)上的飞机航向数值作为 IRS 姿态方式时的起始数据。

我们把以上三个分系统归类于 FMCS 的执行机构,而对 IRS 来说,它主要是作为 FMCS 的传感系统而存在的。

另外,FMC 能对 VOR、DME 实现自动调谐。

**5. 显示装置**

除了 CDU 之外,FMS 还有其他显示装置。如图 3.13-9 所示为典型的 FMS 的显示装置。

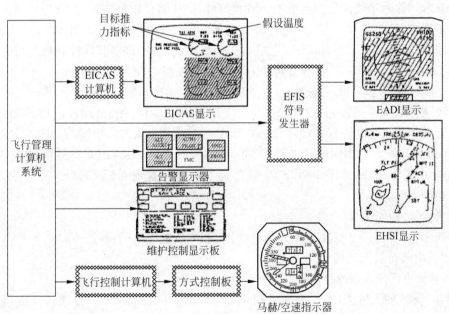

图 3.13-9　FMCS 的显示设备

1) 电子飞行仪表系统

FMCS 输出有关飞行计划的飞行航路、飞机航向、航路点、导航台、机场、跑道、风向、风速等信息,以地图显示的形式出现在电子飞行仪表系统(EFIS)的电子姿态指引仪(EADI)和电子水平状态指示器(EHSI)的显示屏幕上(有的飞机在主飞行显示器(PFD)

和导航显示器(ND)上)。飞行员可非常清晰和直观地通过该显示了解整个飞机飞行的详细动态情况。EADI只显示来自FMC的地速和飞机在各飞行阶段的飞行方式,它主要显示的内容来自惯性基准系统,因此它主要是IRS的显示器。EHSI主要显示来自FMCS的信息。

2) 马赫/空速表

FMS工作在"垂直导航"方式时,马赫/空速表上的目标空速游标显示来自FMC的计算目标空速。马赫/空速表是大气数据计算机(ADC)的显示仪表,指示表的指针和表盘上的数字用于显示飞机的空速。

3) 发动机显示和机组警戒系统

现代飞机安装有电子发动机显示和机组警戒系统(EICAS),它不但替代了许多指针式发动机仪表,且可以显示大量的信息。FMCS在EICAS上显示两个数据和大量文字信息。FMC计算的发动机目标推力以红色数字在EICAS的发动机压缩比(EPR)上显示;另一个数据即为飞行员在CDU上输入的外界假设温度,它也在EICAS的显示屏上显示。

FMS根据飞机多个系统的状态所产生的各种信息,有些会在EICAS的显示屏上显示,FMC一旦出现故障也会在EICAS上出现文字警告信息。

4) 其他

FMCS向告警显示器上的故障灯输送信号,一旦出现警戒信息或出现故障,信号灯亮。

**6. FMCS的控制组件**

FMCS工作除了使用传感系统的各种数据外,同样需要控制装置,由飞行员指挥系统进行什么工作方式、接受什么信号、进行什么运算、检查什么数据、显示什么信号及信息等,FMS的控制主要在FMCS的CDU上进行。此外,驾驶舱内许多其他控制板上也有FMCS的控制组件。如图3.13-10所示为典型的FMCS的控制组件。

1) 自动飞行系统方式控制板

自动飞行系统方式控制板(MCP)上有飞行指引、自动驾驶、自动油门等控制按键,与FMCS有关的是水平和垂直导航(L NAV和V NAV)的方式选择按钮等。按压L NAV按钮后,起始了FMCS的横向制导功能,FMC和飞行控制计算机(FCC)衔接起来。V NAV按钮的作用也类似,起始了FMCS的垂直制导功能。这时,飞机的航向和速度等均由FMCS控制。

2) 全向信标控制板

全向信标(VOR)控制板上有一个自动/人工调谐选择电门,控制VOR由FMCS自动调谐,还是由飞行员人工调谐。

3) 电子飞行仪表系统控制板

装有EFIS的飞机上,FMCS通过EFIS屏幕显示导航图。EFIS方式选择电门有4个位置,在"PLAN"和"MAP"位置时,显示数据信息都来自FMC,见图3.13-10。当选择电门在"PLAN"位置时,显示方位是"真北"向上,显示的是飞行员所做的飞机飞行计划航线,显示是静止的。选择电门在"MAP"位置时,显示的上方对着飞机当时的航迹线,显示是动态的,通常用来进行实际飞行导航观察。距离选择电门选择在显示屏上显示多大范围的航图,也就是选择显示比例尺不同的航图。在"地图"方式显示时,还可选择在控制板上的"导航设备""机场""航路数据"和"航路点"按压电门,选择附加航路信息显示。

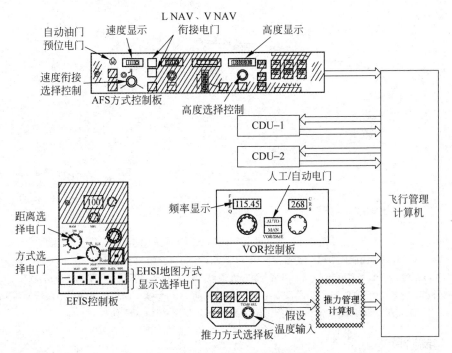

图 3.13-10　FMCS 的控制组件

**4）其他控制设备**

驾驶舱仪表板上的推力方式选择板，有温度选择旋钮用于选择假设温度，FMC 把这个温度作为计算性能数据时的外界温度数值。另外，在左、右仪表源选择板上，各有一个 FMC 选择电门，用来选择使用左还是右 FMC 的数据作为导航数据源，并在 EHSI 或 ND 上显示。

### 3.13.3　飞行管理计算机系统在飞行各阶段的作用

现代飞机安装了 FMS 以后，实现了全自动导航制导。这不但大大减轻了飞行员的工作负担，提高了飞行的自动化程度，更重要的是 FMC 能提供从起飞到进近着陆的最优横向飞行和垂直飞行剖面。飞机在 FMS 的控制下飞行是以最佳的飞行路径从起飞机场飞到目的地机场，并以最佳的飞行剖面、最省燃油的方式飞行。这种优化功能体现于 FMS 的导航、制导和显示功能中。

飞行管理计算机系统在各飞行阶段的功用可用图 3.13-11 来说明。

**1. 起飞阶段**

根据飞行员在起飞准备时，通过 FMCS 的控制显示组件所输入的飞行计划（起飞机场、目的地机场、航路点、离港程序、进港程序或选定的公司航路），FMC 计算飞行路径。飞行员可在 CDU 或电子飞行仪表系统的 EHSI 或 ND 上审查飞机的飞行路线。同样，根据飞行员在 CDU 上所输入的飞机全重、巡航高度、储备油量（若飞机不能在预定机场着陆时，飞机应剩余的储备油量，以便飞机能飞到备降机场着陆，其值由各航空公司根据所飞航线而定）、外界温度等性能数据，FMC 计算飞机的最佳起飞目标推力以及飞机飞行的垂直剖面。

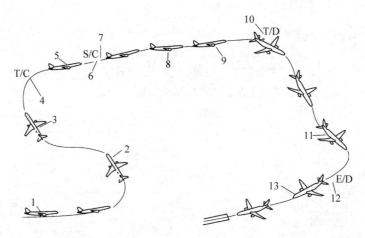

图 3.13-11　FMCS 在各飞行阶段的作用

1—输入飞行计划和性能数据；2—实施 L NAV 和 V NAV；3—计算最省油的速度和推力指令并遵守速度、高度限制；4—计算爬高顶点；5—以最经济速度巡航；6—在电子飞行仪表上显示导航信息；7—计算分段爬高；8—沿计划航路连续制导；9—评价和预报消耗；10—计算下降起点，由巡航自动转为下降；11—自动遵守速度和高度限制；12—计算下降顶点；13—转换到自动着陆系统

**2. 爬高阶段**

飞机起飞高度 400 ft，飞行员选择接通水平导航(L NAV)和垂直导航(V NAV)后，根据飞行路线对飞机进行横向导航和制导。FMC 根据飞行员的选择确定目标推力和目标速度，提供最佳爬高剖面，也就是在规定的爬高速度和规定的发动机推力下，以最佳爬高角度到达规定的高度。FMC 还根据情况向飞行员提供分段爬高和爬高顶点高度的建议，这些建议一旦实施可使飞行进一步节省燃油。

**3. 巡航阶段**

FMCS 根据航线长短、航路情况等选定最佳巡航速度和最佳巡航高度。在飞行的两机场之间采用大圆弧路径，结合无线电甚高频导航获得最优巡航飞行，采用大圆弧路径使两点之间的飞行距离最短。

**4. 下降阶段**

FMCS 根据飞行员输入的或存储的导航数据确定飞机开始下降的顶点。飞机在下降阶段时，由 FMS 确定下降速度，最大限度地利用飞机的势能，以节省燃油。

**5. 进近阶段**

飞机在下降终点时，FMCS 以优化速度引导飞机到跑道入口和着陆点，直到断开自动驾驶仪和自动油门。

FMS 在飞机飞行中以最佳飞行路径操纵飞机，不但安全、可靠，而且使飞机节省了燃油，缩短了飞行时间，大大降低了飞行成本。

### 3.13.4　飞行管理计算机数据库

FMC 的存储器内除存储有各种操作程序外，还存储有许多数据。当飞行员通过 CDU 选择飞行控制的各种工作方式及多种航路时，数据库里的有些数据作为背景数据；FMC 进行各种数据计算和飞行管理时,也需要使用这些数据。数据库里的数据分为两类。与飞机和发动机性能有关的各种参数称为性能数据,这些数据固定不变,不能更改;与飞机导航有关的各种数据称为导航数据。

**1. 导航数据库**

导航数据库包含飞机飞行区域内的机场、航路点、导航台的地理位置、无线电频率和航路组成结构等数据。这些数据用于 FMC 确定飞机当前位置,进行导航计算、无线电导航台的自动调谐管理等。

导航数据可分成两大类。一类是对所有航空公司都适用的标准数据。航空公司根据本公司飞行区域适当选用有关数据,由于航空公司无法采集全球导航数据,一般都与美国杰普逊(Jeppeson)航图发行公司签订合同,由航图公司定期提供。另一类导航数据仅是与特定的航空公司飞行航线有关的数据。导航数据库是客户化的,通常由数据库制作厂家汇集数据后,先按 ARINC424 格式对数据进行编码,然后由特别的计算机进行处理并生成数据库,发给航空公司用户或由用户在指定网站上下载,再使用数据装载机把数据库装进飞机上的 FMC。

导航数据库由以下 6 个方面的数据组成。

1) 导航设备

(1) 导航设备类别:导航台可分为测距机(DME)台、全向信标(VOR)台及与测距机装在一起的 VOR/DME 台。

(2) 位置:用经纬度表示。

(3) 频率:指各导航台的使用频率。

(4) 标高:各导航台所在位置的海拔高度。

(5) 识标:导航台以 3 个英文字母作为各自的识别标志。

(6) 级别:导航台分为低高度、高高度和终端级。

2) 机场

(1) 归航位置:机场经纬度位置。

(2) 登机门位置:机场候机楼各登机门的经纬度位置,这个位置在飞机起飞前可供飞行员用于起始 IRS。

(3) 跑道长度和方位:每条跑道有从两个方向进出的方位数值,如某一跑道的一个方位为 35°,那么另一个方位为 215°。

(4) 标高:机场的海拔高度。

(5) 仪表着陆系统设备:运行等级等。

3) 航路

航路分为高空、低空和机场附近的终端航路等。航路数据包括航路类型、高度、航向、航段距离、航路点说明等。

4) 公司航路

航空公司正在飞行的固定航线数据,由航空公司确定。

5) 终端区域程序

包括标准仪表离场、进场程序,过渡和进近程序,各航段程序的飞机航向、距离、高度等。

6) ILS 进近

ILS 识标和设备频率、穿越高度、复飞程序等数据。

导航数据库内的数据除导航台和机场的标高不大可能改变以外,其他数据有可能经历一段时间以后有所变化,如导航台更新、频率更改、新设的导航台、机场跑道延伸、候机楼改建、扩大后增加登机门等,尤其公司航路更可能较频繁地变更,因此导航数据库要定期进行更新。

**2. 导航数据库的更新**

数据库的更新要每28天一次,需要飞机在地面上,使用专门的数据装载机在飞机的驾驶舱内进行。首先通过数据装载机把磁(盘)带上的数据库装到一台FMC内,然后再安装到另一台FMC,或者通过交输的方式把数据库传输到另一台FMC去。

数据装载机有多种类型,有机载的,也有便携式的。通常飞机上有一个机载数据装载机或便携式数据装载机的插座。数据的装载可以通过机载数据装载机进行,也可使用便携式数据装载机。无论使用哪种装载机,原理和操作方法基本相似。

我们以一种便携式磁带数据装载机为例进行说明,其面板如图 3.13-12 所示。

电源电门把飞机上的单相 115 V 交流电接到数据装载机上。

两个保险丝分别用于内部加热电路的保护和电子电路的保护,加热电路用于建立稳定的工作环境。

功能电门有 5 个位置。当电门选择在"TEST"位时,执行工作检查,首先读出磁带(盘)内的数据,通过电缆传送到 FMC,然后接收从 FMC 返回的数据,并译码再与原始数据比较,若发现任何驱动器、磁带、输送电缆有故障时,发出故障信号。电门置于位置"1"时,进行导航数据库的装载或更新。

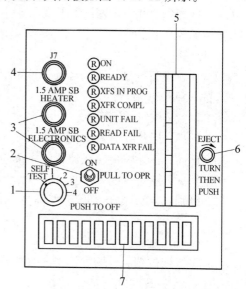

图 3.13-12　数据装载机面板

1—功能电门;2—电源电门;3—保险丝;4—插座;
5—盒式磁带槽;6—弹射旋钮;7—空气过滤器

装载机面板上还有 7 个指示灯,"ON"灯亮表示电源已经接通;"READY"灯亮说明磁带已装好,装置内温度已达到要求,自测试已经成功地完成。数据传输过程中,"XFR IN PROG"灯亮。传输结束,且数据装载机上的磁带又绕回起始位后,"XFR COMPL"灯亮。自测试失败或有不正常情况时,"UNIT FAIL"灯亮。经过 20 次尝试不能读出磁带上的数据时,"READ FAIL"灯亮。"DATA XFR FAIL"灯亮说明存在传输故障。

装载过程及检查如下:

(1) 数据装载前,先要使飞机在地面,并且接通飞机交流电,把飞机上的数据装载控制板上的电门放在"FMC"位置。

接通数据装载机上的电源电门后,"ON"灯亮,装载机内部执行一个电源接通自检程序。在电源接通自检期间,装载机面板上的所有信号灯都亮大约 6 s,试验成功后,除"接通"灯亮外,其余的指示灯都熄灭。装载机内部温度达到规定值后,接着执行一个磁带倒带测试,成功以后,"READY"指示灯亮。

功能电门置位置"1"后,传输开始,"XFR IN PROG"灯亮,若出现故障,"DATA XFR FAIL"灯亮。数据传输到最后,磁带上出现文件结束标记 EOF 时,磁带绕回,"ON"和"XFR IN PROG"灯灭,"XFR COMPL"灯亮。整个数据装载过程是自动的,只要把有关电门放在正确位置,将磁带装入装载机即可,无需更多操作。

导航数据库装载过程中,CDU 的显示屏上显示 FMC,表示目前 FMC 不能工作,也有的飞机在 CDU 上显示"XFR IN PROG"或"XFR COMPL",并附加显示数据的总文件数以及当时已记录的文件数,如图 3.13-13(a)所示。若出现故障,则显示什么故障,应如何处理等信息。在图 3.13-13(b)上显示的是"数据装载机不工作",应采取的措施是"检查数据装载机或接口"。

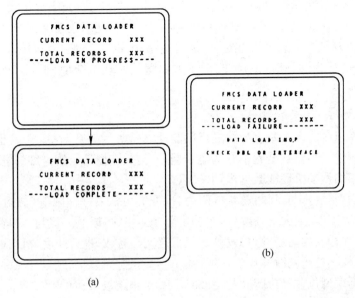

图 3.13-13 数据装载时 CDU 上显示
(a) 正常装载显示;(b) 装载失效显示

(2) 装有两台 FMC 的飞机上,另一台 FMC 的导航数据装载可通过装载插座用数据装载机再装一次。但是,简便的方法是通过两个 CDU 进行数据交叉传输。

首先用 CDU 的行选键把显示选到导航数据交输页面,见图 3.13-14。然后用字母键把"ARM"(准备)输入两个 CDU 的便笺行,再用行选键输入数字显示区。按下发送 FMC 的 CDU 上的"发送"(TRANSMIT)旁的行选键;再按下接收 FMC 的 CDU 上的"RECEIVE"(接收)旁的行选键,数据传输立即开始。发送数据的 CDU 上显示"TRANSFER IN PROGRESS"(传输正在进行)信息,交输过程只需约 2 min。

(3) 数据库安装完毕后要进行导航数据库件号和日期的检查。数据库的识别显示在 CDU 的"IDENT"(识别)页面上,见图 3.13-15。

每一盘导航数据库磁带内含有共 56 天有效的导航数据,分为两个有效日期。为保证数据库每 28 天更新的顺利进行,FMC 内可存储两个不同日期的数据库,一个是现用的数据,另一个是以前 28 天有效数据或下一个 28 天有效的数据。每当现用数据库有效日期到期那天,须把下一个有效日期的数据库变换为现用数据库。

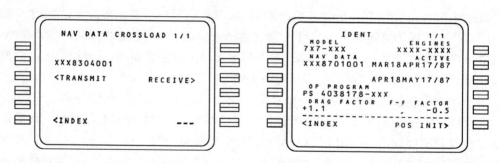

图 3.13-14　数据库交输显示　　　　　　图 3.13-15　识别页面上数据库显示

图上显示现用有效日期为 1987 年 3 月 18 日至 4 月 17 日,其下显示的下一个有效日期是 1987 年 4 月 18 日到 5 月 17 日的数据库,到 4 月 18 日现用数据库到期,要把下一有效日期的数据库变换为现用数据库。先按下 3R 行选键,把欲变为现用数据库日期抄写到 CDU 的便笺行,接着按下 2R 行选键。这样,两个数据库就实现了交换,下一个日期的数据库变成了现用数据库。

**3. 性能数据库**

性能数据库包含对飞机垂直导航进行性能计算所需的有关数据,它们是与飞机和发动机型号有关的参数。性能数据库中有两类数据,一类是该型飞机的详细的空气动力模型,另一类是飞机装用的发动机性能数据模型。

飞机空气动力模型中有飞机的空气阻力,批准的飞机操作极限值(如最大角度爬高、最大速率爬高,最大速度、最大马赫数,一个冲击限制包络线)以及一些与飞机和发动机型号有关的固定参数,如远航程马赫数,单发停车飞行巡航马赫数,进近速度,机翼面积,翼展,经济爬高速度,襟翼放下各角度时的规定速度等。

发动机数据模型包含飞机爬高和巡航时单发停车连续飞行的额定推力值,在各不同高度和不同速度(马赫数)下的额定推力值的修正,EPR 或 N1 转速限制值,推力和燃油流量关系参数,发动机在客舱、驾驶舱空调系统工作以及各防冰系统工作时的引气量等。这些数据用于发动机燃油流量计算和调节,推力计算和调节,发动机推力 EPR 或 N1 转速限制值和目标值的计算,也用于在使用空调和防冰引气时对发动机推力进行修正。

上述两方面的性能数据基本上是固有的数值,这些数据在飞机机身和发动机设计好后就已确定,一般说来是不用更改的。但是,包含在性能数据范畴内的飞机阻力系数和发动机燃油流量系数如前述因飞机和发动机新旧程度不同而会有变动,为使性能计算更精确起见,维护人员可通过 CDU 的维护页输入新的飞机阻力系数和发动机燃油流量系数值。

## 3.13.5　飞行管理计算机信息显示

FMC 在工作中不断进行检查、评估和判断,一旦发现问题立即在 CDU 的便笺行上以英语短语的形式显示。在便笺行显示的信息分为三类。当 FMC 发现存在一个不能实行横向或纵向制导功能的情况时,立即产生一个警戒信息(ALERTING MESSAGE);第二类典型的信息是当操作者在 CDU 上输入一个错误的数据,FMC 不能接受该数据时产生的输入错误提醒信息(ENTRY ERROR ADVISORY MESSAGE);最后一类信息是一些不太重要的咨询信息(ADVISORY MESSAGES)。由于飞行员通过键盘或用行选键输入的字母数字数据也在便笺行内显示,所以在 CDU 的便笺行内既可能显示输入的字母数字数据,也可能显示以上三类信息之一。由于空间限制,CDU 上只能显示一条信息或一组字母数字数据,当同时有两条以上的信息或字母数字数据需要在 CDU 便笺行显示时就按照 FMC 确定的优先顺序进行,如图 3.13-16 所示。

同时存在两条以上同一类型的信息时,根据信息产生的时间确定同类信息的优先显示顺序。最新所产生的信息具有最高的优先权。三类信息连同输入字母数字数据一起进行比较,具有最高优先权的信息便在 CDU 的便笺行显示,其余同时存在尚未被清除的信息或数据就被储存在 CDU 内的信息堆栈存储器内。所有三种类型的任一信息出现时,都会使 CDU 面板右侧的信息(MEG)灯点亮,以引起操作者的注意。但这三类信息中只有具有最高优先权的警戒信息才会使在驾驶舱仪表板上的 FMC 警告灯亮,在安装发动机指示和机组警戒系统(EICAS)的飞机上,同时会在 EICAS 的上显示屏上出现 C 级的"FMC 信息"(FMC MESSAGE)。

三类信息中的任意一条信息的出现都有一个建立逻辑,清除这些信息时可以按压 CDU 面板上的清除(CLR)键,也可以采取一些措施使产生该信息的条件不再存在,信息即自动消失。

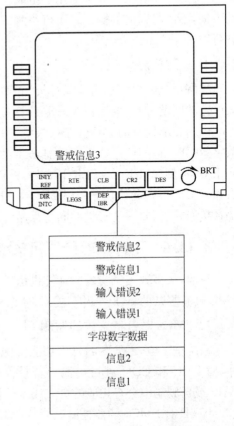

图 3.13-16　显示信息和字母数字数据优先顺序

**1. 警戒信息**

警戒信息是三类信息中优先权最高的一类信息。它们的出现一定要让机组知道,并立即采取必要的措施进行纠正;否则,横向导航(L NAV)或垂直导航(V NAV)就会降低精度甚至不能继续进行。不管 CDU 有无其他信息,此信息一旦产生就立刻显现在 CDU 的便笺行上。

可能产生的警戒信息共有二十多条,例如"UNABLE REQD NAV PERF"说明导航系统不能提供需要的导航精度;"END OF ROUTE"说明飞机飞越了计划航线的最后一段,要求飞行员断开横向制导或选定新的航路并使之实施;"INSUFFICIENT FUEL"说明飞行条件产生了变化或遇到大的顶风,飞机上的燃油已不够,也可能飞行员在空中更改航路,燃油消耗将过多而使机上燃油不足等。

**2. 输入错误提醒信息**

飞行员在 CDU 的便笺行上输入数据时,免不了会发生一些输入错误,有些是数据格式或数值不对,有些是执行了某项错误的操作。每当操作者在 CDU 上输入了一个 FMC 不能接受的数据时,便会在被操作的 CDU 便笺行上出现一条输入错误提醒信息。由于输入数据错误信息比操作者刚输入的不正确数据具有更高的优先权,该信息会马上显示,操作者使用清除键清除输入错误提醒信息后,原来输入的错误数据才再显现在 CDU 上,再一次按压清除键,才能清除输入的错误数据。CDU 上可能出现的输入错误提醒信息有十多条,例如"NOT IN DATA BASE"说明操作者在 CDU 上输入了一个导航数据库内不存在的某航路识标,提醒操作者该识标不能用于组成航路;"INVALID ENTRY"说明飞行员输入了错误的数据,不能与以前的输入或飞机当时状态协调,或输入的数据格式不对,或数据超出了允许范围,FMC 无法接收等。

### 3. 提醒信息

提醒信息一般显示需要飞行员知道的飞机或 FMC 工作状态信息。这些状态虽不会造成严重的问题,但也要飞行员采取必要的措施加以纠正。

由于提醒信息的显示优先权最低,只有在 CDU 的便笺行内没有其他信息或输入字母数字数据时,提醒信息才会在信息产生的同时立即在 CDU 上显示。可能出现的提醒信息有十多条,例如"RE-ENTER IRS POSITION"说明上次起始 IRS 没有成功,要求操作者再次输入 IRS 准确起始位置;"TAI ON ABOVE 10℃"说明空气全温 10℃ 以上,热防冰系统仍在接通状态,要求飞行员关断防冰系统等。

## 3.13.6　飞行管理计算机系统自检和维护页面

目前,大多数飞机安装的计算机都具有内装自检设备(BITE)。飞行管理计算机系统的 FMC 具有复杂的 BITE 功能,能对 FMCS 本身和连接的飞机其他系统进行监控和测试。

### 1. FMCS 对自身系统的监测

系统一上电,FMCS 的自检功能实施从电源接通自检、工作监控等一系列的自检测程序,对 FMC 和 CDU 进行检测。若自检通过,CDU 会显示相应的初始页面;若未通过,FMC 或驾驶舱中会有相应的灯光或字符提醒并会自动通知其他系统 FMCS 失效。

BITE 对 FMCS 的监控测试对象一般包含两大部分:一是对计算机硬件设备的检查监控,包括存储器、ARINC429 发送接收机的检查,程序销钉准确性检查,输入输出控制接口、传感器等的检查;二是对计算机软件的检查,包括微处理机指令检查、软件定时监控和数据库软件比较检查等。下面以某一机型为例着重介绍 FMCS 对自身系统的监控和测试功能。

假若 FMCS 出现了故障,维护人员必须了解与 FMC 有接口联系的外部传感器的工作状态,以便寻找故障所在,FMCS 的维护页面(图 3.13-17)就提供了所有 FMC 传感系统的情况。飞机在地面时,"INIT REF INDEX"页面的 6R 数据区会出现"MAINT"的提示符。按压 6R 行选键即可进入维护索引页面,上面有"FMC 传感器状态""FMC 模拟离散信号""IRS 监控器""性能系数"和已讲过的"导航数据库交叉传输"页面。

(1)"FMC 传感器状态"页共有 2 页,显示的是与 FMC 有联系的飞机各传感器系统、操纵控制板以及 FMCS 内部总线当时的工作状态,如图 3.13-18 所示。

FMC 传感器状态页的第一页的左边列出向 FMC 输送信息的外场可更换件(LRU)。即有全向信标接收机(VOR)、测距机(DME)、仪表着陆系统接收机(ILS)、大气数据计算机(ADC)、惯性基准系统(IRS)、飞行控制计算机方式控制板(FCC/MCP)、推力管理计算机(TMC)、燃油流量传感器(FUEL FLO)、燃油量传感器(FUEL QTY)和时钟(CLOCK)。第二页左边列出的外场可更换件为电子飞行仪表系统控制板(EFIS/CP)、FMC 和 FMC 之间

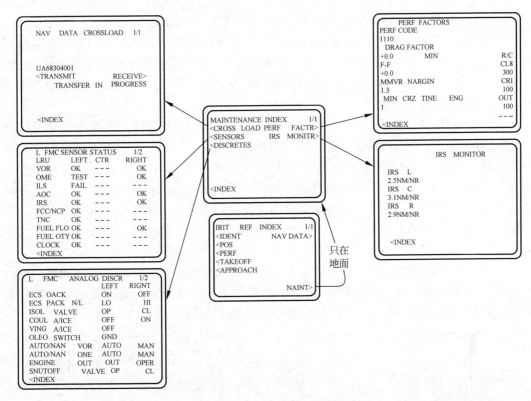

图 3.13-17　FMCS 维护页面

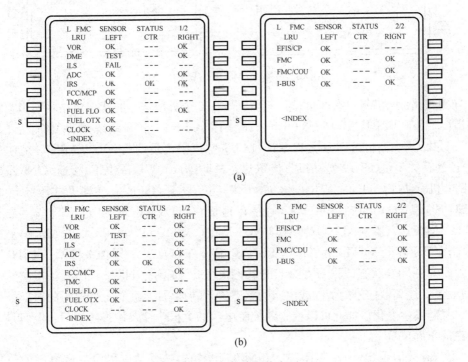

(a)

(b)

图 3.13-18　传感器状态页

（a）左 CDU 显示；（b）右 CDU 显示

内部总线(I-BUS)。该页面第二、三、四列分别显示第一列设备系统的左、中、右设备的状态。"OK"表示正常;"TEST"表示该设备正处于自测试状态;"FAIL"表示该设备工作不正常或没有连接或没有接通电源;"……"表示飞机上没有安装或者显示 CDU 一边的 FMC 不要求接收该设备的信号。所有显示的传感器状态只是说明了这些传感器的输出以及从传感器出发到 FMC 总线的情况。

　　飞机上装有两台 FMC 的双系统中,左、右 CDU 上显示的传感器状态页上分别显示向左、右 FMC 输送信号的传感器状态。VOR、DME 接收机、惯性基准系统、燃油流量传感器以及飞机上只有一台的推力管理计算机、燃油加法器等,它们的状态同时在两边的 CDU 传感器状态页上显示。由于左、右飞行控制计算机方式控制板,左、右仪表着陆系统,左、右时钟以及左、右电子飞行仪表系统控制板只分别向左、右 FMC 输送信号,因此只要 FMC 的仪表源转换电门在"正常"位,那么左、右 CDU 上所显示的 FMC 传感器状态页面就会有所不同,这是左、右 CDU 显示有区别的少数页面之一。

　　(2)"FMC 模拟离散信号"页显示的设备是与 FMCS 系统有关的电门、活门输送的当时离散信号的状态、程序销钉的选择情况,例如空调系统、防冰系统电门或空气活门位置等信号,这些离散信号都是 FMC 计算性能数据时所需要的,如图 3.13-19 所示。

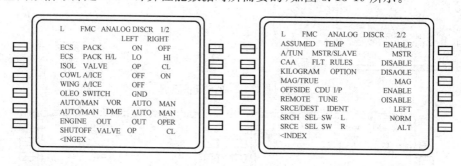

图 3.13-19　FMC 模拟离散信号页

　　"模拟离散信号"页也有两页,第一页共显示 10 个离散信号的状态。显示列出空调系统组件活门(ECS PACK)是打开(ON)还是关闭(OFF);空调系统组件高/低活门(ECS PACK H/L)是在高位(HI)还是在低位(LO);空气隔离活门(ISOL VALVE)是在工作位(OP)还是在关闭位(CL);发动机整流罩热空气防冰(COWL A/ICE)接通(ON)还是断开(OFF);机翼防冰(WING A/ICE)接通(ON)还是断开(OFF);减震支柱压缩空地电门(OLEO SWITCH)是在空中(AIR)还是在地面(GND);VOR 和 DME 自动/人工调谐(AUTO/MAN VOR)(AUTO/MAN DME)是在自动(AUTO)还是人工(MAN)状态;发动机工作(ENGINE OUT)是工作(OPER)还是停车(OUT);燃油关断活门(SHUTOFF VALVE)是在闭合状态(CL)还是在打开状态(OP)。如果此时操作者操纵各相应的控制电门,使发出上述离散信号的活门或电门的状态进行转换,那么此页上所显示的对应模拟离散信号也跟随发生变化。如此可以检查各控制电门的可操作性及检查各活门和电门是否在它们应在的正确位置上。

　　"模拟离散信号"第二页显示 10 个 FMC 程序销钉选择情况以及一些电门的位置。各航空公司在购买飞机时,要根据本公司所奉行的制度和要求在 FMC 上选择相应的程序销钉,使 FMC 的工作能适应本航空公司的使用要求,该页显示了 7 项程序销钉选择的情况。

它们是"外界假设温度"(ASSUMED TEMP)能够(ENABLE)还是不能够,如果选择了"能够",那么飞行员就可以在起飞参考页上输入比当时大气温度要高的假设温度,以此降低发动机起飞功率,延长发动机寿命;"自动调谐由主 FMC 还是由从 FMC 控制"(A/TUN MSTR/SLAVE),如果选定主,那么两对 VOR/DME 接收机都实现主 FMC 的调谐程序;"英国民用航空飞行规则"(CAA FLT RULES)是否执行,若选择不执行(DISABLE),则说明只实施 FAA 规则;"千克选择"(KILOGRAM OPTION)为 ENABLE,说明燃油或飞机全重输入数据可使用千克;"磁/真航向"(MAG/TRUE)指示 FMC 输出航向是以磁北还是以真北为参考;"另边 CDU 能否向本边 CDU 输入数据"(OFFSIDE CDU I/P);"遥控调谐"(REMOTE TUNE)指的是 VOR 和 DME 除了由 FMC 自动调谐以及在导航控制板上人工调谐外,是否还有在进程页上进行遥控调谐的能力。后 3 项是电门位置显示,"源/地址识别"(SRCE/DEST IDENT)指示输到该 CDU 的信息是来自左还是来自右 FMC,检查是否与 FMC 仪表源选择电门的位置相一致;最后两项是"左、右两 FMC 源选择电门"(SRCE SEL SW L 或 R)当时所处位置,"NORM"则为正常位,在转换位则显示"ALT"。

(3)"IRS 监控器"(IRS MONITOR)页显示 FMC 对 IRS 的监控数据,在这个页面上显示各个 IRS 在飞行过程中所计算的飞机当时位置与 FMC 使用综合导航方式所确定的精确位置之间的每小时位置误差值,如图 3.13-20 所示。该页中左、中、右 IRS 的位置误差分别为 2.5 n mile/h、3.1 n mile/h 和 2.9 n mile/h。

IRS 在进行位置计算时都会出现一定的误差,特别是系统累积误差,即飞行时间越长,其误差率也就越大。按照规定每次飞行 IRS 计算的位置误差最大不允许越过 $3+3T$ n mile,$T$ 为该次飞行的飞行小时。如果某次航行飞行 2 h,IRS 位置的最大允许误差为 9 n mile,在图 3.13-20 中,IRS 飞行 2 h 的最大位置误差为 6.2 n mile,尚在允许的误差范围以内。

FMC 对 IRS 的监控只对 IRS 位置计算的准确性进行监测,而对 IRS 的其他功能不起任何作用。如果在 3 个 IRS 中有一个 IRS 位置误差率逐渐变大,就应密切注意观察。

IRS 监控器页上所显示的数据是飞行结束、飞机地速小于 20 n mile/h 时计算得出的。由于显示的误差值只是当次飞行的数值,所以只要断开电源或飞机再次起飞升空,其值立即消失,下一次飞行结束时再显示新的误差值。

(4)"性能系数"(PERF FACTOR)页显示当时 FMC 使用的进行垂直剖面运算的部分性能系数或限制值,如图 3.13-21 所示。对这些性能参数可在航空公司负责部门的组织下在此页上进行适当的修改,以便飞行条件、飞机和发动机的使用状态变化后,使 FMC 的垂直剖面的计算达到更接近实际的优化。

图 3.13-20 IRS 监控器页

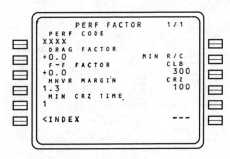

图 3.13-21 性能系数页

"性能系数"页面左边数据区依次显示："性能代码"(PERF CODE)，表示 FMC 后部插座上四个程序销钉的连接情况，它说明能否实施减推力爬高以及减推 1 和减推 2 方式时的降低推力百分数，一旦确定后不能更改。机务人员要检查左、右 FMC 的性能代码是否一致，否则会出现软件配合故障。"阻力系数"(DRAG FACTOR)和"燃油流量系数"(F-F FACTOR)可根据飞机、发动机制造差异和新旧程度不同引起的系数变化而在此更改。"操纵极限"(MNVR MARGIN)以重力加速度 $g$ 为单位，用以限制目标速度。"最少巡航时间"(MIN CRZ TIME)是一个以时间分为单位的限制值，一旦确定以后，无论航程多短也有确定的最少时间的巡航飞行，这是用于在短航程飞行时计算最经济爬高和最经济下降剖面，使之耗油最少。性能系数的右边数据区分别显示在爬高(CLB)、巡航(CRZ)推力下的最小爬高速率(MIN R/C)，用于确定飞行包线。

## 2. FMCS 对其他系统的监测

飞行管理计算机系统可对与 FMC 接口的各系统和部件进行连续的监控，能在 FMCS 的 CDU 上对一些接口系统起始测试，以协助操作者对系统进行故障确定和隔离。如波音 737 NG 系列飞机上安装的 FMCS 能对数字式飞行控制系统、自动油门系统和大气数据惯性基准系统、通用显示系统等系统进行人机对话式的测试，总共有几十类试验项目，上百页面显示。

图 3.13-22 所示为在 FMCS 的 CDU 上对 CDS 系统做当前状态测试的例子。在 CDU 起始参考索引页面(INIT/REF INDEX)上进入维护页面(MAINT BITE INDEX)，然后选

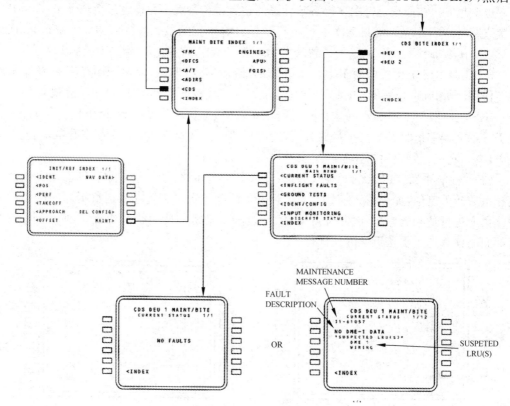

图 3.13-22　FMCS 对其他系统测试

择通用显示系统(CDS),在 CDS 测试索引(CDS BITE INDEX)页面上选择显示解码组件(DEU 1),进入其测试主菜单(MAIN MENU)。按压当前状态(CURRENT STATUS)旁边的行选键会出现测试结果页面。"NO FAULTS"表示当前状态测试通过,否则会出现故障信息,包括维护信息代码、故障描述等。此例中测试结果为没有 DME 数据,怀疑原因可能是 DME1 或线路问题。

## 第4章

# 自动飞行系统

## 4.1　自动飞行系统的功能和结构

### 4.1.1　自动飞行系统的功能

　　自动飞行系统是现代民航飞机的主要机载系统之一,对保证飞行安全、改善飞行品质、减轻飞行员工作负荷等起着重要作用。目前,绝大多数现代飞机都装备了该系统。自动飞行系统是一个以计算机为核心,以机载导航系统、飞行员输入指令、执行机构反馈为主要信息源,以伺服系统为执行机构的自动控制系统。该系统接受驾驶员的输入指令和其他系统输入信号,计算相应控制指令,并输出到伺服系统或显示系统,实现对飞机操纵面(或称舵面)、发动机推力的自动控制和相应指令及状态的显示。通常,典型的自动飞行系统具有五大基本功能:自动驾驶(A/P)、飞行指引(F/D)、自动油门(A/T)、安定面自动配平(STAB/T)、偏航阻尼(Y/D)。现代民航运输飞机普遍有飞行管理计算机系统(FMCS)或功能。自动飞行系统能接收并执行 FMCS 的飞行制导指令,按照飞行计划完成整个自动飞行过程,直至进近着陆。典型的自动飞行系统功能如图 4.1-1 所示。

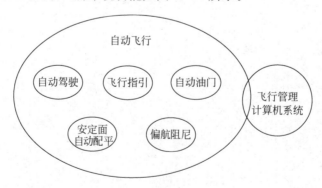

图 4.1-1　自动飞行系统五大功能

　　自动驾驶——根据确定的工作方式和系统输入信号,计算操纵面的控制指令,输出给自动驾驶伺服系统,自动控制飞机的姿态,从而实现对飞行轨迹和速度的控制。可以用于除起飞阶段以外的各飞行阶段。

　　飞行指引——根据确定的工作方式和系统输入信号,计算飞行操纵指令,输出到机载显示系统,在 PFD 或 EADI 上显示飞行操纵指引指令(飞行指引杆),引导飞行员人工驾驶飞机跟随指令要求飞行；在自动驾驶衔接时，可用于人工监控自动驾驶的工作状态。

自动油门——根据确定的工作方式和系统输入信号，计算发动机的控制指令和推力限制指令，自动控制发动机的推力。

安定面自动配平——在不同飞行阶段，通过自动调整水平安定面，提供纵向的操纵力矩，提高飞机俯仰方向上的稳定性。通常可分为自动驾驶配平（AP/T）、马赫配平（M/T）和速度配平（SPD/T）。

偏航阻尼——根据飞行状态和系统输入，计算控制指令，通过控制方向舵，提供绕飞机立轴的操纵力矩，阻尼飞机"荷兰滚"运动，提高飞机绕立轴的稳定性；此外，还提供协调转弯功能。

其中，安定面自动配平和偏航阻尼功能也是增稳功能，它改善了飞机的稳定性和操纵性，提高了飞行安全和旅客乘机的舒适性。

自动飞行系统的五大功能协同工作，实现对飞机的自动飞行控制，在一定工作方式下，系统接收 FMCS 的指令，可以按照预先制定的飞行计划，实现从起飞后的爬升、巡航、下降直到着陆各飞行阶段上的自动控制。

## 4.1.2 自动飞行系统的结构

如图 4.1-2 所示为一种非电传操纵飞机典型的自动飞行系统，包括以下设备：

（1）飞行控制计算机（FCC）——是系统的核心，用于实现系统衔接逻辑和工作方式的判断、指令的计算，同时具有本系统 BITE 功能。

（2）输入设备——包括控制板和 FMCS 以及传感器系统。飞行员的指令通过控制板输入，它是计算机和飞行员之间信息传递的主接口。传感器系统，如大气数据惯性基准组件（ADIRU）、仪表着陆系统（ILS）等为自动飞行系统提供与飞行参数相关的传感器信号输入。

（3）输出设备——计算机输出的指令信号加到飞机操纵面的伺服系统和显示器（如PFD）等系统。

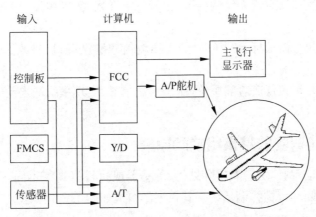

图 4.1-2 非电传操纵飞机典型自动飞行系统结构

如图 4.1-3 所示为电传操纵（FBW）飞机上的一种典型的自动飞行系统结构。核心计算机是飞行管理制导和包络保护计算机（FMGEC），计算输出的指令不直接控制飞行操纵面和发动机，而是通过电子飞行控制系统（EFCS）和全权数字式发动机控制（FADEC）计算机去控制飞行操纵面和发动机推力。偏航阻尼等增稳功能由 FMGEC 中的保护功能完成。

驾驶杆到操纵面没有机械连接,系统是电信号连接的控制增稳系统。

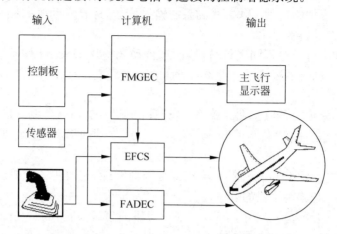

图 4.1-3　电传操纵飞机典型自动飞行系统的结构

## 4.2　自动驾驶

### 4.2.1　自动驾驶功能

自动驾驶(A/P):计算并输出伺服控制指令,通过控制飞机操纵面(副翼、升降舵;有些机型在着陆方式有效时还控制方向舵),稳定或改变飞机姿态,进而控制和改变飞机的航迹或速度。通常,根据 A/P 工作方式的不同,可实现如下基本功能:

(1) 接收驾驶员的指令,改变或保持飞行姿态,以操纵飞机达到希望高度、速度、航向、升降速度等;

(2) 接收飞行管理计算机系统的指令,执行飞行计划,实现按预定飞行轨迹(包括位置、航向、速度等)的飞行;

(3) 按照甚高频全向信标台(VOR)的无线电信号操纵飞机,进入选定的 VOR 航道并跟踪该航道;

(4) 自动追踪并纠正仪表着陆系统(ILS)偏离信号,实现飞机的自动着陆(CAT Ⅰ、Ⅱ、Ⅲ等)。

### 4.2.2　自动驾驶的基本组成和原理

不同类型的自动驾驶,尽管其实际结构、传感器或执行机构等不同,但基本工作原理都是基于偏差控制的闭环反馈控制系统。其典型的组成如图 4.2-1 所示。

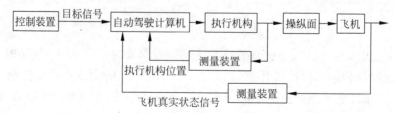

图 4.2-1　自动驾驶的基本组成和功能框图

自动驾驶计算机(如 FCC)——信号处理和指令计算装置,把测量装置即飞机各传感器系统反馈回来的飞机真实运动参数、控制装置设定的目标参数及伺服机构的反馈信号进行比较计算,输出符合控制规律要求的伺服指令信号。通常包含对信号的比较、微分、积分、限幅和滤波等处理和运算,同时还兼有机内自检(BITE)等任务。

控制装置——目标信号输入装置,一般包括衔接系统、目标飞行参数和工作方式的设定,如 MCP 或 FCU。

测量装置——各种敏感测量部件或系统,用于测量飞机当前的运动参数,反映飞机的实际飞行状态,如大气数据惯性基准系统等。

执行机构——执行飞控计算机的输出指令。亦称为舵机或作动筒,通常有电动或电-液舵机两种。

系统工作原理如下:若飞机实际飞行参数偏离目标参数,测量装置感受到飞机偏离的方向和大小,将此信号反馈到自动驾驶计算机,计算机将测量装置的信号和控制装置的目标参数进行比较,根据偏差计算控制指令,并输出指令到执行机构,由执行机构实现对舵面的控制;随之飞机飞行状态发生改变,此时飞机实际运动参数和目标参数之间的偏差逐渐减小,由于系统是负反馈控制系统,飞机实际飞行参数一直朝目标值趋近,直到达到目标值,偏差趋于零,指令输出为零,系统达到新的平衡状态并保持。

人工驾驶时,飞行员通过推杆或拉杆,驱动升降舵偏转,操纵飞机俯仰;通过向左或向右压盘,驱动副翼偏转,操纵飞机倾斜;通过向左或向右蹬脚踏板,驱动方向舵,操纵飞机偏航转弯;自动驾驶对飞机操纵也类似,典型的自动驾驶是通过如图 4.2-5 所示的控制回路去控制飞机的副翼、升降舵和方向舵,从而实现对飞机倾斜、俯仰和航向的控制。

通过升降舵,控制飞机的俯仰姿态、高度或速度的控制回路,通常称为俯仰控制回路或俯仰通道;通过副翼,控制飞机的倾斜角,以实现对侧向航迹(位置)的控制回路,通常称为倾斜控制回路或倾斜通道;通过方向舵,控制飞机的航向的控制回路,通常称为航向控制回路或航向通道。三个通道既独立又相互联系,共同完成对飞机的自动飞行控制。这样的自动驾驶也称为三轴式自动驾驶。

需要注意的是,在现代民航运输机上,巡航飞行阶段,自动驾驶功能只有俯仰和倾斜两个通道,对方向舵的控制则由偏航阻尼系统(功能)来完成,实现偏航阻尼和转弯协调功能。

### 4.2.3　自动驾驶的工作回路

自动驾驶工作时,以飞机为控制对象,实现对飞机飞行参数(姿态、位置、速度)的控制与稳定。自动驾驶不是简单的闭环反馈控制系统,而是多个闭环回路嵌套的复杂反馈控制系统。自动驾驶控制功能的实现,通常由以下四个工作回路组成,分别在自动驾驶的不同工作阶段和方式下起作用。

**1. 同步回路**

(1) 功能:在自动驾驶衔接时,保证系统输出为零,即保证自动驾驶的工作状态与当时飞行状态同步。也就是保证舵面位置在自动驾驶衔接时不会突然改变,确保飞机姿态不因自动驾驶的衔接发生变化。

(2) 基本组成:现代飞机上自动驾驶的同步通常由两部分组成,一是 FCC 内部的同步,即信号同步,确保自动驾驶衔接时系统输出为零;二是作动筒的同步,即确保作动筒的位置与相应舵面位置同步。

同步回路仅在自动驾驶未衔接时处于工作状态,一旦自动驾驶衔接成功,同步回路即断开,系统处于自动驾驶状态,如图 4.2-2 所示。

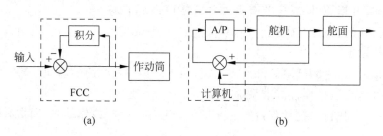

图 4.2-2　同步回路
(a) FCC 内部同步回路;(b) 作动筒同步回路

### 2. 舵回路

自动驾驶衔接后,舵回路工作。通常将舵机的输出信号反馈到系统的输入端,形成随动系统或称伺服回路,简称为舵回路,如图 4.2-3 所示。

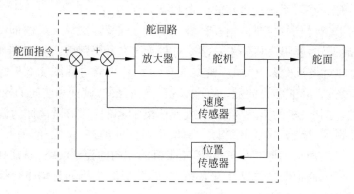

图 4.2-3　舵回路

(1) 功能:舵回路保证舵机的输出与输入成一定的比例关系(现代民航飞机的舵回路多是比例式,即仅有作动筒的位置反馈);消除铰链力矩对舵机特性的影响。对于电动舵机而言,测速反馈可以改善舵机系统的动态性能;对于电-液伺服舵机,只需要位置反馈。

(2) 基本组成:舵回路由舵机、放大器及反馈元件所组成。反馈元件包括速度传感器、位置传感器,以构成舵回路的测速反馈和位置反馈。舵回路可用伺服系统理论来分析,其主要负载是作用在舵面上的气动力矩(铰链力矩)。

### 3. 稳定回路

(1) 功能:稳定回路控制飞机的姿态达到目标姿态,也就是控制飞机的角运动。

(2) 基本组成:稳定回路由舵回路和测量飞机姿态运动的测量装置组成,如图 4.2-4 所示。

### 4. 控制(制导)回路

(1) 功能:实现对飞机重心运动即飞机运动轨迹的控制,主要控制目标参数为飞机的轨迹和速度。

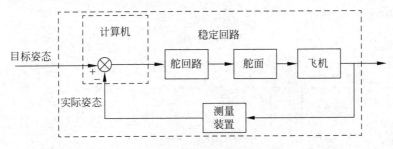

图 4.2-4 稳定回路

（2）基本组成：稳定回路加上测量飞机位置或速度信号的部件以及表征飞机空间位置几何关系的运动学环节，组成的闭环回路，称为控制回路或制导回路，如图 4.2-5 所示。

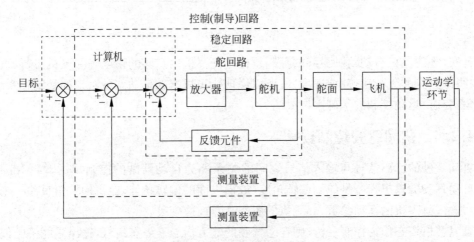

图 4.2-5 控制（制导）回路

控制回路中的目标值是飞机的轨迹参数（如位置、速度），运动学环节是表征飞机姿态与轨迹参数之间关系的环节，可由飞机运动方程得到。

自动驾驶工作描述：自动驾驶衔接完成之前，同步回路工作；衔接后正常工作时，舵回路、稳定回路和控制回路配合工作，实现对飞机运动参数的自动控制。

下面以自动驾驶的倾斜通道控制飞机航向为例说明稳定回路和控制回路的工作情况（协调转弯），如图 4.2-6 所示。目标航向（基准值）来自自动驾驶控制板，实际航向（实测值）来自 ADIRU，控制回路的比较器计算出目标航向与实际航向之间的偏差，这一偏差称为航向偏差。该偏差在计算机中经过计算处理变为倾斜角度作为稳定回路中的目标指令信号输入。稳定回路中目标倾斜角与实际倾斜角比较，得出倾斜姿态偏差。姿态偏差在计算机中经过处理计算生成副翼偏转指令送到舵回路。舵回路驱动副翼偏转（通过动力控制组件 PCU），改变飞机倾斜姿态，以改变侧向航迹；同时倾斜角信号送到偏航阻尼系统，产生协调转弯信号，使飞机飞行的实际航向改变，直到飞机达到目标航向并保持，此时飞机倾斜角也逐渐减小，当保持目标航向时，倾斜角为零。信号从控制回路进入到稳定回路必须用姿态限幅器加以限制，以防止飞机产生危险的倾斜和俯仰角。通常在自动驾驶状态下，倾斜姿态限制为 ±30°，俯仰姿态被限制为上仰 25°，下俯 10°，不同机型略有差异。

从这个例子可以看出，自动驾驶是通过操纵面偏转控制飞机姿态，姿态改变则轨迹改

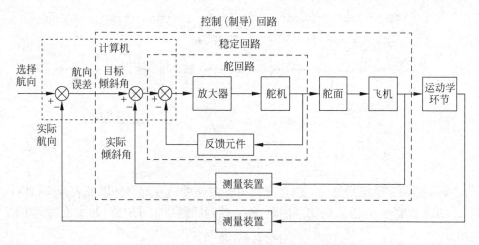

图 4.2-6　自动驾驶的倾斜通道控制航向

变。其实,现代飞机自动驾驶最终的控制目标是使飞机以足够的精度确保飞机飞行轨迹(或速度)跟踪预定的飞行轨迹(或速度)。所以说现代飞机上的自动驾驶系统都是制导系统,它是在角(姿态)运动控制的基础上形成的。

### 4.2.4　自动驾驶控制规律

自动驾驶的输出信号与输入信号之间的关系称为自动驾驶的控制规律,简称控制律。通常自动驾驶的输出指令是舵面偏转角度(或操纵面的偏转角,与舵机偏转角只差一个比例系数),输入是飞机的运动参数,如飞机的姿态、轨迹、速度等。

若以飞机姿态作为控制目标,则自动驾驶的输入信号是姿态信号,输出是舵机的偏转角度信号,称为姿态控制自动驾驶系统。姿态控制自动驾驶系统实现对飞机姿态的自动控制。实现对飞机轨迹控制的自动驾驶,称为轨迹控制自动驾驶系统。两者基本控制原理类似,本节只介绍相对简单的姿态控制自动驾驶。

根据控制规律的不同,通常可以将姿态控制的自动驾驶分为比例式自动驾驶、积分式自动驾驶和均衡式自动驾驶。

比例式自动驾驶即系统输出的舵面偏转角度与输入的飞机运动参数成比例关系;积分式自动驾驶即系统输出的舵面偏转角度与输入的飞机运动参数成积分关系;均衡式自动驾驶即系统输出的舵面偏转角度是输入的飞机运动参数的比例关系和输入的飞机运动参数的积分关系的叠加。

无论什么类型的自动驾驶,都有两种工作状态。一种是稳定状态,即将飞机稳定在给定的目标参数上,阻止外界干扰引起飞机状态的改变。对于姿态控制系统,自动驾驶可以稳定飞机的姿态,消除飞机相对给定基准的偏离。另一种是操纵状态,即自动驾驶控制飞机进行状态的改变。此时需要给定一个新的控制目标信号到自动驾驶,自动驾驶输出控制指令到舵回路,改变飞机的运动状态,向新的目标值运动。新的控制信号相当于在原基准信号的基础上再附加一个给定的增量信号。例如,飞机原来稳定状态俯仰角是 $10°$,现在要控制飞机俯仰角到 $15°$,其实真正输入到自动驾驶,引起飞机状态改变的是 $5°$ 的俯仰增量信号。所以我们在下面的描述中用的都是增量信号,进行增量控制。

自动驾驶对姿态的控制在原理上基本相似,下面以俯仰通道为例说明姿态控制自动驾驶的控制规律和特点。

**1. 比例式自动驾驶**

以俯仰通道为例说明比例式自动驾驶的控制规律及原理,如图 4.2-7 所示。为简化起见,假设计算机实现的是传递函数为 1 的比例环节,并忽略舵回路的惯性。

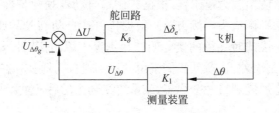

图 4.2-7　比例式自动驾驶原理框图

比例式自动驾驶的控制规律可表述为

$$\Delta \delta_e = K_\delta(U_{\Delta\theta} - U_{\Delta\theta_g}) = K_\delta K_1 \Delta\theta - K_\delta U_{\Delta\theta_g} = L_\theta(\Delta\theta - \Delta\theta_g) = L_\theta \Delta\theta_e$$

其中

$$L_\theta = K_\delta K_1, \quad \Delta\theta_g = \frac{U_{\Delta\theta_g}}{K_1}$$

式中,$\delta_e$——升降舵偏转角;

　　$\Delta\theta$、$\Delta\theta_g$——飞机实际俯仰角变化量和目标俯仰角变化量($U_{\Delta\theta}$、$U_{\Delta\theta_g}$ 是其相应的电信号);

　　$\Delta\delta_e$——自动驾驶输出,即升降舵偏转角相对于原稳定状态的增量;

　　$\Delta\theta_e$——自动驾驶输入信号的偏差,即飞机实际俯仰角增量与目标俯仰角增量之间的偏差;

　　$L_\theta$——飞机俯仰角偏差到升降舵偏转角增量之间的传递系数,即输入与输出之间的比例系数;

　　$K_1$——俯仰姿态测量装置的传递系数;

　　$K_\delta$——舵回路的传递系数。

可见升降舵的偏转角增量 $\Delta\delta_e$ 与飞机俯仰角偏差 $\Delta\theta_e$ 成比例,称为比例式自动驾驶。

在忽略舵回路惯性的前提下,比例控制的特点是有输入,立刻有输出。比例式自动驾驶中,只要俯仰角有偏差,升降舵会立刻偏转,直到实际俯仰角增量等于目标俯仰角增量(自动驾驶工作在稳定状态时实际俯仰角等于目标俯仰角),俯仰偏差为零,系统输入为零,输出为零,升降舵回到相对零位。

1) 比例式自动驾驶稳定飞机俯仰角

比例式自动驾驶稳定飞机俯仰角,是指如果飞机受到干扰偏离原始状态(目标状态),自动驾驶将消除干扰,将飞机修正到原飞行状态。此时目标俯仰角 $\theta_g$ 不变,$\Delta\theta_g$ 为零,控制规律变为

$$\Delta\delta_e = L_\theta \Delta\theta$$

假设飞机以一定速度等速水平直线飞行,初始俯仰角等于目标俯仰角,则输入 $\Delta\theta_e$ 为零,输出 $\Delta\delta_e$ 为零。

当飞机受到瞬时抬头干扰后(如垂直气流扰动或抬头干扰力矩),飞机会瞬时抬头。此

时传感器系统(如惯导)会测量到俯仰角的变化 $\Delta\theta=\theta-\theta_0>0$。$\Delta\theta$ 相关控制量输出到舵回路中,舵机输出 $\Delta\delta_e>0$,驱动舵面向下偏转。升降舵向下偏转产生气动力矩使飞机低头,测量反馈的实际俯仰角 $\theta$ 逐渐减小。$\Delta\theta$ 减小,升降舵偏转变化角度 $\Delta\delta_e$ 也随之减小。直到 $\Delta\theta$ 趋于零时,$\Delta\delta_e$ 也趋于零,即升降舵回到相对零位。飞机状态稳定在原基准值,继续水平直线飞行。

若飞机受到的是常值抬头力矩干扰,根据比例式自动驾驶的特性,升降舵要向下偏转,以产生低头附加力矩来平衡抬头干扰力矩。根据比例式自动驾驶的原理:输出 $\Delta\delta_e\neq0$,那么输入 $\Delta\theta\neq0$。也就是说此时飞机的实际俯仰角不等于原始值,升降舵也回不到原来的位置上,即存在俯仰角控制误差,这就是我们常说的比例式自动驾驶存在稳态误差。稳态误差指的是系统从一个稳态过渡到另一个稳态,或系统受到扰动后又重新平衡后,系统实际值与目标值的偏差。

2) 比例式自动驾驶操纵飞机改变俯仰角

比例式自动驾驶操纵飞机,是指根据指令将飞机从原目标姿态角改变到一个新的目标姿态角,并稳定在这个给定的目标姿态上。

设飞机以一定速度等速水平直线飞行,初始俯仰角等于目标俯仰角。输入 $\Delta\theta_e$ 为零,输出 $\Delta\delta_e$ 为零。如果飞行员通过自动驾驶控制板输入一个新的目标值(如高度增加),由此产生新的俯仰角目标值(大于原目标俯仰角),此时 $\theta_g$ 变化,$\Delta\theta_g$ 是个大于零的固定值,而实际俯仰角未变,即 $\Delta\theta=0$,输入 $\Delta\theta_e=(0-\Delta\theta_g)<0$。控制规律变为

$$\Delta\delta_e = L_\theta\Delta\theta_e$$

输入信号 $\Delta\theta_e$ 送到舵回路中,舵回路输出 $\Delta\delta_e<0$,控制升降舵向上偏转。飞机抬头,俯仰角增大,测量到实际俯仰角的变化 $\Delta\theta>0$ 反馈到计算机中,输入 $\Delta\theta_e$ 就减小,系统输出的升降舵偏转变化角度 $\Delta\delta_e$ 也随之减小。只要升降舵向上偏转,实际俯仰角就会越来越大,即 $\Delta\theta\uparrow$,直到实际俯仰角增加到与目标俯仰角平衡,输入 $\Delta\theta_e$ 趋于零,输出升降舵的舵面的变化 $\Delta\delta_e$ 趋于零,飞机稳定,将保持在新的目标姿态上飞行。反之亦然。

3) 带有微分环节的比例式自动驾驶

由控制理论可知,通常比例式控制器有稳态误差,而且会产生振荡,比例式自动驾驶也如此。如在上述比例式自动驾驶操纵飞机的例子中,当实际俯仰角增加到与目标俯仰角相等时,偏差输入趋于零,输出升降舵的舵面的变化趋于零,升降舵回到原来位置。但此过程中飞机一直有上仰角速度,即惯性的作用,到达目标俯仰角时飞机的抬头速度并不为零,会继续上仰,俯仰角偏离目标值后,产生正的俯仰角偏差,自动驾驶又会输出正的升降舵偏转控制指令,控制飞机下俯,如此振荡,直到最后稳定下来。

在简单的比例式自动驾驶的基础上,引入俯仰角速率反馈信号,就可以产生附加舵偏角,形成与俯仰角速率反向的附加操纵力矩,对飞机的姿态运动起阻尼作用,减少振荡,这就构成了带有一阶微分环节的比例式自动驾驶。控制规律如下:

$$\Delta\delta_e = L_\theta(\Delta\theta - \Delta\theta_g) + L_{\dot\theta}\Delta\dot\theta$$

其中,$L_{\dot\theta}$ 为微分环节的传递系数;$\Delta\dot\theta$ 为俯仰角变化速率。

有关微分概念可以举例说明,如飞机以 300 n mile/h 的速度飞行了 2 h,路程为 600 n mile。路程=速度×时间,即 $s=vt=300t$。速度 300 是路程变化率,也就是路程对时间的微分,用

公式表达为 $300 = v = \dfrac{\mathrm{d}s}{\mathrm{d}t} = \dot{s}$。

在比例式自动驾驶操纵飞机的例子中,实际俯仰角不断增大,$\Delta\theta$ 逐渐加大的过程中,$\Delta\theta$ 的微分 $\Delta\dot{\theta}$(俯仰角变化速率)为正值,所产生的舵偏角增量 $L_{\dot{\theta}}\Delta\dot{\theta}$ 也是正值,即附加舵偏角是向下的,产生与俯仰角速度反向的操纵力矩,是阻尼力矩。这就像我们开车,想要在前面某点停下,必须同时考虑位置和速度两个因素才能有效制动。由于角微分环节产生的舵面偏转角与角位置环节产生的舵面偏转角符号相反,升降舵在俯仰角到达目标值之前就回到相对零位(称为"提前反舵"),然后反向偏转,以阻止由于惯性飞机在到达目标俯仰角后继续上仰,即减小了飞机达到目标值时的俯仰率,这样可以减小俯仰角的振荡幅度和次数,增加了系统的阻尼。

在带有微分环节的比例式自动驾驶中,比例环节 $L_{\theta}(\Delta\theta - \Delta\theta_g)$ 用来纠正俯仰角偏差,微分环节 $L_{\dot{\theta}}\Delta\dot{\theta}$ 用来增加飞机俯仰运动的阻尼,减小振荡。

**2. 积分式自动驾驶**

积分式自动驾驶,即驾驶仪输出的舵面偏转角指令与其输入信号(飞机运动参数)成积分关系。

对于俯仰角控制而言,积分式自动驾驶的控制规律为

$$\Delta\delta_e = L_{\theta}\int (\Delta\theta - \Delta\theta_g)\mathrm{d}t$$

其中,$L_{\theta}$ 为俯仰角偏差积分到升降舵偏转角增量之间的传递系数,即输入与输出之间的比例系数。

升降舵舵偏角的增量与俯仰角偏差的积分成比例。即升降舵舵偏角是俯仰角偏差随时间积累的过程,根据积分环节的特性,俯仰角偏差回零了,升降舵偏转可以不为零,相对于原平衡位置有一定的偏转角度,这一偏转角度可以用于抵消常值干扰力矩,消除稳态误差。

有关积分概念可以举例说明。如飞机以 300 n mile/h 的速度飞行了 2 h。路程=速度×时间,即 $600 = s = vt$,路程 600 n mile 就是以 300 n mile/h 的速度飞行时间 2 h 积累的结果,也就是速度对于时间的积分,用公式表达为 $600 = s = \int v\mathrm{d}t$。积分和微分互为逆运算。

上式两边同时微分,控制率变为

$$\Delta\dot{\delta}_e = L_{\theta}(\Delta\theta - \Delta\theta_g)$$

升降舵偏转角速度与俯仰角的偏差成比例($\Delta\dot{\delta}_e$ 表示升降舵舵偏角变化的角速率)。可见,只要俯仰角与目标有偏差,升降舵就会有偏转速度。

积分式自动驾驶可以消除稳态误差。如前所述,飞机受到恒定俯仰干扰力矩,当飞机存在俯仰角偏差时,舵面以一定的角速度运动,使舵偏角不断增大,一直到舵偏角产生的稳定力矩达到能平衡干扰力矩时为止。这时,俯仰角偏差为零,舵机停止转动,舵偏角保持在停止时刻的位置不变,提供控制力矩以平衡干扰力矩。一般积分式自动驾驶也叫无差式自动驾驶。

积分式自动驾驶从实现功能结构上划分可分为两类。一类积分式自动驾驶的积分关系由积分式舵回路实现,计算机(控制器)只完成简单求和运算,此类系统结构相对复杂,难以

实现复杂算法,用公式 $\Delta\dot{\delta}_e = L_\theta(\Delta\theta - \Delta\theta_g)$ 表示此类系统的物理结构;另一类积分式自动驾驶是在 FCC 内部实现积分运算,舵回路为比例式舵回路,此类系统结构相对简单,易于实现复杂算法,用公式 $\Delta\delta_e = L_\theta\int(\Delta\theta - \Delta\theta_g)\mathrm{d}t$ 表示此类系统的物理结构。需要指出,现代民航运输机的自动驾驶多为后一类型构成积分关系。

### 3. 均衡式自动驾驶

均衡式自动驾驶,即驾驶仪输出的升降舵偏转指令与俯仰角偏差既有比例关系,也有积分关系,亦称比例-积分式自动驾驶。它既具有比例式快速性好的优点,又具有积分式可消除稳态误差的优点。

通常,为了达到理想的控制效果,要求系统响应快、振荡小、精度高,按经典控制理论构成的典型控制系统是比例-积分-微分(PID)控制系统,即控制指令与被控量的偏差既有比例关系也有积分关系,同时,与被控量的变化率成一定比例。即对于俯仰角控制系统而言,其中比例环节形成正比于俯仰角偏离的升降舵偏角,用以纠正俯仰角偏差;微分环节(变化率)则是阻尼信号,它产生的升降舵的偏转量与俯仰角速度成比例,用以补偿飞机自然阻尼的不足,减小飞机的振荡与超调;积分环节的作用是消除稳定状态下由常值干扰引起的俯仰角稳态误差和操纵状态下的俯仰角稳态误差。实际的舵面偏转角度是以上三部分之和。

其基本原理都可以用下式表示:

$$\Delta\delta_e = L_1(\Delta\theta - \Delta\theta_g) + L_2\int(\Delta\theta - \Delta\theta_g)\mathrm{d}t + L_3\Delta\dot{\theta}$$

其中:$L_1$、$L_2$、$L_3$ 均为比例系数,$\Delta\theta$ 为实际俯仰角增量,$\Delta\theta_g$ 为目标俯仰角增量,$\Delta\dot{\theta}$ 为实际俯仰角速率。

上式等号右边第一项为比例项,作用是纠正姿态偏差;第二项为积分项,作用是消除姿态的稳态误差;第三项为微分项,作用是增加飞机俯仰角运动的阻尼,改善俯仰运动的动态性能。

应该说明的是,现代飞机上的自动驾驶舵回路大多采用比例式,其他的微分、积分等复杂控制规律是在自动驾驶的计算机中实现的,其优点是系统结构简单,抗干扰性能好,可以更容易地实现复杂的控制规律,以便自动驾驶有更好的性能。

## 4.2.5　自动驾驶的衔接、脱开和工作方式、工作参数

自动驾驶的衔接、工作方式的选择和目标参数的设定可在自动飞行系统控制板上完成。控制板一般位于驾驶舱的遮光板上,如图 4.2-8 所示为典型的自动飞行控制板。

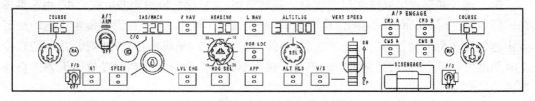

图 4.2-8　典型的自动飞行系统控制板

自动飞行控制板为飞行员和自动飞行系统之间提供人机接口,可实现系统衔接、工作方式选择和目标参数选择与显示等功能。

**1. 衔接、脱开**

自动驾驶只能在起飞后衔接工作。非电传操纵飞机的自动驾驶通常以两种常见形式衔接,即驾驶盘操纵(control wheel steering,CWS)方式和指令(command,CMD)方式。

(1) 当以驾驶盘操纵方式衔接时,自动驾驶的作用原理是:驾驶盘上飞行员的操作量作为输入指令,被转换成电信号后,送到自动驾驶的计算机,计算机计算并输出控制指令去控制自动驾驶液压作动器,并通过 PCU 驱动舵面运动。CWS 控制信号流程为:驾驶盘(驾驶杆)→力传感器(或位移传感器)→计算机输入接口→控制回路计算(目标姿态)→稳定回路计算(舵面指令)→输出接口→自动驾驶伺服回路→液压助力器→舵面。

自动驾驶工作于 CWS 方式时,如无人工操纵输入,则保持飞机现有姿态飞行;若需要改变飞行状态,则需要飞行员的操纵信号。从形式上而言,非电传飞机自动驾驶的 CWS 方式类似于电传操纵飞机上的人工操纵模式。

当非电传飞机人工驾驶时,控制信号流程为:驾驶盘(驾驶杆)→机械装置→液压助力器→舵面。

(2) 当自动驾驶以指令方式衔接时,输入的控制指令不再来自驾驶盘,而是来自自动驾驶控制板或飞行管理计算机,目标指令输入到自动驾驶计算机(FCC),FCC 计算并输出舵面伺服指令到相应自动驾驶作动筒,再通过助力器控制飞机的相应操纵舵面,实现对飞机的自动飞行控制。CMD 状态信号流程为:FMC+控制板+运动参数→计算机输入接口→控制回路计算(目标姿态)→稳定回路计算(舵面指令)→输出接口→自动驾驶伺服回路→液压助力器→舵面。

图 4.2-8 中的自动驾驶控制板说明此飞机有 A、B 两套自动驾驶,每套自动驾驶都有两个衔接电门,对应两种衔接方式。

自动驾驶的脱开可分为人工脱开和故障脱开。

人工脱开:在自动驾驶工作时,按压驾驶盘/杆上的 A/P 脱开电门,自动驾驶脱开;自动驾驶脱开时,驾驶舱内会有灯光和音响警告;再次按压脱开电门,可复位警告。也可通过控制板上的断开电门脱开,如图 4.2-8 所示。如果自动驾驶工作期间,飞行员在驾驶盘/杆上施加足够大的力,自动驾驶将被超控脱开。

故障脱开:在自动驾驶工作期间,当出现自动驾驶故障时,自动驾驶会自动脱开,脱开时,驾驶舱内会有灯光和音响警告,按压驾驶盘/杆上的 A/P 脱开电门,可使警告复位;自动驾驶配平失效时,自动驾驶会脱开,并出现相应警告,按压驾驶盘/杆上的 A/P 脱开电门,可使警告复位。

**2. 工作方式**

当自动驾驶以指令方式衔接后,俯仰通道和倾斜通道分别以不同的方式工作,实现对飞机飞行轨迹和速度的控制。通常工作方式在自动飞行系统的控制板上选择(如高度保持、航向选择等),有的方式在条件满足时自动进入(如高度截获、下滑道截获等)。每个通道不同的工作方式对应的控制规律和控制参数不同。俯仰通道可以稳定和控制飞机的俯仰角、高度、速度、升降速度等;倾斜通道可以稳定和控制飞机的航向角、倾斜角、侧向航迹等。自动驾驶正常工作时,需选择一个俯仰通道工作方式和一个倾斜通道工作方式配合工作。

由于不同飞机上安装的自动驾驶系统不尽相同,其工作方式也有所不同。

通常,俯仰通道的工作方式有:高度保持方式(ALTITUDE HOLD)、升降速度(或称垂直速度)(V/S)方式、高度层改变(LEVEL CHANGE)方式、垂直导航方式(V NAV)、下滑道方式(G/S)、复飞方式(GO AROUND)等;

倾斜通道的工作方式有:航向选择方式(HEADING SELECT)、航迹方式(TRACK)、水平导航方式(L NAV)、VOR方式、航向道方式(LOC)等。

图4.2-8所示的自动驾驶控制板上有各种工作方式选择电门,如HDG SEL是航向选择电门。

### 3. 目标参数

当自动驾驶以指令方式衔接后,必须选定俯仰和倾斜通道的工作方式(有的飞机上驾驶仪衔接后会有默认的工作方式),以及为此方式选择目标参数,自动驾驶才开始计算指令。如图4.2-8所示的控制板上可以设置目标速度、航向、高度、垂直速度和VOR航道。有的工作方式的工作参数来自于其他系统,如垂直导航工作方式的目标高度和速度来自于FMCS。

## 4.3　飞行指引

### 1. 飞行指引功能

飞行指引在主飞行显示器(PFD)或电子姿态指引仪(EADI)上显示飞行指引符号。主要有以下两个功用:在自动驾驶衔接前,为飞行员提供目视飞行操纵指引指令,飞行员按照飞行指引符号的指引人工操纵驾驶盘(杆),控制飞机按指令飞行;在自动驾驶衔接后,用来监控自动驾驶的工作状态,即监控自动驾驶是否控制飞机达到飞行指引符号指示的状态。

### 2. 飞行指引符号

飞行指引仪的符号有很多类型,如八字指引杆、V字指引杆、十字指引杆和航迹指引杆等,见图4.3-1。

现代飞机上常用的十字指引杆如图4.3-1(c)所示。它用两根纵横相交的十字指引杆与显示器中央小飞机符号的相对位置偏差来表达指引指令。其中,"横"杆是俯仰指引杆,可以上、下移动,表示俯仰指令;"纵"杆是倾斜指引杆,可以左、右移动,表示倾斜指令。指引杆指示的是目标姿态。当倾斜指引杆移动到飞机符号左边时,飞行员必须左转驾驶盘;相反,飞行员必须右转驾驶盘。当俯仰指引杆相对于飞机符号向上移动时,飞行员必须拉驾驶杆;向下移动时,飞行员必须推驾驶杆。直到飞机符号与十字指引杆对准,如图4.3-1(c)所示。有的飞机上,增加了地面起飞以及着陆减速滑跑阶段的指引,称做偏航指引杆,如图4.3-1(d)所示。

有些飞机上,飞行指引杆可以切换到另一种形式,如图4.3-1(e)所示,称做飞行航迹指引仪。它以飞行航迹矢量(FPV)和飞行航迹指引仪(FPD)之间的偏差来表达指引指令,俗

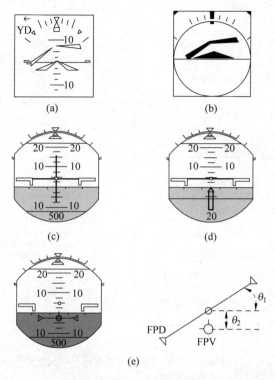

图 4.3-1　飞行指引符号

(a) 八字指引杆；(b) V 字指引杆；(c) 十字指引杆；(d) 偏航指引杆；

(e) 航迹指引杆，其中 $\theta_1$ 为航迹倾斜角指令，$\theta_2$ 为航迹俯仰角指令

称小鸟/扁担，能提供航迹指引。即小鸟表示飞机的实际飞行轨迹，扁担表示理想的预选飞行轨迹，飞行员应设法用小鸟对准扁担的正中间。

**3. 飞行指引原理及工作**

大部分的现代飞机上自动驾驶和飞行指引功能由同一个计算机实现，采用共同的控制板。两者计算指令的原理基本相同，输入信号也基本相同。计算机根据方式选择与衔接连锁电路的相关信息，确定相应的控制规律及输入信号，计算相应的控制指令即目标姿态，再与飞机的实际姿态相比较，按一定控制算法解算出飞行指引指令，进而送到显示系统上显示出来。

与自动驾驶一样，飞行指引功能衔接后，也要选定工作方式或有有效的工作方式，否则飞行指引符号不会出现。俯仰通道和倾斜通道的工作方式是飞行指引和自动驾驶所共用的。图 4.2-8 所示典型的自动飞行系统控制板上的工作方式选择电门是自动驾驶和飞行指引共用的。两者的工作方式是始终保持一致的，进行方式转换时也是同步的。当只接通飞行指引或只衔接自动驾驶时，所选方式给飞行指引或自动驾驶单独使用，当飞行指引和自动驾驶都接通时，所选择的方式是两者共用的方式。

需要说明的是，飞行指引地面可衔接，有起飞方式；自动驾驶起飞后才可衔接，没有起飞方式。飞行指引指令计算框图如图 4.3-2 所示。

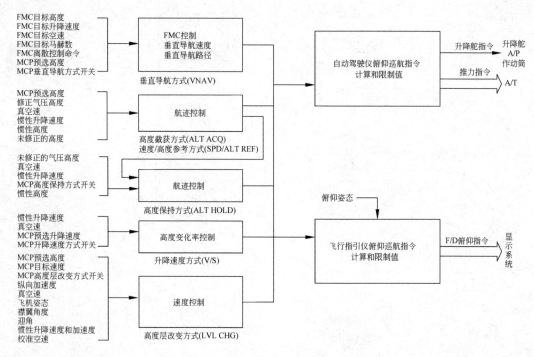

图 4.3-2　飞行指引指令计算框图(俯仰指令)

## 4.4　安定面配平

飞机安定面配平的主要目的是配平飞机的俯仰力矩,保证飞行安全,减轻飞行员的操纵负荷。飞机在不同的飞行阶段和状态下,需要不同的安定面配平功能,以保证飞行安全和任务的有效完成。如飞机飞行时,由于速度的变化、重心的变化(如燃油消耗)和气动外形的改变(襟翼、起落架收放)都会使飞机俯仰力矩不平衡,需要系统自动提供配平力矩对飞机进行配平操作,保证飞行安全,降低飞行员的工作负荷。

**1. 安定面配平分类**

根据使用情况和具体作用不同,水平安定面配平可分为下列几种,如图 4.4-1 所示。

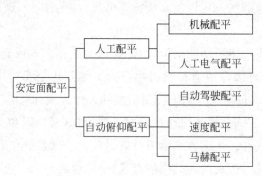

图 4.4-1　安定面配平分类

　　机械配平——人工飞行时，由飞行员通过转动安装在中央操纵台侧面的配平手轮现实配平。

　　人工电气配平——人工飞行时，由驾驶盘上的配平开关给出配平信号，通过配平驱动机构实现配平，如图 4.4-2 所示。

　　自动驾驶配平——当自动驾驶工作时，自动驾驶配平工作，保持纵向力矩平衡，同时为操纵系统"卸荷"。

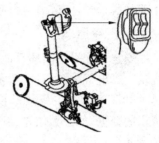

　　马赫配平——飞机高速飞行阶段，当达到或超过临界马赫数时，提供俯仰平衡力矩，防止马赫数增加时飞机低头俯冲，反之亦然，从而保证了速度的稳定性。

　　速度配平——在起飞和复飞阶段，当空速偏离目标值时，通过配平俯仰力矩，改变飞机俯仰姿态，确保速度稳定，即保证飞行速度在要求的范围内。

图 4.4-2　人工电气配平电门

### 2. 安定面配平功能

　　水平安定面前缘向上（或向下）运动，会使飞机机头下俯（或上仰），即安定面的运动将改变飞机的俯仰姿态。升降舵的相对零位（中立位）与水平安定面的位置有关，仅当升降舵与水平安定面构成完整的流线翼型时，升降舵处于相对零位位置，此时升降舵受到的气动铰链力矩最小或为零。飞机的俯仰运动通常是通过控制升降舵的上偏、下偏实现的，但水平安定面与升降舵共同构成水平尾翼的翼型，升降舵位置的变化使得水平尾翼不能保持流线形，因而飞机阻力增大，如果安定面不能移动，升降舵上将承受相当大的气动载荷。

　　现代民航运输飞机上大多采用全动水平尾翼设计，即升降舵和水平安定面均可独立偏转。如控制飞机抬头，当升降舵向上偏转时，可操纵水平安定面前缘向下偏转，利用安定面产生抬头的附加力矩，升降舵回到相对零位，保持水平尾翼的流线型，称为配平。配平完成后，升降舵上的铰链力矩等于零，这就是常说的"卸荷"。如图 4.4-3 所示的例子，图 4.4-3(a) 是安定面在 0°、升降舵向上 15°，与之产生相同控制力矩的是图 4.4 3(b)，安定面在 −6°，升降舵与安定面保持流线型。

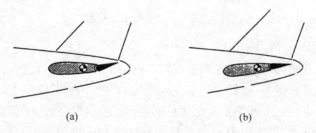

图 4.4-3　升降舵与安定面的偏转

(a) 安定面在 0°升降舵向上 15°；(b) 安定面在 −6°升降舵卸荷

　　升降舵卸荷，既可以使驾驶杆力为零，减轻驾驶员的负担，也可以确保自动驾驶脱开时飞机姿态不会急剧变化。

　　在接通自动驾驶前，驾驶员可进行人工配平，即操纵升降舵使纵向力矩平衡，接着操纵水平安定面实现配平，此时逐渐减小驾驶杆的操纵量，配平后，驾驶杆回到中立位。

　　自动驾驶衔接时，同步回路先工作，保持驾驶员建立的人工配平基准，飞机状态不发生变化,自动驾驶开始工作。自动驾驶衔接后,安定面配平将由飞控计算机完成。在自动驾驶俯仰控制过程中,自动驾驶首先使升降舵偏转以提供纵向力矩,当升降舵和安定面的相对位置超过一定值时,自动配平系统工作使水平安定面偏转以提供纵向配平力矩,升降舵回到相对零位,卸掉由升降舵偏转引起的铰链力矩,为下一次的俯仰控制做好准备。同时也防止自动驾驶脱开时,铰链力矩引起的升降舵回中,造成飞机姿态剧烈偏转。

**3. 配平原理**

安定面配平是闭环反馈控制系统,如图 4.4-4 所示。系统核心是安定面配平计算机,可提供人工电气配平、自动驾驶配平、速度配平和马赫配平。大多数飞机上,安定面配平功能是由 FCC 实现的。系统的输入有 ADIRS 提供的飞机空速、马赫数等,也有其他传感器系统提供的数据,如襟翼位置、发动机推力等。系统反馈的测量信号有升降舵位置、水平安定面位置等。

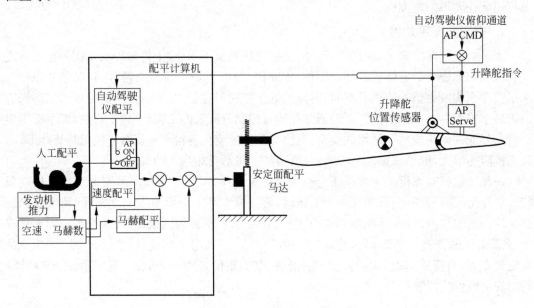

图 4.4-4　安定面配平原理图

1) 人工配平

假设飞行员拉驾驶杆时,升降舵向上偏转飞机抬头。为了保持这一新的姿态,飞行员要保持升降舵的偏转量。但是,这样将有很大的空气动力作用在升降舵上,飞行员需要一直拉住驾驶盘。若按下电动配平开关使安定面移动,当安定面的前缘向下移动时,飞行员可以缓慢减小作用在驾驶杆上的拉力,直至驾驶杆回到中立位。此时,升降舵与安定面保持流线型,从而使新的飞行姿态被保持。

只要飞行员保持住配平开关"向上"或"向下"的位置,安定面就持续地移动,完成配平功能。

2) 自动驾驶配平

自动驾驶衔接后,自动驾驶配平功能生效。自动驾驶俯仰通道控制升降舵的偏转,升降舵位置传感器探测升降舵的变化值。当升降舵的偏转(或伺服指令)超出一定量时,配平计算机(配平功能)产生相应的安定面自动配平指令,并发送到安定面配平执行机构如配平马达,配平马达使安定面前缘向相应方向偏转,同时自动驾驶功能使升降舵向相对零位收回,升降舵上的载荷减小。当自动驾驶将升降舵位置减小到相对零位时,自动配平系统停止工作,配平结束,俯仰力矩达到新的平衡,保持俯仰姿态稳定。

自动驾驶衔接时,若飞行员进行人工配平,则自动驾驶脱开,配平系统又回到人工配平状态。

3) 速度配平

飞机在起飞、复飞阶段,速度配平系统提供在低空速、大推力情况下的速度稳定。速度配平系统根据计算空速偏离目标值的情况,通过控制水平安定面进行配平。它利用安定面偏转,控制飞机的迎角(或俯仰角)变化,进而改变飞机阻力的原理来进行速度的稳定。即当计算空速增大时配平使飞机抬头,飞机减速,保持速度稳定,在此情况下,若配平将引起大迎角失速,则抬头配平停止,系统使飞机低头,防止大迎角失速;当计算空速减小时配平使飞机低头,飞机加速,保持速度稳定。速度配平系统利用来自 ADC 的实际计算空速值与目标空速比较,当产生偏差时,输出配平指令。另外,发动机的推力信号(N1)用以控制配平增益,襟翼位置信号用以防止配平失速。速度配平功能仅在自动驾驶未衔接时生效,一旦自动驾驶衔接,则速度配平功能停止,自动驾驶配平功能生效。

4) 马赫配平

对于亚音速飞机,在飞行速度没达到临界马赫数以前,飞机具有速度稳定性。在这种情况下,保持平飞改变空速时,油门杆与驾驶杆的配合操纵称为正常操纵,即推油门时推驾驶杆,飞机平飞增速;收油门时拉驾驶杆,飞机平飞减速。若为了加速飞行,推油门杆增大推力,速度增加,当飞行速度达到临界马赫数后,由于飞机的气动焦点随飞行马赫数的增大而后移,升力的作用会使飞机产生低头力矩,造成飞机下俯,马赫数进一步增大,形成正反馈,导致飞行速度不稳定,甚至俯冲失控。此时,需要飞行员拉驾驶杆,产生一定的抬头力矩,防止飞机俯冲、速度失控,这种油门杆与驾驶杆的配合称为"反操纵"。所以当飞机进入此情况下飞行时,要求飞行员进行与正常操纵规律相反的人工"反操纵",这对飞行安全不利;飞行员也难以实现"反操纵"。

马赫配平功能(系统)可以有效解决这一问题,即当达到临界马赫数后,加速飞行时,飞行员仍然可以按正常操纵要求操纵飞机。当达到临界马赫数后,由于飞机焦点后移产生低头力矩,此时,马赫配平系统根据实际飞行马赫数,自动控制水平安定面(或升降舵)偏转进行力矩补偿,防止飞机俯冲,使飞机不再出现速度不稳定的现象,飞机的操纵也符合正常规律,称为马赫配平。只有当马赫数进入一定范围时,才需要马赫配平系统来补偿。不同机型的马赫数范围设定不同,如 B737NG 飞机为 $0.615 \sim 0.84$。

马赫数由大气数据计算机提供,配平计算机(功能)利用马赫数及飞机的气动特性,计算出所需要的配平指令。

当飞机飞行达到临界马赫数后,随着马赫数的增大,马赫配平系统控制水平安定面(或升降舵)产生抬头配平力矩;随着马赫数减小,控制过程与上相反。

通常,水平安定面配平有高速和低速两个配平速度(水平安定面的运动速度),当飞行速度较小时,采用高速配平;当飞行速度较大时,采用低速配平,以满足不同飞行状态下配平效率的需要。配平速度的转换由襟翼位置开关信号控制。具体配平速度不同机型有所不同。

### 4. 配平故障及警告

安定面配平失效故障类型有三种,可由配平计算机探测到。第一种是"配平失效",即有安定面配平指令而安定面不运动;第二种是"配平失控",即没有配平指令而安定面运动;第三种是"配平反向",即安定面运动方向与配平指令相反。

速度配平和马赫配平不需要衔接,系统上电自测试通过后自动预位,配平条件满足,计算配平指令,实现相应配平;若配平功能失效,则有相应警告出现,如"SPEED TRIM FAIL""MACH TRIM FAIL"。自动驾驶配平失效时,自动驾驶会断开,并出现相应警告。

# 4.5 偏航阻尼

### 1. 偏航阻尼系统的功能

偏航阻尼系统是增稳系统的一部分。在飞机飞行的全过程中,通过控制方向舵的偏转,提高飞机绕立轴的稳定性。其主要功能是抑制飞机的"荷兰滚",提供协调转弯功能。

### 2. 偏航阻尼系统的基本原理

为了减缓机翼上表面的气流速度达到音速,提高飞行速度,通常采用后掠翼,这种结构会引起飞机方向上的不稳定性,造成不可避免的"荷兰滚"运动。"荷兰滚"运动是一种连续的振荡。当高速飞行的飞机受到侧向扰动时,如侧风干扰,机体会产生绕其立轴和纵轴的周

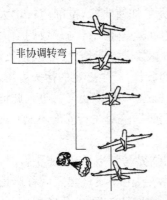

图 4.5-1 "荷兰滚"的运动过程

期性摆动,即飞机出现左、右偏航伴随着右、左倾斜运动,同时伴随侧滑角的振荡,称做"荷兰滚"运动。其运动过程如图 4.5-1 所示。飞行轨迹呈立体状"S"形,酷似荷兰人的滑冰动作,故被称为"荷兰滚",它不仅严重影响飞机乘坐的舒适性,而且会对飞机的结构造成损伤。

"荷兰滚"是一种偏航和倾斜运动不协调的飞机运动过程。由空气动力学可知,"荷兰滚"产生的根本原因是飞机航向静稳定性与倾斜静稳定性不协调造成的,且倾斜静稳定性相对越强,"荷兰滚"运动就越剧烈。静稳定性是指物体或系统受到扰动后,偏离了原稳定状态,当扰动消失时,物体或系统是否具有恢复原稳定状态的"趋势"。如其具有恢复到原稳定状态的趋势,则系统具有静稳定性;反之,系统是静不稳定的;若扰动消失时系统状态不再有任何变化,则系统是静中立稳定的。静稳定性是一个系统稳定的必要条件。

典型偏航阻尼功能如图 4.5-2 所示。控制规律可表示为

$$\Delta \delta_R = L_y \omega_y$$

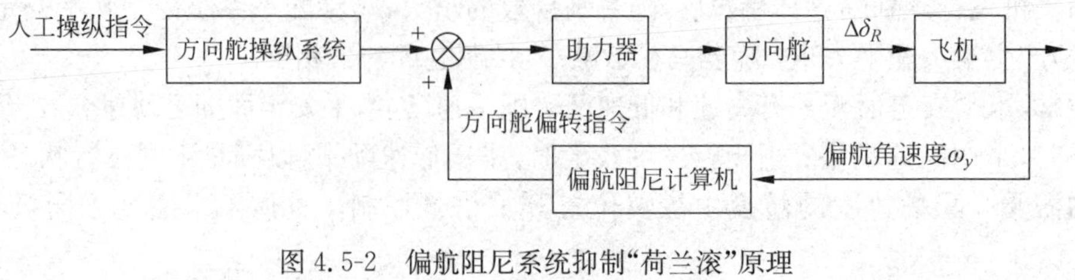

人工操纵指令 → 方向舵操纵系统 → + ⊗ + → 助力器 → 方向舵 → $\Delta \delta_R$ → 飞机 →

方向舵偏转指令

偏航阻尼计算机 ← 偏航角速度 $\omega_y$

图 4.5-2 偏航阻尼系统抑制"荷兰滚"原理

其中，$\omega_y$ 为飞机的偏航角速度（偏航率）；$\Delta\delta_R$ 为方向舵的舵偏角增量；$L_y$ 为偏航阻尼器的传递系数（偏航率至舵偏角增量的传递系数），或称为增益。

　　由控制规律可知，当飞机出现偏航角速度时，传感器系统测量偏航角速度信号送到偏航阻尼计算机，在计算机中经过处理计算，输出方向舵偏转指令，使方向舵偏转。方向舵偏转的大小与偏航角速度大小成比例，方向舵偏转产生的附加力矩与飞机的运动方向相反，增大了偏航轴上的阻尼力矩，增加了航向静稳定性，从而抑制飞机的"荷兰滚"运动。

　　但是，当偏航阻尼器衔接后，只要飞机存在偏航率，方向舵就会偏转以阻止飞机的航向变化，这对正常转弯是不利的。为此，要在系统中加入洗出网络（滤波网络），洗出网络是一个高通滤波器，其传递函数的形式为 $\tau S/(\tau S+1)$，它允许 $\omega>1/\tau$ 的荷兰滚频率的信号通过，不允许稳态或机动转弯的低频信号通过。这样偏航阻尼器既能起到抑制荷兰滚的作用，又不影响飞机的正常转弯。偏航阻尼系统的控制规律形式如下：

$$\Delta\delta_R = L_y[\tau S/(\tau S+1)]\omega_y$$

其中，$\tau$ 为滤波网络的时间常数。

### 3. 偏航阻尼系统的组成

　　偏航阻尼系统一般都包括偏航阻尼器控制板、偏航阻尼计算机、用于液压执行机构的偏航阻尼伺服机构和偏航阻尼指示器等部件，如图 4.5-3 所示为一种典型的偏航阻尼系统。偏航阻尼计算机利用内部角速率陀螺仪感受飞机的偏航角速度信号或从惯性基准系统接收飞机的偏航角速度信号，通过内部的信号处理和增益调节，计算出只对"荷兰滚"信号做出响应的方向舵偏转指令，送到液压执行机构带动方向舵偏转，从液压执行机构返回的位置信号送到偏航阻尼指示器，用于指示偏航阻尼系统操作时方向舵的移动。

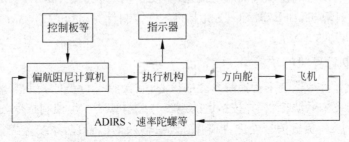

图 4.5-3　典型偏航阻尼系统的组成框图

1）偏航阻尼计算机（偏航阻尼功能）

　　由它计算方向舵的偏转方向和偏转量。在偏航阻尼计算机内部有速度补偿功能电路、高通滤波器和协调转弯功能电路。速度补偿功能电路接收来自大气数据计算机系统的空速信号，根据飞机空速的大小修正方向舵偏转量的大小，即控制增益的调整，其规律是空速增大，控制增益减小，方向舵偏转量减小，反之亦然。高通滤波器用以区分"荷兰滚"振荡频率和正常转弯频率，只有"荷兰滚"对应的偏航角速度信号的频率在滤波器频率范围内，其信号允许通过，由此信号产生的舵面控制指令控制方向舵偏转，用以抑制飞机"荷兰滚"运动。正常转弯产生的偏航角速度不能通过高通滤波器，不能产生方向舵控制指令，因而不会阻尼飞机的正常转弯。协调转弯功能电路接收来自垂直陀螺或惯导系统的飞机倾斜姿态信号，用以产生方向舵偏转指令，以实现飞机的协调转弯（协助副翼转弯），如图 4.5-4 所示。

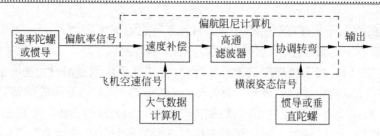

图 4.5-4　偏航阻尼计算机功能框图

2）偏航阻尼器控制板

控制板用来衔接或断开偏航阻尼系统，由指示灯指示衔接状态。

3）偏航阻尼指示

偏航阻尼指示包括位置指示和状态显示以及警戒信息等，不同的机型略有不同。

4）偏航阻尼执行机构

飞行员可以通过脚蹬来偏转方向舵。用于飞行全过程控制的偏航阻尼器不会干扰飞行员的输入信号。因此，偏航阻尼信号叠加到飞行员的输入信号上，方向舵的偏转是偏航阻尼输入信号和飞行员输入信号之和。偏航阻尼信号引起的最大方向舵偏转被限制在一定角度之内，以保证飞行安全。偏航阻尼系统工作时，不会引起方向舵脚蹬的运动。

# 4.6　飞行控制计算机及系统

现代飞机上的自动飞行系统以计算机为核心，可实现复杂控制规律的高精度、高可靠性的多种功能的自动控制。在现代民航飞机上，实现自动驾驶、飞行指引、安定面配平等功能的通常是同一个计算机，如 B737NG 飞机上的飞行控制计算机（FCC），A320 飞机上的飞行管理制导计算机（FMGC）等。

## 1. 飞行控制计算机的功能

飞行控制计算机是整个飞行控制系统的核心，它接收飞行员的控制与输入指令以及传感器系统检测的飞机运动参数，并按指定的逻辑与控制算法产生控制指令，通过执行机构控制飞机的运动。FCC 负责信号处理、控制律计算、输入输出管理、系统监控等主要工作。通常具有以下功能：

（1）采集驾驶员输入指令及飞机运动的反馈信号，并进行必要的处理；

（2）飞行控制系统工作方式的管理与控制；

（3）计算不同工作方式下的控制律，并生成必要的控制指令；

（4）对各种控制指令的输出与管理；

（5）对飞行控制系统中各传感器及伺服作动器进行余度管理；

（6）对飞行控制本身的硬件及软件进行余度管理与检测；

（7）完成飞行前地面及飞行中在机内对系统各子系统及部件的自动检测；

（8）完成与飞机上其他任务的计算机及电子部件的信息交换的管理。

## 2. 飞行控制计算机的原理

1）飞行控制计算机的信号交联关系

飞行控制计算机接收来自飞行管理计算机、方式控制板及各传感器的信号，完成相应计算,输出相应舵面控制指令、控制逻辑及显示指令等。

（1）飞行控制计算机的输入信号

飞行控制计算机的输入信号有三种主要形式：数字信号、模拟信号和离散信号。数字信号一般为 ARINC 429、ARINC 629 信号，由飞行控制计算机的直接内存存取（DMA）控制器读入内存；离散输入信号也是由 DMA 处理，经锁存后读入随机存取存储器（RAM）相关单元；而模拟信号要先进行 A/D 转换后再由 DMA 读入。

向飞行控制计算机提供输入信号的系统与部件有：飞行管理计算机（FMC）、大气数据惯性基准系统（ADIRS）、甚高频全向信标接收机 VOR、仪表着陆接收机（ILS）、自动油门或推力管理计算机（A/T 或 TMC）、低高度无线电高度表（LRRA）、安定面和襟翼位置传感器、方式控制板（MCP）、其他的飞行控制计算机（FCC）以及其他必要参数提供部件（如伺服系统位置反馈）。

（2）飞行控制计算机的输出信号

飞行控制计算机在飞机的起飞阶段提供飞行指引指令，起飞后直到自动着陆的全过程中提供自动驾驶/飞行指引指令、自动配平指令、工作方式的显示与警告、提醒信息等输出。

其输出经接口电路处理后形成 ARINC 429、ARINC 629、离散信号、模拟控制信号等，分别送到：方式控制板（MCP 或 FCU）、伺服作动器（ACTUATOR）、显示系统如电子飞行仪表系统（EFIS）、自动驾驶接口组件、其他的飞行控制计算机、飞行管理计算机、自动油门或推力管理计算机、飞行数据记录器（DFDR）等。

2）飞行控制计算机的功能模块

飞行控制计算机完成各种功能计算，是由其内部不同的功能模块来实现的。其主要的功能模块有：

方式及衔接连锁模块——根据方式及衔接连锁逻辑、方式控制板上的输入、飞机运动参数传感器测量到的飞机运动状态来确定所选择方式的有效性，控制方式计算模块和指令计算模块的工作。

方式计算模块——在方式及衔接连锁模块的控制下，计算出有效的工作方式，使自动驾驶伺服指令计算模块选择相应的控制律及输入信号，完成自动驾驶伺服指令的计算。

自动驾驶伺服指令计算模块——根据方式及衔接连锁模块及方式计算模块的信息，选择相应的控制律及输入信号，完成自动驾驶伺服指令的计算，输出到自动驾驶伺服回路，实现对舵面的自动控制，从而实现对飞机飞行状态及参数的控制。

飞行指引指令计算模块——根据方式及衔接连锁模块及方式计算模块的信息，选择相应的控制律及输入信号，完成飞行指引指令的计算，输出到电子飞行仪表系统的符号发生器，产生相应的飞行指引指令。

自动配平指令计算模块——根据方式及衔接连锁模块及方式计算模块的信息、飞机的运动参数及系统的工作参数，计算相应的配平指令，实现自动配平（速度配平、马赫配平、自动驾驶配平）。

数据收/发控制模块——用于控制信号的接收与发送。

系统状态监控模块——监控整个飞行控制系统的工作状态，如发现故障，则输出故障信息到显示系统及飞行数据记录器，并自动断开自动驾驶。该模块可进行舵面位置监控、自动驾驶作动器监控、飞行控制计算机的指令监控等。监控功能包含飞行阶段的连续监控和

BITE 功能。

3）飞行控制计算机控制功能的基本原理

飞行控制计算机的控制功能是实现控制指令的计算与输出,所进行的指令计算是围绕两个基本回路——内回路(稳定回路)与外回路(制导回路)来进行的,如图 4.6-1 所示。

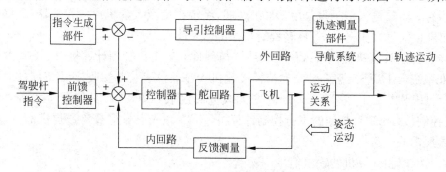

图 4.6-1　内回路和外回路

内回路由自动驾驶控制飞机姿态的俯仰通道和倾斜通道构成,它将实际姿态和指令姿态(目标姿态)进行比较(实际的姿态来自飞机的姿态传感器,例如垂直陀螺或惯性基准组件;指令姿态来自驾驶员的输入指令或外回路计算的输出),当出现姿态偏差时,按照一定的控制律计算舵面偏转角度或角速度,控制飞机的姿态运动。

外回路则根据系统的工作方式、驾驶员选择的目标参数(如位置、速度、垂直速度等)或FMC 确定的目标参数与实际运动参数的偏差,计算出目标姿态,作为内回路的输入,以控制飞机质心的运动(轨迹、速度)。

当飞行控制计算机计算自动驾驶控制指令时,根据确定的工作方式和飞行管理计算机、方式控制板以及飞机的运动参数等输入信号,首先进行外回路的计算;外回路的输出即为目标姿态,并送到内回路。内回路根据外回路计算的目标姿态、飞机的实际姿态和姿态变化率等参数,按一定的控制算法计算相应的舵面偏转角或偏转角速度,输出到自动驾驶的伺服回路,再由伺服回路通过动力控制组件(PCU)控制相应的舵面偏转,以实现对飞机运动的控制。

4）飞行控制计算机的主、从关系

现代民航飞机上普遍采用了余度设计,通常至少有两套完全相同的飞行控制计算机。

对于自动驾驶功能而言,仅进近阶段可以同时衔接上两套(或多套)自动驾驶,其他飞行阶段,同一时刻只能衔接上一套自动驾驶。如果一套自动驾驶已经处于衔接状态,又衔接另一套自动驾驶,在后衔接的自动驾驶衔接成功的同时,先衔接的自动驾驶将断开。对于飞行指引功能而言,在所有飞行阶段均可同时接通。一般的配置情况是第一套(左侧)飞行指引给正驾驶一侧提供指引信号,第二套(右侧)飞行指引给副驾驶一侧提供指引信号。

为了区分两个飞行控制计算机的控制优先权,通常将两个飞行控制计算机区分为主计算机和从计算机,即两者存在主、从关系。对于主、从计算机,不同的机型其确定方法也不尽相同。通常,在自动驾驶未衔接时,先接通飞行指引一侧的飞行控制计算机为主计算机。自动驾驶衔接时,已衔接的自动驾驶一侧的飞行控制计算机为主计算机;若自动驾驶、飞行指引均未衔接,则根据自动油门(推力)的衔接状态确定,衔接一侧的飞行控制计算机为主计算机。

尽管不同机型上确定主计算机的方法有所不同,但有一点是相同的,那就是主计算机用来确定自动驾驶和飞行指引仪的工作方式,计算、输出控制/显示指令,发出同步指令,将计算的模式、参数同步到从计算机等,即主计算机起主导作用。

## 4.7　自动油门系统

早期飞机上仅有自动驾驶,对于发动机的控制则由驾驶员人工实现。自动驾驶可以在等速平飞时完全控制飞行,但在变速飞行或进行爬升与下降时,就需要驾驶员通过操纵油门杆控制发动机的推力来配合。在现代飞机上普遍采用飞行管理系统后,自动油门作为飞行管理系统的一个子系统,可以与自动驾驶协调配合,实现对飞机控制的综合化与自动化,这不仅减轻了驾驶员的工作负荷,而且使推力控制得到优化,既可以节省燃油,也有益于延长发动机的使用寿命。

现代飞机上的自动油门系统可以独立工作,也可以与自动驾驶和飞行管理计算机系统协同工作,实现对发动机推力的全程自动控制。

### 1. 自动油门系统的原理

自动油门系统是个计算机控制的闭环控制系统,其核心部件是自动油门计算机,该计算机与飞行管理计算机系统和飞行控制计算机交联(有的系统该功能包含在 FMC 或 FCC 中),接收相关传感器或其他系统信号,计算发动机的推力(或 N1 转速)指令,从起飞到降落全程控制发动机,实现要求的推力或飞行速度。

根据系统功能结构的差异,现代飞机上有两种常见的自动油门系统实现方式。图 4.7-1 所示为典型的自动油门系统方式一原理图。

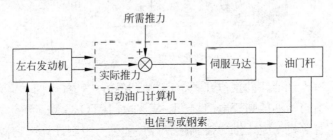

图 4.7-1　自动油门系统方式一原理图

典型的自动油门系统方式一,控制指令既用以驱动油门杆随发动机推力变化移动,又用于控制发动机功率杆以改变发动机的推力。

自动油门系统方式二(亦称自动推力系统),它将发动机控制信号传送给全权数字式发动机控制(FADEC)计算机,实现数字化自动推力控制。在此构型中,油门杆不随推力的变化而移动。图 4.7-2 所示为典型的自动油门系统方式二原理图。

### 2. 自动油门系统的组成

不同机型上自动油门系统的组成部件不完全一样,尤其是自动油门的显示部件有较大的差异。传统自动油门系统包括的主要部件有:自动油门计算机(推力管理计算机)、自动油门预位开关、位于发动机油门杆上的起飞/复按钮、位于油门杆两侧的自动油门断开按钮、

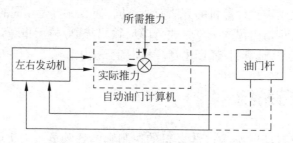

图 4.7-2　自动油门系统方式二原理图

目标推力给定装置、主飞行显示器上的工作方式显示(FMA)、自动油门推力方式显示牌和机电伺服机构等。图 4.7-3 所示为典型的自动油门系统组成。

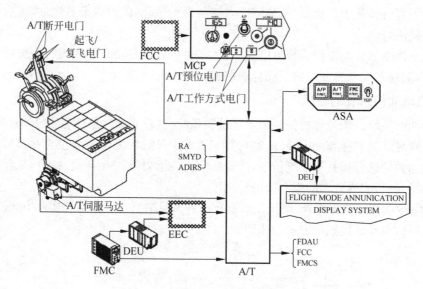

图 4.7-3　典型的自动油门系统组成

(1) 控制板　有自动油门的预位开关,自动油门的方式选择电门。

(2) 油门杆　有自动油门断开电门,起飞/复飞电门(TO/GA)。

(3) 自动油门计算机　完成推力控制指令计算和推力限制计算。它接收来自飞行管理计算机、飞行控制计算机、方式控制板、大气数据系统、惯性基准系统、无线电高度表、襟翼位置传感器等的数据,计算发动机油门控制指令,通过机电式伺服机构(自动油门伺服马达),调节油门杆的位置、控制发动机推力,直到发动机的实际推力(N1/EPR/THR)或飞机的实际速度达到目标值。

(4) 自动油门伺服机构　执行自动油门计算机的控制指令,实现对油门杆的伺服控制。

(5) 油门杆(功率杆)角度传感器　油门杆角度传感器装在发动机上,用于实测油门杆输入指令的执行情况,向自动油门计算机提供油门杆的实际位置反馈信号。维护、更换时需要校准。

(6) 自动油门工作方式通告牌　显示自动油门的工作方式,将其显示在 PFD 上。

### 3. 自动油门系统的工作方式

自动油门衔接后,根据飞行阶段和系统状态可以有不同的工作方式。根据自动驾驶的工作方式,系统可以自动确定其工作方式,也可以人工选择其工作方式。典型的自动油门工作方式有以下几种。

1) 推力方式

控制发动机的压缩比即 EPR 或 N1 转速,由发动机的类型决定。

自动油门计算机利用来自 FMC 的 N1/EPR/THR 限制值或当 FMC 的 N1/EPR/THR 限制值无效时自己计算出 N1/EPR/THR 限制值,根据推力控制指令,控制发动机的 N1 转速或者 EPR 达到 N1/EPR/THR 目标值。该目标值由 FMC 利用性能数据库中发动机性能参数和相关输入计算得到。

2) 速度/马赫数方式

自动油门系统控制飞机的飞行速度稳定在要求的目标空速/马赫数上。目标值可由 FMC 提供(称为 FMC 速度或管理速度),或由飞行员根据需要在方式面板 MCP 上人工设定(称其为选择速度)。

当自动油门和自动驾驶配合工作时,系统自动确定自动油门工作方式的原则取决于自动驾驶的工作方式,即如果自动驾驶控制飞机的速度(如自动驾驶工作在高度层改变方式),则自动油门系统控制发动机的推力(如 N1 方式);如果自动驾驶控制其他参数如升降速度、高度等,则自动油门系统控制飞行速度(SPEED 方式)。

3) 预位方式

预位方式(ARM)是指自动油门系统处于待命状态,准备随时投入工作。当自动油门衔接后没有有效工作方式,或在巡航时选择了正常下降,或当飞机着陆过程中抵达跑道时,油门杆收回到后止挡位,自动油门进入预位方式。

4) 收回方式

收回方式(RETARD)是指将发动机油门杆按一定速度慢慢收回到后止挡位,控制发动机进入慢车状态的工作方式。

**4. 自动油门系统在不同飞行阶段的工作情况**

自动油门系统可以从起飞至着陆各个飞行阶段自动控制发动机推力,如图 4.7-4 所示。

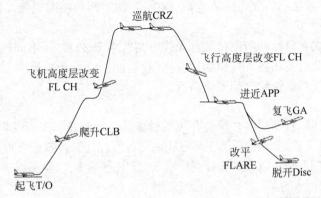

图 4.7-4 飞机的飞行阶段

1) 起飞前

在飞行前,将自动油门衔接电门置 ARM 位,工作方式显示"ARM"。

2) T/O(起飞)阶段

在起飞滑跑阶段,自动油门工作在推力 N1/EPR/THR 方式,通常为额定起飞推力并一直保持,直到飞机到达一定的安全高度。为了延长发动机的使用寿命,在一定条件下可采用减推力方式起飞(如环境温度较低,载重较轻,跑道较长情况)。从起飞滑跑到飞机离地初始建立高度的这个阶段,自动驾驶是衔接不上的,因而在此阶段只提供飞行指引,一般是以安全爬升速度 $V_2$ 加上一定裕量作为目标速度。

当飞机滑跑大于 80 n mile/h 左右时,自动油门伺服马达断电,油门位置不动,一直保持达到起飞成功,这期间自动油门方式为推力保持"THR HOLD"。一般 800 ft 以下,油门保持在起飞推力不变。在 800 ft 以上并且离地 20 s 左右以后,自动油门可以选择其他方式。80 n mile/h 的速度和 20 s 的延时因飞机机型的不同可能稍有差别。

3) CLIMB(爬升)阶段

在爬升阶段,根据自动驾驶的工作方式,自动确定自动油门的工作方式。一般情况是自动驾驶控制飞行速度,自动油门控制爬升推力;若自动驾驶控制垂直速度,则自动油门控制飞行速度。起飞和爬升时 N1/EPR/THR 方式的不同之处在于推力值不同。

4) FL CH(飞行高度层改变)

自动驾驶衔接在 FL CH(飞行高度层改变)方式时,自动驾驶的俯仰通道控制速度,自动油门控制推力。

5) CRUISE(巡航)阶段

自动驾驶以高度(轨迹)保持方式工作,保持飞机的巡航高度,自动油门系统控制飞机的速度或马赫数。

6) APPROACH(进近)阶段

在进近阶段,自动驾驶捕获并跟踪航向道和下滑道,自动油门精确地控制进近速度。如果自动驾驶工作在 V NAV 方式,则目标速度来自 FMC;截获下滑道(G/S)时,VNAV 方式脱开,目标速度来自 MCP 或 FCU。

7) 改平阶段

自动油门控制油门杆以一定速度收回到后止挡位,这一过程称为收回方式,控制发动机进入慢车。此时不管油门原先在何位置都要在一定的时间内收回到慢车位。

8) GA(复飞)方式

GA(复飞)方式在自动油门衔接并且无线电高度小于 2000 ft(不同机型有差异)时就处于准备状态,如果此时按压复飞按钮触发复飞,自动油门会立刻转换到复飞方式,保持最大起飞推力复飞,使飞机尽快爬升到安全高度。

9) 落地

如飞机正常着陆,自动油门系统会在飞机触地后自动断开。需要说明的是,如果自动驾驶工作在垂直导航方式,自动油门的工作方式由飞行管理计算机确定;如果自动驾驶工作在 CWS 方式,自动油门系统可以人工选择 N1/EPR/THR 推力方式,也可以选择速度方式。

# 4.8 电传操纵系统

## 1. 电传操纵系统简介

电传操纵系统就是将控制增稳系统中的机械操纵部分完全取消,驾驶员的操纵指令完全通过电信号,利用控制增稳系统实现对飞机的操纵。电传操纵系统的结构如图 4.8-1 所示。

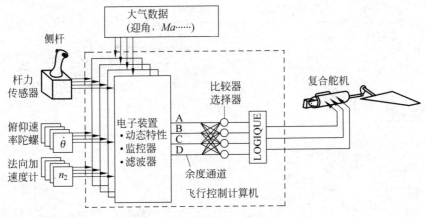

图 4.8-1　电传操纵系统结构图

1) 电传操纵系统的特点

电传操纵系统是一个全时间、全权限的"电信号+控制增稳"的飞行操纵系统。因此,电传操纵系统具有以下特点。

(1) 电传操纵系统主要靠电信号传递驾驶员的操纵指令,因此,其中将不再含有机械操纵系统。

(2) 控制增稳系统是电传操纵系统不可分割的组成部分。如果没有控制增稳功能,系统仅能称为电信号系统,而不能称为电传操纵系统。

2) 电传操纵系统的主要优缺点

(1) 优点

采用电传操纵系统,除了可以克服机械操纵系统的缺点外,还具有许多优点,如进一步改善飞机的操纵品质,对飞机结构变化的影响不敏感,减少维护工作量以及更容易与自动飞行系统相耦合等。更为重要的是,采用电传操纵系统将为实现其他控制功能奠定基础,并为解决现代高性能飞机操纵与稳定中的许多问题提供有效手段。

(2) 缺点

尽管电传操纵系统具有许多优点,但也存在一些问题。首先,全时间、全权限的电传操纵系必须具有较高的可靠性,而达到这种要求需要付出极高的代价。采用余度系统提高系统的可靠性,其成本较高,且质量和体积也很难有明显的减小。此外,由于电传操纵系统的主要核心部件是电子部件,特别是数字部件,因此,易受到雷电和周围环境(如电磁干扰)的影响。解决防雷电和电磁兼容性问题,是电传操纵系统设计中的重要问题。

**2. 电传操纵与非电传操纵系统的主要区别**

与非电传操纵系统相比,电传操纵系统在结构上有以下不同,如图 4.8-2 所示。

(1) 对人工操纵的响应规则不同。在非电传操纵飞机上,舵面的偏转量与驾驶杆的偏转量成正比,驾驶杆的操纵通过机械传动装置控制 PCU,相同的驾驶杆输入量,在高速飞行时产生较大的俯仰/倾斜变化率,在低速飞行时产生较小的俯仰/倾斜变化率。对于电传操纵飞机而言,侧杆的偏转量与舵面的偏转量不成线性比例关系。侧杆偏转量的电信号通过

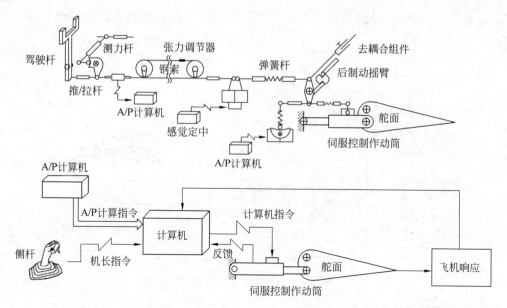

图 4.8-2　非电传操纵(上)与电传操纵(下)

电缆送到电传控制计算机,结合飞行参数、舵面位置等计算相应舵面偏转量,舵面相同的侧杆输入量,在低速飞行时产生较大的舵面偏转量,在高速飞行时产生较小的舵面偏转量。当侧杆回到中立位时,倾斜和俯仰的变化率为零。

(2) 操纵信号的传递方式不同。非电传操纵飞机,驾驶盘的操纵通过钢索、鼓轮、传动杆、摇臂等机械装置,控制 PCU,从而控制舵面的运动。而电传操纵飞机是把驾驶员的操纵指令变换为电信号,并与飞机舵面位置传感器反馈信号、飞行参数等综合,由电传控制计算机处理、计算,输出的控制指令通过电缆传送给舵面伺服作动筒,实现全权限人工飞行操纵。

(3) 舵面指令生成不同。非电传操纵飞机(如 B737NG),由 FCC 产生自动驾驶指令(即舵面指令),通过自动驾驶舵机去控制 PCU,从而控制相应舵面。电传操纵飞机(如 A320)的自动驾驶指令由飞行管理制导计算机产生,并传递给电传控制计算机,经电传控制计算机计算舵面伺服指令,输出给舵面伺服控制作动筒,控制舵面运动。

(4) 操纵感觉力的模拟不同。非电传操纵飞机上,使用弹簧载荷机构和气动力人工模拟装置,使驾驶员从驾驶杆上感受到模拟的反馈力。而电传操纵飞机仅利用侧杆内定中弹簧得到反馈力。

# 4.9　自动飞行系统实例

## 1. A320 自动飞行系统的基本原理

### 1) 系统基本结构及原理

A320 飞机是首先采用侧杆控制器的电传操纵民航客机,其控制系统首次实现在民航运输机上为升降舵和副翼采用纯电传操纵,只有当供电完全中断的情况下,才使用水平安定面和方向舵的机械应急操纵。整个系统采用非相似余度设计概念,并考虑了控制面的气动冗余,分别以升降舵/副翼计算机(ELAC)和扰流板/升降舵计算机(SEC)为核心,在允许的权限内,通过不同舵面控制飞机的运动。

A320 飞机上,只有升降舵和副翼的操纵是纯电传操纵。水平安定面和方向舵属于准电传操纵系统,可由驾驶员通过配平轮和脚蹬产生的机械控制信号控制舵面的运动。也可以通过电液伺服机构进行电传操纵。

如图 4.9-1 所示,A320 的舵面运动由不同电传飞行控制计算机实现,即 2 台缝翼/襟翼控制计算机(SFCC)、2 台升降舵/副翼计算机、2 台飞行增稳计算机(FAC)、3 台扰流板/升降舵计算机。

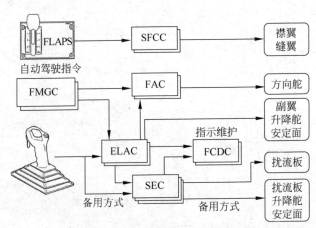

图 4.9-1 A320 自动飞行系统示意图

正常情况下,升降舵/副翼计算机控制副翼、升降舵和水平安定面以进行倾斜控制、俯仰控制和自动俯仰配平,同时把倾斜指令发送给 FAC,以实现协调转弯功能;扰流板/升降舵计算机控制每侧机翼上的 5 块扰流板,扰流板不仅用于空中和地面减速,还根据 ELAC 的倾斜指令控制相应扰流板运动,以配合副翼进行倾斜操作。扰流板的各项功能由 SEC 计算机来协调。在 ELAC 故障情况下,SEC 作为备份系统实现升降舵操纵和俯仰配平。ELAC 和 SEC 监测到的故障信息会送往飞行控制数据采集计算机(FCDC)用于维护。飞行增稳计算机控制方向舵的运动,实现协调转弯和抑制"荷兰滚"功能。前缘缝翼(slat)和后缘襟翼(flap)通过两台缝翼/襟翼控制计算机控制,实现失速保护和增大升力的功能。

飞行管理制导计算机(FMGC)集中了飞行管理计算机(FMC)、自动驾驶(AP)、自动推力(ATS)和飞行指引仪(FD)的所有功能。飞行过程中,FMGC 根据飞机各系统和各传感器送来的信号,以及内部存储的导航和性能数据信息,按照相应控制律计算自动驾驶指令,并输出给 ELAC、SEC 和 FAC,同时输出推力目标值给 FADEC,控制飞机按照最优的飞行航迹飞行,电传飞行控制系统工作于自动飞行状态;如果 ELAC 和 SEC 输入信号来自操纵侧杆,则电传飞行控制系统工作于人工操纵状态。余度计算机有两种工作状态,即"工作"和"热储备"。

2) A320 自动飞行系统简介

自动飞行系统的功用就是在纵向运动和侧向运动上提供控制指令,实现全程飞行的自动控制。即通过 FMGC 内自动驾驶功能和自动油门功能,控制电子飞行控制系统(EFCS)和全权限数字式发动机控制系统,驱动舵面运动和调节发动机推力大小,以使飞机飞行自动跟踪飞行计划。驾驶员可选择用飞行控制组件(FCU可实现自动驾驶和自动油门的衔接和显示,及工作方式和飞行参数的预置)手动输入目标空速、高度、升降率、航向等目标值,也可选择由飞行管理计算机计算、确定控制目标值。图4.9-2所示为A320自动飞行系统原理示意图。

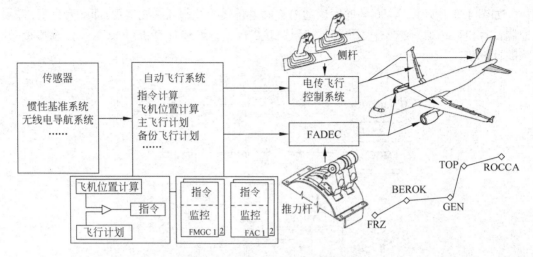

图4.9-2　A320自动飞行原理示意

自动飞行系统(AFS)的核心组件是两个FMGC和两个FAC。FMGC具有飞行控制指令计算、飞机位置计算和飞行计划(飞行计划包括飞机从起飞到降落整个过程的所有信息,例如垂直信息和航路点信息等。飞行计划可以公司航路的形式存储在FMGC中,也可以通过MCDU输入)等功能模块。自动飞行时,FMGC接收传感器和其他系统的信号,例如ADIRS的飞机当前位置、姿态、速度等,无线电导航系统的信标台信息,迎角信息和襟翼位置信息等,根据飞机当前位置和预期飞行计划,FMGC计算相应控制指令给EFCS和FAC控制舵面的运动,同时也输出控制指令给发动机,控制推力大小,以达到控制飞机自动跟踪飞行计划的目的。自动驾驶期间,侧杆和推力杆不运动(没有操纵反馈),驾驶员主要负责飞机状态监控和驾驶舱管理。此时如果驾驶员以超过门槛值的力操纵侧杆,自动驾驶会脱开,飞机转为人工操纵,通过EFCS控制飞机。

自动飞行系统的使用大大减轻了驾驶员的工作量,同时提高了航班的安全性和准点率。该系统包括多功能控制显示组件、飞行控制组件、飞行增稳计算机和飞行管理制导计算机。

3) 自动驾驶工作原理

图4.9-3所示为A320自动驾驶原理框图。飞行中,飞机满足自动驾驶衔接条件时,按压飞行控制组件的AP衔接按钮,自动驾驶工作。自动驾驶时,自动飞行工作方式由FCU上选择的工作方式,或者飞行管理制导计算机确定。自动驾驶控制系统是一个闭环控制系统,通过比较飞机实际参数和目标参数,FMGC利用自动驾驶功能计算输出相应控制指令,实现飞机在俯仰、倾斜和航向轴上的控制。实际参数来自各传感器和其他子系统,例如ADIRS、AOA传感器等。自动驾驶时,脚蹬和侧杆的载荷门限值增大,当施加在脚蹬和侧杆上的作用力大于载荷门限时,自动驾驶自动脱开,转换到人工驾驶方式。

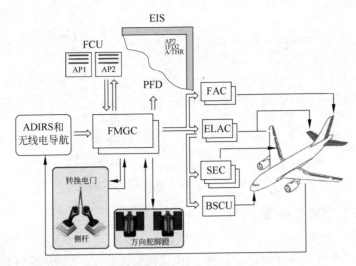

图 4.9-3　A320 自动驾驶原理框图

　　自动驾驶工作的条件之一是必须有一个生效的横向工作方式和一个纵向工作方式同时工作。横向工作方式的控制是通过 ELAC 控制副翼，SEC 控制扰流板，FAC 控制方向舵，ELAC 和 BSCU 控制前轮。纵向工作方式则是通过 ELAC 控制水平安定面和升降舵。

　　在地面对飞机进行测试维修，需要接通 AP 时，应关闭发动机，此时液压系统不工作，当任一发动机启动，自动驾驶将脱开。飞机起飞后爬升过程中接通 AP 的条件是飞机离开地面至少 5 s 以上。巡航阶段时，只能有一套自动驾驶工作并输出控制指令。AP 的工作状态取决于 AP 的衔接次序，当某一 AP 衔接时，后衔接的 AP 会使先衔接的 AP 脱开，后衔接的 AP 处于工作状态。此时，副翼和扰流板执行横向工作方式的控制指令，升降舵和水平安定面执行纵向工作方式的控制指令。飞机进近着陆时，如果备降机场具有仪表着陆功能(ILS)，自动驾驶可完成进近、下滑、拉平、着陆滑跑等一系列控制操作。

　　自动驾驶时，飞行管理制导计算机的自动驾驶功能通过飞行增稳计算机控制方向舵。着陆滑跑阶段，自动驾驶根据飞机滑跑速度，控制方向舵和前轮。扰流板升降舵计算机控制扰流板，实现减速功能。水平安定面保持在使机头向上 0.5° 位置。当飞机滑跑速度降到 60 n mile/h 时，飞行员可脱开自动驾驶。

　　4) 飞行管理制导计算机的主从关系

　　A320 飞机上有两台 FMGC，同一时间内只有一台 FMGC 工作，另一台 FMGC 备份。工作的 FMGC 称为主计算机，备份的 FMGC 称为从计算机。主计算机具有确定 AP、FD 和 A/THR 工作方式的权限。主计算机的确定由 AP、FD 和 A/THR 的衔接状态决定。图 4.9-4 所示为飞行制导功能的优先逻辑图。衔接的 AP 是哪一侧，哪一侧的 FMGC 就是主计算机；如果没有衔接 AP，则由 FD 的接通状态决定，如只有一侧接通了 FD，那么接通一侧的计算机就是主计算机，如两侧 FD 都接通，则一号 FMGC(通常为左侧)是主计算机；如两侧 FD 都没有接通，则由 A/THR 的衔接状态决定，衔接一侧的飞行控制计算机为主计算机。例如当 AP 未衔接、FD1 未衔接但 FD2 衔接的条件下，FMGC2 作为主计算机，进行飞行制导控制。

制导功能：衔接状态

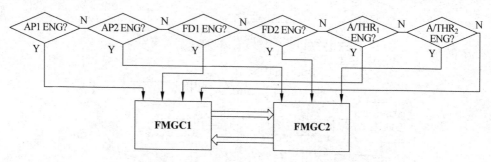

图 4.9-4　A320 AMGC 主从关系示意图

### 2. B737NG 数字式自动飞行系统

1) 系统组成及功能

DFCS 可以实现自动飞行和自动着陆,提供飞机姿态稳定、驾驶盘操纵和自动着陆等功能,与飞行管理计算机数字式飞行控制系统耦合实现外回路的制导(轨迹控制)。包括自动驾驶、飞行指引系统、安定面自动配平、马赫配平、速度配平、高度警戒等功能。自动驾驶/飞行指引系统是一套全数字、双余度控制系统。在飞机爬升、下降、巡航和着陆等飞行阶段,提供制导和控制功能,并可实现复飞功能。在爬升、巡航和下降等飞行阶段时,双通道中的一套用于纵向和横向控制。在复飞和着陆时,双通道并行工作实现自动着陆。数字式飞行控制系统有两套相同的飞行控制计算机(FCC)、一个方式控制板(MCP)、双余度电-液压式副翼、方向舵和升降舵伺服系统、水平安定面配平舵机。

2) 自动驾驶基本功能

系统原理如图 4.9-5 所示。飞行控制计算机计算自动驾驶倾斜、俯仰、自动着陆、衔接互锁和安定面配平等指令。飞机起飞后,飞行员将 A/P 衔接于 CMD 方式,在 MCP 上选择

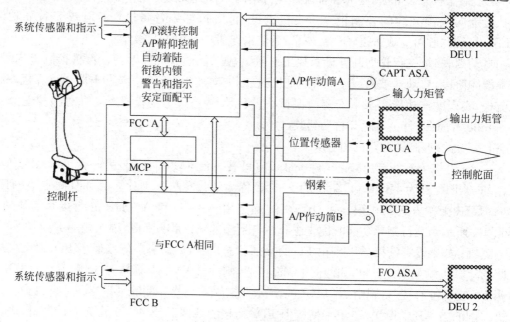

图 4.9-5　系统原理框图

俯仰通道和倾斜通道的工作方式,可实现飞机的自动驾驶。当飞机满足 FCC 内部的衔接互锁条件时,FCC 给出 A/P 衔接许可控制逻辑,自动驾驶完成衔接过程。

自动驾驶时,如果飞机不能满足自动驾驶保持逻辑,自动驾驶脱开,自动驾驶作动筒停止工作;并且 ASA 上会伴有红色灯光闪亮。除了进近着陆阶段,在巡航飞行期间只能有一套自动驾驶工作,即如果按压了第二套自动驾驶衔接开关,先接通那套自动驾驶将会自动脱开,而后接通的自动驾驶工作。自动着陆时,可接通双套自动驾驶并工作在 CMD 方式。

当自动驾驶衔接时,有两种常见的衔接方式,即驾驶盘操纵(CWS)和指令方式(CMD)。在 CWS 方式下,驾驶盘的输入通过 CWS 力传感器转换成电信号,送入 FCC,FCC 根据相应的控制率计算并输出控制指令,通过自动驾驶作动筒和 PCU,驱动舵面运动。在 CMD 方式下,目标指令来自 MCP 或 FMC,FCC 根据相应的控制率计算并输出控制指令,通过自动驾驶作动筒和 PCU,驱动舵面运动,以实现对飞机飞行姿态、速度或轨迹的控制。纵向和横向通道的不同工作方式,对应了不同的控制规律,当进行方式切换时,控制规律随之改变。

3)自动驾驶俯仰控制

在不同的飞行阶段,自动驾驶根据选择的工作方式,工作在不同的俯仰方式下。俯仰方式包括巡航俯仰方式、起飞/进近俯仰方式及着陆方式。巡航俯仰方式包括的基本工作方式有 V NAV、ALT ACQ、ALT HOLD、V/S、LVL CHG 和 PITCH CWS,如图 4.9-6 所示。

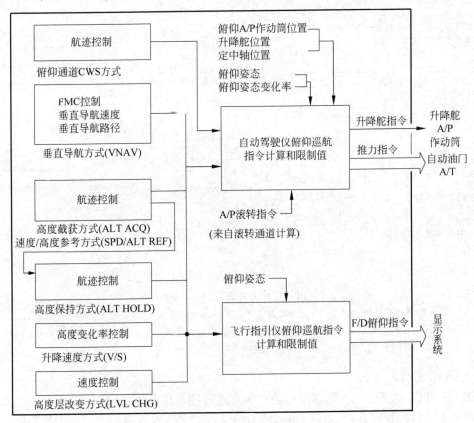

图 4.9-6　FCC 内部功能(B737-800)(纵向)

在巡航俯仰工作方式下,飞行控制计算机内部的相应控制功能根据输入的高度、空速、升降速度等信号及相应的纵向通道工作方式,计算目标俯仰角控制指令,并传送到自动驾驶俯仰巡航指令计算和限制模块,该模块将目标俯仰角与反馈的实际俯仰姿态信号进行比较,计算升降舵控制指令,输出给升降舵自动驾驶作动筒,通过动力控制组件驱动升降舵运动。同时,自动驾驶作动筒位置信号反馈到 FCC 与指令信号作比较,当偏差为零时,作动筒停止运动,升降舵保持当前位置。若升降舵偏转量超过限制值,FCC 输出配平指令控制水平安定面进行配平,升降舵回到相对零位;自动驾驶期间,如果水平安定面进行了配平操作,则俯仰指令计算和限制模块根据中位偏移传感器的信号计算升降舵相对零位控制指令,控制升降舵处于相对零位,以达到"升降舵卸荷"的目的。

图 4.9-7 为对应每种工作方式,FCC 计算指令所需的输入参数。可见,不但需要控制板、FMC 的目标参数、其他传感器系统的参数,还需要选择工作方式,FCC 才能计算相应的控制指令输出。

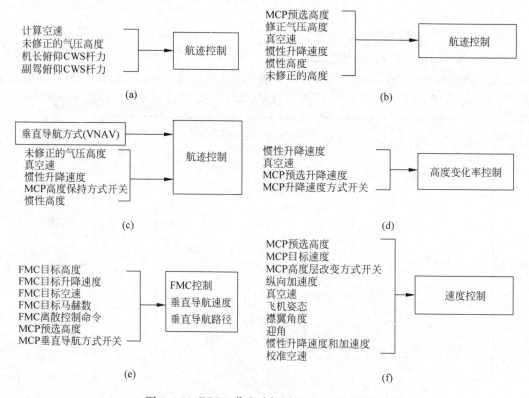

图 4.9-7　FCC 工作方式框图(B737-800)(纵向)

(a) 俯仰通道 CWS 方式;(b) 高度截获方式(ALT ACQ)、速度/高度参考方式(SPD/ALT REF);(c) 高度保持方式(ALT HOLD);(d) 升降速度方式(V/S);(e) 垂直导航方式(VNAV);(f) 高度层改变方式(LVL CHG)

4) DFCS BITE

DFCS BITE 由 FCC 完成,通常分为空中连续监控和地面维护测试两部分。

空中连续监控是指,FCC 在飞行过程中,持续监控 DFCS 工作情况,如发现功能失效或故障,则将其以一定的格式记录并存储在 FCC 的非易失性存储器中,以便地面维护检测时调用故障历史。

飞机停在地面,维护人员可在 CDU 上进行 DFCS 的 BITE 测试。常用测试项包括:

(1) 当前状态测试  快速检查系统功能是否正常。

(2) 飞行中故障记录  查阅飞行航段中出现的故障历史记录。

(3) LRU 接口测试  检查 DFCS 相关的 LRU 接口,维护工作更换 DFCS 的相关 LRU 后,必须做此项测试,以确保换件及接口的正常。

(4) DFCS 着陆校验测试  模拟自动着陆时,两套自动驾驶衔接情况,确保自动着陆功能可靠。

(5) 校装测试  维护、更换了 DFCS 系统的相关位置传感器后,必须做此项测试,以确保机械运动装置的零位、最大行程、运动速度等满足指标要求。

# 参考文献

[1] 郑连兴，任仁良.涡轮发动机飞机结构与系统[M].北京：兵器工业出版社,2006.

[2] 蔡成仁.航空无线电[M].北京：科学出版社,1992.

[3] 张明廉.飞行控制系统[M].北京：航空工业出版社,1994.

[4] 钦庆生.飞行管理计算机系统[M].北京：航空工业出版社,1991.

[5] 吴文海.飞行综合控制系统[M].北京：航空工业出版社,2007.

[6] Boing 737-300 Aircraft Maintenance Manual. Seattle：Boeeing Company,2000.

[7] Boing 737-800 Aircraft Maintenance Manual. Seattle：Boeeing Company,2013.

[8] Boing 787 Aircraft Maintenance Manual. Seattle：Boeing Company,2011.

[9] A320 Technical Training Manual. Toulouse：Airbus Industry,2010.

[10] A380 Technical Training Manual. Toulouse：Airbus Industry,2012.

[11] Aircraft system . David A. Lombardo：McGraw-Hill Companies，1999.